高等学校信息工程类专业系列教材

数字电路与逻辑设计

(第四版)

蔡良伟　主编

梁松海　周小安　王　娜　参编

西安电子科技大学出版社

内 容 简 介

本书系统地介绍了数字逻辑电路的分析与设计方法、常用集成数字逻辑电路的功能和应用。主要内容包括：逻辑代数基础、组合逻辑电路、常用组合逻辑电路及 MSI 组合电路模块的应用、时序逻辑电路、常用时序逻辑电路及 MSI 时序电路模块的应用、可编程逻辑器件、VHDL 与数字电路设计、数/模和模/数转换、脉冲信号的产生与整形等。

本书侧重基本概念、基本方法和实际应用的讲述，可作为高等学校电气信息类有关专业的教材，也可作为工程技术人员的学习和参考书。

图书在版编目(CIP)数据

数字电路与逻辑设计/蔡良伟主编. —4 版.
—西安：西安电子科技大学出版社，2021.11(2024.11 重印)
ISBN 978-7-5606-6236-7

Ⅰ. ①数… Ⅱ. ①蔡… Ⅲ. ①数字电路—逻辑设计—高等学校—教材
Ⅳ. ①TN79

中国版本图书馆 CIP 数据核字(2021)第 229343 号

策　　划　马晓娟
责任编辑　马晓娟
出版发行　西安电子科技大学出版社(西安市太白南路 2 号)
电　　话　(029)88202421　88201467　　邮　　编　710071
网　　址　www.xduph.com　　电子邮箱　xdupfxb001@163.com
经　　销　新华书店
印刷单位　陕西天意印务有限责任公司
版　　次　2021 年 11 月第 4 版　2024 年 11 月第 6 次印刷
开　　本　787 毫米×1092 毫米　1/16　印　张　16
字　　数　376 千字
定　　价　39.00 元
ISBN 978-7-5606-6236-7

XDUP 6538004-6

前　言

本书出版至今已将近二十年，其间同广大读者进行了非常有益的交流。为了更加方便读者学习，特再次修订。本书主要内容如下：

第1章介绍了逻辑代数的基本运算、公式和规则，逻辑函数的描述方法及化简方法等。

第2章介绍了组合逻辑电路的分析方法和设计方法。

第3章介绍了若干常用组合逻辑电路及MSI组合电路模块的功能及应用，包括编码器、译码器、加法器、比较器、数据选择器和数据分配器等。

第4章首先介绍了时序逻辑电路的结构和特点、触发器的电路结构和动作特点、触发器的逻辑功能和分类以及不同逻辑功能触发器间的转换，然后讲述了时序逻辑电路的分析方法和设计方法。

第5章介绍了计数器、寄存器和移位寄存器型计数器等常用时序逻辑电路的基本概念、工作原理和逻辑功能，同时还介绍了它们的典型MSI模块及应用。

第6章介绍了作为数字电路验证与实现平台的可编程逻辑器件的发展，重点讨论了FPGA器件的原理和特征。

第7章简述了硬件描述语言VHDL的文法特点，并结合实例分析了VHDL与数字电路相对应的语义特征。

第8章系统讲述了数/模转换和模/数转换的基本原理和常见的典型电路。

第9章主要介绍了几种常用脉冲信号的产生和整形电路——施密特触发器、单稳态触发器和多谐振荡器，并着重讨论了广为应用的555定时器的电路结构、逻辑功能及由555定时器构成施密特触发器、单稳态触发器和多谐振荡器的方法。

非常感谢广大读者一直以来的支持，希望能不断得到你们的宝贵建议。

编者

2021年7月

目　录

第 1 章　逻辑代数基础

本章介绍分析和设计数字逻辑电路的基本数学工具——逻辑代数，内容包括逻辑代数的基本运算、公式和规则，逻辑函数的描述方法及化简方法等，同时介绍了数字量和模拟量的基本概念以及常用的数制与代码。

1.1 概　述

1.1.1 数字量和模拟量

在自然界中，存在着各种各样的物理量，这些物理量可以分为两大类：数字量和模拟量。

数字量是指离散变化的物理量，模拟量则是指连续变化的物理量。处理数字信号的电路称为数字电路，处理模拟信号的电路称为模拟电路。同模拟信号相比，数字信号具有传输可靠、易于存储、抗干扰能力强、稳定性好等优点。因此，数字电路获得了越来越广泛的应用。

1.1.2 数制与代码

1. 数制

进位计数制表示数码中每一位的构成及进位的规则，简称数制(Number System)。一种数制中允许使用的数码个数称为该数制的基数。常用的进位计数制有十进制、二进制、八进制和十六进制。

数的一般展开式表示法如下：

$$D=(a_{n-1}a_{n-2}\cdots a_1a_0.a_{-1}a_{-2}\cdots a_{-m})_R$$

$$=\sum_{i=-m}^{n-1}a_i\times R^i=a_{n-1}\times R^{n-1}+a_{n-2}\times R^{n-2}+\cdots+a_0\times R^0+a_{-1}R^{-1}+\cdots+a_{-m}\times R^{-m}$$

式中，n 是整数部分的位数，m 是小数部分的位数，a_i 是第 i 位的系数，R 是基数，R^i 称为第 i 位的权。

1) 十进制

基数 R 为 10 的进位计数制称为十进制(Decimal)，它有 0、1、2、3、4、5、6、7、8、9 共 10 个有效数码，低位向相邻高位“逢十进一，借一为十”。十进制数一般用下标 10 或 D 表示，如 23_{10}、87_D 等。

2) 二进制

基数 R 为 2 的进位计数制称为二进制(Binary)，它只有 0 和 1 两个有效数码，低位向相邻高位“逢二进一，借一为二”。二进制数一般用下标 2 或 B 表示，如 101_2、1101_B 等。

3）八进制

基数 R 为 8 的进位计数制称为八进制(Octal)，它有 0、1、2、3、4、5、6、7 共 8 个有效数码，低位向相邻高位“逢八进一，借一为八”。八进制数一般用下标 8 或 O 表示，如 617_8、547_O等。

4）十六进制

基数 R 为 16 的进位计数制称为十六进制(Hexadecimal)，十六进制有 0、1、2、3、4、5、6、7、8、9、A(10)、B(11)、C(12)、D(13)、E(14)、F(15)共 16 个有效数码，低位向相邻高位“逢十六进一，借一为十六”。十六进制数一般用下标 16 或 H 表示，如 $A1_{16}$、$1F_H$ 等。

2. 不同数制间的转换

一个数可以表示为不同进制的形式。在日常生活中，人们习惯使用十进制数，而在计算机等设备中则使用二进制数和十六进制数，因此经常需要在不同数制间进行转换。

1）二—十转换

求二进制数的等值十进制数时，将所有值为 1 的数位的位权相加即可。

【例 1.1】 将二进制数 11001101.11_B 转换为等值的十进制数。

解 二进制数 11001101.11_B 各位对应的位权如下：

位权：2^7 2^6 2^5 2^4 2^3 2^2 2^1 2^0 2^{-1} 2^{-2}

二进制数：1 1 0 0 1 1 0 1. 1 1

等值十进制数为

$$2^7+2^6+2^3+2^2+2^0+2^{-1}+2^{-2}=128+64+8+4+1+0.5+0.25=205.75_D$$

2）十—二转换

将十进制数转换为二进制数时，要分别对整数部分和小数部分进行转换。

进行整数部分转换时，先将十进制整数除以 2，再对每次得到的商除以 2，直至商等于 0 为止。然后将各次余数按倒序写出来，即第一次的余数为二进制整数的最低有效位(LSB)，最后一次的余数为二进制整数的最高有效位(MSB)，所得数值即为等值二进制整数。

【例 1.2】 将 13_D 转换为二进制数。

解 转换过程如下：

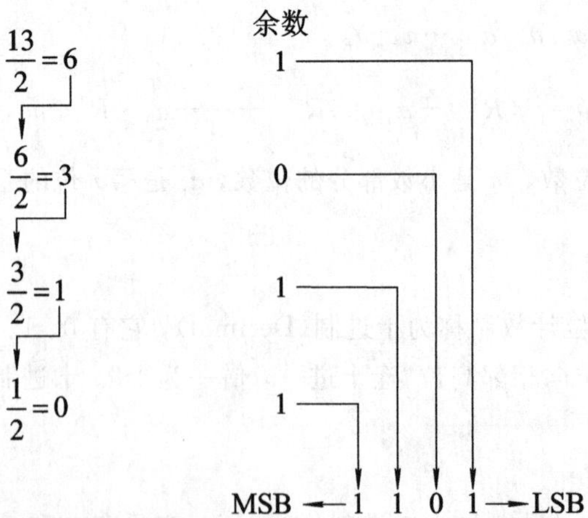

因此，对应的二进制整数为 1101_B。

进行小数部分转换时，先将十进制小数乘以 2，积的整数部分作为相应的二进制小数，再对积的小数部分乘以 2。如此类推，直至小数部分为 0，或按精度要求确定小数位数。第一次所得的积的整数为二进制小数的最高有效位，最后一次所得的积的整数为二进制小数的最低有效位。

【例 1.3】 将 0.125_D 转换为二进制小数。

解　转换过程如下：

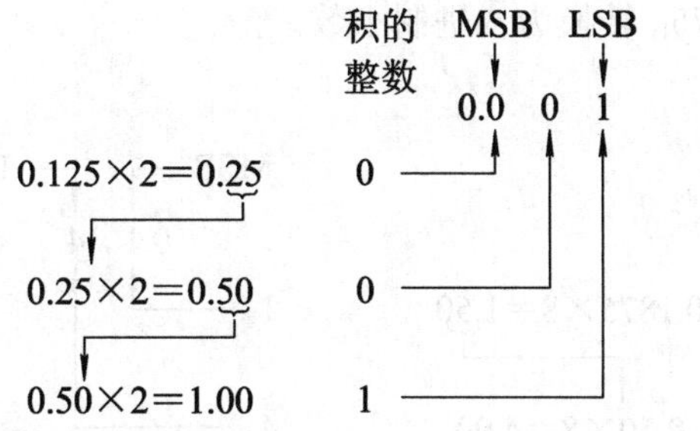

因此，对应的二进制小数为 0.001_B。

3）八—十转换

求八进制数的等值十进制数时，将各数位的值和相应的位权相乘，然后相加即可。

【例 1.4】 将八进制数 71.5_O 转换为等值的十进制数。

解　八进制数 71.5_O 各位对应的位权如下：

位权：8^1　8^0　8^{-1}

八进制数：7　1.　5

等值十进制数为

$$7\times8^1+1\times8^0+5\times8^{-1}=7\times8+1\times1+5\times0.125=57.625_D$$

4）十—八转换

将十进制数转换为八进制数时，要分别对整数部分和小数部分进行转换。

进行整数部分转换时，先将十进制整数除以 8，再对每次得到的商除以 8，直至商等于 0 为止。然后将各次余数按倒序写出来，即第一次的余数为八进制整数的最低有效位，最后一次的余数为八进制整数的最高有效位，所得数值即为等值八进制整数。

【例 1.5】 将 1735_D 转换为八进制数。

解　转换过程如下：

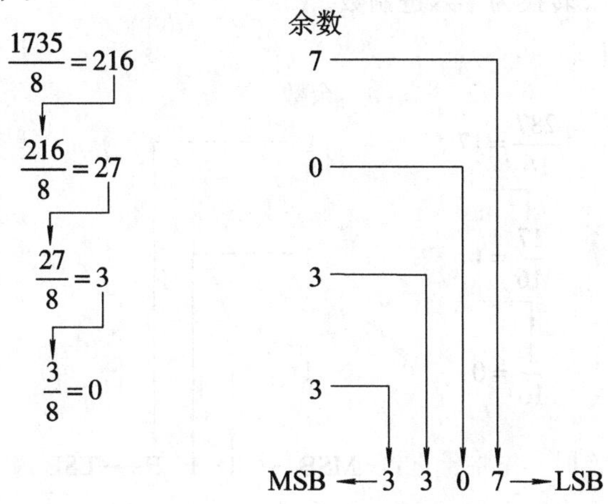

因此，对应的八进制整数为 3307_O。

进行小数部分转换时，先将十进制小数乘以 8，积的整数部分作为相应的八进制小数，再对积的小数部分乘以 8。如此类推，直至小数部分为 0，或按精度要求确定小数位数。第一次所得的积的整数为八进制小数的最高有效位，最后一次所得的积的整数为八进制小数的最低有效位。

【例 1.6】 将 0.1875_D 转换为八进制小数。

解 转换过程如下：

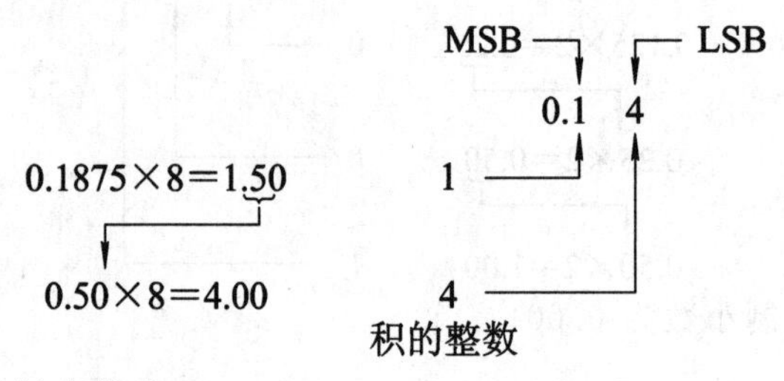

因此，对应的八进制小数为 0.14_O。

5）十六—十转换

求十六进制数的等值十进制数时，将各数位的值和相应的位权相乘，然后相加即可。

【例 1.7】 将十六进制数 $1A.C_H$ 转换为等值的十进制数。

解 十六进制数 $1A.C_H$ 各位对应的位权如下：

位权：16^1　16^0　16^{-1}

十六进制数：1　A.　C

等值十进制数为

$$1\times16^1+10\times16^0+12\times16^{-1}=1\times16+10\times1+12\times0.0625=26.75_D$$

6）十—十六转换

将十进制数转换为十六进制数时，要分别对整数部分和小数部分进行转换。

进行整数部分转换时，先将十进制整数除以 16，再对每次得到的商除以 16，直至商等于 0 为止。然后将各次余数按倒序写出来，即第一次的余数为十六进制整数的最低有效位，最后一次的余数为十六进制整数的最高有效位，所得数值即为等值十六进制整数。

【例 1.8】 将 287_D 转换为十六进制数。

解 转换过程如下：

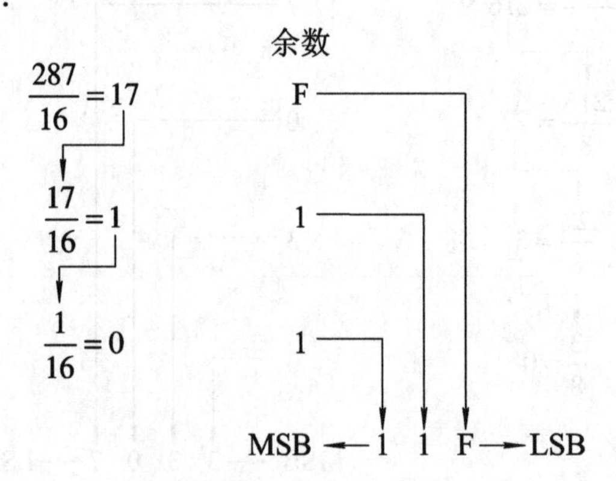

因此，对应的十六进制整数为 $11F_H$。

进行小数部分转换时，先将十进制小数乘以 16，积的整数部分作为相应的十六进制小数，再对积的小数部分乘以 16。如此类推，直至小数部分为 0，或按精度要求确定小数位数。第一次所得的积的整数为十六进制小数的最高有效位，最后一次所得的积的整数为十六进制小数的最低有效位。

【例 1.9】 将 0.62890625_D转换为十六进制数。

解　转换过程如下：

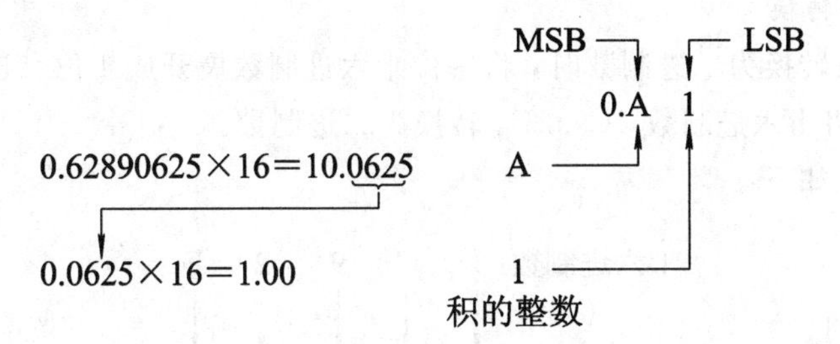

因此，对应的十六进制小数为 $0.A1_H$。

7) 二—八转换

将二进制数转换为八进制数时，整数部分自右往左每 3 位划为一组，最后剩余不足 3 位时在左面补 0；小数部分自左往右每 3 位划为一组，最后剩余不足 3 位时在右面补 0；然后将每一组用 1 位八进制数代替。

【例 1.10】 将二进制数 10111011.1011_B 转换为八进制数。

解　转换过程如下：

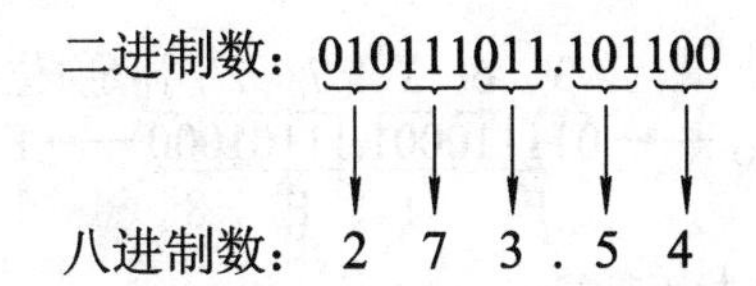

因此，对应的八进制数为 273.54_O。

8) 八—二转换

将八进制数转换为二进制数时，将每位八进制数展开成 3 位二进制数即可。

【例 1.11】 将八进制数 361.72_O 转换为二进制数。

解　转换过程如下：

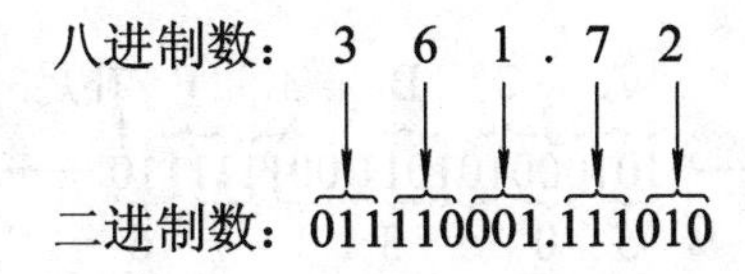

因此，对应的二进制数为 11110001.11101_B。

9) 二—十六转换

将二进制数转换为十六进制数时，整数部分自右往左每 4 位划为一组，最后剩余不足 4 位时在左面补 0；小数部分自左往右每 4 位划为一组，最后剩余不足 4 位时在右面补 0；然后将每一组用 1 位十六进制数代替。

【例 1.12】 将二进制数 111010111101.101$_B$ 转换为十六进制数。

解 转换过程如下：

二进制数：1110 1011 1101.1010

十六进制数：E B D A

因此，对应的十六进制数为 EBD.A$_H$。

10）十六—二转换

将十六进制数转换为二进制数时，将每位十六进制数展开成 4 位二进制数即可。

【例 1.13】 将十六进制数 1C9.2F$_H$ 转换为二进制数。

解 转换过程如下：

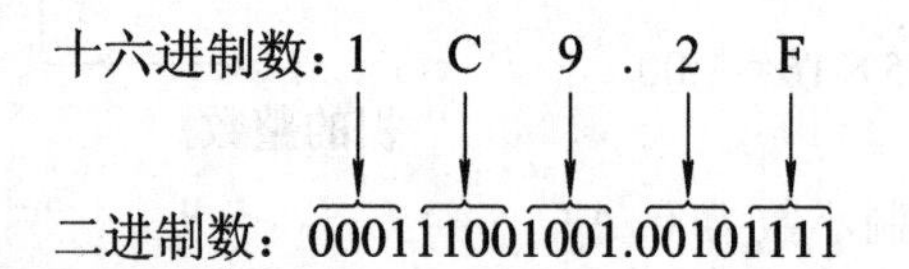

因此，对应的二进制数为 111001001.00101111$_B$。

11）八—十六转换

将八进制数转换为十六进制数时，先将八进制数转换为二进制数，再将所得的二进制数转换为十六进制数。

【例 1.14】 将八进制数 361.72$_O$ 转换为十六进制数。

解 转换过程如下：

3 6 1 . 7 2 补足4位

361.72$_O$ ⟶ 011110001.11101000 ⟶ F1.E8$_H$

F 1 . E 8

因此，对应的十六进制数为 F1.E8$_H$。

12）十六—八转换

将十六进制数转换为八进制数时，先将十六进制数转换为二进制数，再将所得的二进制数转换为八进制数。

【例 1.15】 将十六进制数 A2B.3F$_H$ 转换为八进制数。

解 转换过程如下：

A 2 B . 3 F 补足3位

A2B.3F$_H$ ⟶ 101000101011.001111110 ⟶ 5053.176$_O$

5 0 5 3 . 1 7 6

因此，对应的八进制数为 5053.176$_O$。

3. 代码

在数字系统中，常用 0 和 1 的组合来表示不同的数字、符号、动作或事物，这一过程叫作编码，这些组合称为代码(Code)。代码可以分为数字型的和字符型的、有权的和无权的。数字型代码用来表示数字的大小，字符型代码用来表示不同的符号、动作或事物。有权代码的每一数位都定义了相应的位权，无权代码的数位没有定义相应的位权。下面介绍三种常用的代码：8421BCD码、格雷(Gray)码和ASCII码。

1）8421BCD码

BCD(Binary Coded Decimal)码即二—十进制代码，用4位二进制代码表示1位十进制数码。8421BCD码是一种最常用的BCD码，它是一种有权码，4个数位的权值自左至右依次为8、4、2、1。8421BCD码如表1-1所示。

表1-1 8421BCD码

十进制数	8421BCD码	十进制数	8421BCD码
0	0000	5	0101
1	0001	6	0110
2	0010	7	0111
3	0011	8	1000
4	0100	9	1001

2）格雷(Gray)码

格雷码是一种无权循环码，它的特点是：相邻的两个码之间只有一位不同。表1-2列出了十进制数0～15的4位格雷码。

表1-2 4位格雷码

十进制数	格雷码	十进制数	格雷码
0	0000	8	1100
1	0001	9	1101
2	0011	10	1111
3	0010	11	1110
4	0110	12	1010
5	0111	13	1011
6	0101	14	1001
7	0100	15	1000

3）ASCII码

ASCII码即美国信息交换标准码(American Standard Code for Information Interchange)，是目前国际上广泛采用的一种字符码。ASCII码用7位二进制代码来表示128个不同的字符和符号，如表1-3所示。

表 1-3　美国信息交换标准码(ASCII 码)码表

位 4321	位 765							
	000	001	010	011	100	101	110	111
0000	NUL	DLE	SP	0	@	P	、	p
0001	SOH	DC1	!	1	A	Q	a	q
0010	STX	DC2	”	2	B	R	b	r
0011	ETX	DC3	#	3	C	S	c	s
0100	EOT	DC4	$	4	D	T	d	t
0101	ENQ	NAK	%	5	E	U	e	u
0110	ACK	SYN	&	6	F	V	f	v
0111	BEL	ETB	’	7	G	W	g	w
1000	BS	CAN	(	8	H	X	h	x
1001	HT	EM	)	9	I	Y	i	y
1010	LF	SUB	*	:	J	Z	j	z
1011	VT	ESC	+	;	K	[	k	{
1100	FF	FS	,	<	L	\	l	|
1101	CR	GS	—	=	M	]	m	}
1110	SO	RS	.	>	N	ˆ	n	～
1111	SI	US	/	?	O	—	o	DEL

注：

NUL：Null，空白
SOH：Start of Heading，标头开始
STX：Start of Text，正文开始
ETX：End of Text，正文结束
EOT：End of Transmission，传输结束
ENQ：Enquiry，询问
ACK：Acknowledge，确认
BEL：Bell，响铃
BS：Backspace，退格
HT：Horizontal Tabulation，水平列表
LF：Line Feed，换行
VT：Vertical Tabulation，垂直列表
FF：Form Feed，走纸
CR：Carriage Return，回车
SO：Shift Out，移出
SI：Shift In，移入
DLE：Data Link Escape，数据链路转义
DC1：Device Control 1，设备控制 1
DC2：Device Control 2，设备控制 2
DC3：Device Control 3，设备控制 3
DC4：Device Control 4，设备控制 4
NAK：Negative Acknowledge，否认
SYN：Synchronous Idle，同步
ETB：End of Transmission Block，块传输结束
CAN：Cancel，取消
EM：End of Medium，纸尽
SUB：Substitute，替换
ESC：Escape，脱离
FS：File Separator，文件分隔符
GS：Group Separator，组分隔符
RS：Record Separator，记录分隔符
US：Unit Separator，单元分隔符
SP：Space，空格
DEL：Delete，删除

1.2　逻辑代数的基本运算和门电路

逻辑代数(Logic Algebra)是由英国数学家乔治・布尔(George Boole)于 1849 年首先

提出的，因此也称为布尔代数(Boolean Algebra)。逻辑代数研究逻辑变量间的相互关系，是分析和设计逻辑电路不可缺少的数学工具。所谓逻辑变量，是指只有两种取值的变量，如真或假、高或低、1或0。

1.2.1　逻辑代数的基本运算

逻辑变量之间的关系多种多样，有简单的也有复杂的，最基本的逻辑关系有逻辑与、逻辑或和逻辑非三种。

1. 逻辑与

只有当决定某事件的全部条件同时具备时，该事件才发生，这样的逻辑关系称为逻辑与，或称逻辑相乘。

在图1-1电路中，只有当开关S_1和S_2同时接通时，电灯F才会亮。若以S_1、S_2表示两个开关的状态，以F表示电灯的状态，用1表示开关接通和电灯亮，用0表示开关断开和电灯灭，则只有当S_1和S_2同时为1时，F才为1，F与S_1和S_2之间是一种与的逻辑关系。逻辑与运算的运算符为“·”，写成$F=S_1\cdot S_2$或$F=S_1S_2$。

逻辑变量之间取值的对应关系可用一张表来表示，这种表叫作逻辑真值表，简称真值表。与运算的真值表如表1-4所示。

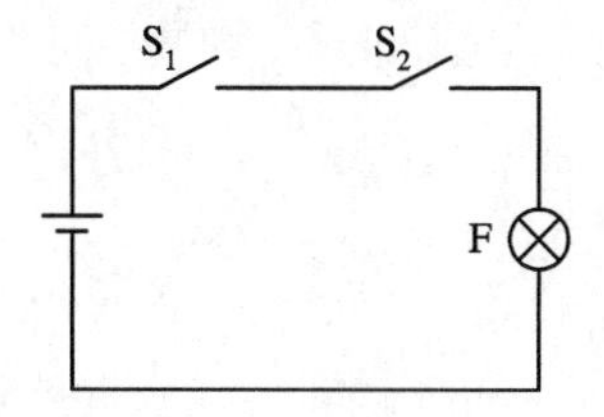

图1-1　与运算的逻辑电路

表1-4　与运算的真值表

S_1	S_2	F
0	0	0
0	1	0
1	0	0
1	1	1

2. 逻辑或

在决定某事件的诸多条件中，当有一个或一个以上具备时，该事件都会发生，这样的逻辑关系称为逻辑或，或称逻辑相加。

在图1-2电路中，当开关S_1和S_2中有一个接通($S_1=1$或$S_2=1$)或一个以上接通($S_1=1$且$S_2=1$)时，电灯F都会亮($F=1$)，因此F与S_1和S_2之间是一种或的逻辑关系。逻辑或运算的运算符为“+”，写成$F=S_1+S_2$。或运算的真值表如表1-5所示。

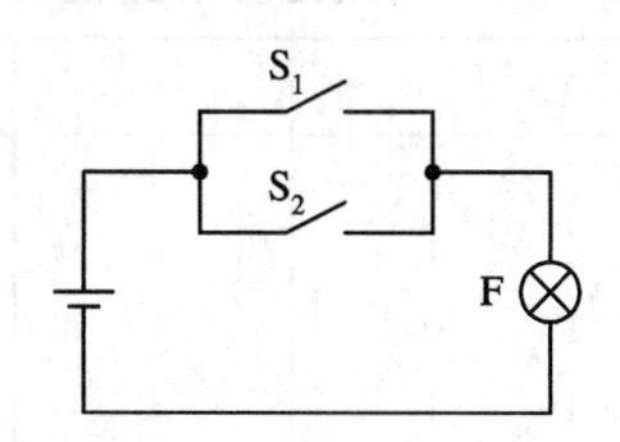

图1-2　或运算的逻辑电路

表1-5　或运算的真值表

S_1	S_2	F
0	0	0
0	1	1
1	0	1
1	1	1

3. 逻辑非

在只有一个条件决定某事件的情况下，如果当条件具备时，该事件不发生；而当条件不具备时，该事件反而发生，这样的逻辑关系称为逻辑非，也称为逻辑反。

在图 1-3 电路中，当开关 S 接通(S=1)时，电灯 F 不亮(F=0)，而当开关 S 断开(S=0)时，电灯 F 亮(F=1)，因此 F 与 S 之间是逻辑非的关系，写成 $F=\overline{S}$。非运算的真值表如表 1-6 所示。

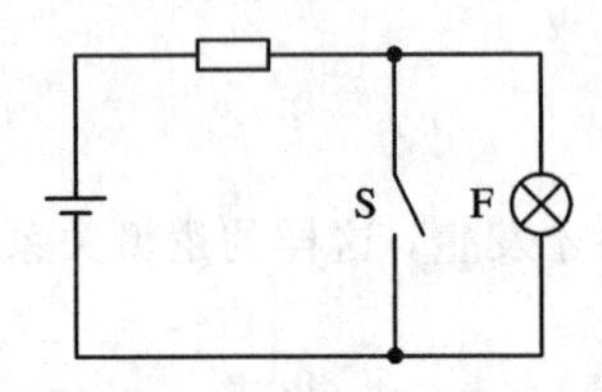

图 1-3　非运算的逻辑电路

表 1-6　非运算的真值表

S	F
0	1
1	0

4. 其他常见逻辑运算

除了与、或、非三种最基本的逻辑运算外，常见的复合逻辑运算有与非、或非、异或、同或、与非与非、或非或非等，这些运算的表达式如下：

与非表达式：$F=\overline{AB}$

或非表达式：$F=\overline{A+B}$

异或表达式：$F=A\oplus B=A\overline{B}+\overline{A}B$

同或表达式：$F=A\odot B=AB+\overline{A}\overline{B}$

与非与非表达式：$F=\overline{\overline{AB}\ \overline{CD}}$

或非或非表达式：$F=\overline{\overline{A+B}+\overline{C+D}}$

以上这些复合逻辑运算的真值表分别如表 1-7～表 1-12 所示。

表 1-7　与非运算的真值表

A	B	F
0	0	1
0	1	1
1	0	1
1	1	0

表 1-8　或非运算的真值表

A	B	F
0	0	1
0	1	0
1	0	0
1	1	0

表 1-9　异或运算的真值表

A	B	F
0	0	0
0	1	1
1	0	1
1	1	0

表 1-10　同或运算的真值表

A	B	F
0	0	1
0	1	0
1	0	0
1	1	1

表 1－11　与非与非运算的真值表

A	B	C	D	F
0	0	0	0	0
0	0	0	1	0
0	0	1	0	0
0	0	1	1	1
0	1	0	0	0
0	1	0	1	0
0	1	1	0	0
0	1	1	1	1
1	0	0	0	0
1	0	0	1	0
1	0	1	0	0
1	0	1	1	1
1	1	0	0	1
1	1	0	1	1
1	1	1	0	1
1	1	1	1	1

表 1－12　或非或非运算的真值表

A	B	C	D	F
0	0	0	0	0
0	0	0	1	0
0	0	1	0	0
0	0	1	1	0
0	1	0	0	0
0	1	0	1	1
0	1	1	0	1
0	1	1	1	1
1	0	0	0	0
1	0	0	1	1
1	0	1	0	1
1	0	1	1	1
1	1	0	0	0
1	1	0	1	1
1	1	1	0	1
1	1	1	1	1

1.2.2　门电路

输出和输入之间具有一定逻辑关系的电路称为逻辑门电路，简称门电路。常用的门电路有与门、或门、非门、与非门、或非门、与或非门、异或门、同或门等，它们的逻辑符号如图 1－4 所示。

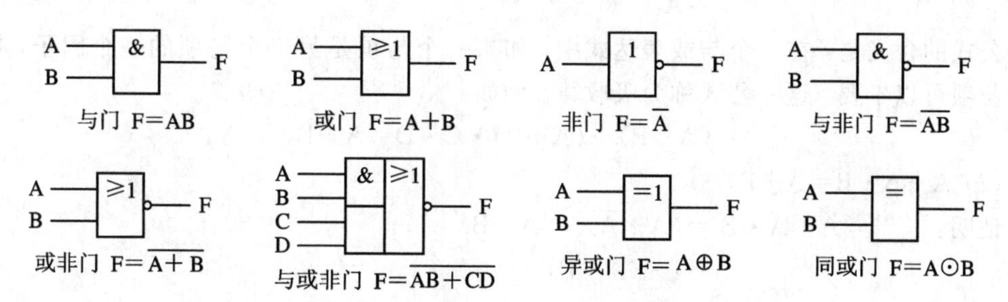

图 1－4　常用门电路的逻辑符号

1.3　逻辑代数的公式和规则

1.3.1　基本公式

逻辑代数的基本公式如下：

(1) $0\cdot 0=0$　　　　(1′) $0+0=0$

(2) $0 \cdot 1=0$　　(2′) $0+1=1$

(3) $1 \cdot 1=1$　　(3′) $1+1=1$

(4) $\overline{0}=1$　　(4′) $\overline{1}=0$

(5) $0 \cdot A=0$　　(5′) $0+A=A$

(6) $1 \cdot A=A$　　(6′) $1+A=1$

(7) $A \cdot \overline{A}=0$　　(7′) $A+\overline{A}=1$

(8) $A \cdot A=A$　　(8′) $A+A=A$

(9) $A \cdot B=B \cdot A$　　(9′) $A+B=B+A$

(10) $A \cdot (B \cdot C)=(A \cdot B) \cdot C$　　(10′) $A+(B+C)=(A+B)+C$

(11) $A \cdot (B+C)=A \cdot B+A \cdot C$　　(11′) $A+B \cdot C=(A+B) \cdot (A+C)$

(12) $\overline{A+B}=\overline{A} \cdot \overline{B}$　　(12′) $\overline{A \cdot B}=\overline{A}+\overline{B}$

(13) $\overline{\overline{A}}=A$

式(8)、(8′)称为同一律；式(9)、(9′)称为交换律；式(10)、(10′)称为结合律；式(11)、(11′)称为分配律；式(12)、(12′)称为德·摩根(De. Morgan)定律；式(13)称为还原律。

1.3.2　常用公式

下面列出一些常用的逻辑代数公式，利用前面介绍的基本公式可以对它们加以证明。

(1) $A+A \cdot B=A$

证明：
$$\begin{aligned} A+A \cdot B &= A \cdot 1+A \cdot B \\ &= A \cdot (1+B) \\ &= A \cdot 1 \\ &= A \end{aligned}$$

公式的含义是：在一个与或表达式中，如果一个与项是另一个与项的一个因子，则另一个与项可以不要。这一公式称为吸收律。例如：

$$(A+B)+(A+B) \cdot C \cdot D=A+B$$

(2) $A+\overline{A} \cdot B=A+B$

证明：
$$\begin{aligned} A+\overline{A} \cdot B &= (A+\overline{A}) \cdot (A+B) \\ &= 1 \cdot (A+B) \\ &= A+B \end{aligned}$$

公式的含义是：在一个与或表达式中，如果一个与项的反是另一个与项的一个因子，则这个因子可以不要。例如：

$$A+B+(\overline{A} \cdot \overline{B}) \cdot C=A+B+\overline{A+B} \cdot C=A+B+C$$

(3) $A \cdot B+\overline{A} \cdot C=A \cdot B+\overline{A} \cdot C+B \cdot C$

证明：
$$\begin{aligned} A \cdot B+\overline{A} \cdot C+B \cdot C &= A \cdot B+\overline{A} \cdot C+B \cdot C \cdot (A+\overline{A}) \\ &= A \cdot B+\overline{A} \cdot C+A \cdot B \cdot C+\overline{A} \cdot B \cdot C \\ &= (A \cdot B+A \cdot B \cdot C)+(\overline{A} \cdot C+\overline{A} \cdot C \cdot B) \\ &= A \cdot B+\overline{A} \cdot C \end{aligned}$$

公式的含义是：在一个与或表达式中，如果一个与项中的一个因子的反是另一个与项的一个因子，则由这两个与项其余的因子组成的与项是可要可不要的。例如：

$$
\begin{aligned}
A\cdot B\cdot C+(\bar{A}+\bar{B})\cdot D+C\cdot D &=(A\cdot B)\cdot C+(\overline{A\cdot B})\cdot D+C\cdot D \\
&=(A\cdot B)\cdot C+(\overline{A\cdot B})\cdot D \\
&=A\cdot B\cdot C+(\bar{A}+\bar{B})\cdot D
\end{aligned}
$$

(4) $A\cdot B+\bar{A}\cdot C=A\cdot B+\bar{A}\cdot C+B\cdot C\cdot D$

证明：

$$
\begin{aligned}
A\cdot B+\bar{A}\cdot C+B\cdot C\cdot D &=(A\cdot B+\bar{A}\cdot C)+B\cdot C\cdot D \\
&=A\cdot B+\bar{A}\cdot C+B\cdot C+B\cdot C\cdot D \\
&=A\cdot B+\bar{A}\cdot C+(B\cdot C+B\cdot C\cdot D) \\
&=A\cdot B+\bar{A}\cdot C+B\cdot C \\
&=A\cdot B+\bar{A}\cdot C
\end{aligned}
$$

公式的含义是：在一个与或表达式中，如果一个与项中的一个因子的反是另一个与项的一个因子，则包含这两个与项其余因子作为因子的与项是可要可不要的。例如：

$$A\cdot B\cdot C+(\bar{A}+\bar{B})\cdot D+C\cdot D\cdot\overline{E+F\cdot G}=A\cdot B\cdot C+(\bar{A}+\bar{B})\cdot D$$

1.3.3　三个规则

1. 代入规则

描述：在一个逻辑等式两边出现某个变量(或表示式)的所有位置都代入另一个变量(或表达式)时，等式仍然成立。

例如：已知$\overline{A\cdot B}=\bar{A}+\bar{B}$，在等式两边出现B的所有位置都代入BC，则等式仍然成立，即

$$\overline{A\cdot(BC)}=\bar{A}+\overline{(BC)}=\bar{A}+\bar{B}+\bar{C}$$

2. 反演规则

描述：对一个逻辑函数F，将所有的"·"换成"+"，"+"换成"·"，"0"换成"1"，"1"换成"0"，原变量换成反变量，反变量换成原变量，则得到函数F的反函数$\bar{F}$。

使用反演规则时要注意：保持原函数中逻辑运算的优先顺序；不是单个变量上的反号保持不变。

例如：已知

$$Z=A\cdot\bar{B}+\overline{\overline{A\cdot C}+\bar{D}}$$

则

$$\bar{Z}=(\bar{A}+B)\cdot\overline{\overline{\bar{A}+\bar{C}}\cdot D}$$

3. 对偶规则

描述：对一个逻辑函数F，将所有的"·"换成"+"，"+"换成"·"，"0"换成"1"，"1"换成"0"，则得到函数F的对偶函数F'。

例如：已知

$$F_1=A\cdot(B+C),\qquad F_2=A\cdot B+A\cdot C$$

则

$$F_1'=A+B\cdot C,\qquad F_2'=(A+B)\cdot(A+C)$$

如果两个函数相等，则它们的对偶函数亦相等。

例如：已知

$$A \cdot (B+C)=A \cdot B+A \cdot C$$

则

$$A+B \cdot C=(A+B) \cdot (A+C)$$

1.4 逻辑函数常用的描述方法及相互间的转换

1.4.1 逻辑函数常用的描述方法

逻辑函数常用的描述方法有表达式、真值表、卡诺图和逻辑图等。

1. 表达式

由逻辑变量和逻辑运算符号组成，用于表示变量之间逻辑关系的式子，称为逻辑表达式。常用的逻辑表达式有与或表达式、标准与或表达式、或与表达式、标准或与表达式、与非与非表达式、或非或非表达式、与或非表达式等。

与或表达式：　$F=AB+AC\overline{D}$

标准与或表达式：　$F=\overline{A}B\overline{C}D+ABC\overline{D}+ABCD$

或与表达式：　$F=(A+B)(A+C+\overline{D})$

标准或与表达式：　$F=(\overline{A}+\overline{B}+C+\overline{D})(A+B+C+D)(A+\overline{B}+C+\overline{D})$

与非与非表达式：　$F=\overline{\overline{AB}\ \overline{CD}}$

或非或非表达式：　$F=\overline{\overline{A+B}+\overline{C+D}}$

与或非表达式：　$F=\overline{AB+CD}$

2. 真值表

用来反映变量所有取值组合及对应函数值的表格，称为真值表。

例如，在一个判奇电路中，当 A、B、C 三个变量中有奇数个 1 时，输出 F 为 1；否则，输出 F 为 0。据此可列出表 1 - 13 所示的真值表。

表 1 - 13　判奇电路的真值表

A	B	C	F
0	0	0	0
0	0	1	1
0	1	0	1
0	1	1	0
1	0	0	1
1	0	1	0
1	1	0	0
1	1	1	1

3. 卡诺图

将逻辑变量分成两组，分别在横竖两个方向用循环码形式排列出各组变量的所有取值组合，构成一个有 2^n 个方格的图形，其中，每一个方格对应变量的一个取值组合，这种图形叫作卡诺图。卡诺图分变量卡诺图和函数卡诺图两种。在变量卡诺图的所有方格中，没有相应的函数值，而在函数卡诺图中，每个方格上都有相应的函数值。

图 1－5 为 2～5 个变量的卡诺图，方格中的数字为该方格对应变量取值组合的十进制数，亦称该方格的编号。

(a)

A \ B	0	1
0	0	1
1	2	3

(b)

A \ BC	00	01	11	10
0	0	1	3	2
1	4	5	7	6

(c)

AB \ CD	00	01	11	10
00	0	1	3	2
01	4	5	7	6
11	12	13	15	14
10	8	9	11	10

(d)

AB \ CDE	000	001	011	010	110	111	101	100
00	0	1	3	2	6	7	5	4
01	8	9	11	10	14	15	13	12
11	24	25	27	26	30	31	29	28
10	16	17	19	18	22	23	21	20

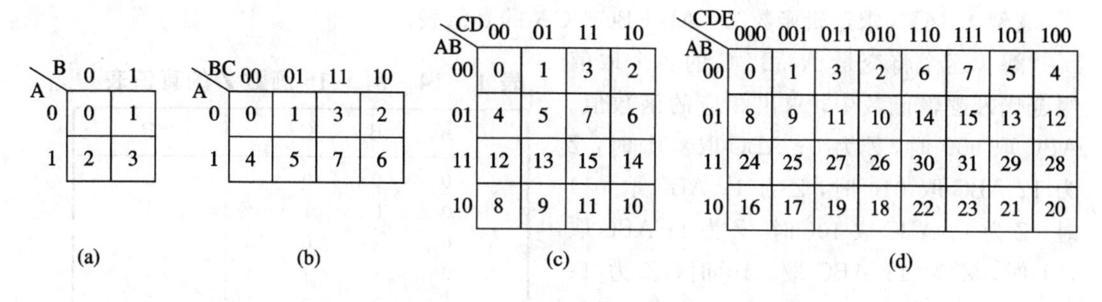

图 1－5　变量卡诺图

(a) 2 变量；(b) 3 变量；(c) 4 变量；(d) 5 变量

图 1－6 为一个 4 变量的函数卡诺图，方格中的 0 和 1 表示在对应变量取值组合下该函数的取值。

AB \ CD	00	01	11	10
00	0	1	0	1
01	1	1	1	0
11	0	0	0	1
10	0	1	1	0

图 1－6　一个 4 变量的函数卡诺图

4. 逻辑图

由逻辑门电路符号构成的，用来表示逻辑变量之间关系的图形称为逻辑电路图，简称逻辑图。

图 1－7 所示为函数 $F=\overline{A\bar{B}+\overline{\bar{A}\,\overline{(B+C)}}(C\oplus D)}$ 的逻辑图。

图 1－7　函数 $F=\overline{A\bar{B}+\overline{\bar{A}\,\overline{(B+C)}}(C\oplus D)}$ 的逻辑图

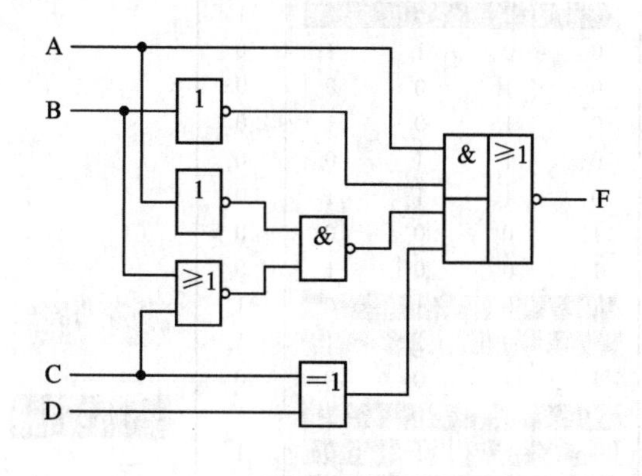

1.4.2　不同描述方法之间的转换

1. 表达式→真值表

由表达式列函数的真值表时，一般首先按自然二进制码的顺序列出函数所含逻辑变量的所有不同取值组合，再确定出相应的函数值。

【例 1.16】　求逻辑函数 $Z=A\overline{B}+B\overline{C}+C\overline{A}$ 的真值表。

解　逐个将变量 A、B、C 的各个取值组合代入逻辑函数中，求出相应的函数值。ABC 取 000 时，Z 为 0；ABC 取 001 时，Z 为 1；ABC 取 010 时，Z 为 1；ABC 取 011 时，Z 为 1；ABC 取 100 时，Z 为 1；ABC 取 101 时，Z 为 1；ABC 取 110 时，Z 为 1；ABC 取 111 时，Z 为 0。按自然二进制码的顺序列出变量 A、B、C 的所有不同取值组合，再根据以上的分析结果，可以得到如表 1-14 所示的真值表。

表 1-14　例 1.16 函数 Z 的真值表

A	B	C	F
0	0	0	0
0	0	1	1
0	1	0	1
0	1	1	1
1	0	0	1
1	0	1	1
1	1	0	1
1	1	1	0

【例 1.17】　求逻辑函数 $F=AC+\overline{B}\,\overline{A+D}+AB\overline{C}D$ 的真值表。

解　可以先将逻辑函数转化为与或表达式，再找出使每个与项等于 1 的取值组合，这些组合对应的函数值为 1。与或表达式为

$$F=AC+\overline{B}\,\overline{A+D}+AB\overline{C}D=AC+\overline{A}\,\overline{B}\,\overline{D}+AB\overline{C}D$$

第一个与项为 AC，A、C 同时为 1 时，其值为 1，包括 1010、1011、1110、1111 四个组合；第二个与项为 $\overline{A}\,\overline{B}\,\overline{D}$，A、B、D 同时为 0 时，其值为 1，包括 0000、0010 两个组合；第三个与项为 $AB\overline{C}D$，只有当 ABCD 为 1101 时，其值才为 1。因此，可得如表 1-15 所示的真值表。

表 1-15　例 1.17 函数 F 的真值表

A	B	C	D	F	
0	0	0	0	1	$\overline{A}\,\overline{B}\,\overline{D}=1$
0	0	0	1	0	
0	0	1	0	1	
0	0	1	1	0	
0	1	0	0	0	
0	1	0	1	0	
0	1	1	0	0	
0	1	1	1	0	
1	0	0	0	0	
1	0	0	1	0	
1	0	1	0	1	AC=1
1	0	1	1	1	
1	1	0	0	0	
1	1	0	1	1	$AB\overline{C}D=1$
1	1	1	0	1	
1	1	1	1	1	

【例 1.18】 求逻辑函数 $F=A(B+CD)+\overline{A+B\overline{C}+D}$ 的真值表。

解 根据变量的取值逐级对逻辑函数进行化简，再根据所得到的简化表达式求函数值。

当 A=0 时，$F=0(B+CD)+\overline{0+B\overline{C}+D}=\overline{B\overline{C}+D}=(\overline{B}+C)\overline{D}$。

当 A=0，B=0 时，$F=(\overline{0}+C)\overline{D}=\overline{D}$。D 为 0 时，函数 F 为 1；D 为 1 时，函数 F 为 0。

当 A=0，B=1 时，$F=(\overline{1}+C)\overline{D}=C\overline{D}$。只有当 CD 为 10 时，函数 F 才为 1，否则函数 F 为 0。

当 A=1 时，$F=1(B+CD)+\overline{1+B\overline{C}+D}=B+CD$。当 B 为 1 或 CD 同时为 1 时，函数 F 为 1。

根据以上分析，可得如表 1－16 所示的真值表。

表 1－16 例 1.18 函数 F 的真值表

$F=(\overline{B}+C)\overline{D}$（A=0 的各行）；$F=\overline{D}$（A=0，B=0 的各行）；$F=C\overline{D}$（A=0，B=1 的各行）；$F=B+CD$（A=1 的各行）

A	B	C	D	F
0	0	0	0	1
0	0	0	1	0
0	0	1	0	1
0	0	1	1	0
0	1	0	0	0
0	1	0	1	0
0	1	1	0	1
0	1	1	1	0
1	0	0	0	0
1	0	0	1	0
1	0	1	0	0
1	0	1	1	1
1	1	0	0	1
1	1	0	1	1
1	1	1	0	1
1	1	1	1	1

2. 真值表→表达式

由真值表写函数的表达式时，有两种标准的形式：标准与或表达式和标准或与表达式。

1) 标准与或表达式

标准与或表达式是一种特殊的与或表达式，其中的每个与项都包含了所有相关的逻辑变量，每个变量以原变量或反变量形式出现一次且仅出现一次，这样的与项称为标准与项，又称最小项。

最小项的主要性质：

(1) 每个最小项都与变量的唯一的一个取值组合相对应，只有该组合使这个最小项取值为 1，其余任何组合均使该最小项取值为 0。

(2) 所有不同的最小项相或，结果一定为 1。

(3) 任意两个不同的最小项相与，结果一定为 0。

最小项的编号：最小项对应变量取值组合的大小，称为该最小项的编号。

求最小项对应的变量取值组合时，如果变量为原变量，则对应组合中变量取值为 1；如果变量为反变量，则对应组合中变量取值为 0。例如，A、B、C 的最小项 $A\overline{B}C$ 对应的变量取值组合为 101，其大小为 5，所以，$A\bar{B}C$ 的编号为 5，记为 m_5。

我们知道，一个逻辑函数的表达式不是唯一的，例如，函数 $F=A(B+C)$ 又可以写成 $F=AB+AC$。但是，一个逻辑函数的标准与或表达式是唯一的。从函数的一般与或表达式可以很容易地写出其标准与或表达式。具体方法为：如果一个与项缺少某变量，则乘上该变量和其反变量的逻辑和，直至每一个与项都是最小项为止。

【例 1.19】 写出函数 $F=A+\bar{B}C+\bar{A}B\bar{C}$ 的标准与或表达式。

解

$$\begin{aligned}F&=A+\bar{B}C+\bar{A}B\bar{C}\\&=A(B+\bar{B})(C+\bar{C})+(A+\bar{A})\bar{B}C+\bar{A}B\bar{C}\\&=ABC+AB\bar{C}+A\bar{B}C+A\bar{B}\bar{C}+A\bar{B}C+\bar{A}\bar{B}C+\bar{A}B\bar{C}\\&=\bar{A}\bar{B}C+\bar{A}B\bar{C}+A\bar{B}\bar{C}+A\bar{B}C+AB\bar{C}+ABC\end{aligned}$$

也可以写成

$$F(A,B,C)=m_1+m_2+m_4+m_5+m_6+m_7$$

或

$$F(A,B,C)=\sum m(1,2,4,5,6,7)$$

或

$$F(A,B,C)=\sum(1,2,4,5,6,7)$$

从上面例子可以看出，一个与项如果缺少一个变量，则生成两个最小项；一个与项如果缺少两个变量，则生成四个最小项。如此类推，一个与项如果缺少 n 个变量，则生成 2^n 个最小项。

由真值表求函数的标准与或表达式时，找出真值表中函数值为 1 的对应组合，将这些组合对应的最小项相或即可。

【例 1.20】 已知逻辑函数的真值表如表 1-17 所示，写出函数的标准与或表达式。

表 1-17 例 1.20 函数 F 的真值表

A	B	C	F
0	0	0	0
0	0	1	1
0	1	0	1
0	1	1	0
1	0	0	1
1	0	1	0
1	1	0	0
1	1	1	1

解 从表中可以看出，当变量 A、B、C 取 001、010、100、111 这四种组合时，函数 F 的值为 1。这四种组合对应的最小项分别为 $\bar{A}\bar{B}C$、$\bar{A}B\bar{C}$、$A\bar{B}\bar{C}$、ABC，因此，函数 F 的标准与或表达式为

$$\begin{aligned}F(A,B,C)&=\bar{A}\bar{B}C+\bar{A}B\bar{C}+A\bar{B}\bar{C}+ABC\\&=m_1+m_2+m_4+m_7\\&=\sum m(1,2,4,7)\\&=\sum(1,2,4,7)\end{aligned}$$

2）标准或与表达式

标准或与表达式是一种特殊的或与表达式，其中的每个或项都包含了所有相关的逻辑变量，每个变量以原变量或反变量的形式出现一次且仅出现一次。这样的或项称为标准或项，又称最大项。

最大项的主要性质：

(1) 每个最大项都与变量的唯一的一个取值组合相对应，只有该组合使这个最大项取值为 0，其余任何组合均使该最大项取值为 1。

(2) 所有不同的最大项相与，结果一定为 0。

(3) 任意两个不同的最大项相或，结果一定为 1。

最大项的编号：最大项对应变量取值组合的大小，称为该最大项的编号。

求最大项对应的变量取值组合时，如果变量为原变量，则对应组合中变量取值为 0；如果变量为反变量，则对应组合中变量取值为 1。例如，A、B、C 的最大项 $(A+\bar{B}+C)$ 对应的变量取值组合为 010，其大小为 2，因而，$(A+\bar{B}+C)$ 的编号为 2，记为 M_2。

我们知道，一个逻辑函数的标准与或表达式是唯一的。同样，一个逻辑函数的标准或与表达式也是唯一的。从函数的一般或与表达式可以很容易地写出其标准或与表达式。具体方法为：如果一个或项缺少某变量，则或上该变量和其反变量的逻辑与，直至每一个或项都是最大项为止。

【例 1.21】 写出函数 $F=A(\bar{B}+C)$ 的标准或与表达式。

解

$$\begin{aligned} F &= A(\bar{B}+C) \\ &= (A+B\bar{B}+C\bar{C})(A\bar{A}+\bar{B}+C) \\ &= (A+B+C)(A+\bar{B}+C)(A+B+\bar{C})(A+\bar{B}+\bar{C})(A+\bar{B}+C)(\bar{A}+\bar{B}+C) \\ &= (A+B+C)(A+B+\bar{C})(A+\bar{B}+C)(A+\bar{B}+\bar{C})(\bar{A}+\bar{B}+C) \end{aligned}$$

也可以写成

$$F(A, B, C)=M_0M_1M_2M_3M_6$$

或

$$F(A, B, C)=\prod M(0, 1, 2, 3, 6)$$

或

$$F(A, B, C)=\prod(0, 1, 2, 3, 6)$$

从上面例子可以看出，一个或项如果缺少一个变量，则生成两个最大项；一个或项如果缺少两个变量，则生成四个最大项。如此类推，一个或项如果缺少 n 个变量，则生成 2^n 个最大项。

由真值表求函数的标准或与表达式时，找出真值表中函数值为 0 的对应组合，将这些组合对应的最大项相与即可。

【例 1.22】 已知逻辑函数的真值表如表 1-18 所示，写出函数的标准或与表达式。

表 1-18　例 1.22 函数 F 的真值表

A	B	C	F
0	0	0	1
0	0	1	0
0	1	0	0
0	1	1	1
1	0	0	0
1	0	1	1
1	1	0	1
1	1	1	0

解 从表中可以看出，当变量 A、B、C 取 001、010、100、111 这四种组合时，函数 F 的值为 0。这四种组合对应的最大项分别为 $A+B+\overline{C}$、$A+\overline{B}+C$、$\overline{A}+B+C$、$\overline{A}+\overline{B}+\overline{C}$，因此，函数 F 的标准或与表达式为

$$
\begin{aligned}
F(A, B, C) &= (A+B+\overline{C})(A+\overline{B}+C)(\overline{A}+B+C)(\overline{A}+\overline{B}+\overline{C}) \\
&= M_1 M_2 M_4 M_7 \\
&= \prod M(1, 2, 4, 7) \\
&= \prod (1, 2, 4, 7)
\end{aligned}
$$

3）*标准与或表达式和标准或与表达式之间的转换*

同一函数，其标准与或表达式中最小项的编号和其标准或与表达式中最大项的编号是互补的，即在标准与或表达式中出现的最小项编号不会在其标准或与表达式的最大项编号中出现，而不在标准与或表达式中出现的最小项编号一定在其标准或与表达式的最大项编号中出现。

【例 1.23】 已知 $F(A, B, C)=\overline{A}\overline{B}C+\overline{A}B\overline{C}+A\overline{B}\overline{C}+ABC$，写出其标准或与表达式。

解

$$
\begin{aligned}
F(A, B, C) &= \overline{A}\overline{B}C+\overline{A}B\overline{C}+A\overline{B}\overline{C}+ABC \\
&= \sum (1, 2, 4, 7) \\
&= \prod (0, 3, 5, 6) \\
&= (A+B+C)(A+\overline{B}+\overline{C})(\overline{A}+B+\overline{C})(\overline{A}+\overline{B}+C)
\end{aligned}
$$

【例 1.24】 已知 $F(A, B, C)=(A+B+\overline{C})(A+\overline{B}+\overline{C})(\overline{A}+B+\overline{C})(\overline{A}+\overline{B}+\overline{C})$，写出其标准与或表达式。

解

$$
\begin{aligned}
F(A, B, C) &= (A+B+\overline{C})(A+\overline{B}+\overline{C})(\overline{A}+B+\overline{C})(\overline{A}+\overline{B}+\overline{C}) \\
&= \prod (1, 3, 5, 7) = \sum (0, 2, 4, 6) \\
&= \overline{A}\overline{B}\overline{C}+\overline{A}B\overline{C}+A\overline{B}\overline{C}+AB\overline{C}
\end{aligned}
$$

3. 真值表→卡诺图

已知逻辑函数的真值表，只需找出真值表中函数值为 1 的变量组合，确定其大小编号，并在卡诺图中具有相应编号的方格中标上 1，即可得到该函数的卡诺图。

例如，对于表 1-19 所示的逻辑函数 F 的真值表，它的卡诺图如图 1-8 所示。

表 1-19 逻辑函数 F 的真值表

A	B	C	D	F	A	B	C	D	F
0	0	0	0	0	1	0	0	0	0
0	0	0	1	1_1	1	0	0	1	1_9
0	0	1	0	1_2	1	0	1	0	0
0	0	1	1	0	1	0	1	1	1_{11}
0	1	0	0	1_4	1	1	0	0	0
0	1	0	1	1_5	1	1	0	1	0
0	1	1	0	0	1	1	1	0	1_{14}
0	1	1	1	1_7	1	1	1	1	0

AB \ CD	00	01	11	10
00	0	1_1	0	1_2
01	1_4	1_5	1_7	0
11	0	0	0	1_{14}
10	0	1_9	1_{11}	0

图 1－8　表 1－19 逻辑函数 F 的卡诺图

4. 卡诺图→真值表

已知逻辑函数的卡诺图，只需找出卡诺图中函数值为 1 的方格所对应的变量组合，并在真值表中让相应组合的函数值为 1，即可得到函数真值表。

图 1－9 为逻辑函数 F 的卡诺图。从图 1－9 可以看出，当 ABC 为 001、011、100 和 110 时，逻辑函数 F 的值为 1，由此可知逻辑函数 F 的真值表如表 1－20 所示。

A \ BC	00	01	11	10
0		1	1	
1	1			1

图 1－9　逻辑函数 F 的卡诺图

表 1－20　图 1－9 逻辑函数 F 的真值表

A	B	C	F
0	0	0	0
0	0	1	1
0	1	0	0
0	1	1	1
1	0	0	1
1	0	1	0
1	1	0	1
1	1	1	0

5. 表达式→卡诺图

已知逻辑函数的表达式，若要画出函数的卡诺图，则可以先将逻辑函数转化为一般的与或表达式，再找出使每个与项等于 1 的取值组合，最后将卡诺图中对应这些组合的方格标为 1 即可。

【例 1.25】 画出逻辑函数 $F=AC+\bar{B}\,\overline{A+D}+AB\bar{C}D$ 的卡诺图。

解　　$F=AC+\bar{B}\,\overline{A+D}+AB\bar{C}D=AC+\bar{A}\bar{B}\bar{D}+AB\bar{C}D$

当 A、C 同时为 1 时，第一个与项 AC 为 1。A＝1 对应卡诺图的第三和第四行，C＝1 对应卡诺图的第三和第四列，因此，将第三、四行和第三、四列公共的四个方格标为 1。

当 A、B、D 同时为 0 时，第二个与项 $\bar{A}\bar{B}\bar{D}$ 等于 1。A、B 同时为 0 对应卡诺图的第一行，D 为 0 对应卡诺图的第一和第四列，因此，将第一行和第一、四列公共的两个方格标为 1。

当 ABCD 为 1101 时，第三个与项 $AB\overline{C}D$ 的值为 1。AB 为 11 对应卡诺图的第三行，CD 为 01 对应卡诺图的第二列，因此将第三行和第二列公共的一个方格标为 1。

结果得到图 1－10 所示的卡诺图。

AB＼CD	00	01	11	10
00	1	0	0	1
01	0	0	0	0
11	0	1	1	1
10	0	0	1	1

图 1－10　例 1.25 函数 F 的卡诺图

从上面例子可以看出，一个与项如果缺少一个变量，则对应卡诺图中两个方格；一个与项如果缺少两个变量，则对应卡诺图中四个方格。如此类推，一个与项如果缺少 n 个变量，则对应卡诺图中 2^n 个方格。

6. 卡诺图→标准表达式

已知函数的卡诺图时，也可以写出函数的两种标准表达式：标准与或表达式和标准或与表达式。

1）由卡诺图求函数的标准与或表达式

已知函数的卡诺图，若要写出函数的标准与或表达式，则将卡诺图中所有函数值为 1 的方格对应的最小项相或即可。

【例 1.26】 已知函数 F 的卡诺图如图 1－11 所示，写出函数的标准与或表达式。

AB＼CD	00	01	11	10
00	1_0	0	0	1_2
01	0	0	1_7	0
11	0	1_{13}	0	0
10	1_8	0	0	1_{10}

图 1－11　例 1.26 函数 F 的卡诺图

解　从卡诺图中看到，在编号为 0、2、7、8、10、13 的方格中，函数 F 的值为 1，这些方格对应的最小项分别为 $\overline{ABCD}$、$\overline{AB}C\overline{D}$、$\overline{A}BCD$、$A\overline{BCD}$、$A\overline{B}C\overline{D}$、$AB\overline{C}D$。因此，函数 F 的标准与或表达式为

$$F = \overline{A}\,\overline{B}\,\overline{C}\,\overline{D} + \overline{A}\,\overline{B}C\overline{D} + \overline{A}BCD + A\overline{B}\,\overline{C}\,\overline{D} + A\overline{B}C\overline{D} + AB\overline{C}D$$

2）由卡诺图求函数的标准或与表达式

已知函数的卡诺图，若要写出函数的标准或与表达式，则将卡诺图中所有函数值为 0 的方格对应的最大项相与即可。

【例 1.27】 已知函数 F 的卡诺图如图 1－12 所示，写出函数的标准或与表达式。

AB\CD	00	01	11	10
00	1	0_1	1	1
01	1	0_5	1	1
11	1	1	0_{15}	1
10	1	0_9	1	1

图1-12　例1.27函数F的卡诺图

解　从卡诺图中看到，在编号为1、5、9、15的方格中，函数F的值为0，这些方格对应的最大项分别为$A+B+C+\overline{D}$、$A+\overline{B}+C+\overline{D}$、$\overline{A}+B+C+\overline{D}$、$\overline{A}+\overline{B}+\overline{C}+\overline{D}$。因此，可以写出如下的标准或与表达式：

$$F=(A+B+C+\overline{D})(A+\overline{B}+C+\overline{D})(\overline{A}+B+C+\overline{D})(\overline{A}+\overline{B}+\overline{C}+\overline{D})$$

1.5　逻辑函数的化简

我们知道，同一个逻辑函数可以写成不同的表达式。用基本逻辑门电路去实现某函数时，表达式越简单，需用的门电路个数就越少，因而也就越经济可靠。因此，实现逻辑函数之前，往往要对它进行化简，先求出其最简表达式，再根据最简表达式去实现逻辑函数。最简表达式有很多种，最常用的有最简与或表达式和最简或与表达式。不同类型的逻辑函数表达式，最简的定义也不同。

函数的最简与或表达式必须满足的条件有：

(1) 与项个数最少。

(2) 与项中变量的个数最少。

函数的最简或与表达式必须满足的条件有：

(1) 或项个数最少。

(2) 或项中变量的个数最少。

常见的化简方法有公式法和卡诺图法两种。

1.5.1　公式法化简

公式法化简逻辑函数，就是利用逻辑代数的基本公式，对函数进行消项、消因子等，以求得函数的最简表达式。常用方法有以下四种。

1. 并项法

利用公式$AB+\overline{A}B=B$将两个与项合并为一个，消去其中的一个变量。

【例1.28】　求函数$F=AB+A\overline{B}+\overline{A}B+\overline{A}\overline{B}$的最简与或表达式。

解

$$\begin{aligned}F&=AB+A\overline{B}+\overline{A}B+\overline{A}\overline{B}\\&=(AB+A\overline{B})+(\overline{A}B+\overline{A}\overline{B})\\&=A+\overline{A}=1\end{aligned}$$

2. 吸收法

利用公式 $A+AB=A$ 吸收多余的与项。

【例 1.29】 求函数 $F=(A+AB+ABC)(A+B+C)$ 的最简与或表达式。

解
$$
\begin{aligned}
F &= (A+AB+ABC)(A+B+C)\\
&= A(A+B+C)\\
&= AA+AB+AC\\
&= A+AB+AC\\
&= A
\end{aligned}
$$

3. 消去法

利用公式 $A+\overline{A}B=A+B$ 消去与项多余的因子。

【例 1.30】 求函数 $F=AB+\overline{A}C+\overline{B}C+\overline{C}D+\overline{D}$ 的最简与或表达式。

解
$$
\begin{aligned}
F &= AB+\overline{A}C+\overline{B}C+\overline{C}D+\overline{D}\\
&= AB+\overline{A}C+\overline{B}C+\overline{C}+\overline{D}\\
&= AB+\overline{A}+\overline{B}+\overline{C}+\overline{D}\\
&= B+\overline{A}+\overline{B}+\overline{C}+\overline{D}\\
&= 1
\end{aligned}
$$

4. 配项消项法

利用公式 $AB+\overline{A}C=AB+\overline{A}C+BC$ 进行配项，以消去更多的与项。

【例 1.31】 求函数 $F=A\overline{B}+BD+D\overline{A}+DCE$ 的最简与或表达式。

解
$$
\begin{aligned}
F &= A\overline{B}+BD+D\overline{A}+DCE\\
&= A\overline{B}+BD+AD+D\overline{A}+DCE\\
&= A\overline{B}+BD+D+DCE\\
&= A\overline{B}+D
\end{aligned}
$$

【例 1.32】 求函数 $F=A\overline{B}+\overline{B}C+B\overline{C}+\overline{A}B$ 的最简与或表达式。

解
$$
\begin{aligned}
F &= A\overline{B}+\overline{B}C+B\overline{C}+\overline{A}B\\
&= A\overline{B}+B\overline{C}+(\overline{B}C+\overline{A}B)\\
&= A\overline{B}+B\overline{C}+\overline{B}C+\overline{A}B+\overline{A}C\\
&= A\overline{B}+\overline{B}C+(B\overline{C}+\overline{A}C+\overline{A}B)\\
&= A\overline{B}+\overline{B}C+B\overline{C}+\overline{A}C\\
&= (A\overline{B}+\overline{A}C+\overline{B}C)+B\overline{C}\\
&= A\overline{B}+\overline{A}C+B\overline{C}
\end{aligned}
$$

1.5.2 卡诺图法化简

1. 用卡诺图化简法求函数的最简与或表达式

1) 卡诺图的相邻性

最小项的相邻性定义：两个最小项，如果只有一个变量的形式不同(在一个最小项中以原变量出现，在另一个最小项中以反变量出现)，其余变量的形式都不变，则称这两个最小项是逻辑相邻的。

卡诺图的相邻性判别：在卡诺图的两个方格中，如果只有一个变量的取值不同(在一个方格中取 1，在另一个方格中取 0)，其余变量的取值都不变，则这两个方格对应的最小项是逻辑相邻的。

在卡诺图中，由于变量取值按循环码排列，使得几何相邻的方格对应的最小项是逻辑相邻的。具体而言就是：每一方格和上、下、左、右四边紧靠它的方格相邻；最上一行和最下一行对应的方格相邻；最左一列和最右一列对应的方格相邻；对折相重的方格相邻。图 1－13 画出了卡诺图中最小项相邻的几种情况。

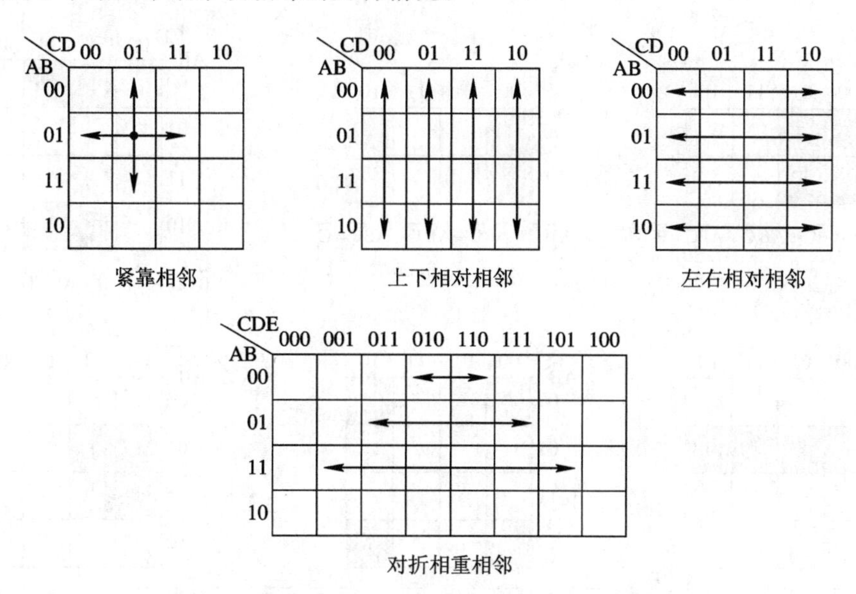

图 1－13　卡诺图中最小项相邻的几种情况

2) 卡诺图化简法的一般规律

(1) 两个相邻的 1 方格圈在一起，消去一个变量，如图 1－14 所示。

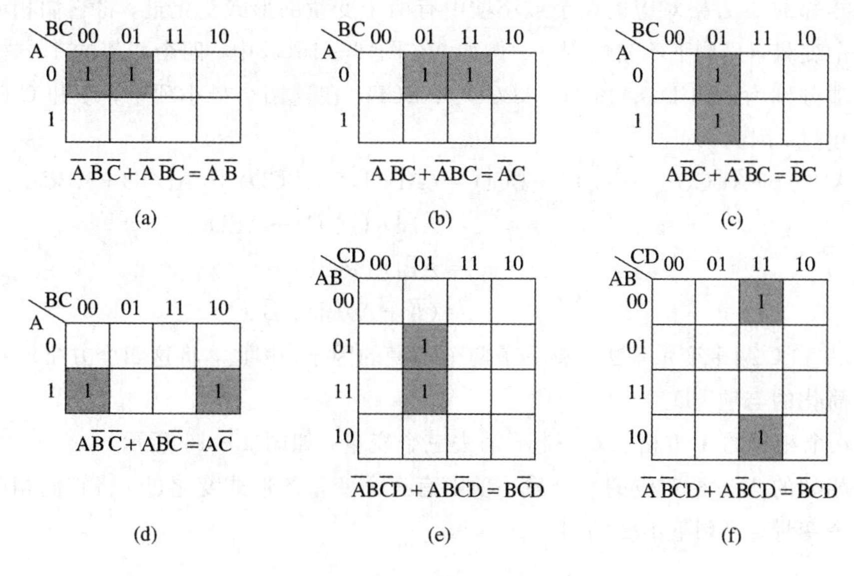

图 1－14　两个相邻最小项的合并

两个相邻的 1 方格对应的两个最小项中只有一个变量的形式不同，将它们相或时可以消去该变量，只剩下不变的因子。例如，在图 1-14(a)中，两个相邻的 1 方格对应的两个最小项为 $\overline{A}\overline{B}\overline{C}$ 和 $\overline{A}\overline{B}C$，在这两个最小项中只有变量 C 的形式不同。因为 $\overline{A}\overline{B}\overline{C}+\overline{A}\overline{B}C=\overline{A}\overline{B}(\overline{C}+C)=\overline{A}\overline{B}$，结果将变量 C 消去，剩下了两个不变的因子 $\overline{A}$ 和 $\overline{B}$。将这两个方格圈在一起就得到了一个简化的与项 $\overline{A}\overline{B}$。

(2) 四个相邻的 1 方格圈在一起，消去两个变量，如图 1-15 所示。

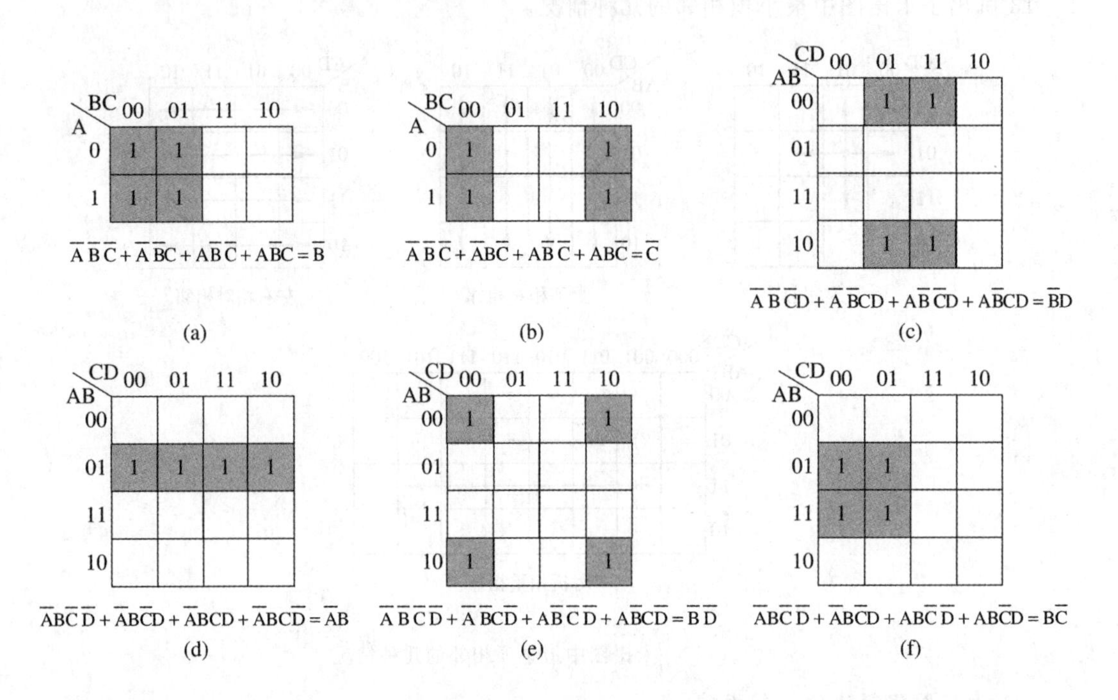

图 1-15 四个相邻最小项的合并

四个相邻的 1 方格对应的四个最小项中有两个变量的形式变化过，将它们相或时可以消去这两个变量，只剩下不变的因子。例如，在图 1-15(e)中，四个相邻的 1 方格对应的四个最小项分别为 $\overline{A}\overline{B}\overline{C}\overline{D}$、$\overline{A}\overline{B}C\overline{D}$、$A\overline{B}\overline{C}\overline{D}$、$A\overline{B}C\overline{D}$，在这四个最小项中，A 和 C 两个变量的形式变化过。因为

$$\begin{aligned}\overline{A}\overline{B}\overline{C}\overline{D}+\overline{A}\overline{B}C\overline{D}+A\overline{B}\overline{C}\overline{D}+A\overline{B}C\overline{D}&=(\overline{A}\overline{B}\overline{C}\overline{D}+\overline{A}\overline{B}C\overline{D})+(A\overline{B}\overline{C}\overline{D}+A\overline{B}C\overline{D})\\&=\overline{A}\overline{B}\overline{D}(\overline{C}+C)+A\overline{B}\overline{D}(\overline{C}+C)\\&=\overline{A}\overline{B}\overline{D}+A\overline{B}\overline{D}\\&=(\overline{A}+A)\overline{B}\overline{D}=\overline{B}\overline{D}\end{aligned}$$

结果是将 A 和 C 两个变量消去，剩下了两个不变的因子。因此，将这四个方格圈在一起时得到一个简化的与项 $\overline{B}\overline{D}$。

(3) 八个相邻的 1 方格圈在一起，消去三个变量，如图 1-16 所示。

八个相邻的 1 方格对应的八个最小项中有三个变量的形式变化过，将它们相或时可以消去这三个变量，只剩下不变的因子。

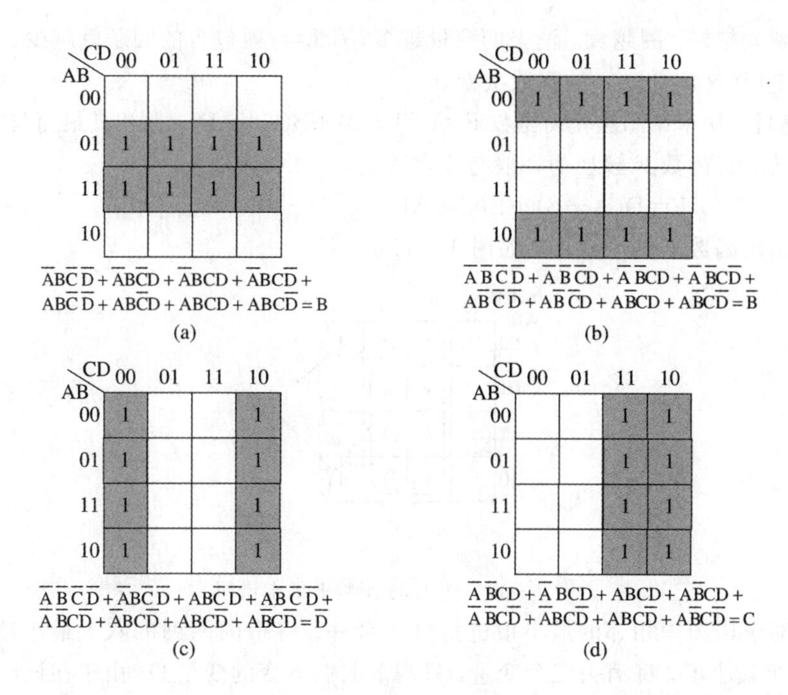

图 1-16　八个相邻最小项的合并

(4) 2^n 个相邻的 1 方格圈在一起，消去 n 个变量。

2^n 个相邻的 1 方格对应的 2^n 个最小项中，有 n 个变量的形式变化过，将它们相或时可以消去这 n 个变量，只剩下不变的因子。

(5) 如果卡诺图中所有的方格都为 1，将它们圈在一起，结果为 1。

如果卡诺图中所有的方格都为 1，将它们圈在一起，等于将变量的所有不同最小项相或，因此结果为 1。这种情形表示在变量的任何取值情况下，函数值恒为 1。

3) 卡诺图化简法的步骤和原则

用卡诺图化简逻辑函数时，一般先画出函数的卡诺图，然后将卡诺图中的 1 方格按逻辑相邻特性进行分组划圈。每个圈得到一个简化的与项，与项中只包含在圈中取值没有变化过的变量，值为 1 的以原变量出现，值为 0 的以反变量出现。再将所得各个与项相或，即得到该函数的最简与或表达式。

用卡诺图化简法求函数最简与或表达式的一般步骤如下：

(1) 画出函数的卡诺图。

(2) 对相邻最小项进行分组合并。

(3) 写出最简与或表达式。

用卡诺图化简法求函数最简与或表达式的原则如下：

(1) 每个值为 1 的方格至少被圈一次。当某个方格被圈多于一次时，相当于对这个最小项使用同一律 A＋A＝A，并不改变函数的值。

(2) 每个圈中至少有一个 1 方格是其余所有圈中不包含的。如果一个圈中的任何一个 1 方格都出现在别的圈中，则这个圈就是多余的。

(3) 任一圈中都不能包含取值为 0 的方格。

(4) 圈的个数越少越好。圈的个数越少，得到的与项就越少。

(5) 圈越大越好。圈越大，消去的变量越多，所得与项包含的因子就越少。每个圈中包含的 1 方格的个数必须是 2 的整数次方。

【例 1.33】 用卡诺图法化简函数 $F=D(\bar{A}+B)+\bar{B}(C+AD)$，写出其最简与或表达式。

解 首先，将函数 F 转换为一般与或表达式：

$$F=D(\bar{A}+B)+\bar{B}(C+AD)=\bar{A}D+BD+\bar{B}C+A\bar{B}D$$

接着，画出函数 F 的卡诺图，如图 1-17 所示。

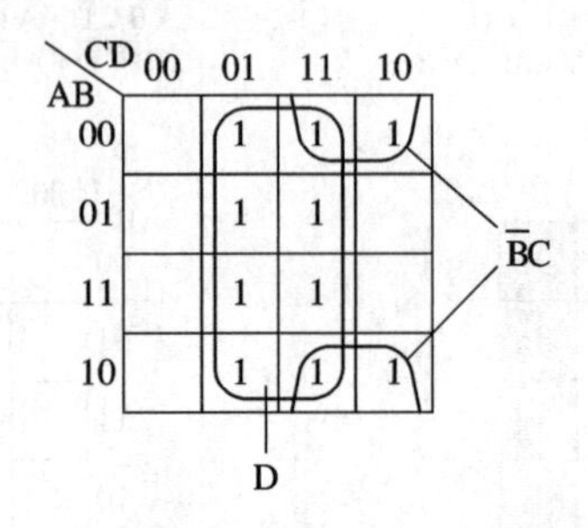

图 1-17 例 1.33 函数 F 的卡诺图

然后，对卡诺图中相邻的最小项进行分组合并。将中间两列的八个最小项圈在一起。该圈包含八个最小项，将消去三个变量，只剩下取值不变的变量 D。由于在该圈中，D 的值为 1，因此合并的结果为 D。另将上、下两行右边各两个最小项圈在一起。该圈包含四个最小项，将消去两个变量，剩下取值不变的变量 B 和 C。由于在该圈中，B 的值为 0，C 的值为 1，因此合并的结果为 $\bar{B}C$。编号 3 和 11 的最小项被圈过两次，目的是得到更简单的结果。

最后，根据合并的结果写出函数的最简与或表达式：

$$F=D+\bar{B}C$$

【例 1.34】 用卡诺图法化简函数 $F=\sum m(0, 1, 2, 5, 6, 7, 8, 10, 11, 12, 13, 15)$，写出其最简与或表达式。

解 画出函数 F 的卡诺图，如图 1-18 所示。

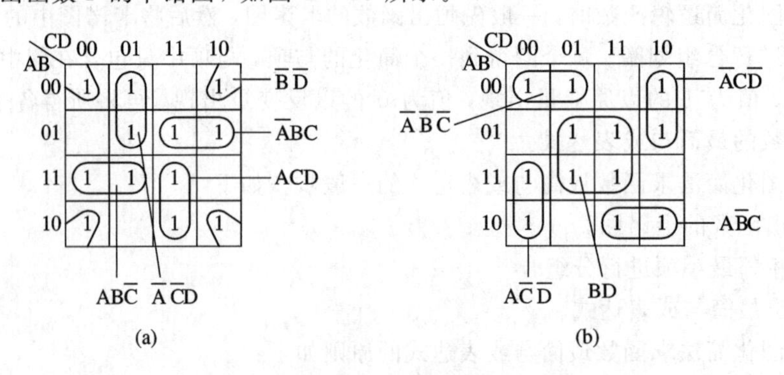

图 1-18 例 1.34 函数 F 的卡诺图

由图 1-18(a)和(b)可以看出，函数 F 的卡诺图有两种可行的合并方案。

根据图 1-18(a)得到：

$$F=\bar{B}\bar{D}+\bar{A}BC+ACD+AB\bar{C}+\bar{A}\bar{C}D$$

根据图 1-18(b)得到：

$$F=BD+\bar{A}\bar{B}\bar{C}+A\bar{C}\bar{D}+A\bar{B}C+\bar{A}C\bar{D}$$

本例说明，一个函数的最简与或表达式可以不是唯一的。

2. 用卡诺图化简法求函数的最简或与表达式

求函数的最简或与表达式时，可以先求出其反函数的最简与或表达式，然后取反得到函数的最简或与表达式。在函数的卡诺图中，函数值为 0 意味着其反函数的值为 1，因此，利用卡诺图化简法求函数的最简或与表达式时，应对函数卡诺图中的 0 方格对应的最小项进行分组合并。一般的步骤如下：

（1）画出函数的卡诺图。

（2）对相邻的 0 方格对应的最小项进行分组合并，求反函数的最简与或表达式。

（3）对所得反函数的最简与或表达式取反，得函数的最简或与表达式。

【例 1.35】 用卡诺图法化简函数 $F=\overline{A}CD+A\overline{B}+\overline{A}\overline{B}C\overline{D}+\overline{A}B\overline{C}D$，写出其最简或与表达式。

解 先画出函数 F 的卡诺图，如图 1-19 所示。

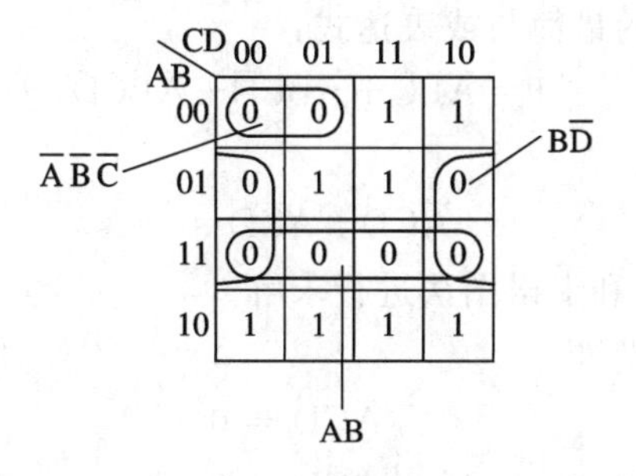

图 1-19 例 1.35 函数 F 的卡诺图

然后对 0 方格进行分组合并，得到的反函数的最简与或表达式如下：

$$\overline{F}=AB+B\overline{D}+\overline{A}\overline{B}\overline{C}$$

最后对反函数取反，得到的函数的最简或与表达式如下：

$$F=\overline{AB+B\overline{D}+\overline{A}\overline{B}\overline{C}}=\overline{AB}\,\overline{B\overline{D}}\,\overline{\overline{A}\overline{B}\overline{C}}$$

$$=(\overline{A}+\overline{B})(\overline{B}+D)(A+B+C)$$

1.5.3 带无关项逻辑函数的化简

1. 逻辑函数中的无关项

在实际的逻辑关系中，有时会遇到这样一种情况，即变量的某些取值组合是不会发生的，这种加给变量的限制称为变量的约束，而这些不会发生的组合所对应的最小项称为约束项。显然，对变量所有可能的取值，约束项的值都等于 0。

对变量约束的具体描述叫作约束条件。例如，$AB+AC=0$，$\sum(5,6,7)=0$，$\sum d(5,6,7)$ 等。在真值表和卡诺图中，约束一般记为“×”或“Φ”。

另外，有时我们只关心在变量某些取值组合情况下函数的值，而对变量的其他取值组合所对应的函数值不加限定，取 0 或者取 1 都无所谓。函数值取值可 0 可 1 的变量组合所对应的最小项常称为任意项。

约束项和任意项统称为无关项。

当函数具有约束项时，由于约束项的值等于 0，因此在函数的表达式中可以不加上约束项，也可以加上约束项，而且可以利用同一律重复多次。这样做并不改变函数的值，结果得到的是同一函数。

对于存在任意项的情况，当变量取任意项对应的组合时，如果不加上任意项，则此时函数值为 0，如果加上任意项，则此时函数值为 1。两种情况下得到的结果不是同一函数，但都是满足逻辑功能要求的函数。

在对具有无关项的逻辑函数进行化简时，通过合理利用无关项，有可能得到更加简单的函数表达式。加还是不加无关项，要以得到的函数表达式最简为原则。在用卡诺图化简法求带无关项逻辑函数的最简与或表达式时，与 0 方格及 1 方格不同，无关项对应的方格可圈也可以不圈。

2. 带约束项逻辑函数的化简

下面举例说明带约束项逻辑函数的化简。

【例 1.36】 求函数 F 的最简与或表达式：

$$F=\overline{A}\overline{B}\overline{C}+\overline{A}\overline{B}C\overline{D}+\overline{A}BC\overline{D}$$

约束条件为

$$\overline{A}CD+A\overline{C}D=0$$

解 下面分别用公式法和卡诺图法进行求解。

(1) 公式法。由约束条件得：

$$\begin{cases}\overline{A}CD=0\\A\overline{C}D=0\end{cases}$$

$$\begin{aligned}F&=\overline{A}\overline{B}\overline{C}+\overline{A}\overline{B}C\overline{D}+\overline{A}BC\overline{D}\\&=\overline{A}\overline{B}\overline{C}+\overline{A}(\overline{B}+B)C\overline{D}=\overline{A}\overline{B}\overline{C}+\overline{A}C\overline{D}\\&=\overline{A}\overline{B}\overline{C}+\overline{A}C\overline{D}+\overline{A}CD\qquad\text{加上约束项 }\overline{A}CD\\&=\overline{A}\overline{B}\overline{C}+\overline{A}C(\overline{D}+D)\\&=\overline{A}\overline{B}\overline{C}+\overline{A}C=\overline{A}(\overline{B}\overline{C}+C)\\&=\overline{A}(\overline{B}+C)=\overline{A}\overline{B}+\overline{A}C\end{aligned}$$

(2) 卡诺图法。画出函数的卡诺图，如图 1-20 所示。

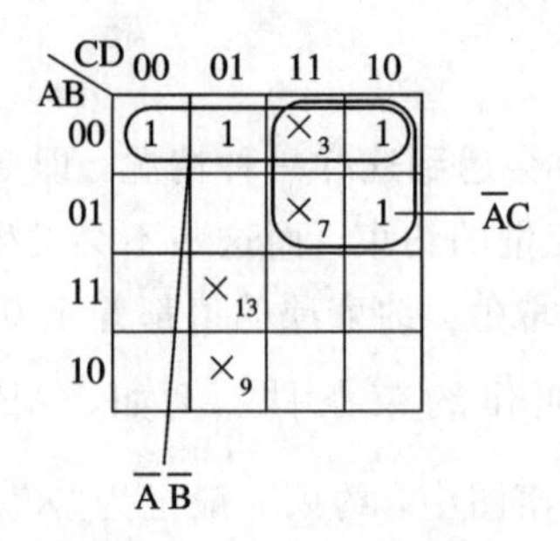

图 1-20 例 1.36 函数 F 的卡诺图

约束条件 $\overline{A}CD=0$ 包含 $\overline{A}\overline{B}CD$ 和 $\overline{A}BCD$ 两个最小项，对应于编号 3 和 7 的两个方格；约束条件 $A\overline{C}D=0$ 包含 $A\overline{B}\overline{C}D$ 和 $AB\overline{C}D$ 两个最小项，对应于编号 9 和 13 的两个方格。在编号 3、7、9、13 方格中标上“×”号。

合并最小项。由卡诺图可以看出，圈上编号3和7的"×"方格能够使圈更大，结果更简单。其中，编号3的方格被圈过两次，编号7的方格被圈过一次。而由于圈上编号9和13的"×"方格不能够使结果更简单，因此不圈这两个方格。两个圈对应的与项分别为$\overline{A}\overline{B}$和$\overline{A}C$。

因此，函数的最简与或表达式为

$$F=\overline{A}\overline{B}+\overline{A}C$$

【例1.37】 求函数F的最简与或表达式：

$$F=\sum(0,2,3,4,8)+\sum d(10,11,12,13,14,15)$$

解 画出函数的卡诺图，如图1-21所示。

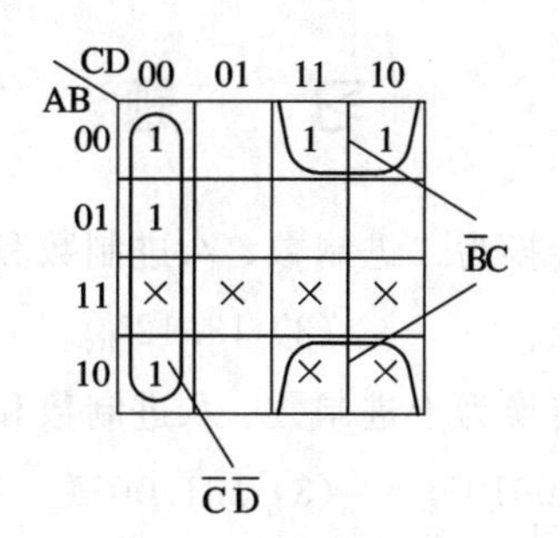

图1-21 例1.37函数F的卡诺图

将约束项12和最小项0、4、8合并，得到与项$\overline{C}\overline{D}$；将约束项10、11和最小项2、3合并，得到与项$\overline{B}C$。

因此，函数的最简与或表达式为

$$F=\overline{C}\overline{D}+\overline{B}C$$

3. 带任意项逻辑函数的化简

下面举例说明带任意项逻辑函数的化简。

【例1.38】 已知真值表如表1-21所示，其中"×"表示函数值可以取0也可以取1，求最简与或表达式。

表1-21 例1.38的真值表

A	B	C	F
0	0	0	1
0	0	1	1
0	1	0	1
0	1	1	×
1	0	0	1
1	0	1	0
1	1	0	0
1	1	1	×

表1-22 函数$F=\overline{A}+\overline{B}\overline{C}$的真值表

A	B	C	F
0	0	0	1
0	0	1	1
0	1	0	1
0	1	1	1
1	0	0	1
1	0	1	0
1	1	0	0
1	1	1	0

解 根据真值表画出的卡诺图如图1-22所示。

由卡诺图可见，编号3的方格被圈上，相当于此处的×取1；编号7的方格没被圈上，相当于此处的×取0。

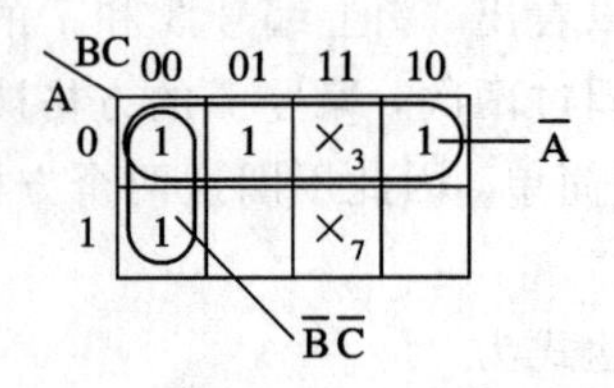

图 1-22　例 1.38 函数 F 的卡诺图

因此，函数的最简与或表达式为

$$F = \overline{A} + \overline{B}\overline{C}$$

表 1-22 为函数 F 的真值表。

习　题

1-1　将下列十进制数转换为二进制数、八进制数和十六进制数。

(1) 22_{10}　　(2) 108_{10}　　(3) 13.125_{10}　　(4) 131.625_{10}

1-2　将下列二进制数转换为十进制数、八进制数和十六进制数。

(1) 101101_2　　(2) 11100101_2　　(3) 101.0011_2　　(4) 100111.101_2

1-3　将下列八进制数转换为十进制数、二进制数和十六进制数。

(1) 16_8　　(2) 172_8　　(3) 61.53_8　　(4) 126.74_8

1-4　将下列十六进制数转换为十进制数、二进制数和八进制数。

(1) $2A_{16}$　　(2) $B2F_{16}$　　(3) $D3.E_{16}$　　(4) $1C3.F9_{16}$

1-5　用真值表证明下列逻辑等式。

(1) $A(B+C)=AB+AC$

(2) $A+BC=(A+B)(A+C)$

(3) $\overline{A+B}=\overline{A}\overline{B}$

(4) $\overline{AB}=\overline{A}+\overline{B}$

(5) $A+\overline{BC}+\overline{A}BC=1$

(6) $A\overline{B}+\overline{A}B=\overline{AB+\overline{A}\overline{B}}$

(7) $A\oplus B=\overline{A}\oplus\overline{B}$

(8) $A\overline{B}+B\overline{C}+C\overline{A}=\overline{A}B+\overline{B}C+\overline{C}A$

1-6　利用逻辑代数公式证明下列逻辑等式。

(1) $A+\overline{A}B+\overline{B}=1$

(2) $A+B\,\overline{\overline{A}+CD}=A$

(3) $AB+\overline{A}C+\overline{B}C=AB+C$

(4) $A\overline{B}+\overline{A+\overline{C}}+\overline{B}(D+E)C=A\overline{B}+\overline{A}C$

(5) $A\oplus B+AB=A+B$

(6) $\overline{A\overline{B}+B\overline{C}+C\overline{A}}=\overline{A}\,\overline{B}\,\overline{C}+ABC$

(7) $A\overline{B}\,\overline{D}+\overline{B}\,\overline{C}D+\overline{A}D+A\overline{B}C+\overline{A}\,\overline{B}C\overline{D}=A\overline{B}+\overline{A}D+\overline{B}C$

(8) $A\oplus B+B\oplus C+C\oplus D=A\overline{B}+B\overline{C}+C\overline{D}+D\overline{A}$

1－7　利用反演规则写出下列逻辑函数的反函数。

(1) $F_1=A\overline{B}C+\overline{A}B\overline{C}$

(2) $F_2=A(\overline{B}+C)+\overline{C}(B+D)$

(3) $F_3=(\overline{A}+B)(C+\overline{D})$

(4) $F_4=(\overline{A}B+C\overline{D})(B+A\overline{D})$

(5) $F_5=A\overline{B}+\overline{A}C\,\overline{B+D}$

(6) $F_6=\overline{A+B\overline{C}}+\overline{\overline{B}+\overline{CD}}$

(7) $F_7=\overline{A\overline{C}+BD}\;\overline{\overline{C}+\overline{A+\overline{BD}}}$

(8) $F_8=\overline{(A+\overline{D})(\overline{B}+C)}+\overline{(\overline{A+C}+B)\overline{AB+CD}}$

1－8　利用对偶规则写出下列逻辑函数的对偶函数。

(1) $F_1=A\overline{B}+\overline{C}D$

(2) $F_2=(A+\overline{B})(\overline{C}+D)$

(3) $F_3=\overline{A}(B+\overline{D})+B(A+\overline{C})$

(4) $F_4=(A+B\overline{C}D)(\overline{A}BC+\overline{D})$

(5) $F_5=\overline{A+B}+\overline{C+\overline{D}}$

(6) $F_6=\overline{B\overline{C}+C\overline{D}}\;\overline{\overline{B}(\overline{A}D+\overline{C})}$

(7) $F_7=\overline{BC+AD}\;\overline{\overline{AC}+\overline{C+\overline{AB}}}$

(8) $F_8=ABC+\overline{A+C\overline{D}(B\overline{D}+C)}+(\overline{B}C+\overline{A+D})\overline{B+\overline{A+\overline{B}C}}$

1－9　列出下列逻辑函数的真值表，并画出卡诺图。

(1) $F_1=A\overline{B}C+\overline{A}BC+\overline{A}\,\overline{B}\,\overline{C}+ABC$

(2) $F_2=A+BC+CD$

(3) $F_3=\overline{A}B+\overline{B}(C+AD)$

(4) $F_4=(A+\overline{B}+C)(\overline{A}+B+C)(\overline{A}+B+\overline{C})$

(5) $F_5=(\overline{B}D+C)(C+AD)$

(6) $F_6=(A\overline{B}+C\overline{D})(B\overline{C}+D\overline{A})(\overline{A}C+B\overline{D})$

(7) $F_7=A+\overline{B}\,\overline{C}+B\,\overline{A+\overline{C}+\overline{D}}$

(8) $F_8=\overline{A}B\overline{D}+\overline{B}C+\overline{C}(A+D)+\overline{D}\,\overline{A(C+\overline{BD})}$

1－10　已知逻辑函数的真值表如表 1－23 所示，写出函数的标准与或表达式和标准或与表达式。

表 1-23 习题 1-10 的真值表

A	B	C	D	F	A	B	C	D	F
0	0	0	0	0	1	0	0	0	1
0	0	0	1	1	1	0	0	1	0
0	0	1	0	1	1	0	1	0	1
0	0	1	1	0	1	0	1	1	0
0	1	0	0	1	1	1	0	0	0
0	1	0	1	0	1	1	0	1	0
0	1	1	0	0	1	1	1	0	1
0	1	1	1	1	1	1	1	1	0

1-11 写出下列逻辑函数的标准与或表达式。

(1) $F_1=A+B\overline{C}+\overline{A}\overline{B}\overline{C}$

(2) $F_2=(\overline{A}+B)(A+\overline{B}+\overline{C})(A+B+C+\overline{D})$

(3) $F_3=A\overline{B}+\overline{A+BC}$

(4) $F_4=(\overline{AB}+C)(B+C\,\overline{A+D})$

(5) $F_5=\overline{\overline{A}\overline{B}C+\overline{A}B\overline{C}+ABC}$

(6) $F_6=A\oplus\overline{C}+(B+\overline{D})\oplus C$

(7) $F_7(A, B, C)=\prod M(1, 3, 4, 7)$

(8) $F_8(A, B, C, D)=\prod M(0, 2, 3, 6, 8, 9, 12, 13, 15)$

1-12 写出下列逻辑函数的标准或与表达式。

(1) $F_1=A\overline{B}+B\overline{C}+C\overline{A}$

(2) $F_2=(A+\overline{C})(\overline{B}+\overline{D})$

(3) $F_3=\overline{B}\overline{D}+\overline{(A+B)C}$

(4) $F_4=(\overline{B+C}+D)(A+\overline{\overline{B}+CD})$

(5) $F_5=\overline{(A+B+C)(\overline{A}+\overline{B}+C)(A+\overline{B}+C)(A+B+\overline{C})}$

(6) $F_6=\overline{A+B\oplus C}+\overline{A}C+B\overline{D}$

(7) $F_7(A, B, C)=\sum m(0, 1, 4, 6)$

(8) $F_8(A, B, C, D)=\sum m(1, 3, 5, 6, 8, 10, 11, 13, 14)$

1-13 已知逻辑函数的卡诺图如图 1-23(a)、(b)所示，写出函数的标准与或表达式和标准或与表达式。

1-14 用公式法化简下列逻辑函数，写出最简与或表达式。

(1) $A+\overline{A}B+BC\overline{D}$

(2) $AB+\overline{B}\overline{C}+\overline{A}+C$

(3) $\overline{A}+B+\overline{A\overline{B}}(C+D)$

AB\CD	00	01	11	10
00	0	1	1	0
01	0	0	0	1
11	1	0	0	0
10	0	0	1	1

(a)

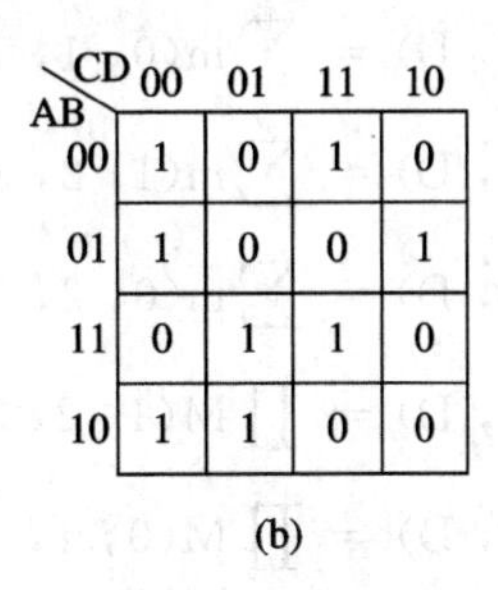

AB\CD	00	01	11	10
00	1	0	1	0
01	1	0	0	1
11	0	1	1	0
10	1	1	0	0

(b)

图 1-23 习题 1-13 的卡诺图

(4) $\overline{A}\overline{B}+AC+B\overline{C}+A\oplus B$

(5) $BD+ABC\overline{D}+\overline{\overline{A}+B+\overline{C}}$

(6) $A\overline{B}+(A+C)(D+\overline{A+B})+(\overline{C}+\overline{D})E$

(7) $C+A\overline{B}\,\overline{C\overline{D}+\overline{C}D}+(\overline{A}+B)(CD+\overline{C}\overline{D})$

(8) $A\overline{B}+B\overline{C}+C\overline{A}+\overline{\overline{A}B}$

1-15 用卡诺图法化简下列逻辑函数，写出最简与或表达式。

(1) $A\overline{B}+BC+A\overline{C}$

(2) $ABC+\overline{B}C+\overline{A}D+\overline{C}D$

(3) $\overline{A}\overline{B}\overline{C}+A\overline{B}\overline{C}D+ABCD+\overline{A}C$

(4) $B(\overline{C}+\overline{AD})+A\,\overline{C(\overline{B}+D)}$

(5) $B(C\oplus D)+A\overline{C}D+\overline{B}\overline{C}D+BC\overline{D}$

(6) $\overline{\overline{A}BC+\overline{B}C\overline{D}+AD+A(\overline{B}+\overline{C}D)}$

(7) $\overline{A\overline{B}C+\overline{CD+AC}}+\overline{BD+ACD}$

(8) $\overline{ACD+\overline{A}BC\overline{D}}+\overline{A}\overline{B}(C+\overline{D})+D$

1-16 用卡诺图法化简下列逻辑函数，写出最简与或表达式。

(1) $F_1(A, B, C, D)=\sum m(0, 1, 3, 4, 5, 9, 10, 14, 15)$

(2) $F_2(A, B, C, D)=\sum m(2, 3, 6, 8, 9, 13, 15)$

(3) $F_3(A, B, C, D)=\sum m(0, 2, 4, 6, 8, 10, 13, 15)$

(4) $F_4(A, B, C, D)=\sum m(0, 1, 2, 3, 5, 7, 9, 10, 13)$

(5) $F_5(A, B, C, D)=\prod M(1, 3, 7, 8, 9, 10, 14)$

(6) $F_6(A, B, C, D)=\prod M(3, 4, 7, 8, 11, 12, 15)$

(7) $F_7(A, B, C, D)=\prod M(2, 5, 6, 10, 12, 13, 14)$

(8) $F_8(A, B, C, D)=\prod M(1, 2, 3, 6, 7, 13, 14, 15)$

1-17 用卡诺图法化简下列逻辑函数，写出最简或与表达式。

(1) $F_1(A, B, C)=\sum m(0, 2, 3, 7)$

(2) $F_2(A, B, C, D) = \sum m(0, 1, 7, 8, 10, 12, 13)$

(3) $F_3(A, B, C, D) = \sum m(1, 2, 3, 7, 8, 9, 12, 14)$

(4) $F_4(A, B, C, D) = \sum m(0, 2, 5, 7, 8, 10, 13, 15)$

(5) $F_5(A, B, C, D) = \prod M(1, 2, 5, 6, 7, 10, 13, 14)$

(6) $F_6(A, B, C, D) = \prod M(0, 4, 6, 9, 10, 11, 12, 15)$

(7) $F_7(A, B, C, D) = \prod M(2, 3, 4, 10, 11, 13, 14, 15)$

(8) $F_8(A, B, C, D) = \prod M(0, 3, 5, 6, 8, 10, 12, 15)$

1-18 用卡诺图法化简下列具有约束条件的逻辑函数，写出最简与或表达式。

(1) $F_1=\overline{A}\overline{B}\overline{C}\overline{D}+\overline{A}\overline{B}C\overline{D}+A\overline{B}\overline{C}\overline{D}$ 约束条件：$AB+AC=0$

(2) $F_2=\overline{A}BD+\overline{A}\overline{B}\overline{D}+\overline{B}\overline{C}\overline{D}$ 约束条件：$AB+AC=0$

(3) $F_3=B\overline{C}\overline{D}+\overline{B}\overline{C}D+\overline{A}B\overline{C}D$ 约束条件：$BC+CD=0$

(4) $F_4=\overline{A}\overline{B}\overline{C}D+B\overline{C}\overline{D}+\overline{A}\overline{B}CD$ 约束条件：$BD+\overline{B}\overline{D}=0$

(5) $F_5=\overline{A}\overline{C}+B\overline{D}+A\overline{B}C+\overline{C}D$ 约束条件：$A\overline{B}\overline{C}\overline{D}+\overline{A}\overline{B}C\overline{D}=0$

(6) $F_6=AB+B\overline{C}+CD$ 约束条件：$\sum d(0, 1, 2, 6) = 0$

1-19 用卡诺图法化简下列逻辑函数，写出最简与或表达式。

(1) $F_1(A, B, C, D) = \sum m(0, 1, 3, 5, 10, 15) + \sum d(2, 4, 9, 11, 14)$

(2) $F_2(A, B, C, D) = \sum m(0, 1, 5, 7, 8, 11, 14) + \sum d(3, 9, 15)$

(3) $F_3(A, B, C, D) = \sum m(2, 6, 9, 10, 13) + \sum d(0, 1, 4, 5, 8, 11)$

(4) $F_4(A, B, C, D) = \sum m(1, 3, 7, 11, 13) + \sum d(5, 9, 10, 12, 14, 15)$

(5) $F_5(A, B, C, D) = \sum m(2, 4, 6, 7, 12, 15) + \sum d(0, 1, 3, 8, 9, 11)$

(6) $F_6(A, B, C, D) = \sum m(2, 3, 6, 10, 11, 14) + \sum d(0, 1, 4, 9, 12, 13)$

(7) $F_7(A, B, C, D) = \sum m(3, 5, 6, 7, 10) + \sum d(0, 1, 2, 4, 8, 15)$

(8) $F_8(A, B, C, D) = \sum m(0, 4, 8, 11, 12, 15) + \sum d(2, 3, 6, 7, 13)$

第 2 章　组合逻辑电路

本章首先简单介绍组合逻辑电路中经常使用的集成门电路，接着着重介绍组合逻辑电路的分析方法和设计方法，最后介绍组合逻辑电路中出现竞争和冒险现象的原因以及消除办法。

2.1 集成门电路

目前生产和使用的数字集成电路种类很多，主要有 TTL 电路、ECL 电路、I^2L 电路、CMOS 电路、NMOS 电路、PMOS 电路、Bi－CMOS 电路等。

上述电路符号的含义如下：

TTL：Transistor－Transistor Logic，晶体管－晶体管逻辑。

ECL：Emitter Coupled Logic，发射极耦合逻辑。

I^2L：Integrated Injection Logic，集成注入逻辑。

CMOS：Complementary Metal－Oxide Semiconductor，互补型金属－氧化物半导体。

NMOS：N－Channel Metal－Oxide Semiconductor，N 沟道金属－氧化物半导体。

PMOS：P－Channel Metal－Oxide Semiconductor，P 沟道金属－氧化物半导体。

Bi－CMOS：Bipolar－CMOS，双极型－CMOS。

其中，使用最广泛的是 TTL 电路和 CMOS 电路。TTL 电路是双极型电路；CMOS 电路是单极型电路。

2.1.1 TTL 门电路

TTL 门电路由双极型三极管构成，它的特点是速度快、抗静电能力强、集成度低、功耗大，目前广泛应用于中、小规模集成电路中。

TTL 门电路有 74(商用)和 54(军用)两大系列，每个系列中又有若干子系列。例如，74 系列包含如下基本子系列：

74：标准 TTL(Standard TTL)。

74H：高速 TTL(High-speed TTL)。

74S：肖特基 TTL(Schottky TTL)。

74AS：先进肖特基 TTL(Advanced Schottky TTL)。

74LS：低功耗肖特基 TTL(Low-power Schottky TTL)。

74ALS：先进低功耗肖特基 TTL(Advanced Low-power Schottky TTL)。

54 系列和 74 系列具有相同的子系列，两个系列的参数基本相同，主要在电源电压范围和工作环境温度范围上有所不同，54 系列适应的范围更大些，如表 2－1 所示。不同子系列在速度、功耗等参数上有所不同。TTL 门电路采用 5 V 电源供电。

表 2－1　54 系列与 74 系列的比较

系列	电源电压/V	环境温度/℃
54	4.5～5.5	－55～＋125
74	4.75～5.25	0～70

2.1.2　CMOS 门电路

CMOS 门电路由场效应管构成，它的特点是集成度高、功耗低、速度慢、抗静电能力差。虽然 TTL 门电路由于速度快和更多类型选择而流行多年，但 CMOS 门电路具有功耗低、集成度高的优点，而且其速度已经获得了很大的提高，目前已可与 TTL 门电路相媲美。因此，CMOS 门电路获得了广泛的应用，特别是在大规模集成电路和微处理器中已经占据支配地位。

从供电电源区分，CMOS 门电路有 5 V CMOS 门电路和 3.3 V CMOS 门电路两种。3.3 V CMOS 门电路发展得较晚，它的功耗比 5 V CMOS 门电路低得多。同 TTL 门电路一样，CMOS 门电路也有 74 和 54 两大系列。

74 系列 5 V CMOS 门电路的基本子系列如下：

74HC 和 74HCT：高速 CMOS(High-speed CMOS)，T 表示和 TTL 直接兼容。

74AC 和 74ACT：先进 CMOS(Advanced CMOS)。

74AHC 和 74AHCT：先进高速 CMOS(Advanced High-speed CMOS)。

74 系列 3.3 V CMOS 门电路的基本子系列如下：

74LVC：低压 CMOS(Low-voltage CMOS)。

74ALVC：先进低压 CMOS(Advanced Low-voltage CMOS)。

2.1.3　数字集成电路的品种类型

每个系列的数字集成电路都有很多不同的品种类型，用不同的代码表示，例如：

00：4 路 2 输入与非门。

02：4 路 2 输入或非门。

08：4 路 2 输入与门。

10：3 路 3 输入与非门。

20：双路 4 输入与非门。

27：3 路 3 输入或非门。

32：4 路 2 输入或门。

86：4 路 2 输入异或门。

具有相同品种类型代码的逻辑电路，不管属于哪个系列，它们的逻辑功能都相同，引脚也兼容。例如，7400、74LS00、74ALS00、74HC00、74AHC00 都是引脚兼容的 4 路 2 输入与非门封装，引脚排列和逻辑电路图如图 2－1 所示。

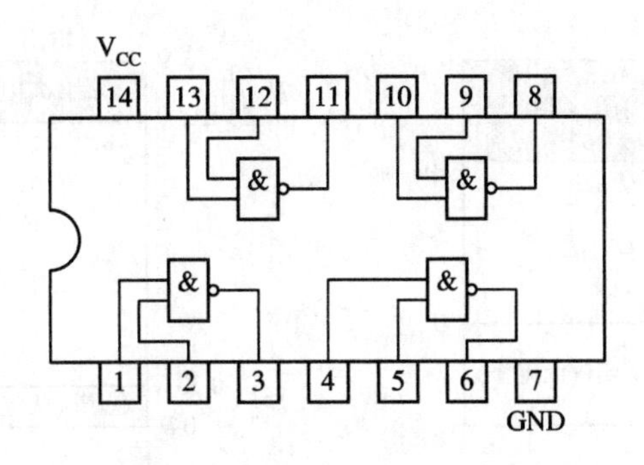

图 2-1　4 路 2 输入与非门引脚排列和逻辑电路图

2.1.4　数字集成电路的性能参数和使用

1. 数字集成电路的性能参数

数字集成电路的性能参数主要包括：直流电源电压、输入/输出逻辑电平、扇出系数、传输延时、功耗等。

1）*直流电源电压*

一般 TTL 门电路的直流电源电压为 5 V，最低 4.5 V，最高 5.5 V。CMOS 门电路的直流电源电压有 5 V 和 3.3 V 两种。CMOS 门电路的一个优点是电源电压的变化范围比 TTL 门电路大，如 5 V CMOS 门电路当其电源电压在 2～6 V 范围内时能正常工作，3.3 V CMOS 门电路当其电源电压在 2～3.6 V 范围内时能正常工作。

2）*输入/输出逻辑电平*

数字集成电路有如下四个不同的输入/输出逻辑电平参数：

低电平输入电压 U_{IL}：能被输入端确认为低电平的电压范围。

高电平输入电压 U_{IH}：能被输入端确认为高电平的电压范围。

低电平输出电压 U_{OL}：正常工作时低电平输出的电压范围。

高电平输出电压 U_{OH}：正常工作时高电平输出的电压范围。

图 2-2 和图 2-3 分别给出了 TTL 门电路和 CMOS 门电路的输入/输出逻辑电平。

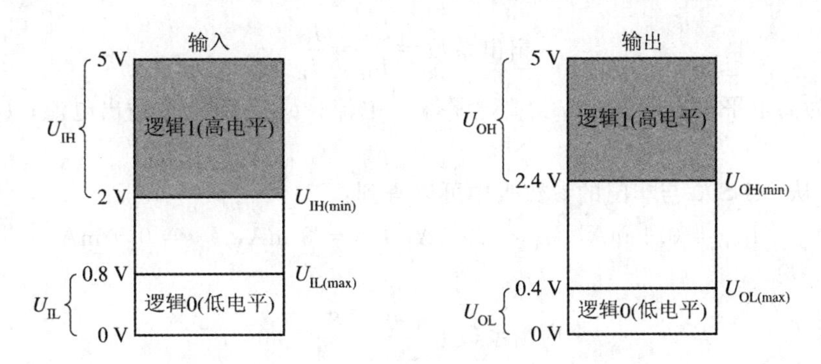

图 2-2　标准 TTL 门电路的输入/输出逻辑电平

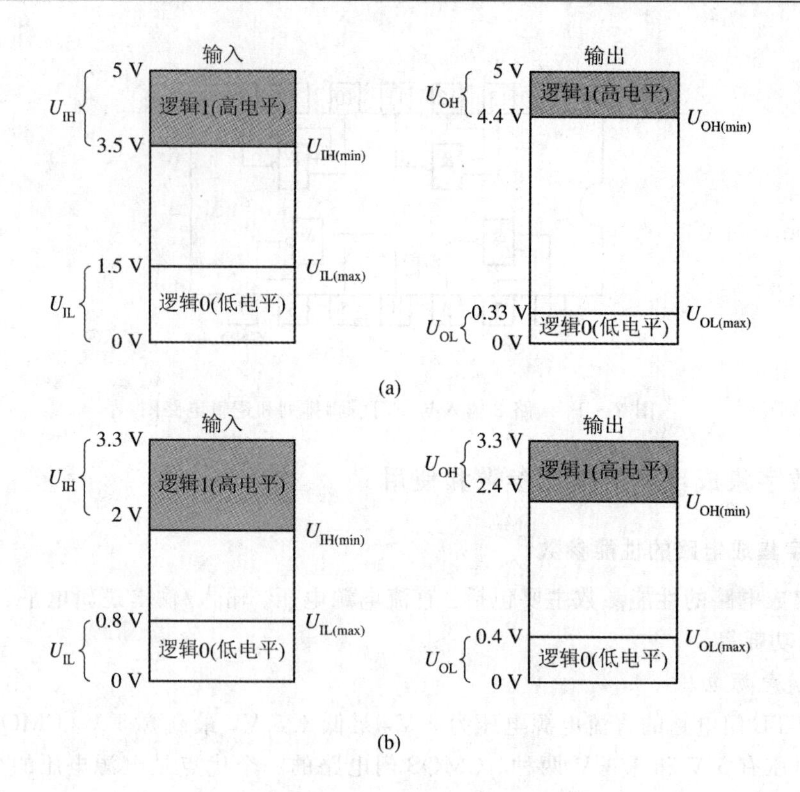

图 2-3 CMOS 门电路的输入/输出逻辑电平

(a) 5 V CMOS 门电路；(b) 3.3 V CMOS 门电路

当输入电平在 $U_{IL(max)}$ 和 $U_{IH(min)}$ 之间时，逻辑电路可能把它当作 0，也可能把它当作 1，而当逻辑电路因所接负载过多等原因不能正常工作时，高电平输出可能低于 $U_{OH(min)}$，低电平输出可能高于 $U_{OL(max)}$。

3) 扇出系数

扇出系数指在正常工作范围内，一个门电路的输出端能够连接同一系列门电路输入端的最大数目。扇出系数越大，门电路的带负载能力就越强。一般来说，CMOS 门电路的扇出系数比较高。扇出系数的计算公式为

$$扇出系数=\frac{I_{OH}}{I_{IH}}=\frac{I_{OL}}{I_{IL}}$$

其中，I_{OH} 为高电平输出电流；I_{IH} 为高电平输入电流；I_{OL} 为低电平输出电流；I_{IL} 为低电平输入电流。

例如，从 74LS00 与非门的参数表中可以查到：

$$I_{OH}=0.4\ \text{mA},\ I_{IH}=20\ \mu\text{A},\ I_{OL}=8\ \text{mA},\ I_{IL}=0.4\ \text{mA}$$

因此：

$$扇出系数=\frac{400}{20}=\frac{8}{0.4}=20$$

这说明一个 74LS00 与非门的输出端最多能够连接 20 个 74LS 系列门电路(不一定是与非门)的输入端，如图 2-4 所示。

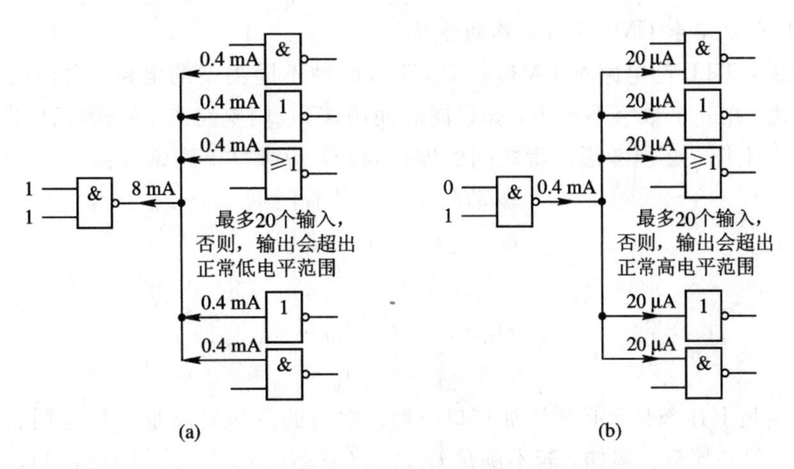

图 2－4　74LS系列门电路的扇出系数和带负载能力

(a) 低电平输出时；(b) 高电平输出时

4）传输延时(t_P)

传输延时(t_P)指输入变化引起输出变化所需的时间，它是衡量逻辑电路工作速度的重要指标。传输延时越短，工作速度越快，工作频率越高。t_{PHL} 指输出由高电平变为低电平时，输入脉冲的指定参考点(一般为中点)到输出脉冲的相应指定参考点的时间。t_{PLH} 指输出由低电平变为高电平时，输入脉冲的指定参考点到输出脉冲的相应指定参考点的时间。标准 TTL 系列门电路典型的传输延时为 11 ns；高速 TTL 系列门电路典型的传输延时为 3.3 ns。HCT 系列 CMOS 门电路的传输延时为 7 ns；AC 系列 CMOS 门电路的传输延时为 5 ns；ALVC 系列 CMOS 门电路的传输延时为 3 ns。

5）功耗(P_D)

逻辑电路的功耗(P_D)定义为直流电源电压和电源平均电流的乘积。一般情况下，门电路输出为低电平时的电源电流 I_{CCL} 比门电路输出为高电平时的电源电流 I_{CCH} 大。CMOS 门电路的功耗较低，而且与工作频率有关(频率越高功耗越大)；TTL 门电路的功耗较高，基本与工作频率无关。

2. 数字集成电路的使用

1）类型选择

设计一个复杂的数字系统时，往往需要用到大量的门电路，应根据各个部分的性能要求选择合适的门电路，以使系统达到经济、稳定、可靠且性能优良。在优先考虑功耗，对速度要求不高的情况下，可选用 CMOS 门电路；当要求很高速度时，可选用 ECL 门电路。由于 TTL 门电路速度较高、功耗适中、使用普遍，所以在无特殊要求的情况下，可选用 TTL 门电路。表 2－2 给出了常用的 TTL、ECL、CMOS 门电路的主要性能参数比较。

表 2－2　常用系列门电路主要性能参数比较

性能参数	TTL	ECL	CMOS
功耗	中	大	小
传输延时	中	小	大
抗干扰能力	中	弱	强

2）TTL 门电路和 CMOS 门电路的连接

我们知道，TTL 门电路和 CMOS 门电路是两种不同类型的电路，它们的参数并不完全相同。因此，在一个数字系统中，如果同时使用 TTL 门电路和 CMOS 门电路，为了保证系统能够正常工作，必须考虑两者之间的连接问题，应满足下列条件：

驱动门		负载门
$U_{OH(min)}$	$>$	$U_{IH(min)}$
$U_{OL(max)}$	$\leqslant$	$U_{IL(max)}$
I_{OH}	$>$	I_{IH}
I_{OL}	$>$	I_{IL}

如果不满足上述条件，必须增加接口电路。常用的方法有增加上拉电阻、采用专用接口电路、驱动门并接等。例如，若不满足 $U_{OH(min)}$（驱动门）$>U_{IH(min)}$（负载门），则可在驱动门的输出端接上上拉电阻，如图 2-5 所示。

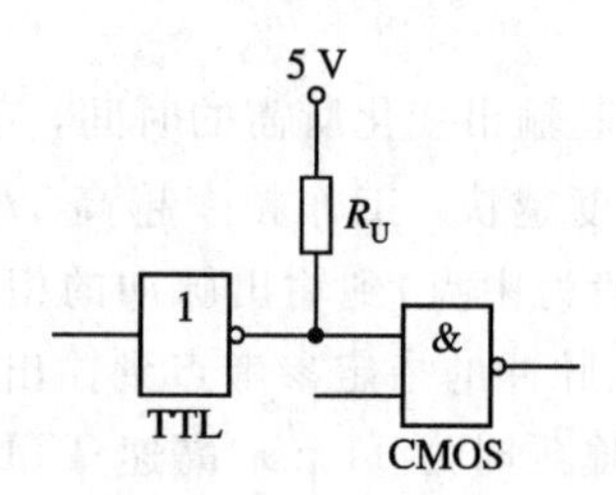

图 2-5 TTL 驱动门与 CMOS 负载门的连接

2.2 组合逻辑电路

2.2.1 组合逻辑电路的特点

逻辑电路可以分为两大类：组合逻辑电路和时序逻辑电路。组合逻辑电路是比较简单的一类逻辑电路，它具有以下特点：

（1）从电路结构上看，不存在反馈，不包含记忆元件。

（2）从逻辑功能上看，任一时刻的输出仅仅与该时刻的输入有关，与该时刻之前电路的状态无关。

组合逻辑电路可用图 2-6 表示。

输入/输出表达式描述为

$$y_1=F_1(x_1, x_2, \cdots, x_m)$$
$$y_2=F_2(x_1, x_2, \cdots, x_m)$$
$$\vdots$$
$$y_n=F_n(x_1, x_2, \cdots, x_m)$$

x_1, x_2, ⋮, x_m → 组合逻辑电路 → y_1, y_2, ⋮, y_n

图 2-6 组合逻辑电路框图

描述组合逻辑电路的常用方法有：逻辑表达式、真值表、卡诺图、逻辑电路图（有时亦简称为逻辑图）等。

2.2.2　组合逻辑电路的分析

1. 输入不变情况下组合逻辑电路的分析

分析组合逻辑电路一般是根据给出的逻辑电路图，总结出它的逻辑功能。当输入不变时，具体的步骤通常如下：

(1) 根据逻辑电路图，写出逻辑表达式。

(2) 利用所得到的逻辑表达式，列出真值表，画出卡诺图。

(3) 总结出电路的逻辑功能。

【例 2.1】 分析图 2－7 所示的逻辑电路。

解　由图 2－7 可以写出如下的逻辑表达式：

$$Z=\overline{\overline{AC}\ \overline{AB}\ \overline{BC}}=AC+AB+BC$$

利用上面的逻辑表达式，列出表 2－3 所示的真值表并画出图 2－8 所示的卡诺图。

从真值表可以看出，当输入变量 A、B、C 中有两个或两个以上为 1 时，输出 Z 为 1，否则，输出 Z 为 0。此电路是一个多数表决电路。

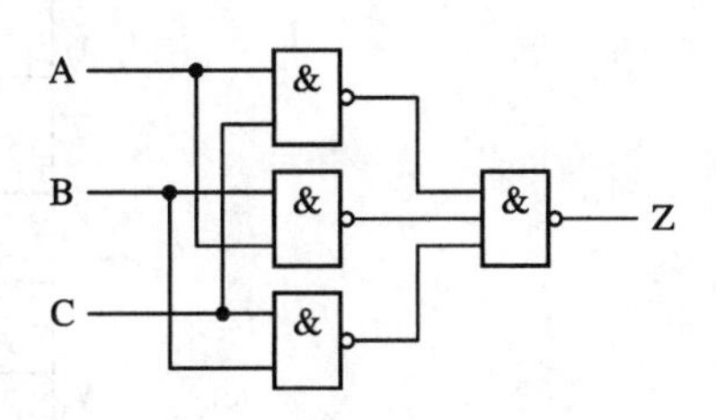

图 2－7　例 2.1 的逻辑电路

表 2－3　例 2.1 的真值表

A	B	C	Z
0	0	0	0
0	0	1	0
0	1	0	0
0	1	1	1
1	0	0	0
1	0	1	1
1	1	0	1
1	1	1	1

A \ BC	00	01	11	10
0			1	
1		1	1	1

图 2－8　例 2.1 的卡诺图

2. 输入为脉冲情况下组合逻辑电路的分析

当输入为脉冲时，组合逻辑电路的工作和输入不变时是一样的，即任一时刻电路的输出只与该时刻电路的输入有关，与其他时刻的输入无关。在输入为脉冲的情况下，不同时刻电路的输入不同时，对应的输出也可能不同。对电路进行分析时，首先要将输入分成不同的时段(在每个时段里，输入的组合是不变的)，再确定出每个时段电路的输出，用波形图表示电路输出和输入之间对应的逻辑关系。

【例 2.2】 画出图 2－9(a)所示逻辑电路的输出波形。电路的输入波形如图 2－9(b)所示。

解　逐个画出各个门电路的输出波形，最后画出逻辑电路的输出波形，如图 2－9(c)所示。

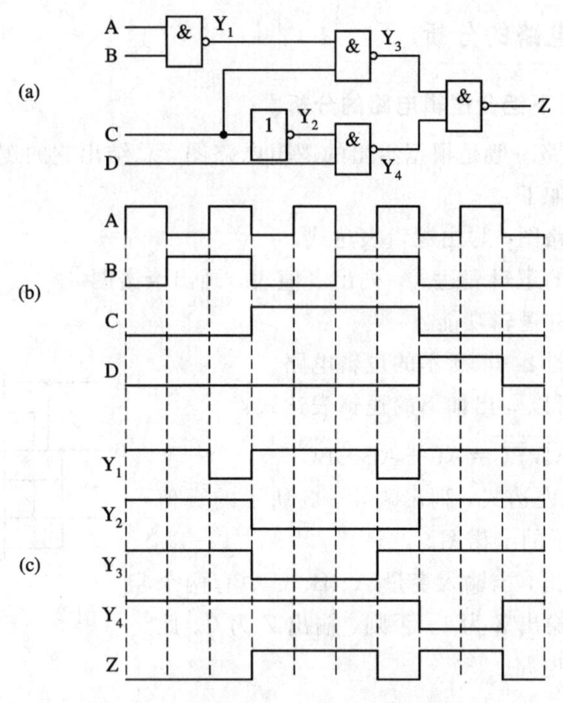

图 2-9　例 2.2 的逻辑电路及其波形

【例 2.3】 画出图 2-10(a)所示逻辑电路的输出波形。电路的输入波形如图 2-10(b)所示。

解　从图 2-10(a)可以写出电路输出的逻辑表达式如下：

$$\begin{aligned} Z &= \overline{\overline{\overline{A+B}+D}+\overline{\overline{C}+D}} = (\overline{A+B}+D)(\overline{C}+D) \\ &= \overline{A}\overline{B}\overline{C}+D \end{aligned}$$

从表达式可以得到，当 A、B、C 同时为 0 或 D 为 1 时，输出 Z 为 1，否则，Z 为 0。逻辑电路的输出波形如图 2-10(c)所示。

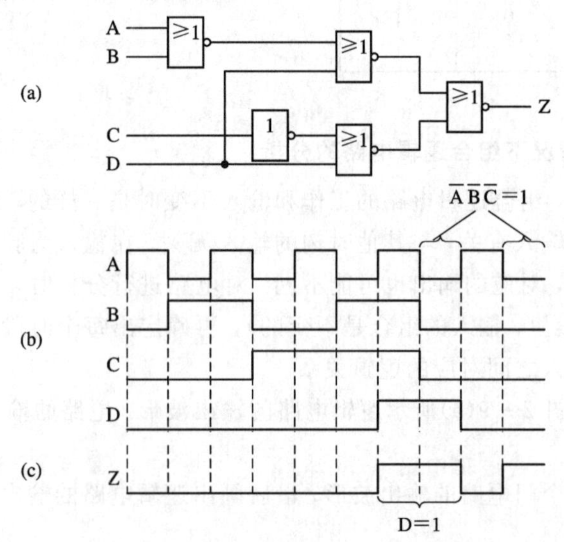

图 2-10　例 2.3 的逻辑电路及其波形

2.2.3　组合逻辑电路的设计

设计组合逻辑电路，就是根据给定的逻辑功能要求，求出逻辑函数表达式，然后用逻辑器件去实现此逻辑函数。实现组合逻辑电路所用的逻辑器件可分为三大类：基本门电路、MSI 组合电路模块和可编程逻辑器件。本节只介绍使用基本门电路设计、实现组合逻辑电路的方法和步骤，用 MSI 组合电路模块实现组合逻辑电路的方法将在第 3 章中介绍，用可编程逻辑器件实现组合逻辑电路的方法将在第 6 章和第 7 章中介绍。

1. 用基本门电路设计组合逻辑电路

用基本门电路设计和实现组合逻辑电路的一般步骤如下：

(1) 分析逻辑功能要求，确定输入/输出变量。

(2) 列出真值表。

(3) 用逻辑代数公式或卡诺图求逻辑函数的最简表达式。

(4) 用基本门电路实现所得函数。

【例 2.4】 设计一个有三个输入、一个输出的组合逻辑电路，输入为二进制数。当输入的二进制数能被 3 整除时，输出为 1，否则输出为 0。

解 设输入变量为 A、B、C，输出变量为 Z。根据逻辑功能要求，列出的电路真值表如表 2-4 所示，画出的卡诺图如图 2-11 所示。由卡诺图得到的输出 Z 的表达式如下：

$$Z=\bar{A}\bar{B}\bar{C}+\bar{A}BC+AB\bar{C}=\bar{A}\,\overline{B\oplus C}+AB\bar{C}$$

根据上面表达式可以得到如图 2-12(a)、(b)所示的两种不同实现。

表 2-4　例 2.4 的电路真值表

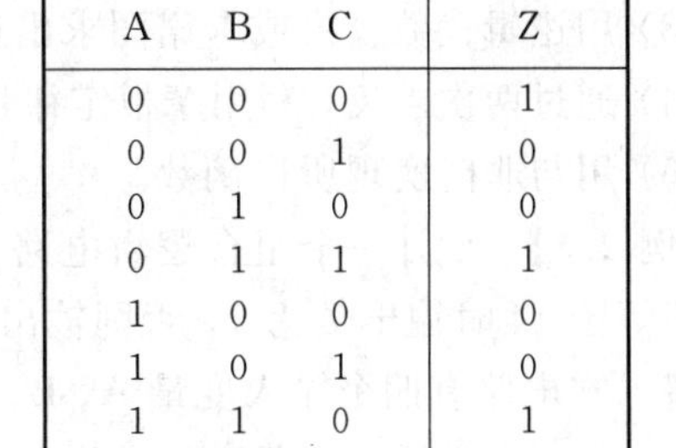

A	B	C	Z
0	0	0	1
0	0	1	0
0	1	0	0
0	1	1	1
1	0	0	0
1	0	1	0
1	1	0	1
1	1	1	0

A \ BC	00	01	11	10
0	1		1	
1				1

图 2-11　例 2.4 的卡诺图

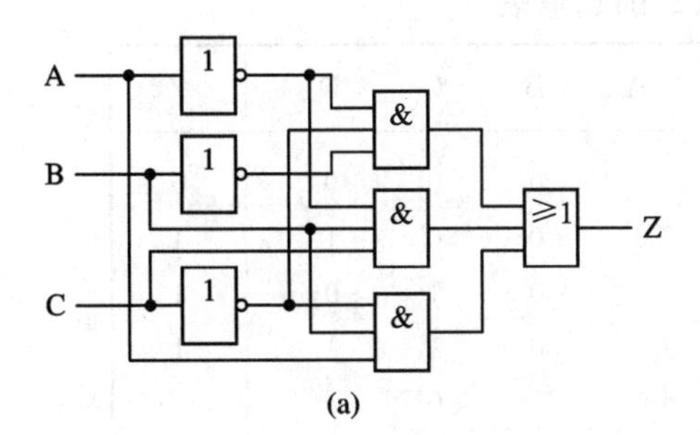

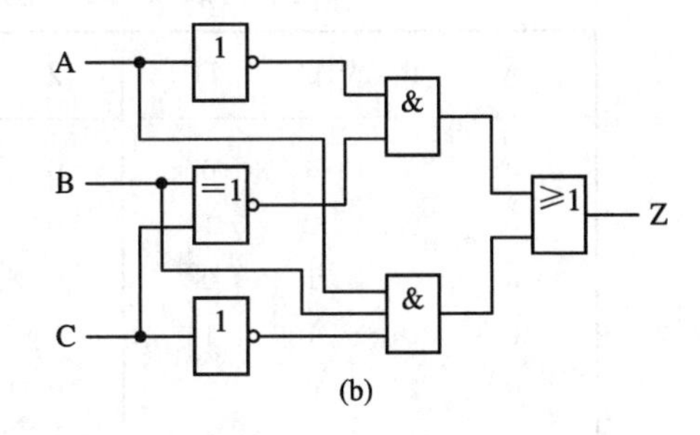

图 2-12　例 2.4 的逻辑电路图

2. 用与非门设计组合逻辑电路

我们知道，与、或、非是最基本的三种逻辑运算，任何一个逻辑函数都可以用这三种运算的组合来表示。也就是说，任何一个逻辑函数都可以用与门、或门、非门这三种门电路来实现。利用与非门，通过简单的连接转换，可以很容易地构造出与门、或门和非门，如图 2-13 所示。因此，任何一个逻辑函数都可以用与非门来实现。基于这一原因，与非门获得了广泛的应用。

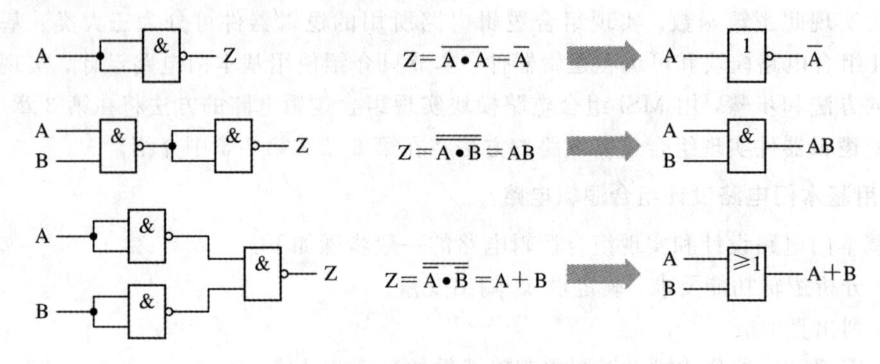

图 2-13 用与非门构造与门、或门和非门

用与非门设计、实现组合逻辑电路时，可以根据求得的函数最简与或表达式，先画出用与门、或门和非门实现的电路，然后再用与非门去替代。而常见的做法是将最简与或表达式转换为与非—与非表达式，直接用与非门去实现逻辑电路。

用与非门设计和实现组合逻辑电路的一般步骤如下：

(1) 分析逻辑功能要求，确定输入/输出变量。

(2) 列出真值表。

(3) 用逻辑代数公式或卡诺图求出逻辑函数的最简与或表达式。

(4) 通过两次求反，利用摩根定律将最简与或表达式转换为与非—与非表达式。

(5) 用与非门实现所得函数。

【例 2.5】 设计一个组合逻辑电路，输入是 4 位二进制数 ABCD，当输入大于等于 9 而小于等于 14 时输出 Z 为 1，否则输出 Z 为 0。用与非门实现电路。

解 本电路有四个输入变量 A、B、C、D 和一个输出变量 Z。根据逻辑功能的要求，可以列出如表 2-5 所示的真值表，再画出如图 2-14 所示的卡诺图。

表 2-5 例 2.5 的真值表

A	B	C	D	Z	A	B	C	D	Z
0	0	0	0	0	1	0	0	0	0
0	0	0	1	0	1	0	0	1	1
0	0	1	0	0	1	0	1	0	1
0	0	1	1	0	1	0	1	1	1
0	1	0	0	0	1	1	0	0	1
0	1	0	1	0	1	1	0	1	1
0	1	1	0	0	1	1	1	0	1
0	1	1	1	0	1	1	1	1	0

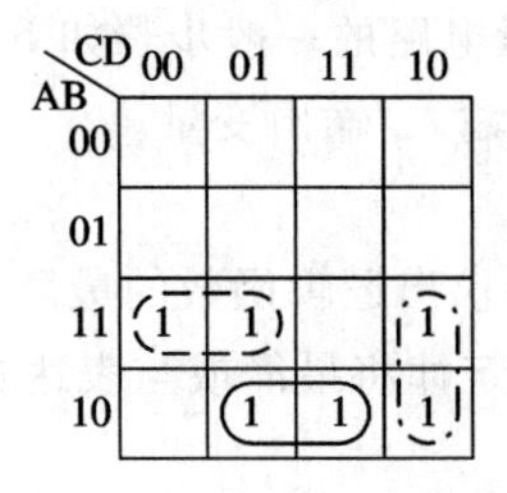

图 2-14　例 2.5 的卡诺图

由卡诺图可以得到输出 Z 的最简与或表达式为

$$Z=A\overline{B}D+AB\overline{C}+AC\overline{D}$$

转换为与非—与非表达式为

$$\begin{aligned}Z&=\overline{\overline{A\overline{B}D+AB\overline{C}+AC\overline{D}}}\\&=\overline{\overline{A\overline{B}D}\;\overline{AB\overline{C}}\;\overline{AC\overline{D}}}\end{aligned}$$

根据上面与非—与非表达式可以画出仅用与非门实现的逻辑电路图，如图 2-15 所示。

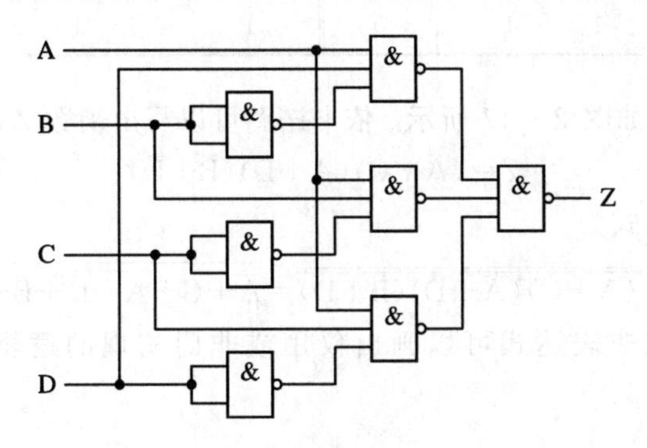

图 2-15　例 2.5 的逻辑电路图

3. 用或非门设计组合逻辑电路

同与非门一样，利用或非门，通过简单的连接转换，也可以很容易地构造出与门、或门和非门，如图 2-16 所示。因此，任何一个逻辑函数也都可以用或非门来实现。

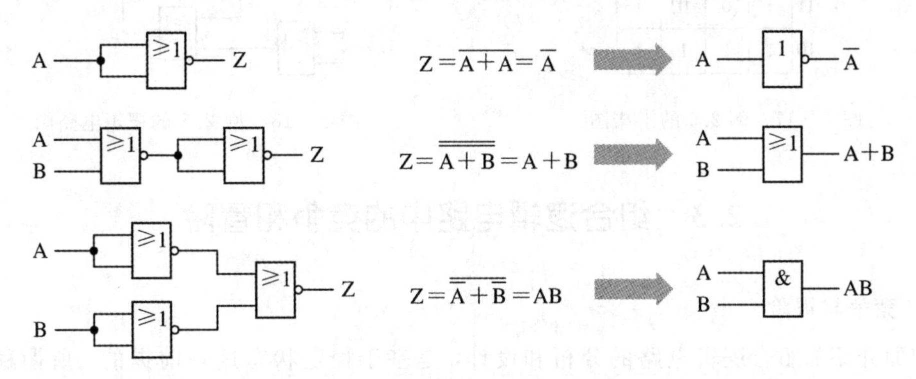

图 2-16　用或非门构造与门、或门和非门

用或非门设计和实现组合逻辑电路的一般步骤如下：

(1) 分析逻辑功能要求，确定输入/输出变量。

(2) 列出真值表。

(3) 用逻辑代数公式或卡诺图求出逻辑函数的最简或与表达式。

(4) 通过两次求反，利用摩根定律将最简或与表达式转换为或非—或非表达式。

(5) 用或非门实现所得函数。

【例 2.6】 一组合逻辑电路的真值表如表 2－6 所示，用或非门实现该电路。

表 2－6 例 2.6 的真值表

A	B	C	D	Z	A	B	C	D	Z
0	0	0	0	0	1	0	0	0	1
0	0	0	1	0	1	0	0	1	1
0	0	1	0	1	1	0	1	0	1
0	0	1	1	0	1	0	1	1	1
0	1	0	0	0	1	1	0	0	1
0	1	0	1	0	1	1	0	1	0
0	1	1	0	1	1	1	1	0	1
0	1	1	1	0	1	1	1	1	0

解 画出卡诺图，如图 2－17 所示。依卡诺图可以写出函数 Z 的最简或与表达式：

$$Z=(A+C)(A+\overline{D})(\overline{B}+\overline{D})$$

转换为或非—或非表达式为

$$Z=\overline{\overline{(A+C)(A+\overline{D})(\overline{B}+\overline{D})}}=\overline{\overline{A+C}+\overline{A+\overline{D}}+\overline{\overline{B}+\overline{D}}}$$

根据上面或非—或非表达式可以画出仅用或非门实现的逻辑电路图，如图 2－18 所示。

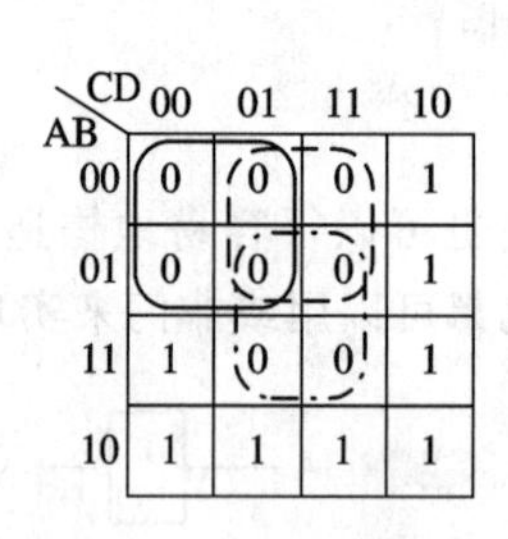

图 2－17 例 2.6 的卡诺图

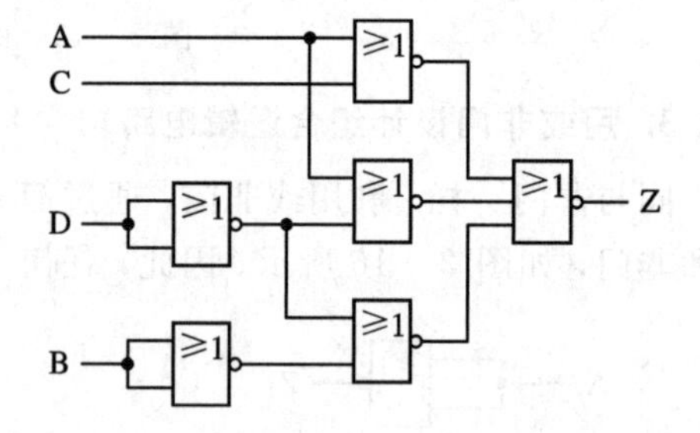

图 2－18 例 2.6 的逻辑电路图

2.3 组合逻辑电路中的竞争和冒险

1. 竞争与冒险

前面介绍的组合逻辑电路的分析和设计，是基于稳定状态这一前提的。所谓稳定状态，是指输入变量不发生变化，输出变量也不会发生变化的情况。但是，当输入变量发生变化时，电路可能会得到错误的结果。

现在让我们分析图 2-19 所示的组合逻辑电路。

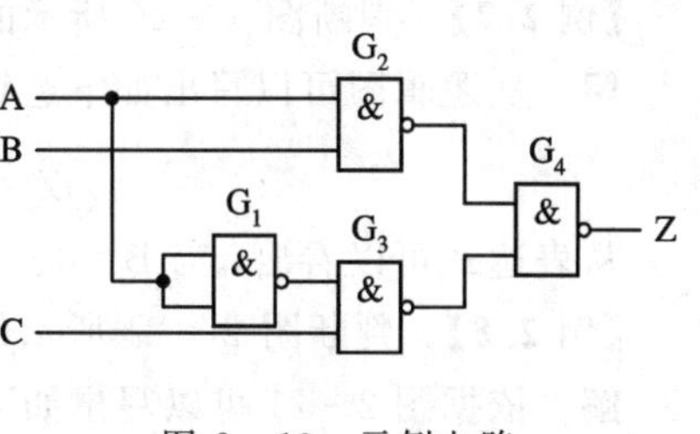

图 2-19　示例电路

从图中可以得到：

$$Z=\overline{\overline{AB}\,\overline{\overline{A}C}}=AB+\overline{A}C$$

当 B 和 C 保持为 1 不变时，由上式得到 $Z=A\cdot 1+\overline{A}\cdot 1=1$，即此时输出应该恒定为 1，与输入 A 无关。而实际情形为：如果 A 不变，则无论 A 是 0 还是 1，输出都为 1；如果 A 发生变化，则输出不一定恒为 1。

再看一下具体电路：

（1）当 B=C=1、A=0 时，与非门 G_2 的输出为 1，G_1 的输出为 1，G_3 的输出为 0，因此，G_4 的输出为 1。

（2）当 B=C=1、A=1 时，G_1 输出为 0，G_2 输出为 0，G_3 输出为 1，G_4 输出也为 1。

（3）当 B=C=1、A 由 0 变为 1 时，将使 G_1 和 G_2 的输出由 1 变为 0，G_3 输出则由 0 变为 1。G_1 和 G_2 输出的变化比 A 的变化延时 t_P，G_3 输出的变化比 A 的变化延时 $2t_P$。因此，G_2 的输出先变为 0 而 G_3 的输出后变为 1。这样，在 G_2 的输出变化之前，G_2 输出为 1，G_3 输出为 0；当 G_2 的输出已经变化而 G_3 的输出还没有变化时，G_2、G_3 的输出同时为 0；在 G_3 的输出变化之后，G_2 输出为 0，G_3 输出为 1。可见，任何时刻，G_4 最少有一个输入为 0，因此，其输出 Z 一直保持为 1。

（4）当 B=C=1、A 由 1 变为 0 时，将使 G_1 和 G_2 的输出由 0 变为 1，G_3 输出由 1 变为 0。G_1 和 G_2 输出的变化比 A 的变化延时 t_P，G_3 输出的变化比 A 的变化延时 $2t_P$。因此，G_2 的输出先变为 1 而 G_3 的输出后变为 0。这样，在 G_2 的输出变化之前，G_2 输出为 0，G_3 输出为 1；当 G_2 的输出已经变化而 G_3 的输出还没变化时，G_2、G_3 的输出同时为 1；在 G_3 的输出变化之后，G_2 输出为 1，G_3 输出为 0。由此可见，在 G_2 的输出已经变化而 G_3 的输出还没变化这段时间里，由于 G_2、G_3 的输出同时为 1，使 G_4 的两个输入同时为 1，此时会在 G_4 的输出产生一个短暂的 0 脉冲。

在组合逻辑电路中，当输入信号变化时，由于所经路径不同，产生延时不同，导致的其后某个门电路的两个输入端发生有先有后的变化，称为竞争。

由于竞争而使电路的输出端产生尖峰脉冲，从而导致后级电路产生错误动作的现象称为冒险。产生 0 尖峰脉冲的称为 0 型冒险，产生 1 尖峰脉冲的称为 1 型冒险。

2. 竞争和冒险的判断

判断一个组合逻辑电路是否存在竞争和冒险有两种常用的方法：代数法和卡诺图法。

1）代数法

在一个组合逻辑电路中，如果某个门电路的输出表达式在一定条件下简化为 $Z=A+\overline{A}$ 或 $Z=A\overline{A}$ 的形式，而式中的 A 和 $\overline{A}$ 是变量 A 经过不同途径传输来的，则该电路存在竞争和冒险现象。

$Z=A+\overline{A}$　　存在 0 型冒险

$Z=A\overline{A}$　　存在 1 型冒险

【例 2.7】 判断图 2-20 所示的逻辑电路是否存在冒险。

解 从逻辑图可以写出如下逻辑表达式：

$$Z=\overline{\overline{A\overline{B}C}\ \overline{\overline{A}D}}=A\overline{B}C+\overline{A}D$$

从表达式可以看出，当 B=0、C=D=1 时，$Z=A+\overline{A}$。因此，该电路存在 0 型冒险。

【例 2.8】 判断图 2-21 所示的逻辑电路是否存在冒险。

解 依据图 2-21 可以写出如下逻辑表达式：

$$Z=\overline{\overline{A+\overline{B}}+\overline{\overline{A}+C}}=(A+\overline{B})(\overline{A}+C)$$

从表达式可以看出，当 B=1、C=0 时，$Z=A\overline{A}$。因此，该电路存在 1 型冒险。

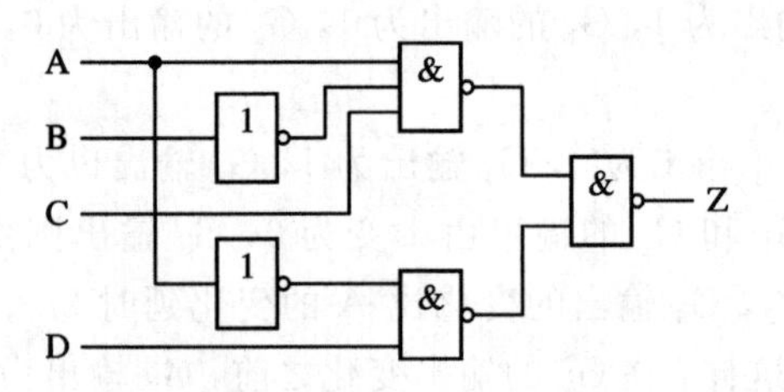

图 2-20 例 2.7 的逻辑电路

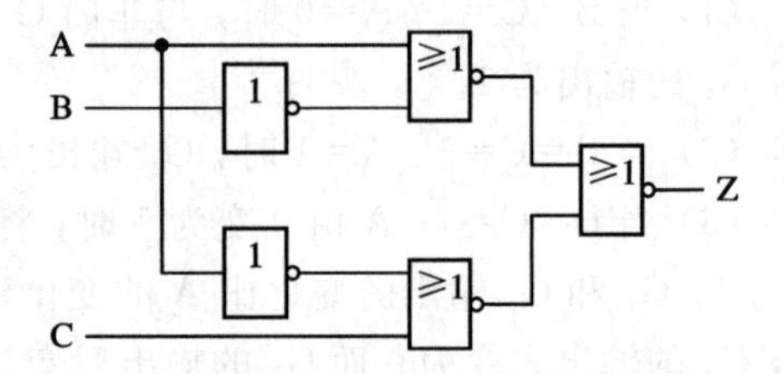

图 2-21 例 2.8 的逻辑电路

2) 卡诺图法

如果逻辑函数对应的卡诺图中存在相切的圈，而相切的两个方格又没有同时被另一个圈包含，则当变量组合在相切方格之间变化时，存在竞争和冒险现象。

【例 2.9】 判断实现逻辑表达式 $Z=B\overline{C}+\overline{A}\overline{B}D+A\overline{B}C$ 的电路是否存在冒险。

解 画出 Z 的卡诺图，如图 2-22 所示。从卡诺图中可以看出：1 号圈中编号 1 的方格和 2 号圈中编号 5 的方格相切而且没有同时被另一个圈包含；1 号圈中编号 3 的方格和 3 号圈中编号 11 的方格相切而且没有同时被另一个圈包含。因此，当变量组合在编号 1 方格和编号 5 方格之间变化或在编号 3 方格和编号 11 方格之间变化时，存在冒险现象。两种情况对应的变量组合如下：

在编号 1 方格和编号 5 方格中，A=0、C=0、D=1、B 变化。

在编号 3 方格和编号 11 方格中，B=0、C=1、D=1、A 变化。

用与非门实现的逻辑电路如图 2-23 所示。

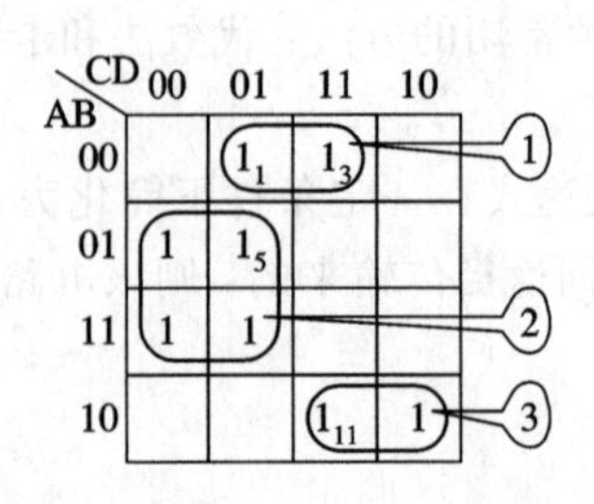

图 2-22 例 2.9 的卡诺图

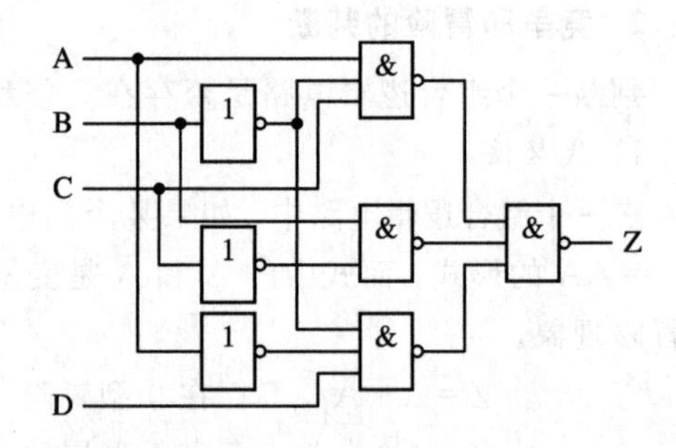

图 2-23 例 2.9 的逻辑电路

3. 竞争和冒险现象的消除方法

消除组合逻辑电路中竞争和冒险现象的常用方法有：滤波法、脉冲选通法和修改设计法。

1）滤波法

滤波法：在门电路的输出端接上一个滤波电容，将尖峰脉冲的幅度削减至门电路的阈值电压以下，如图 2-24 所示。由于竞争和冒险产生的尖峰脉冲很窄，所以通常接一个大约几百皮法的小电容即可。这种方法很简单，但会使波形变坏。

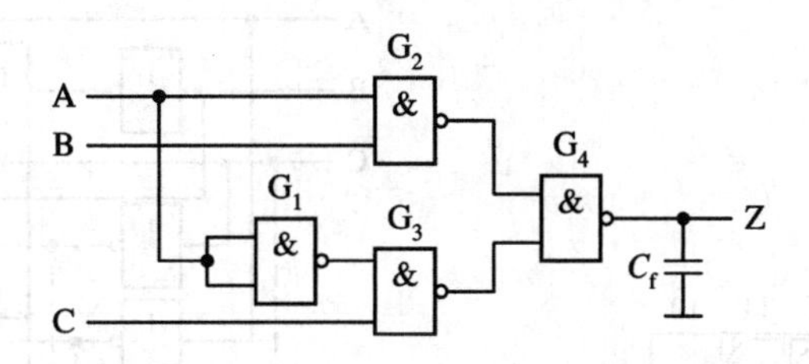

图 2-24　用滤波法消除竞争和冒险现象

2）脉冲选通法

脉冲选通法：在电路中加入一个选通脉冲，在确定电路进入稳定状态后，才让电路输出选通，否则封锁电路输出，如图 2-25 所示。

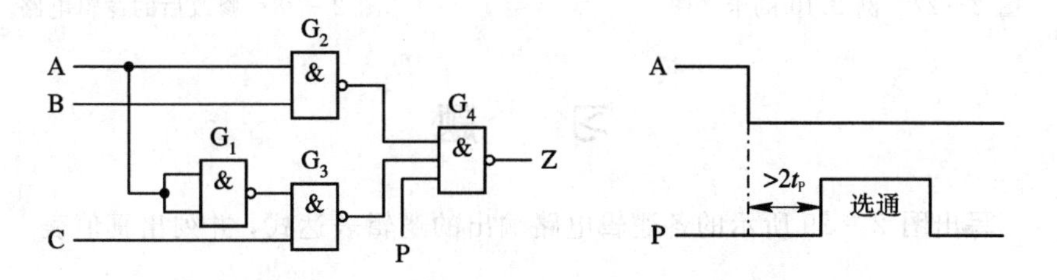

图 2-25　用脉冲选通法消除竞争和冒险现象

3）修改设计法

(1) 代数法。如前面对图 2-19 的分析，对于逻辑表达式 $Z=AB+\overline{A}C$，当 $B=C=1$ 时，存在竞争和冒险现象。利用逻辑代数公式，可以增加冗余项 BC，使 $Z=AB+\overline{A}C+BC$，图 2-26 是按照增加冗余项后的逻辑表达式实现的电路。当 $B=C=1$ 时，由于 G_5 的输出保持为 0，因此，即使 A 发生变化，G_4 的输出亦恒定为 1。

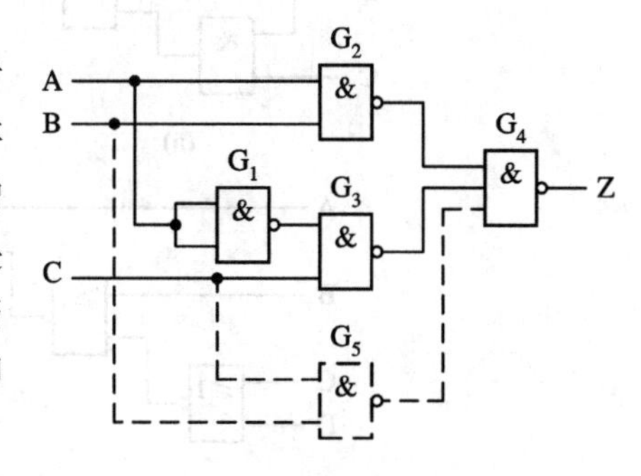

图 2-26　用增加冗余项消除竞争和冒险现象

(2) 卡诺图法。我们知道，若逻辑函数对应的卡诺图中存在相切的圈，而相切的两个方格又没有同时被另一个圈包含，则当变量组合在相切方格之间变化时，存在竞争和冒险现象。因而，通过增加由这两个相切方格组成的圈，就可以消除竞争和冒险现象。

【例 2.10】 修改图 2-23 所示的电路，消除竞争和冒险现象。

解 从图 2-22 所示的卡诺图可以看出，要消除竞争和冒险现象，需要增加由编号 1 方格和编号 5 方格组成的圈以及由编号 3 方格和编号 11 方格组成的圈，如图 2-27 所示。这样，得到的表达式如下：

$$Z=B\overline{C}+\overline{A}\overline{B}D+A\overline{B}C+\overline{A}\overline{C}D+\overline{B}CD$$

修改后的逻辑电路如图 2-28 所示。

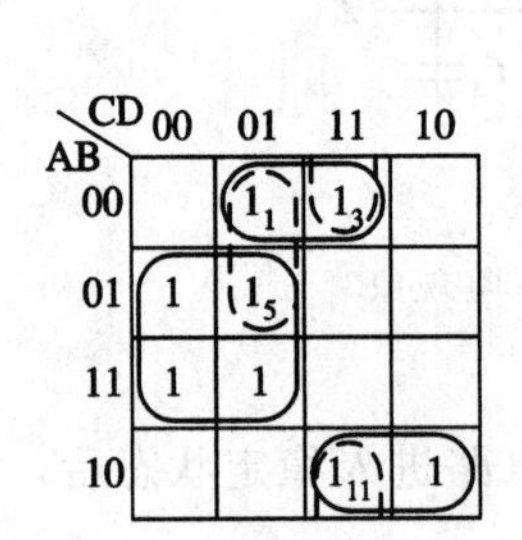

图 2-27 例 2.10 的卡诺图

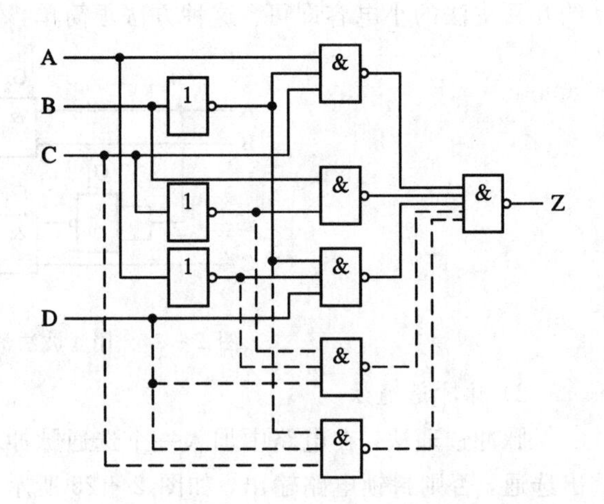

图 2-28 修改后的逻辑电路

习 题

2-1 写出图 2-29 所示的各逻辑电路输出的逻辑表达式，并列出真值表。

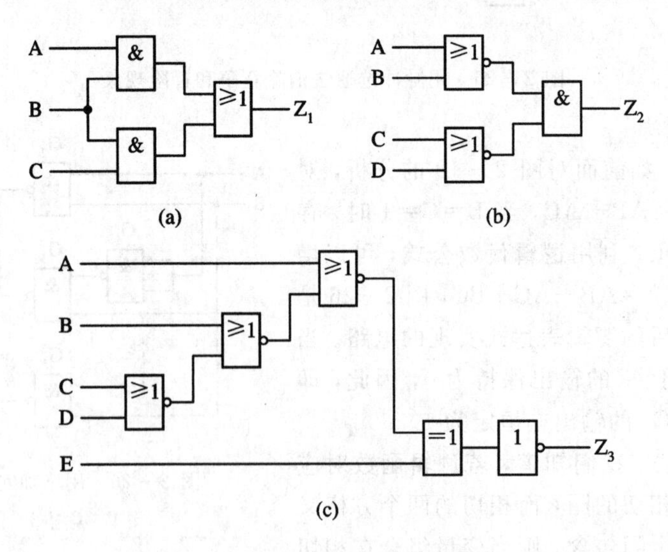

图 2-29 习题 2-1 图

2-2 分析图 2-30 所示的各逻辑电路，写出输出的逻辑表达式，并列出真值表。

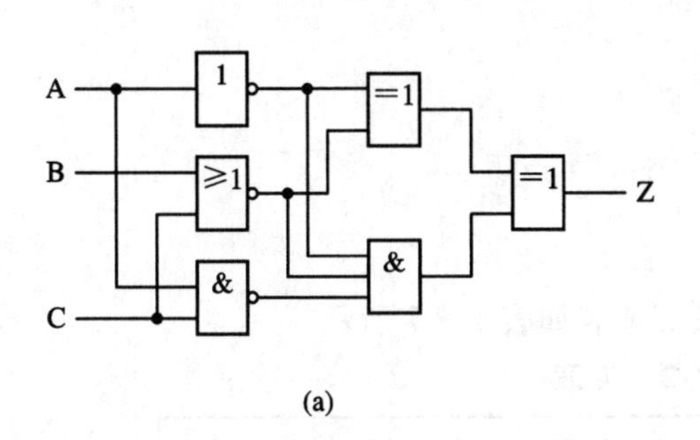

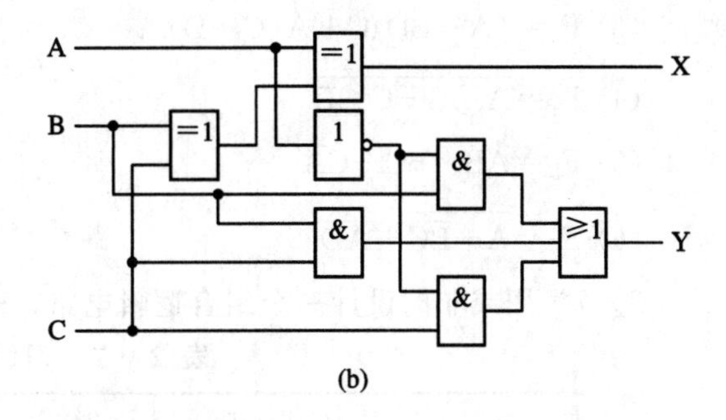

图 2-30　习题 2-2 图

2-3　分析图 2-31 所示的逻辑电路，画出电路的输出波形。

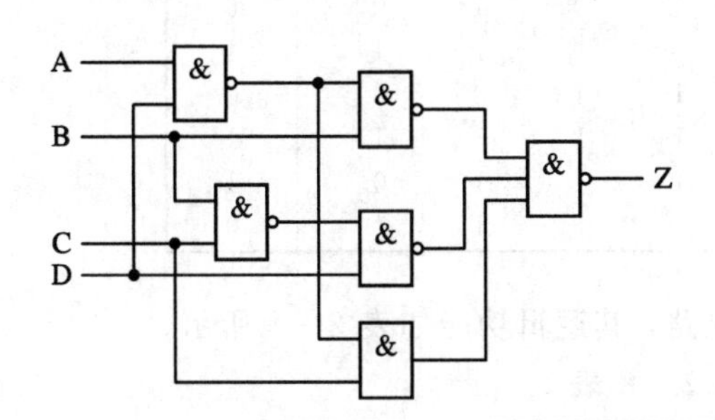

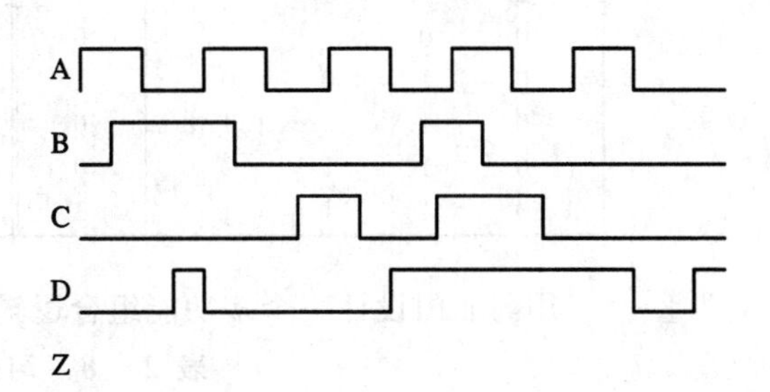

图 2-31　习题 2-3 图

2-4　用与门、或门和非门实现下列逻辑函数。

(1) $F_1=\overline{AB}$

(2) $F_2=\overline{A+B}$

(3) $F_3=AC+BD$

(4) $F_4=(A+B)(C+D)$

(5) $F_5=\overline{A\overline{B}+CD}$

(6) $F_6=(B+\overline{C}D)\overline{A\overline{B}+E}$

2-5　用与非门和非门实现下列逻辑函数。

(1) $F_1=A\overline{B}+\overline{C+D}$

(2) $F_2=(\overline{A}+B)C+A\overline{D}$

(3) $F_3=(\overline{A}C+D)(B+CD)$

(4) $F_4=\overline{A}\oplus C+B\oplus D$

(5) $F_5=(A+\overline{B})(B+\overline{C})(C+\overline{A})$

(6) $F_6=\overline{A\overline{B}+B\overline{C}+C\overline{A}}$

2-6　用或非门和非门实现下列逻辑函数。

(1) $F_1=(\overline{A}+\overline{B})(\overline{C}+\overline{D})$

(2) $F_2=\overline{A}D+BC$

(3) $F_3=(A+BD)\overline{C}+\overline{A}(C+\overline{D})$

(4) $F_4=\overline{A\oplus B+C\oplus D}$

(5) $F_5=A\overline{B}+B\overline{C}+C\overline{A}$

(6) $F_6=\overline{A+\overline{BC}}+\overline{AD}$

2-7　用或非门设计一个组合逻辑电路，其真值表如表2-7所示。

表2-7　习题2-7表

A	B	C	D	Z	A	B	C	D	Z
0	0	0	0	0	1	0	0	0	1
0	0	0	1	1	1	0	0	1	0
0	0	1	0	1	1	0	1	0	0
0	0	1	1	0	1	0	1	1	1
0	1	0	0	1	1	1	0	0	0
0	1	0	1	0	1	1	0	1	1
0	1	1	0	0	1	1	1	0	1
0	1	1	1	1	1	1	1	1	0

2-8　用与非门设计一个多功能组合逻辑电路，其逻辑功能如表2-8所示。

表2-8　习题2-8表

S_2	S_1	S_0	F	S_2	S_1	S_0	F
0	0	0	$\overline{A}\overline{B}$	1	0	0	$\overline{A}+\overline{B}$
0	0	1	$\overline{A}B$	1	0	1	$\overline{A}+B$
0	1	0	$A\overline{B}$	1	1	0	$A+\overline{B}$
0	1	1	AB	1	1	1	$A+B$

2-9　用与非门设计一个组合逻辑电路，其输入A、B、C、D和输出F的波形如图2-32所示。

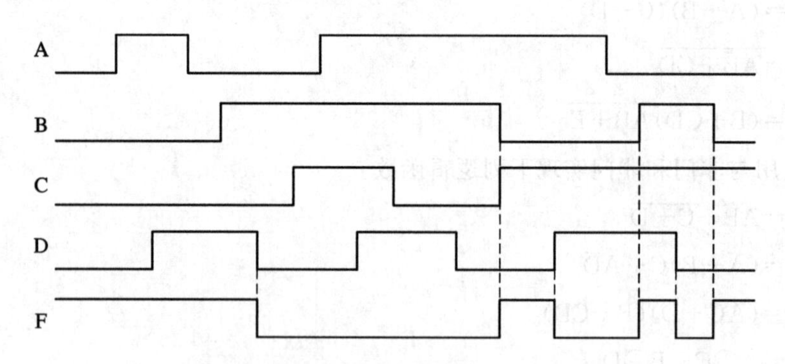

图2-32　习题2-9图

2-10　设计一个组合逻辑电路，它有三个输入A、B、C和一个输出Z，当输入中1的个数少于或等于1时，输出为1，否则，输出为0。用与非门实现电路。

2-11　用与非门分别设计和实现具有下列功能的组合逻辑电路。输入为两个二进制数，分别为$A=A_1A_0$和$B=B_1B_0$。

(1) A和B的对应位相同时输出为1，否则输出为0。

(2) A 和 B 的对应位相反时输出为 1，否则输出为 0。

(3) A 和 B 都为奇数时输出为 1，否则输出为 0。

(4) A 和 B 都为偶数时输出为 1，否则输出为 0。

(5) A 和 B 一个为奇数而另一个为偶数时输出为 1，否则输出为 0。

2-12　设计一个电灯控制电路。用两个分别位于楼上和楼下的开关 S_1 和 S_2 来控制电灯 Z，要求当 S_1 合上而 S_2 断开或 S_1 断开而 S_2 合上时，电灯 Z 亮；当 S_1 和 S_2 都合上或 S_1 和 S_2 都断开时，电灯 Z 不亮。用 1 表示开关合上和电灯亮，用 0 表示开关断开和电灯不亮。用与非门实现电路。

2-13　设计一个温度控制电路。其输入为 4 位二进制数 $T_3T_2T_1T_0$，代表检测到的温度。输出为 X 和 Y，分别用来控制暖风机和冷风机的工作。当温度低于 5℃时，暖风机工作，冷风机不工作；当温度高于 10℃时，冷风机工作，暖风机不工作；当温度介于 5℃和 10℃之间时，暖风机和冷风机都不工作。用 1 表示暖风机和冷风机工作，用 0 表示暖风机和冷风机不工作。用与非门实现电路。

2-14　用最少数目的与非门实现下列函数，分析电路在什么情况下存在竞争和冒险现象。试用增加冗余项的方法消除。

(1) $F_1(A, B, C) = \sum m(0, 1, 5, 7)$

(2) $F_2(A, B, C, D) = \sum m(4, 6, 8, 9, 12, 14)$

(3) $F_3(A, B, C, D) = \sum m(0, 1, 3, 4, 5, 11)$

(4) $F_4(A, B, C, D) = \sum m(0, 1, 2, 6, 9, 10)$

(5) $F_5(A, B, C, D) = \sum m(0, 2, 6, 7, 8, 10, 12, 13)$

(6) $F_6(A, B, C, D) = \prod M(1, 2, 9, 10, 12, 13, 14, 15)$

(7) $F_7(A, B, C, D) = \prod M(0, 1, 5, 8, 10, 13, 14, 15)$

2-15　判断图 2-33 所示电路是否存在竞争和冒险现象。如果存在，说明是什么类型的冒险，会在什么情况下发生。

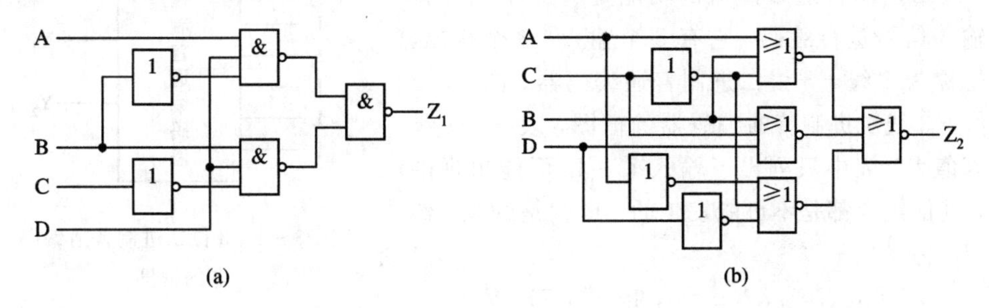

图 2-33　习题 2-15 图

第3章 常用组合逻辑电路及 MSI 组合电路模块的应用

本章介绍常用组合逻辑电路及 MSI 组合电路模块的功能及应用，包括编码器、译码器、加法器、比较器、数据选择器和数据分配器等。

3.1 编码器和译码器

3.1.1 编码器

用由0和1组成的二值代码表示不同的事物称为编码，实现编码功能的电路称为编码器。常见的编码器有普通编码器、优先编码器、二进制编码器、二—十进制编码器等。在普通编码器中，输入信号是相互排斥的，任一时刻都有而且只有一个输入信号出现。在优先编码器中，允许两个或两个以上的信号同时出现，所有输入信号按优先顺序排队，当有多于一个信号同时出现时，只对其中优先级最高的一个信号进行编码。用 n 位0、1代码对 2^n 个信号进行编码的电路称为二进制编码器。用二进制代码对0～9这10个十进制符号进行编码的电路称为二—十进制编码器。

1. 二进制普通编码器

用 n 位二进制代码对 2^n 个相互排斥的信号进行编码的电路，称为二进制普通编码器。

3位二进制普通编码器的功能是对8个相互排斥的输入信号进行编码，它有8个输入、3个输出，因此也称为8线－3线二进制普通编码器。图3－1是8线－3线二进制普通编码器的框图，表3－1是它的真值表。表中只列出了输入 $I_0 \sim I_7$ 可能出现的组合，其他组合都是不可能发生的，也就是约束。约束可以表示为

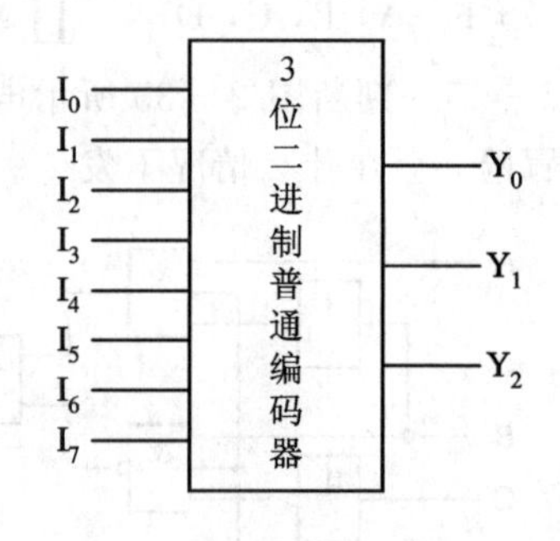

图3－1 3位二进制普通编码器的框图

$$I_i I_j = 0 \ (i \neq j,\ i,\ j = 0,\ 1,\ \cdots,\ 7)$$

由表3－1所示的真值表可以写出如下逻辑表达式：

$$Y_2 = \overline{I}_7\overline{I}_6\overline{I}_5 I_4\overline{I}_3\overline{I}_2\overline{I}_1\overline{I}_0 + \overline{I}_7\overline{I}_6 I_5\overline{I}_4\overline{I}_3\overline{I}_2\overline{I}_1\overline{I}_0 + \overline{I}_7 I_6\overline{I}_5\overline{I}_4\overline{I}_3\overline{I}_2\overline{I}_1\overline{I}_0 + I_7\overline{I}_6\overline{I}_5\overline{I}_4\overline{I}_3\overline{I}_2\overline{I}_1\overline{I}_0$$

$$Y_1 = \overline{I}_7\overline{I}_6\overline{I}_5\overline{I}_4\overline{I}_3 I_2\overline{I}_1\overline{I}_0 + \overline{I}_7\overline{I}_6\overline{I}_5\overline{I}_4 I_3\overline{I}_2\overline{I}_1\overline{I}_0 + \overline{I}_7 I_6\overline{I}_5\overline{I}_4\overline{I}_3\overline{I}_2\overline{I}_1\overline{I}_0 + I_7\overline{I}_6\overline{I}_5\overline{I}_4\overline{I}_3\overline{I}_2\overline{I}_1\overline{I}_0$$

$$Y_0 = \overline{I}_7\overline{I}_6\overline{I}_5\overline{I}_4\overline{I}_3\overline{I}_2 I_1\overline{I}_0 + \overline{I}_7\overline{I}_6\overline{I}_5\overline{I}_4 I_3\overline{I}_2\overline{I}_1\overline{I}_0 + \overline{I}_7\overline{I}_6 I_5\overline{I}_4\overline{I}_3\overline{I}_2\overline{I}_1\overline{I}_0 + I_7\overline{I}_6\overline{I}_5\overline{I}_4\overline{I}_3\overline{I}_2\overline{I}_1\overline{I}_0$$

表3-1　3位二进制普通编码器的真值表

I_7	I_6	I_5	I_4	I_3	I_2	I_1	I_0	Y_2	Y_1	Y_0
0	0	0	0	0	0	0	1	0	0	0
0	0	0	0	0	0	1	0	0	0	1
0	0	0	0	0	1	0	0	0	1	0
0	0	0	0	1	0	0	0	0	1	1
0	0	0	1	0	0	0	0	1	0	0
0	0	1	0	0	0	0	0	1	0	1
0	1	0	0	0	0	0	0	1	1	0
1	0	0	0	0	0	0	0	1	1	1

利用约束条件$I_iI_j=0(i\neq j,\ i,\ j=0,\ 1,\ \cdots,7)$和公式$A+\overline{A}B=A+B$对上述表达式进行化简，可以得到：

$$Y_2=I_4+I_5+I_6+I_7$$
$$Y_1=I_2+I_3+I_6+I_7$$
$$Y_0=I_1+I_3+I_5+I_7$$

图3-2是用与非门实现的3位二进制普通编码器的逻辑电路图。

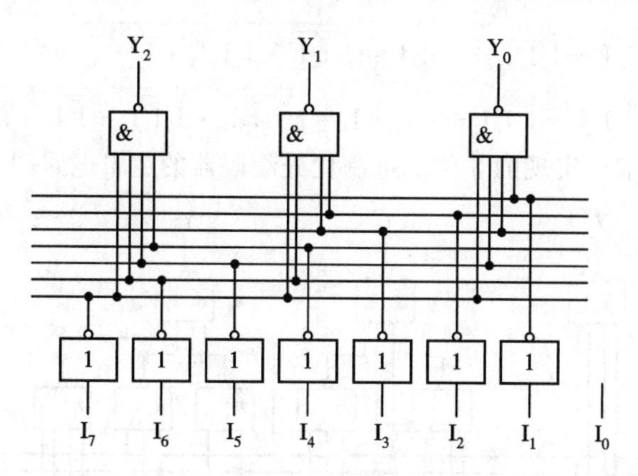

图3-2　3位二进制普通编码器的逻辑电路图

2. 二进制优先编码器

用n位二进制代码对2^n个允许同时出现的信号进行编码，这些信号具有不同的优先级，多于一个信号同时出现时，只对其中优先级最高的信号进行编码，这样的编码器称为二进制优先编码器。3位二进制优先编码器的框图如图3-3所示，表3-2是它的真值表。在真值表中，给$I_0\sim I_7$假定了不同的优先级，I_7的优先级最高，I_6次之，I_0的优先级最低。真值表中的“×”表示该输入信号取值无论是0还是1都无所谓，不影响电路的输出。

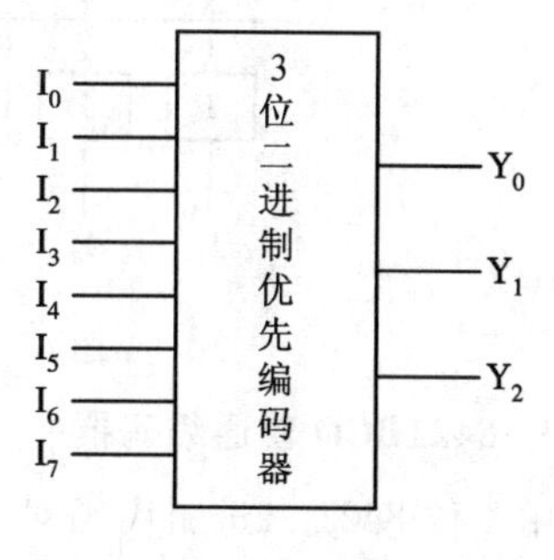

图3-3　3位二进制优先编码器的框图

表 3-2 3位二进制优先编码器的真值表

I_7	I_6	I_5	I_4	I_3	I_2	I_1	I_0	Y_2	Y_1	Y_0
0	0	0	0	0	0	0	1	0	0	0
0	0	0	0	0	0	1	×	0	0	1
0	0	0	0	0	1	×	×	0	1	0
0	0	0	0	1	×	×	×	0	1	1
0	0	0	1	×	×	×	×	1	0	0
0	0	1	×	×	×	×	×	1	0	1
0	1	×	×	×	×	×	×	1	1	0
1	×	×	×	×	×	×	×	1	1	1

由表 3-2 可以写出如下逻辑表达式：

$$Y_2=\bar{I}_7\bar{I}_6\bar{I}_5I_4+\bar{I}_7\bar{I}_6I_5+\bar{I}_7I_6+I_7$$

$$Y_1=\bar{I}_7\bar{I}_6\bar{I}_5\bar{I}_4\bar{I}_3I_2+\bar{I}_7\bar{I}_6\bar{I}_5\bar{I}_4I_3+\bar{I}_7I_6+I_7$$

$$Y_0=\bar{I}_7\bar{I}_6\bar{I}_5\bar{I}_4\bar{I}_3\bar{I}_2I_1+\bar{I}_7\bar{I}_6\bar{I}_5\bar{I}_4I_3+\bar{I}_7\bar{I}_6I_5+I_7$$

利用公式 $A+\bar{A}B=A+B$ 对表达式进行化简，可以得到：

$$Y_2=I_4+I_5+I_6+I_7=\overline{\bar{I}_4\bar{I}_5\bar{I}_6\bar{I}_7}$$

$$Y_1=\bar{I}_5\bar{I}_4I_2+\bar{I}_5\bar{I}_4I_3+I_6+I_7=\overline{\overline{\bar{I}_5\bar{I}_4I_2}\cdot\overline{\bar{I}_5\bar{I}_4I_3}\cdot\bar{I}_6\cdot\bar{I}_7}$$

$$Y_0=\bar{I}_6\bar{I}_4\bar{I}_2I_1+\bar{I}_6\bar{I}_4I_3+\bar{I}_6I_5+I_7=\overline{\overline{\bar{I}_6\bar{I}_4\bar{I}_2I_1}\cdot\overline{\bar{I}_6\bar{I}_4I_3}\cdot\overline{\bar{I}_6I_5}\cdot\bar{I}_7}$$

图 3-4 是用与非门实现的 3 位二进制优先编码器的逻辑电路图。

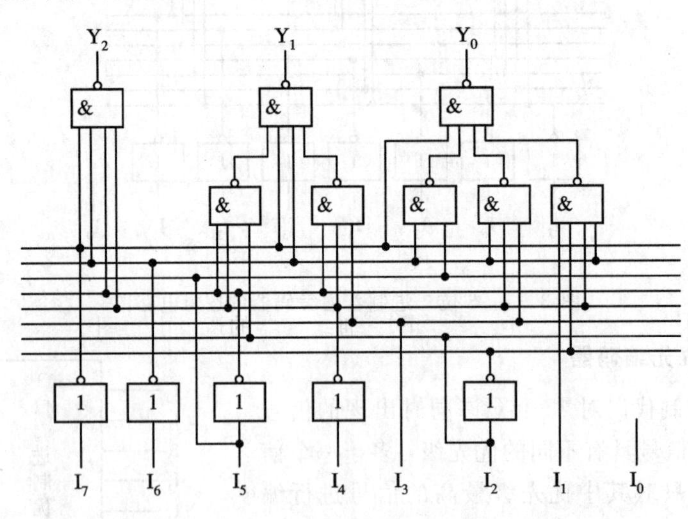

图 3-4 3 位二进制优先编码器的逻辑图

3. 8421BCD 普通编码器

用 4 位 8421 二进制代码对 0～9 共 10 个相互排斥的十进制数进行编码的电路称为 8421BCD 普通编码器。它有 10 个输入、4 个输出。图 3-5 是 8421BCD 普通编码器的框图，表 3-3 是它的真值表。表 3-3 中只列出了输入 $I_0 \sim I_9$ 可能出现的组合，其他组合都是不可能发生的，也就是约束，约束可以表示为

$$I_iI_j=0\ (i\neq j,\ i,\ j=0,\ 1,\ \cdots,9)$$

由表 3－3 可以写出如下逻辑表达式：

$$Y_3=\bar{I}_9 I_8 \bar{I}_7 \bar{I}_6 \bar{I}_5 \bar{I}_4 \bar{I}_3 \bar{I}_2 \bar{I}_1 \bar{I}_0+I_9 \bar{I}_8 \bar{I}_7 \bar{I}_6 \bar{I}_5 \bar{I}_4 \bar{I}_3 \bar{I}_2 \bar{I}_1 \bar{I}_0$$

$$Y_2=\bar{I}_9 \bar{I}_8 \bar{I}_7 \bar{I}_6 \bar{I}_5 I_4 \bar{I}_3 \bar{I}_2 \bar{I}_1 \bar{I}_0+\bar{I}_9 \bar{I}_8 \bar{I}_7 \bar{I}_6 I_5 \bar{I}_4 \bar{I}_3 \bar{I}_2 \bar{I}_1 \bar{I}_0$$
$$+\bar{I}_9 \bar{I}_8 \bar{I}_7 I_6 \bar{I}_5 \bar{I}_4 \bar{I}_3 \bar{I}_2 \bar{I}_1 \bar{I}_0+\bar{I}_9 \bar{I}_8 I_7 \bar{I}_6 \bar{I}_5 \bar{I}_4 \bar{I}_3 \bar{I}_2 \bar{I}_1 \bar{I}_0$$

$$Y_1=\bar{I}_9 \bar{I}_8 \bar{I}_7 \bar{I}_6 \bar{I}_5 \bar{I}_4 \bar{I}_3 I_2 \bar{I}_1 \bar{I}_0+\bar{I}_9 \bar{I}_8 \bar{I}_7 \bar{I}_6 \bar{I}_5 \bar{I}_4 I_3 \bar{I}_2 \bar{I}_1 \bar{I}_0$$
$$+\bar{I}_9 \bar{I}_8 \bar{I}_7 I_6 \bar{I}_5 \bar{I}_4 \bar{I}_3 \bar{I}_2 \bar{I}_1 \bar{I}_0+\bar{I}_9 \bar{I}_8 I_7 \bar{I}_6 \bar{I}_5 \bar{I}_4 \bar{I}_3 \bar{I}_2 \bar{I}_1 \bar{I}_0$$

$$Y_0=\bar{I}_9 \bar{I}_8 \bar{I}_7 \bar{I}_6 \bar{I}_5 \bar{I}_4 \bar{I}_3 \bar{I}_2 I_1 \bar{I}_0+\bar{I}_9 \bar{I}_8 \bar{I}_7 \bar{I}_6 \bar{I}_5 \bar{I}_4 I_3 \bar{I}_2 \bar{I}_1 \bar{I}_0$$
$$+\bar{I}_9 \bar{I}_8 \bar{I}_7 \bar{I}_6 I_5 \bar{I}_4 \bar{I}_3 \bar{I}_2 \bar{I}_1 \bar{I}_0+\bar{I}_9 \bar{I}_8 I_7 \bar{I}_6 \bar{I}_5 \bar{I}_4 \bar{I}_3 \bar{I}_2 \bar{I}_1 \bar{I}_0$$
$$+I_9 \bar{I}_8 \bar{I}_7 \bar{I}_6 \bar{I}_5 \bar{I}_4 \bar{I}_3 \bar{I}_2 \bar{I}_1 \bar{I}_0$$

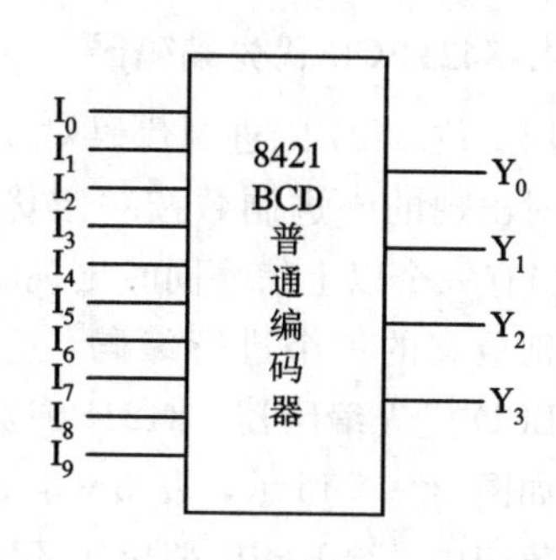

图 3－5　8421BCD 普通编码器的框图

表 3－3　8421BCD 普通编码器的真值表

I_9	I_8	I_7	I_6	I_5	I_4	I_3	I_2	I_1	I_0	Y_3	Y_2	Y_1	Y_0
0	0	0	0	0	0	0	0	0	1	0	0	0	0
0	0	0	0	0	0	0	0	1	0	0	0	0	1
0	0	0	0	0	0	0	1	0	0	0	0	1	0
0	0	0	0	0	0	1	0	0	0	0	0	1	1
0	0	0	0	0	1	0	0	0	0	0	1	0	0
0	0	0	0	1	0	0	0	0	0	0	1	0	1
0	0	0	1	0	0	0	0	0	0	0	1	1	0
0	0	1	0	0	0	0	0	0	0	0	1	1	1
0	1	0	0	0	0	0	0	0	0	1	0	0	0
1	0	0	0	0	0	0	0	0	0	1	0	0	1

利用约束条件 $I_i I_j=0(i \neq j,\ i,\ j=0,\ 1,\ \cdots,\ 9)$ 和公式 $A+\bar{A}B=A+B$ 对上面的表达式进行化简，可以得到：

$$Y_3=I_8+I_9$$
$$Y_2=I_4+I_5+I_6+I_7$$
$$Y_1=I_2+I_3+I_6+I_7$$
$$Y_0=I_1+I_3+I_5+I_7+I_9$$

图 3－6 是用与非门实现的 8421BCD 普通编码器的逻辑电路图。

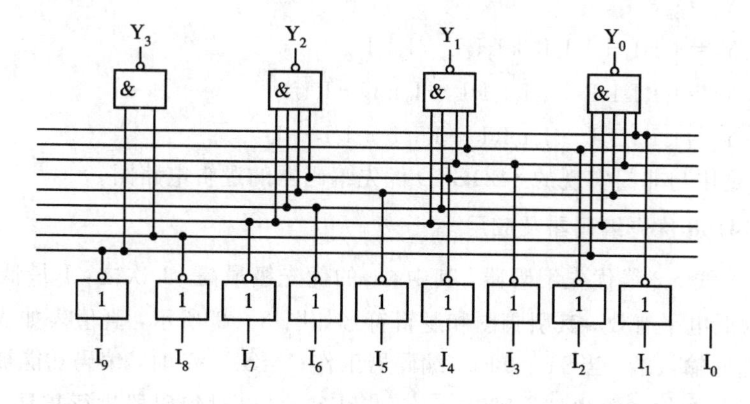

图 3－6　8421BCD 普通编码器的逻辑电路图

4. 8421BCD 优先编码器

用 4 位 8421 二进制代码对 0～9 这 10 个允许同时出现的十进制数按一定优先顺序进行编码，当有一个以上信号同时出现时，只对其中优先级别最高的一个进行编码，这样的电路称为 8421BCD 优先编码器。8421BCD 优先编码器的框图如图 3-7 所示，表 3-4 是它的真值表。在真值表中，给 I_0～I_9 假定了不同的优先级，I_9 的优先级最高，I_8 次之，I_0 的优先级最低。真值表中的“×”表示该输入信号取值无论是 0 还是 1 都无所谓，不影响电路的输出。

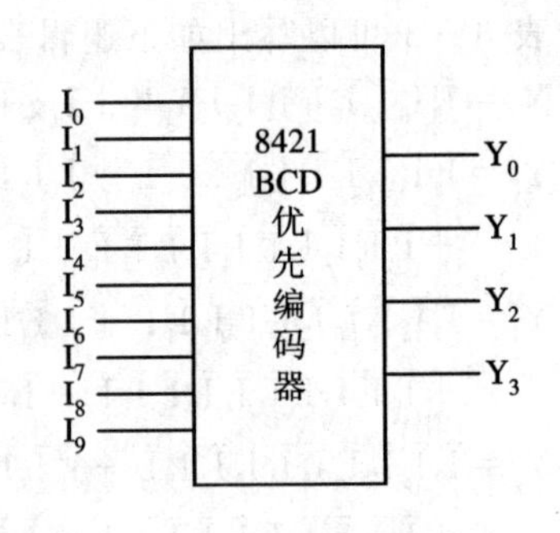

图 3-7 8421BCD 优先编码器的框图

表 3-4 8421BCD 优先编码器的真值表

I_9	I_8	I_7	I_6	I_5	I_4	I_3	I_2	I_1	I_0	Y_3	Y_2	Y_1	Y_0
0	0	0	0	0	0	0	0	0	1	0	0	0	0
0	0	0	0	0	0	0	0	1	×	0	0	0	1
0	0	0	0	0	0	0	1	×	×	0	0	1	0
0	0	0	0	0	0	1	×	×	×	0	0	1	1
0	0	0	0	0	1	×	×	×	×	0	1	0	0
0	0	0	0	1	×	×	×	×	×	0	1	0	1
0	0	0	1	×	×	×	×	×	×	0	1	1	0
0	0	1	×	×	×	×	×	×	×	0	1	1	1
0	1	×	×	×	×	×	×	×	×	1	0	0	0
1	×	×	×	×	×	×	×	×	×	1	0	0	1

由表 3-4 可以写出如下逻辑表达式：

$$Y_3=\bar{I}_9 I_8+I_9$$

$$Y_2=\bar{I}_9\bar{I}_8\bar{I}_7\bar{I}_6\bar{I}_5 I_4+\bar{I}_9\bar{I}_8\bar{I}_7\bar{I}_6 I_5+\bar{I}_9\bar{I}_8\bar{I}_7 I_6+\bar{I}_9\bar{I}_8 I_7$$

$$Y_1=\bar{I}_9\bar{I}_8\bar{I}_7\bar{I}_6\bar{I}_5\bar{I}_4\bar{I}_3 I_2+\bar{I}_9\bar{I}_8\bar{I}_7\bar{I}_6\bar{I}_5\bar{I}_4 I_3+\bar{I}_9\bar{I}_8\bar{I}_7 I_6+\bar{I}_9\bar{I}_8 I_7$$

$$Y_0=\bar{I}_9\bar{I}_8\bar{I}_7\bar{I}_6\bar{I}_5\bar{I}_4\bar{I}_3\bar{I}_2 I_1+\bar{I}_9\bar{I}_8\bar{I}_7\bar{I}_6\bar{I}_5\bar{I}_4 I_3+\bar{I}_9\bar{I}_8\bar{I}_7\bar{I}_6 I_5+\bar{I}_9\bar{I}_8 I_7+I_9$$

利用公式 $A+\bar{A}B=A+B$ 对表达式进行化简，可以得到：

$$Y_3=I_8+I_9$$

$$Y_2=\bar{I}_9\bar{I}_8 I_4+\bar{I}_9\bar{I}_8 I_5+\bar{I}_9\bar{I}_8 I_6+\bar{I}_9\bar{I}_8 I_7$$

$$Y_1=\bar{I}_9\bar{I}_8\bar{I}_5\bar{I}_4 I_2+\bar{I}_9\bar{I}_8\bar{I}_5\bar{I}_4 I_3+\bar{I}_9\bar{I}_8 I_6+\bar{I}_9\bar{I}_8 I_7$$

$$Y_0=\bar{I}_8\bar{I}_6\bar{I}_4\bar{I}_2 I_1+\bar{I}_8\bar{I}_6\bar{I}_4 I_3+\bar{I}_8\bar{I}_6 I_5+\bar{I}_8 I_7+I_9$$

图 3-8 是用与非门实现的 8421BCD 优先编码器的逻辑电路图。

5. MSI 74148 优先编码器及应用

74148 是 8 线—3 线优先编码器，其中，$\bar{I}_7$ 的优先级最高，$\bar{I}_6$ 次之，$\bar{I}_0$ 最低。74148 的输入和输出均为低电平有效，其引脚图和逻辑符号如图 3-9 所示，真值表如表 3-5 所示。其中，$\overline{ST}$ 为选通输入端，当 $\overline{ST}=0$ 时，编码器工作；当 $\overline{ST}=1$ 时，编码功能被禁止。$\bar{Y}_{EX}$ 为扩展输出端，Y_S 为选通输出端，利用 $\overline{ST}$、$\bar{Y}_{EX}$ 和 Y_S 可以对编码器进行扩展。图 3-10 为用两片 74148 优先编码器扩展构成的 16 线—4 线优先编码器。

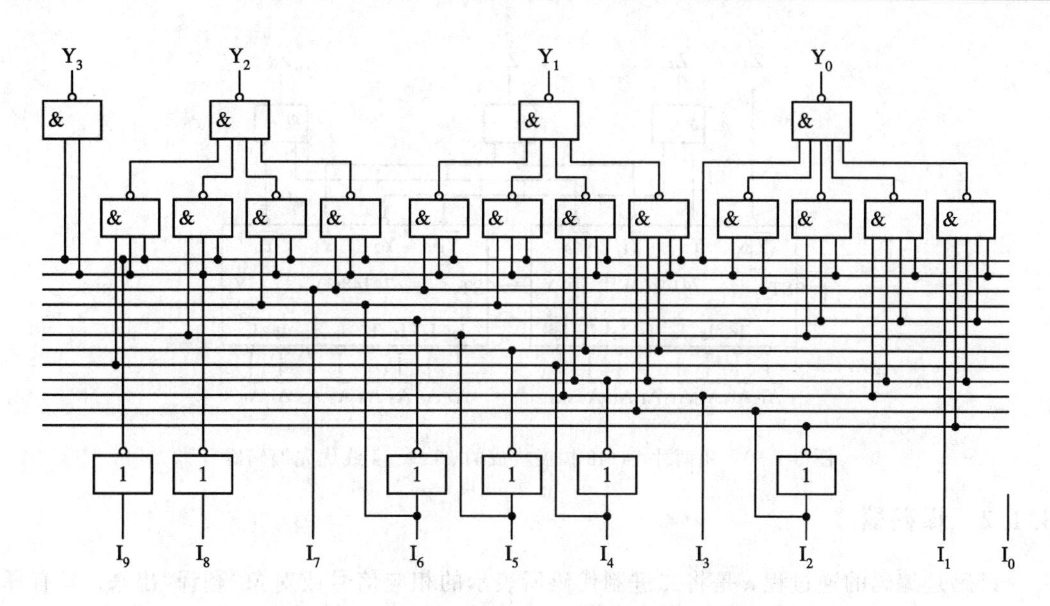

图 3－8　8421BCD 优先编码器的逻辑电路图

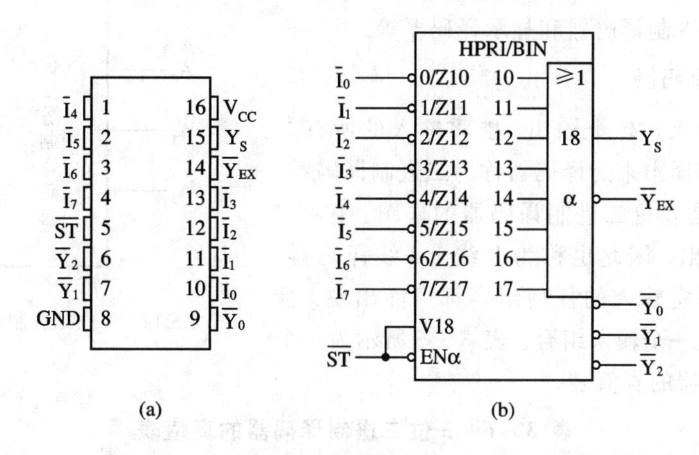

图 3－9　74148 优先编码器的引脚图和逻辑符号

（a）引脚图；（b）逻辑符号

表 3－5　74148 优先编码器的真值表

输入									输出				
$\overline{ST}$	$\overline{I}_0$	$\overline{I}_1$	$\overline{I}_2$	$\overline{I}_3$	$\overline{I}_4$	$\overline{I}_5$	$\overline{I}_6$	$\overline{I}_7$	$\overline{Y}_2$	$\overline{Y}_1$	$\overline{Y}_0$	$\overline{Y}_{EX}$	Y_S
1	×	×	×	×	×	×	×	×	1	1	1	1	1
0	1	1	1	1	1	1	1	1	1	1	1	1	0
0	×	×	×	×	×	×	×	0	0	0	0	0	1
0	×	×	×	×	×	×	0	1	0	0	1	0	1
0	×	×	×	×	×	0	1	1	0	1	0	0	1
0	×	×	×	×	0	1	1	1	0	1	1	0	1
0	×	×	×	0	1	1	1	1	1	0	0	0	1
0	×	×	0	1	1	1	1	1	1	0	1	0	1
0	×	0	1	1	1	1	1	1	1	1	0	0	1
0	0	1	1	1	1	1	1	1	1	1	1	0	1

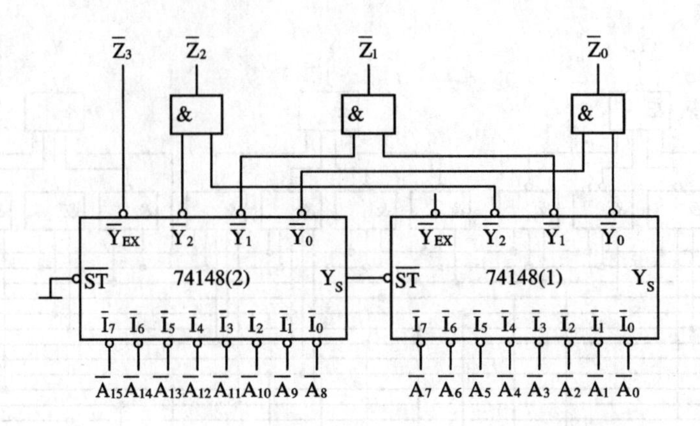

图 3 - 10 用两片 74148 扩展构成的 16 线—4 线优先编码器

3.1.2 译码器

译码是编码的逆过程，是将二进制代码所表示的相应信号或对象“翻译”出来。具有译码功能的电路称为译码器。常见的译码器有二进制译码器、二—十进制译码器和显示译码器等。

1. 二进制译码器

具有 n 个输入，2^n 个输出，能将输入的所有二进制代码全部翻译出来的译码器称为二进制译码器。

图 3 - 11 是 3 位二进制译码器的框图。它有 3 个输入、8 个输出，因此也称为 3 线—8 线译码器。二进制译码器假定输入的任何组合都可能出现，且每一个输出对应一个输入组合。表 3 - 6 所示为一个 3 位二进制译码器的真值表。

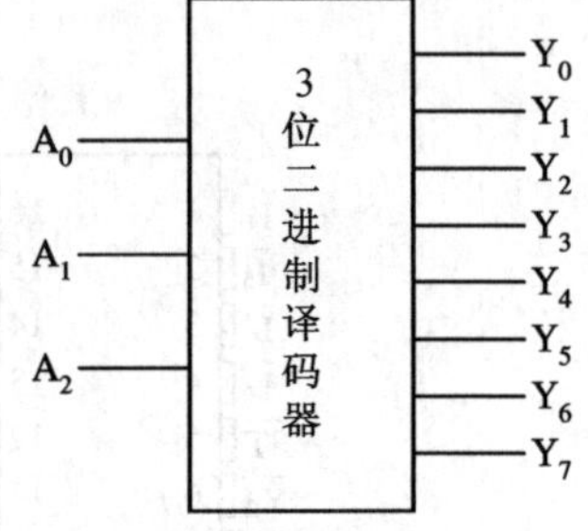

图 3 - 11 3 位二进制译码器的框图

表 3 - 6 3 位二进制译码器的真值表

A_2	A_1	A_0	Y_7	Y_6	Y_5	Y_4	Y_3	Y_2	Y_1	Y_0
0	0	0	0	0	0	0	0	0	0	1
0	0	1	0	0	0	0	0	0	1	0
0	1	0	0	0	0	0	0	1	0	0
0	1	1	0	0	0	0	1	0	0	0
1	0	0	0	0	0	1	0	0	0	0
1	0	1	0	0	1	0	0	0	0	0
1	1	0	0	1	0	0	0	0	0	0
1	1	1	1	0	0	0	0	0	0	0

由表 3 - 6 可以写出如下逻辑表达式：

$$Y_0=\overline{A}_2\overline{A}_1\overline{A}_0 \qquad Y_3=\overline{A}_2A_1A_0 \qquad Y_6=A_2A_1\overline{A}_0$$

$$Y_1=\overline{A}_2\overline{A}_1A_0 \qquad Y_4=A_2\overline{A}_1\overline{A}_0 \qquad Y_7=A_2A_1A_0$$

$$Y_2=\overline{A}_2A_1\overline{A}_0 \qquad Y_5=A_2\overline{A}_1A_0$$

图 3 - 12 是 3 位二进制译码器的逻辑电路图。

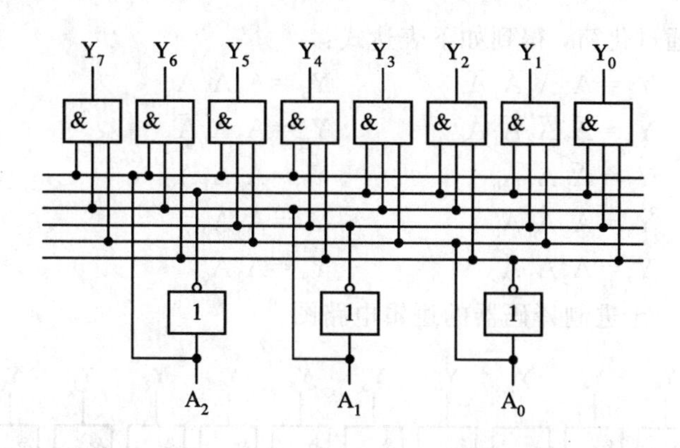

图 3-12　3 位二进制译码器的逻辑电路图

2. 二—十进制译码器

将 10 个表示十进制数 0～9 的二进制代码翻译成相应的输出信号的电路称为二—十进制译码器。

图 3-13 是二—十进制译码器的框图，它有 4 个输入、10 个输出，因此也称为 4 线—10 线译码器。假定 1010～1111 共 6 个输入组合不会出现，每一个输出对应一个可能出现的输入组合，则二—十进制译码器的真值表如表 3-7 所示。

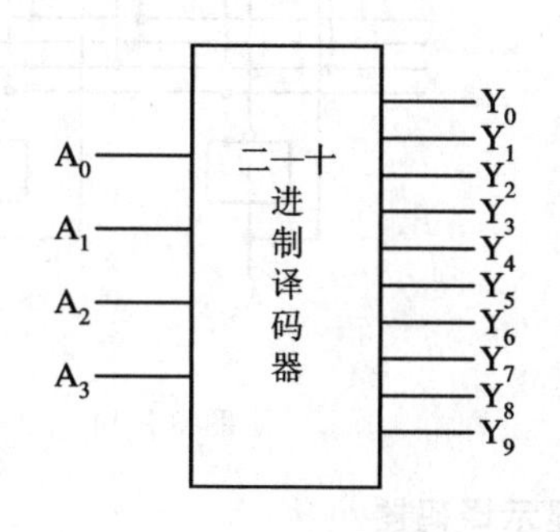

图 3-13　二—十进制译码器的框图

表 3-7　二—十进制译码器的真值表

A_3	A_2	A_1	A_0	Y_9	Y_8	Y_7	Y_6	Y_5	Y_4	Y_3	Y_2	Y_1	Y_0
0	0	0	0	0	0	0	0	0	0	0	0	0	1
0	0	0	1	0	0	0	0	0	0	0	0	1	0
0	0	1	0	0	0	0	0	0	0	0	1	0	0
0	0	1	1	0	0	0	0	0	0	1	0	0	0
0	1	0	0	0	0	0	0	0	1	0	0	0	0
0	1	0	1	0	0	0	0	1	0	0	0	0	0
0	1	1	0	0	0	0	1	0	0	0	0	0	0
0	1	1	1	0	0	1	0	0	0	0	0	0	0
1	0	0	0	0	1	0	0	0	0	0	0	0	0
1	0	0	1	1	0	0	0	0	0	0	0	0	0
1	0	1	0	×	×	×	×	×	×	×	×	×	×
1	0	1	1	×	×	×	×	×	×	×	×	×	×
1	1	0	0	×	×	×	×	×	×	×	×	×	×
1	1	0	1	×	×	×	×	×	×	×	×	×	×
1	1	1	0	×	×	×	×	×	×	×	×	×	×
1	1	1	1	×	×	×	×	×	×	×	×	×	×

利用约束项，通过化简，得到如下表达式：

$$Y_0=\overline{A}_3\overline{A}_2\overline{A}_1\overline{A}_0 \qquad Y_5=A_2\overline{A}_1A_0$$

$$Y_1=\overline{A}_3\overline{A}_2\overline{A}_1A_0 \qquad Y_6=A_2A_1\overline{A}_0$$

$$Y_2=\overline{A}_2A_1\overline{A}_0 \qquad Y_7=A_2A_1A_0$$

$$Y_3=\overline{A}_2A_1A_0 \qquad Y_8=A_3\overline{A}_0$$

$$Y_4=A_2\overline{A}_1\overline{A}_0 \qquad Y_9=A_3A_0$$

图 3 - 14 为二—十进制译码器的逻辑电路图。

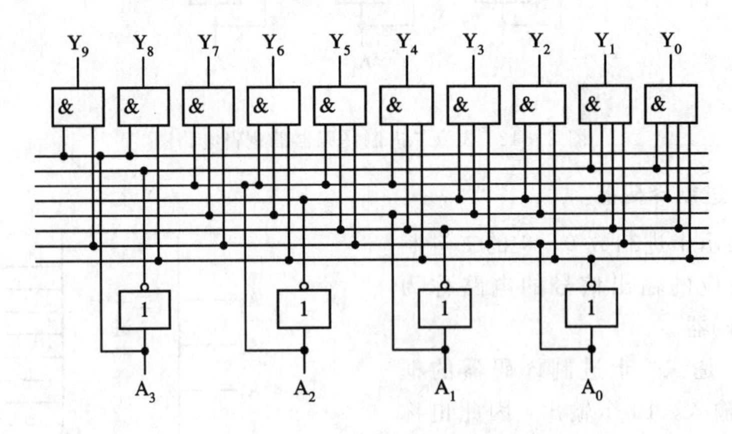

图 3 - 14 二—十进制译码器的逻辑电路图

3. 显示译码器

在数字系统中，经常需要将数字、文字、符号的二进制代码翻译成人们习惯的形式，直观地显示出来，以便掌握和监控系统的运行情况。把二进制代码翻译出来以供显示器件显示的电路称为显示译码器。设计显示译码器时，首先要了解显示器件的特性。常用的显示器件有半导体显示器件和液晶显示器件，它们都可以用 TTL 和 CMOS 电路直接驱动。显示译码器有很多种类，BCD 七段显示译码器是其中一种常用的显示译码器。

BCD 七段显示译码器如图 3 - 15 所示。该显示译码器有 4 个输入，7 个输出。输入为 0～9 这10 个数字的 BCD 码；输出用来驱动 7 段发光二极管(LED)，使它发光从而显示出相应的数字。假定驱动信号为 0 时，发光二极管发光，也就是说，如要 a 段发光，需要 Y_a 为 0。

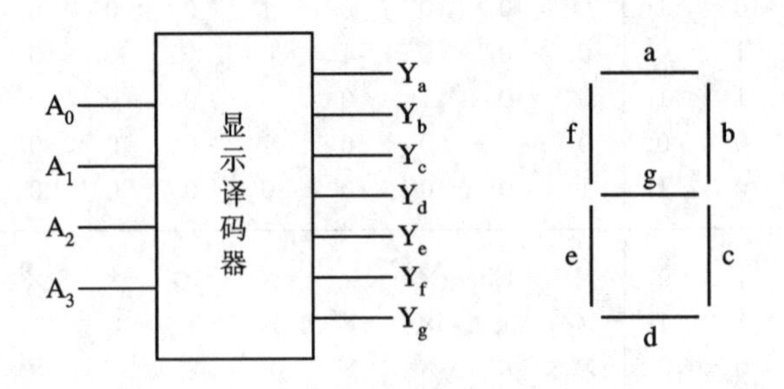

图 3 - 15 BCD 七段显示译码器

根据显示器件的驱动特性，可以列出如表 3 - 8 所示的真值表，表中假定 1010～1111 共 6 个输入组合不会出现。

表 3-8　BCD 七段显示译码器的真值表

A_3	A_2	A_1	A_0	Y_a	Y_b	Y_c	Y_d	Y_e	Y_f	Y_g
0	0	0	0	0	0	0	0	0	0	1
0	0	0	1	1	0	0	1	1	1	1
0	0	1	0	0	0	1	0	0	1	0
0	0	1	1	0	0	0	0	1	1	0
0	1	0	0	1	0	0	1	1	0	0
0	1	0	1	0	1	0	0	1	0	0
0	1	1	0	0	1	0	0	0	0	0
0	1	1	1	0	0	0	1	1	1	1
1	0	0	0	0	0	0	0	0	0	0
1	0	0	1	0	0	0	0	1	0	0
1	0	1	0	×	×	×	×	×	×	×
1	0	1	1	×	×	×	×	×	×	×
1	1	0	0	×	×	×	×	×	×	×
1	1	0	1	×	×	×	×	×	×	×
1	1	1	0	×	×	×	×	×	×	×
1	1	1	1	×	×	×	×	×	×	×

利用约束项，通过化简，得到如下表达式：

$$Y_a = A_2\overline{A}_1\overline{A}_0 + \overline{A}_3\overline{A}_2\overline{A}_1A_0$$
$$Y_b = A_2\overline{A}_1A_0 + A_2A_1\overline{A}_0$$
$$Y_c = \overline{A}_2A_1\overline{A}_0$$
$$Y_d = A_2\overline{A}_1\overline{A}_0 + A_2A_1A_0 + \overline{A}_3\overline{A}_2\overline{A}_1A_0$$
$$Y_e = A_2\overline{A}_1 + A_0$$
$$Y_f = A_1A_0 + \overline{A}_2A_1 + \overline{A}_3\overline{A}_2A_0$$
$$Y_g = \overline{A}_3\overline{A}_2\overline{A}_1 + A_2A_1A_0$$

图 3-16 为 BCD 七段显示译码器的逻辑电路图。

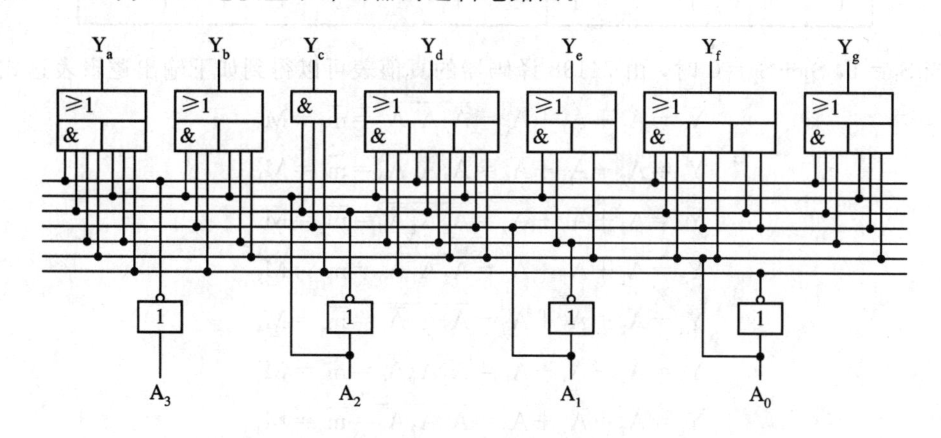

图 3-16　BCD 七段显示译码器的逻辑电路图

4. MSI 74138 译码器

74138 是 3 线－8 线二进制译码器，它有 3 个输入和 8 个输出，输入高电平有效，输出低电平有效。74138 有 3 个使能输入端 S_1、$\bar{S}_2$ 和 $\bar{S}_3$，只有当 $S_1=1$ 且 $\bar{S}_2+\bar{S}_3=0$ 时，译码器才工作，否则，译码功能被禁止。74138 译码器的引脚图和逻辑符号如图 3 - 17 所示，真值表如表 3 - 9 所示。

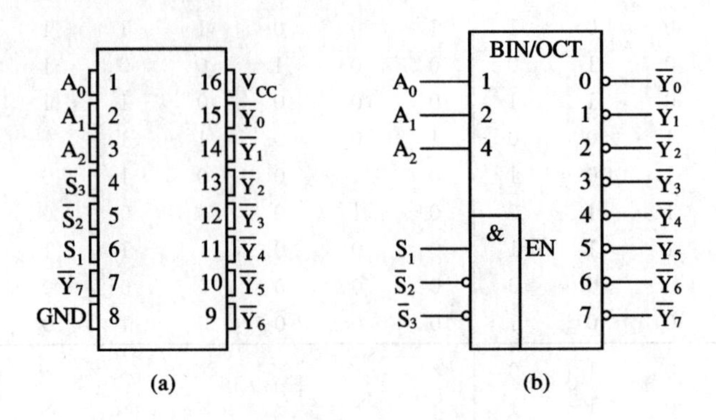

图 3 - 17 74138 译码器的引脚图和逻辑符号

(a) 引脚图；(b) 逻辑符号

表 3 - 9 74138 译码器的真值表

输	入				输	出						
S_1	$\bar{S}_2+\bar{S}_3$	A_2	A_1	A_0	$\bar{Y}_0$	$\bar{Y}_1$	$\bar{Y}_2$	$\bar{Y}_3$	$\bar{Y}_4$	$\bar{Y}_5$	$\bar{Y}_6$	$\bar{Y}_7$
0	×	×	×	×	1	1	1	1	1	1	1	1
×	1	×	×	×	1	1	1	1	1	1	1	1
1	0	0	0	0	0	1	1	1	1	1	1	1
1	0	0	0	1	1	0	1	1	1	1	1	1
1	0	0	1	0	1	1	0	1	1	1	1	1
1	0	0	1	1	1	1	1	0	1	1	1	1
1	0	1	0	0	1	1	1	1	0	1	1	1
1	0	1	0	1	1	1	1	1	1	0	1	1
1	0	1	1	0	1	1	1	1	1	1	0	1
1	0	1	1	1	1	1	1	1	1	1	1	0

当 $S_1=1$，$\bar{S}_2+\bar{S}_3=0$ 时，由 74138 译码器的真值表可以得到如下输出逻辑表达式：

$$\bar{Y}_0=A_2+A_1+A_0=\overline{\bar{A}_2\bar{A}_1\bar{A}_0}=\bar{m}_0=M_0$$

$$\bar{Y}_1=A_2+A_1+\bar{A}_0=\overline{\bar{A}_2\bar{A}_1A_0}=\bar{m}_1=M_1$$

$$\bar{Y}_2=A_2+\bar{A}_1+A_0=\overline{\bar{A}_2A_1\bar{A}_0}=\bar{m}_2=M_2$$

$$\bar{Y}_3=A_2+\bar{A}_1+\bar{A}_0=\overline{\bar{A}_2A_1A_0}=\bar{m}_3=M_3$$

$$\bar{Y}_4=\bar{A}_2+A_1+A_0=\overline{A_2\bar{A}_1\bar{A}_0}=\bar{m}_4=M_4$$

$$\bar{Y}_5=\bar{A}_2+A_1+\bar{A}_0=\overline{A_2\bar{A}_1A_0}=\bar{m}_5=M_5$$

$$\bar{Y}_6=\bar{A}_2+\bar{A}_1+A_0=\overline{A_2A_1\bar{A}_0}=\bar{m}_6=M_6$$

$$\bar{Y}_7=\bar{A}_2+\bar{A}_1+\bar{A}_0=\overline{A_2A_1A_0}=\bar{m}_7=M_7$$

5. 用 MSI 译码器实现组合逻辑函数

我们知道，任一组合逻辑函数均可以写成最小项之和的形式(标准与或表达式)，也可以写成最大项之积的形式(标准或与表达式)，而二进制译码器的输出提供了其输入变量所有不同的最小项(或最小项的反——最大项)，因此，可以利用译码器来实现组合逻辑函数。

用普通二进制译码器实现组合逻辑函数的一般步骤如下：

(1) 根据译码器输出的特点(最小项或最大项)，将要实现的逻辑函数转换成相应的形式。

(2) 将相应的输出端信号进行相或或相与。

【例 3.1】 用74138实现逻辑函数 $F=\overline{A}\overline{C}+BC$。

解　74138的输出为输入的各个不同的最大项(最小项的反)，因此，可将F写成最大项(或最小项的反)的形式：

$$
\begin{aligned}
F &= \overline{A}\overline{C}+BC=\overline{A}\overline{C}(B+\overline{B})+(A+\overline{A})BC \\
&= \overline{A}\overline{B}\overline{C}+\overline{A}B\overline{C}+\overline{A}BC+ABC \\
&= m_0+m_2+m_3+m_7 \\
&= \overline{\overline{m_0}\,\overline{m_2}\,\overline{m_3}\,\overline{m_7}} \\
&= M_1M_4M_5M_6
\end{aligned}
$$

实现电路如图3-18所示。

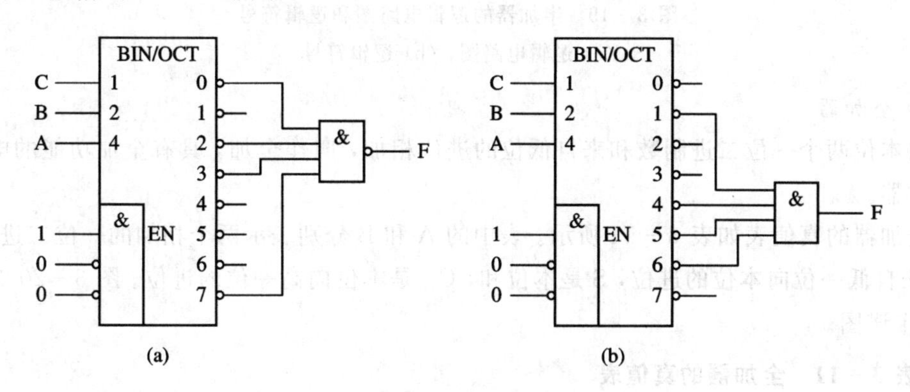

图3-18　例3.1的逻辑电路

(a) 方案一；(b) 方案二

3.2　加法器和比较器

3.2.1　加法器

实现两个二进制数相加功能的电路称为加法器。加法器有一位加法器和多位加法器之分。

1. 一位加法器

实现两个一位二进制数相加的电路称为一位加法器。一位加法器又分为半加器和全加器。

1）半加器

只考虑本位两个一位二进制数 A 和 B 相加，而不考虑低位进位的加法，称为半加，实现半加功能的电路称为半加器。

半加器的真值表如表 3－10 所示。表中的 A 和 B 分别表示两个相加的一位二进制数，S 是本位和，C_{out} 是本位向高位的进位。

表 3－10 半加器的真值表

A	B	S	C_{out}
0	0	0	0
0	1	1	0
1	0	1	0
1	1	0	1

由真值表可以直接写出如下函数表达式：

$$S = A\overline{B} + \overline{A}B = A \oplus B$$

$$C_{out} = AB$$

半加器的逻辑电路图和逻辑符号如图 3－19 所示。

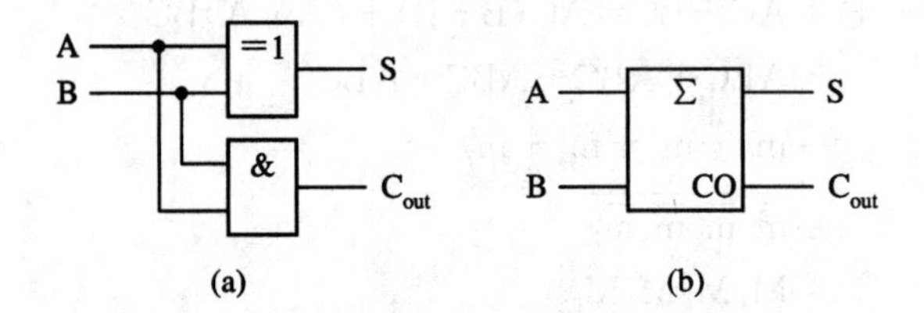

图 3－19 半加器的逻辑电路图和逻辑符号

(a) 逻辑电路图；(b) 逻辑符号

2）全加器

将本位两个一位二进制数和来自低位的进位相加，叫作全加，具有全加功能的电路称为全加器。

全加器的真值表如表 3－11 所示。表中的 A 和 B 分别表示两个相加的一位二进制数，C_{in} 是来自低一位向本位的进位，S 是本位和，C_{out} 是本位向高一位的进位。图 3－20 为 S 和 C_{out} 的卡诺图。

表 3－11 全加器的真值表

C_{in}	A	B	S	C_{out}
0	0	0	0	0
0	0	1	1	0
0	1	0	1	0
0	1	1	0	1
1	0	0	1	0
1	0	1	0	1
1	1	0	0	1
1	1	1	1	1

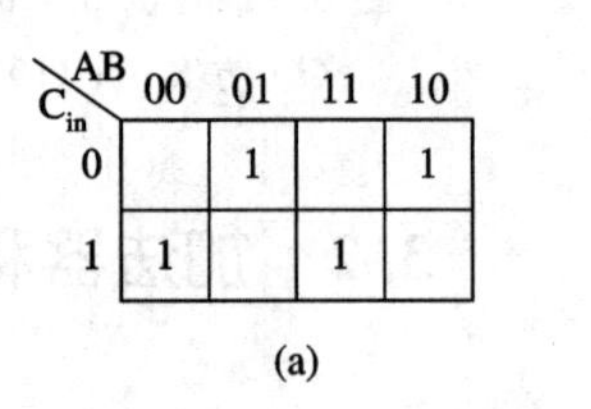

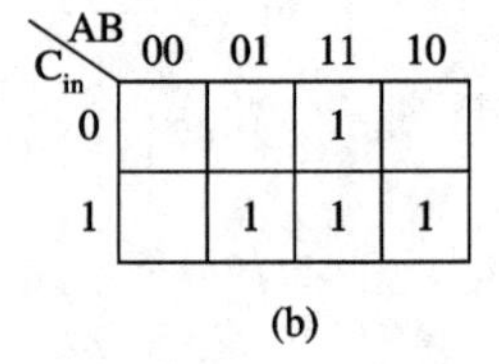

图 3－20 S 和 C_{out} 的卡诺图

(a) S 的卡诺图；(b) C_{out} 的卡诺图

由卡诺图可以写出如下函数表达式：

$$S = \overline{C}_{in}A\overline{B} + \overline{C}_{in}\overline{A}B + C_{in}\overline{A}\overline{B} + C_{in}AB$$

$$C_{out} = AB + C_{in}A + C_{in}B = AB + (A + B)C_{in}$$

全加器的逻辑电路图和逻辑符号如图 3－21 所示。

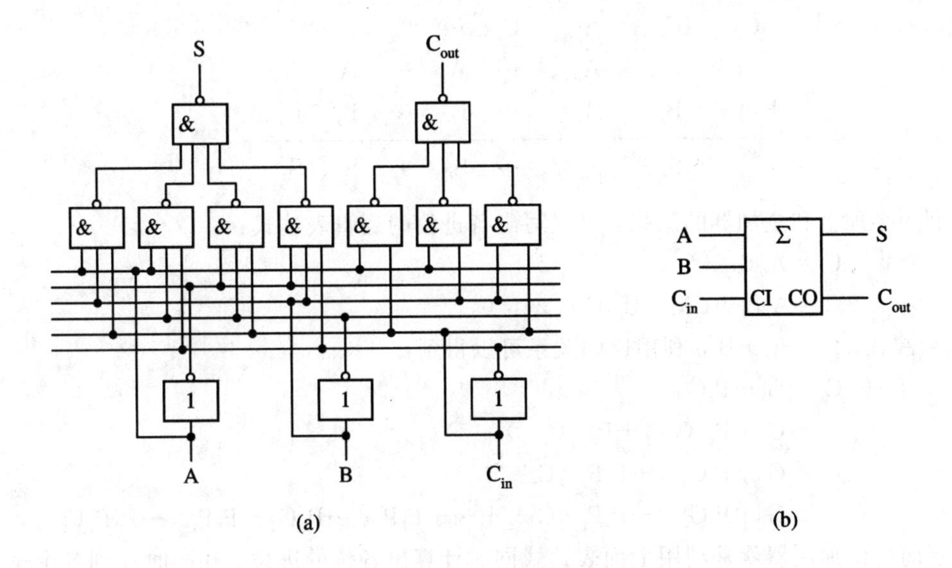

图 3-21　全加器的逻辑电路图和逻辑符号
(a) 逻辑电路图；(b) 逻辑符号

2. 多位加法器

实现两个多位二进制数相加的电路称为多位加法器。根据电路结构的不同，常见的多位加法器分为串行进位加法器和超前进位加法器。

1) 串行进位加法器(行波进位加法器)

n 位串行进位加法器由 n 个一位加法器串联构成。图 3-22 所示是一个 4 位串行进位加法器。在串行进位加法器中，采用串行运算方式，由低位至高位，每一位的相加都必须等待下一位的进位。这种电路结构简单，但运算速度慢：一个 n 位串行进位加法器至少需要经过 n 个全加器的传输延迟时间后才能得到可靠的运算结果。

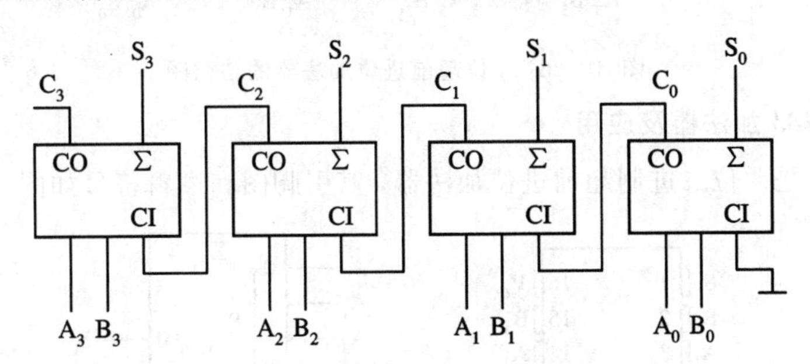

图 3-22　4 位串行进位加法器

2) 超前进位加法器

为了提高运算速度，将各进位提前并同时送到各个全加器的进位输入端的加法器称为超前进位加法器。其优点是运算速度快，但电路结构较复杂。

两个 n 位二进制数 $A_{n-1}A_{n-2}\cdots A_i\cdots A_1A_0$ 和 $B_{n-1}B_{n-2}\cdots B_i\cdots B_1B_0$ 进行相加的算式如下：

$$
\begin{array}{rcccccccc}
 & C_{n-1} & C_{n-2} & \cdots & C_i & \cdots & C_1 & C_0 & \\
 & & A_{n-1} & A_{n-2} & \cdots & A_i & \cdots & A_1 & A_0 \\
+ & & B_{n-1} & B_{n-2} & \cdots & B_i & \cdots & B_1 & B_0 \\
\hline
 & & S_{n-1} & S_{n-2} & \cdots & S_i & \cdots & S_1 & S_0
\end{array}
$$

利用半加器和全加器的结果，可以写出各进位的逻辑表达式：

$$C_0 = A_0 B_0$$

$$C_i = A_i B_i + (A_i + B_i) C_{i-1}, \ i \neq 0$$

令 $G_i = A_i B_i$，$P_i = A_i + B_i$，利用递归关系可以得到：

$$
\begin{aligned}
C_i &= G_i + P_i C_{i-1} \\
&= G_i + P_i (G_{i-1} + P_{i-1} C_{i-2}) \\
&= G_i + P_i G_{i-1} + P_i P_{i-1} C_{i-2} \\
&= G_i + P_i G_{i-1} + P_i P_{i-1} G_{i-2} + \cdots + P_i P_{i-1} \cdots P_2 G_1 + P_i P_{i-1} \cdots P_2 P_1 C_0
\end{aligned}
$$

超前进位加法器就是利用上面表达式同时计算出各位的进位，并同时加到各个全加器的进位输入端，从而大大提高加法器的运算速度的。图 3－23 是一个 4 位超前进位加法器的结构图。

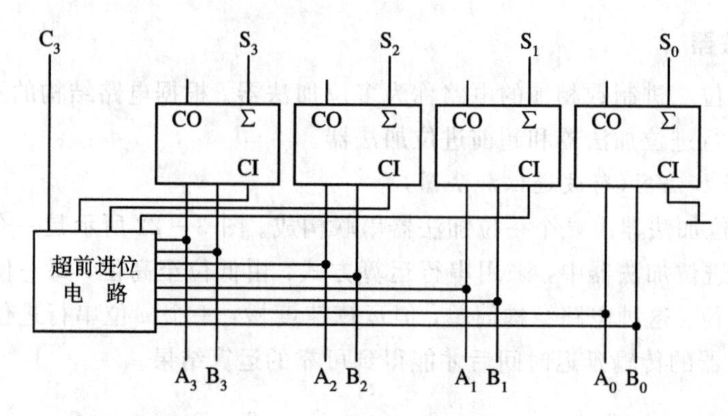

图 3－23　4 位超前进位加法器的结构图

3. MSI 74283 加法器及应用

MSI 74283 是 4 位二进制超前进位加法器，其引脚图和逻辑符号如图 3－24 所示。

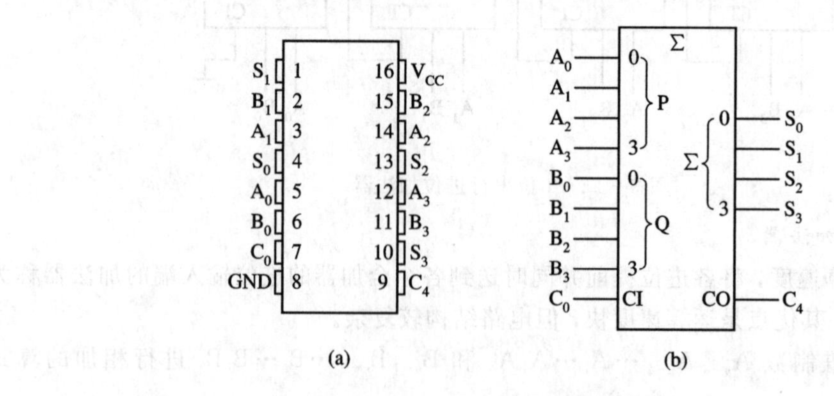

图 3－24　74283 加法器的引脚图和逻辑符号

(a) 引脚图；(b) 逻辑符号

将 74283 进行简单级联，可以构造出多位加法器，图 3－25 所示为用两个 74283 构造的一个 8 位二进制加法器。

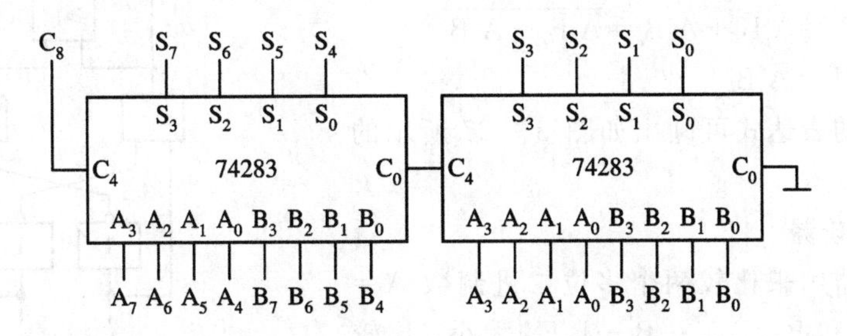

图 3－25　用两个 74283 构造的一个 8 位二进制加法器

加法器的逻辑功能是实现两个数相加，根据这一特点，在某些情况下利用加法器可以使电路实现更加简单。

【例 3.2】 将 8421BCD 码转换为余 3 码。

解　8421BCD 码和余 3 码的对应关系如表 3－12 所示。从表中可以看出，将 4 位的 8421BCD 码加上 0011 就是对应的余 3 码。因此，使用 74283 加法器可以很方便地将 8421BCD 码转换为余 3 码，如图 3－26 所示。

表 3－12　8421BCD 码和余 3 码的对照

8421BCD 码	余 3 码
0000	0011
0001	0100
0010	0101
0011	0110
0100	0111
0101	1000
0110	1001
0111	1010
1000	1011
1001	1100

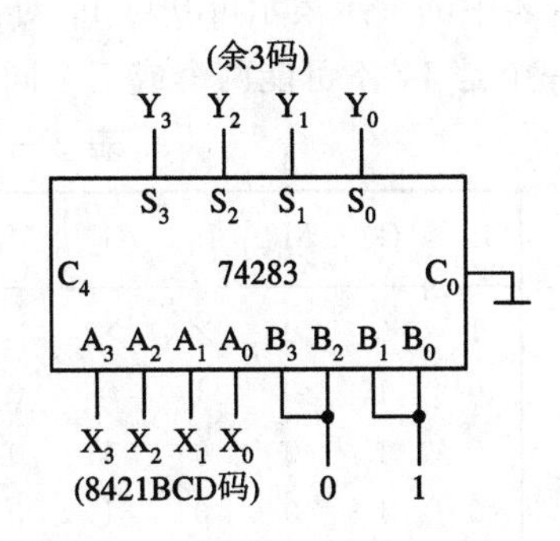

图 3－26　用 74283 加法器将 8421BCD 码转换为余 3 码

3.2.2　比较器

用来比较两个二进制数大小的逻辑电路，称为比较器。

1. 一位比较器

一位比较器用来比较两个一位二进制数 A_i 和 B_i 的大小。比较结果有三种：$A_i>B_i$、$A_i=B_i$、$A_i<B_i$，现分别用 L_i、G_i、M_i 表示，其真值表如表 3－13 所示。

表 3－13　一位比较器的真值表

A_i	B_i	L_i	G_i	M_i
0	0	0	1	0
0	1	0	0	1
1	0	1	0	0
1	1	0	1	0

由真值表可以得到下列逻辑表达式：

$$L_i = A_i \overline{B}_i$$

$$G_i = \overline{A}_i \overline{B}_i + A_i B_i = \overline{A_i \overline{B}_i + \overline{A}_i B_i}$$

$$M_i = \overline{A}_i B_i$$

根据上面的表达式可画出如图 3-27 所示的逻辑电路图。

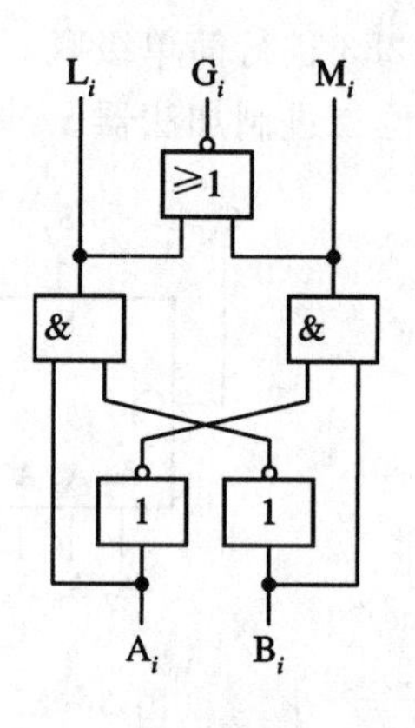

图 3-27　一位比较器的逻辑电路图

2. 多位比较器

多位比较器用来比较两个多位二进制数 $A = A_{n-1} \cdots A_i \cdots A_0$ 和 $B = B_{n-1} \cdots B_i \cdots B_0$ 的大小，比较时从高位往低位逐位进行，当高位相等时才比较低位。

例如，要比较两个 4 位二进制数 $A = A_3A_2A_1A_0$ 和 $B = B_3B_2B_1B_0$，则先比较最高位 A_3 和 B_3。如果 $A_3 > B_3$，则 $A > B$；如果 $A_3 < B_3$，则 $A < B$；当 $A_3 = B_3$ 时，接着比较 A_2 和 B_2。依此类推，直至得出结果为止。假定各位比较的结果分别用 L_3、G_3、M_3，L_2、G_2、M_2，L_1、G_1、M_1，L_0、G_0、M_0 表示，总的比较结果用 L、G、M 表示，则可得如表 3-14 所示的真值表。表中的“×”表示可 0 可 1，对比较结果无影响。每位比较的结果是相互排斥的，即只能有一个是 1，不可能两个或三个同时为 1。

表 3-14　4 位比较器的真值表

L_3	G_3	M_3	L_2	G_2	M_2	L_1	G_1	M_1	L_0	G_0	M_0	L	G	M
1	0	0	×	×	×	×	×	×	×	×	×	1	0	0
0	1	0	1	0	0	×	×	×	×	×	×	1	0	0
0	1	0	0	1	0	1	0	0	×	×	×	1	0	0
0	1	0	0	1	0	0	1	0	1	0	0	1	0	0
0	0	1	×	×	×	×	×	×	×	×	×	0	0	1
0	1	0	0	0	1	×	×	×	×	×	×	0	0	1
0	1	0	0	1	0	0	0	1	×	×	×	0	0	1
0	1	0	0	1	0	0	1	0	0	0	1	0	0	1
0	1	0	0	1	0	0	1	0	0	1	0	0	1	0

由真值表可以得到如下逻辑表达式：

$$L = L_3 + G_3L_2 + G_3G_2L_1 + G_3G_2G_1L_0$$

$$G = G_3G_2G_1G_0$$

$$M = M_3 + G_3M_2 + G_3G_2M_1 + G_3G_2G_1M_0$$

图 3-28 所示是 4 位比较器的逻辑电路图。

从 4 位比较器可以得出 n 位比较器的逻辑表达式：

$$L = L_{n-1} + G_{n-1}L_{n-2} + \cdots + G_{n-1}G_{n-2}\cdots G_iL_{i-1} + \cdots + G_{n-1}\cdots G_2L_1 + G_{n-1}\cdots G_1L_0$$

$$G = G_{n-1}G_{n-2}\cdots G_1G_0$$

$$M = M_{n-1} + G_{n-1}M_{n-2} + \cdots + G_{n-1}G_{n-2}\cdots G_iM_{i-1} + \cdots + G_{n-1}\cdots G_2M_1 + G_{n-1}\cdots G_1M_0$$

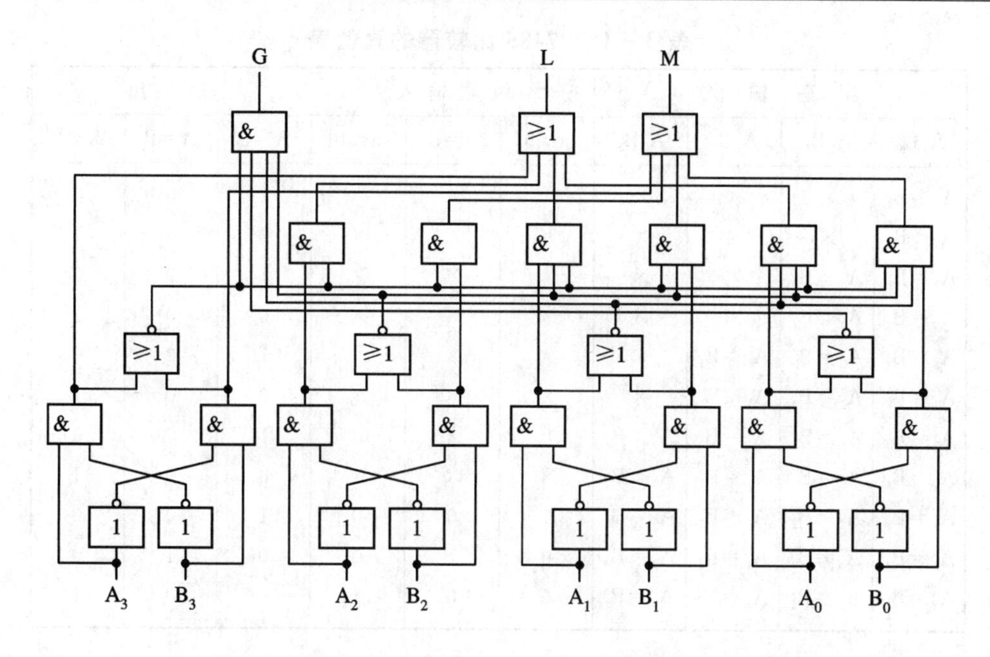

图 3 - 28　4 位比较器的逻辑电路图

3. MSI 7485 比较器及应用

MSI 7485 是 4 位比较器，其引脚图和逻辑符号如图 3 - 29 所示，真值表如表 3 - 15 所示。a>b、a=b、a<b 是为了在用 7485 扩展构造 4 位以上的比较器时，输入低位的比较结果而设的三个级联输入端。由真值表可以看出，只要两数高位不等，就可以确定两数的大小，其余各位(包括级联输入)可以为任意值；高位相等时，需要比较低位。本级两个 4 位数相等时，需要比较低级位，此时要将低级的比较输出端接到高级的级联输入端上。最低一级比较器的 a>b、a=b、a<b 级联输入端必须分别接 0、1、0。图 3 - 30 所示是用两片 7485 构成的 8 位二进制比较器。

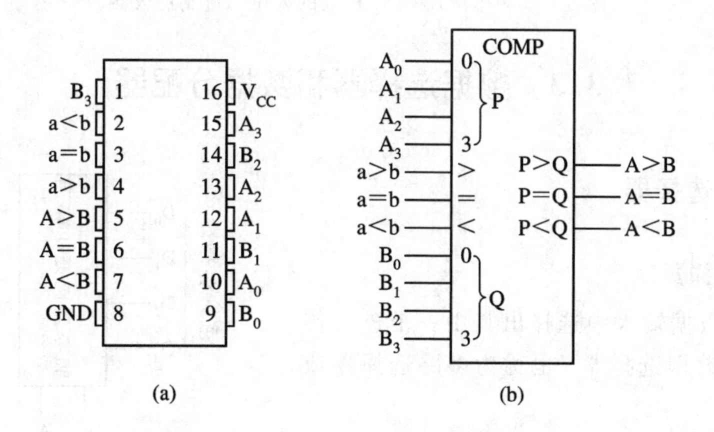

图 3 - 29　7485 比较器的引脚图和逻辑符号

(a) 引脚图；(b) 逻辑符号

表 3－15 7485 比较器的真值表

数码输入				级联输入			输出		
A_3B_3	A_2B_2	A_1B_1	A_0B_0	a>b	a=b	a<b	A>B	A=B	A<B
$A_3>B_3$	×	×	×	×	×	×	1	0	0
$A_3<B_3$	×	×	×	×	×	×	0	0	1
$A_3=B_3$	$A_2>B_2$	×	×	×	×	×	1	0	0
$A_3=B_3$	$A_2<B_2$	×	×	×	×	×	0	0	1
$A_3=B_3$	$A_2=B_2$	$A_1>B_1$	×	×	×	×	1	0	0
$A_3=B_3$	$A_2=B_2$	$A_1<B_1$	×	×	×	×	0	0	1
$A_3=B_3$	$A_2=B_2$	$A_1=B_1$	$A_0>B_0$	×	×	×	1	0	0
$A_3=B_3$	$A_2=B_2$	$A_1=B_1$	$A_0<B_0$	×	×	×	0	0	1
$A_3=B_3$	$A_2=B_2$	$A_1=B_1$	$A_0=B_0$	1	0	0	1	0	0
$A_3=B_3$	$A_2=B_2$	$A_1=B_1$	$A_0=B_0$	0	1	0	0	1	0
$A_3=B_3$	$A_2=B_2$	$A_1=B_1$	$A_0=B_0$	0	0	1	0	0	1

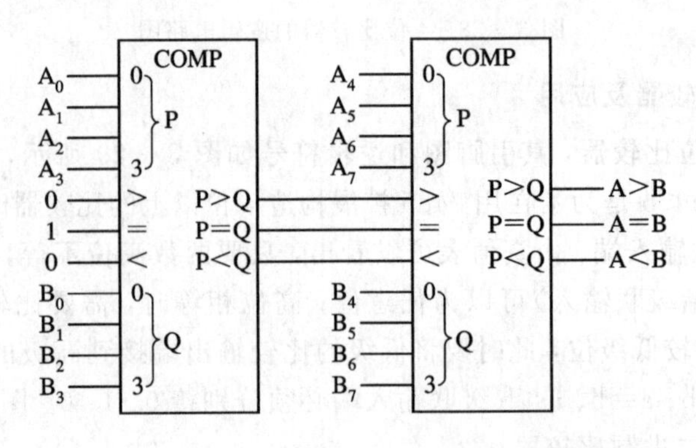

图 3－30 用两片 7485 构成的 8 位二进制比较器

3.3 数据选择器和数据分配器

3.3.1 数据选择器

1. 数据选择器

能从多个数据输入中选择出其中一个进行传输的电路称为数据选择器，也称为多路选择器或多路开关。

一个数据选择器具有 n 个数据选择端，2^n 个数据输入端，一个数据输出端。图 3－31 所示为四选一数据选择器框图，其真值表如表 3－16 所示。

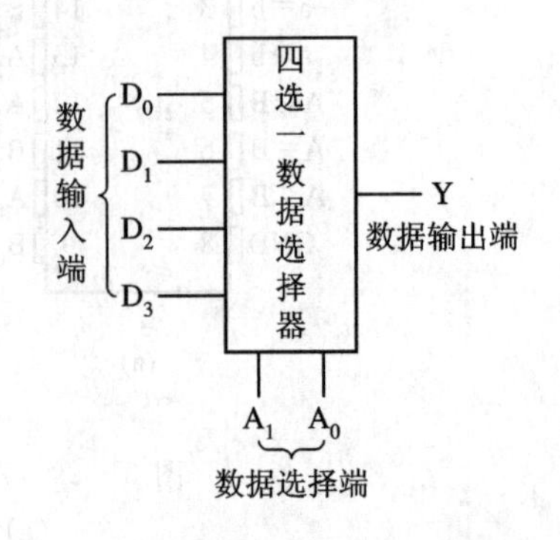

图 3－31 四选一数据选择器的框图

由真值表可以得到输出的逻辑表达式为

$$Y=\overline{A}_1\overline{A}_0D_0+\overline{A}_1A_0D_1+A_1\overline{A}_0D_2+A_1A_0D_3$$

根据表达式可以画出用与非门实现的逻辑电路图，如图 3-32 所示。

表 3-16　四选一数据选择器的真值表

A_1	A_0	Y
0	0	D_0
0	1	D_1
1	0	D_2
1	1	D_3

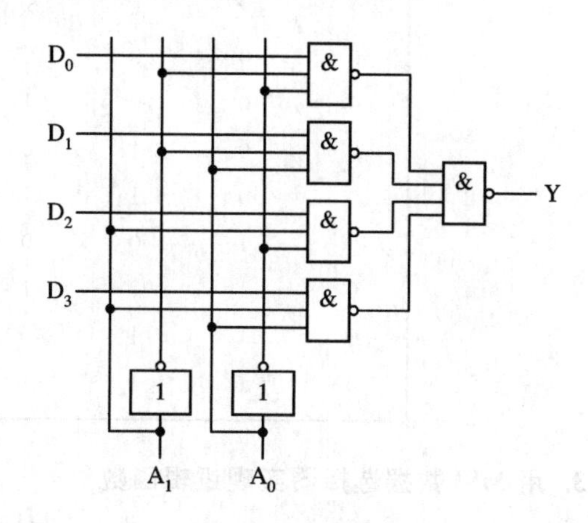

图 3-32　四选一数据选择器的逻辑电路图

2. MSI 八选一数据选择器 74151

MSI 74151 是一个具有互补输出的八选一数据选择器，它有 3 个数据选择端，8 个数据输入端，2 个互补数据输出端，1 个低电平有效的选通使能端。74151 的引脚图和逻辑符号如图 3-33 所示。

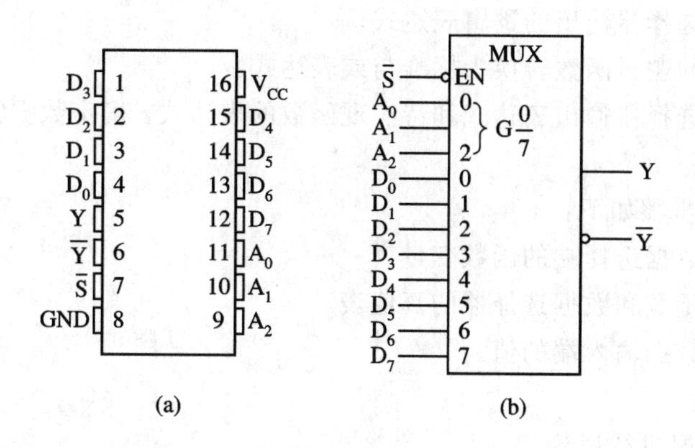

图 3-33　74151 的引脚图和逻辑符号

(a) 引脚图；(b) 逻辑符号

74151 八选一数据选择器的真值表如表 3-17 所示。由真值表可以看出：

(1) 当 $\overline{S}=1$ 时，数据选择器被禁止，输出与输入信号及选择信号无关，此时，Y=0、$\overline{Y}=1$。

(2) 当 $\overline{S}=0$ 时，数据选择器工作，输出 Y 的表达式为

$$\begin{aligned}Y=&\overline{A}_2\overline{A}_1\overline{A}_0D_0+\overline{A}_2\overline{A}_1A_0D_1+\overline{A}_2A_1\overline{A}_0D_2+\overline{A}_2A_1A_0D_3\\&+A_2\overline{A}_1\overline{A}_0D_4+A_2\overline{A}_1A_0D_5+A_2A_1\overline{A}_0D_6+A_2A_1A_0D_7\end{aligned}$$

表 3-17　74151 的真值表

$\overline{S}$	A_2	A_1	A_0	Y	$\overline{Y}$
1	×	×	×	0	1
0	0	0	0	D_0	$\overline{D}_0$
0	0	0	1	D_1	$\overline{D}_1$
0	0	1	0	D_2	$\overline{D}_2$
0	0	1	1	D_3	$\overline{D}_3$
0	1	0	0	D_4	$\overline{D}_4$
0	1	0	1	D_5	$\overline{D}_5$
0	1	1	0	D_6	$\overline{D}_6$
0	1	1	1	D_7	$\overline{D}_7$

3. 用 MSI 数据选择器实现逻辑函数

我们知道，逻辑函数可以写成变量最小项相或的形式，而从数据选择器的逻辑表达式可以看出，它包含了数据选择信号的所有不同的最小项，这一特点使我们可以利用数据选择器去实现逻辑函数。用数据选择器实现逻辑函数的方法有两种：比较法和图表法(真值表或卡诺图)。

比较法的一般步骤如下：

(1) 选择接到数据选择端的函数变量。

(2) 写出数据选择器输出的逻辑表达式。

(3) 将要实现的逻辑函数转换为标准与或表达式。

(4) 对照数据选择器输出表达式和待实现函数的表达式，确定数据输入端的值。

(5) 连接电路。

图表法的一般步骤如下：

(1) 选择接到数据选择端的函数变量。

(2) 画出逻辑函数和数据选择器的真值表。

(3) 确定各个数据输入端的值。

(4) 连接电路。

下面分三种情况进行讨论。

1) *函数变量的数目 m 等于数据选择器中数据选择端的数目 n*

在这种情况下，把变量一对一接到数据选择端，各个数据输入端依据具体函数接“0”或“1”，不需要反变量输入，也不需要任何其他器件，就可以用数据选择器实现任何一个组合逻辑函数。

【例 3.3】 用 MSI 74151 八选一数据选择器实现逻辑函数：

$$F=A\overline{B}+B\overline{C}+C\overline{A}$$

解　首先选择接到数据选择端的函数变量。MSI 74151 八选一数据选择器有 A_2、A_1、A_0 这 3 个数据选择端，函数 F 有 A、B、C 这 3 个变量，它们可以一对一连接。连接方法有多种，现让 A_2 接变量 A，A_1 接变量 B，A_0 接变量 C。

数据选择器输出端的逻辑表达式如下：

$$Y=\overline{A}\overline{B}\overline{C}D_0+\overline{A}\overline{B}CD_1+\overline{A}B\overline{C}D_2+\overline{A}BCD_3$$
$$+A\overline{B}\overline{C}D_4+A\overline{B}CD_5+AB\overline{C}D_6+ABCD_7$$

逻辑函数F的标准与或表达式如下：

$$\begin{aligned}F&=A\overline{B}+B\overline{C}+C\overline{A}\\&=A\overline{B}(C+\overline{C})+(A+\overline{A})B\overline{C}+(B+\overline{B})C\overline{A}\\&=\overline{A}\overline{B}C+\overline{A}B\overline{C}+\overline{A}BC+A\overline{B}\overline{C}+A\overline{B}C+AB\overline{C}\end{aligned}$$

比较Y和F的表达式可以看出，当 $D_0=0$、$D_1=D_2=D_3=D_4=D_5=D_6=1$、$D_7=0$ 时，Y=F。逻辑电路图如图 3-34 所示。

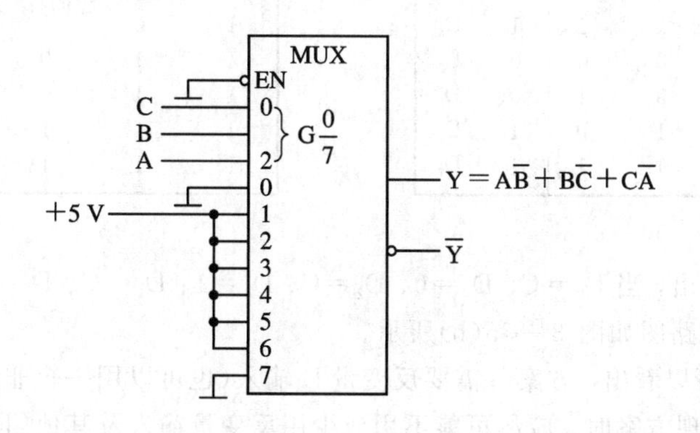

图 3-34　用MSI 74151实现函数 $F=A\overline{B}+B\overline{C}+C\overline{A}$ 的逻辑电路图

2）*函数变量的数目 m 多于数据选择器中数据选择端的数目 n*

在这种情况下，不可能将函数的全部变量都接到数据选择器的数据选择端，有的变量要接到数据选择器的数据输入端。要实现逻辑函数，可能还必须要有反变量输入或其他门电路。

【例3.4】 用MSI 74151八选一数据选择器实现逻辑函数：

$$F=A\overline{B}D+\overline{A}B\overline{C}D+BC+\overline{B}C\overline{D}$$

解　MSI 74151八选一数据选择器有 A_2、A_1、A_0 3个数据选择端，而函数F有A、B、C、D 4个变量，只能将其中的3个接到数据选择器的数据选择端上。下面设计两种不同的方案。

方案一：让 A_2 接变量A，A_1 接变量B，A_0 接变量C，依此画出如表 3-18 所示的真值表。

从表中可以看出，当 $D_0=0$、$D_1=\overline{D}$、$D_2=D$、$D_3=1$、$D_4=D$、$D_5=1$、$D_6=0$、$D_7=1$ 时，Y=F。逻辑电路图如图 3-35(a)所示。

方案二：让 A_2 接变量A，A_1 接变量B，A_0 接变量D，依此画出如表 3-19 所示的真值表。

表 3-18 方案一的真值表

$A(A_2)$	$B(A_1)$	$C(A_0)$	D	F	Y
0	0	0	0	0	D_0
0	0	0	1	0	D_0
0	0	1	0	1	D_1
0	0	1	1	0	D_1
0	1	0	0	0	D_2
0	1	0	1	1	D_2
0	1	1	0	1	D_3
0	1	1	1	1	D_3
1	0	0	0	0	D_4
1	0	0	1	1	D_4
1	0	1	0	1	D_5
1	0	1	1	1	D_5
1	1	0	0	0	D_6
1	1	0	1	0	D_6
1	1	1	0	1	D_7
1	1	1	1	1	D_7

表 3-19 方案二的真值表

$A(A_2)$	$B(A_1)$	$D(A_0)$	C	F	Y
0	0	0	0	0	D_0
0	0	0	1	1	D_0
0	0	1	0	0	D_1
0	0	1	1	0	D_1
0	1	0	0	0	D_2
0	1	0	1	1	D_2
0	1	1	0	1	D_3
0	1	1	1	1	D_3
1	0	0	0	0	D_4
1	0	0	1	1	D_4
1	0	1	0	1	D_5
1	0	1	1	1	D_5
1	1	0	0	0	D_6
1	1	0	1	1	D_6
1	1	1	0	0	D_7
1	1	1	1	1	D_7

从表中可以看出，当 $D_0=C$、$D_1=0$、$D_2=C$、$D_3=1$、$D_4=C$、$D_5=1$、$D_6=C$、$D_7=C$ 时，Y=F。逻辑电路图如图 3-35(b)所示。

由图 3-35 可以看出，方案一需要反变量 $\overline{D}$ 输入(也可以用一个非门产生)，而方案二则不需要。设计实现方案时，应尽可能不用或少用反变量输入及其他门电路。

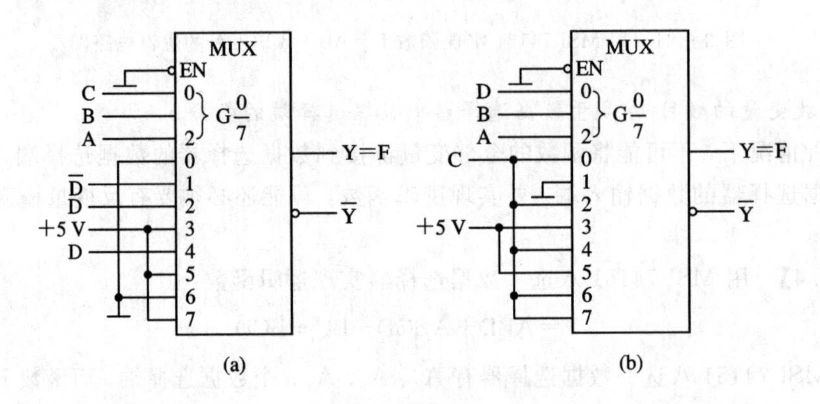

图 3-35 用 MSI 74151 实现函数 $F=A\overline{B}D+\overline{A}B\overline{C}D+BC+\overline{B}C\overline{D}$ 的逻辑电路图

(a) 方案一；(b) 方案二

3) *函数变量的数目 m 少于数据选择器中数据选择端的数目 n*

当函数变量的数目 m 少于数据选择器中数据选择端的数目 n 时，可以将变量接到数据选择器中的 m 个数据选择端，再依据具体函数来确定数据输入端和剩余数据选择端的值。在这种情况下，无需反变量输入，亦无需其他器件，即可以实现任何一个组合逻辑函数，而且有多种实现方案。

【例 3.5】 用 MSI 74151 八选一数据选择器实现逻辑函数：

$$F=A\overline{B}+\overline{A}B$$

解　函数 F 只有 A、B 两个变量，将它们接到 MSI 74151 数据选择器其中的两个数据选择端，接法有多种。现让 A_1 接变量 A，A_0 接变量 B，则数据选择器输出的逻辑表达式为

$$\begin{aligned}Y &= \overline{A}_2\overline{A}\overline{B}D_0+\overline{A}_2\overline{A}BD_1+\overline{A}_2A\overline{B}D_2+\overline{A}_2ABD_3\\&\quad+A_2\overline{A}\overline{B}D_4+A_2\overline{A}BD_5+A_2A\overline{B}D_6+A_2ABD_7\\&=\overline{A}\overline{B}(\overline{A}_2D_0+A_2D_4)+\overline{A}B(\overline{A}_2D_1+A_2D_5)\\&\quad+A\overline{B}(\overline{A}_2D_2+A_2D_6)+AB(\overline{A}_2D_3+A_2D_7)\end{aligned}$$

从表达式可以看出，当：

$$\overline{A}_2D_0+A_2D_4=0$$
$$\overline{A}_2D_1+A_2D_5=1$$
$$\overline{A}_2D_2+A_2D_6=1$$
$$\overline{A}_2D_3+A_2D_7=0$$

时，即得 $Y=A\overline{B}+\overline{A}B$。因此得到：若 $A_2=0$，则 $D_0=0$、$D_1=1$、$D_2=1$、$D_3=0$，其他数据输入端可以不接，对输出无影响；若 $A_2=1$，则 $D_4=0$、$D_5=1$、$D_6=1$、$D_7=0$。

逻辑电路图如图 3－36 所示。

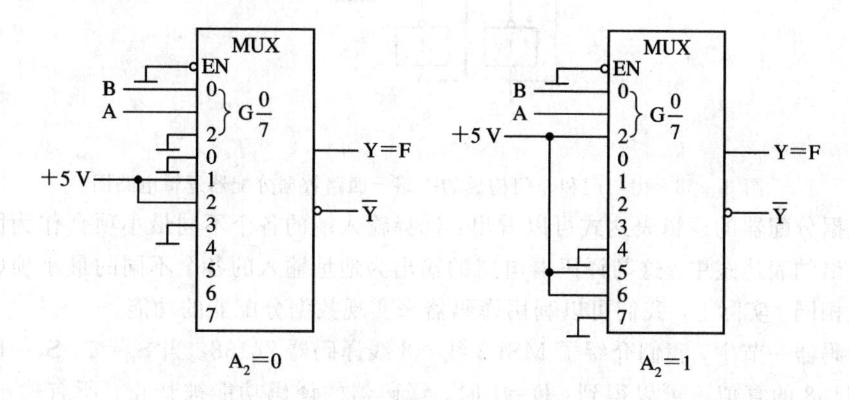

图 3－36　用 MSI 74151 实现函数 $F=A\overline{B}+\overline{A}B$ 的逻辑电路图

3.3.2　数据分配器

数据分配器的逻辑功能是将一个输入信号根据选择信号的不同取值，传送至多个输出数据通道中的某一个。数据分配器又称为多路分配器。一个数据分配器有一个数据输入端，n 个选择输入端，2^n 个数据输出端。

图 3－37 是一个一路－四路数据分配器的框图，真值表如表 3－20 所示。

由真值表可以得到输出的逻辑表达式为

$$D_0=\overline{A}_1\overline{A}_0D$$
$$D_1=\overline{A}_1A_0D$$
$$D_2=A_1\overline{A}_0D$$
$$D_3=A_1A_0D$$

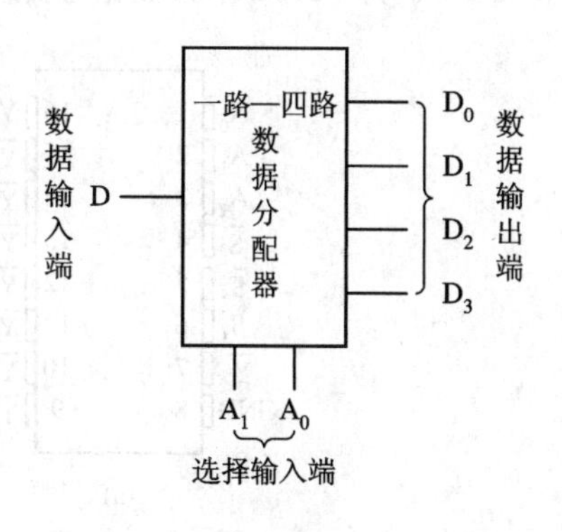

图 3－37　一路－四路数据分配器框图

表 3-20 一路—四路数据分配器的真值表

A_1	A_0	D_3	D_2	D_1	D_0
0	0	0	0	0	D
0	1	0	0	D	0
1	0	0	D	0	0
1	1	D	0	0	0

根据表达式可以画出用与门和非门实现的逻辑图，如图 3-38 所示。

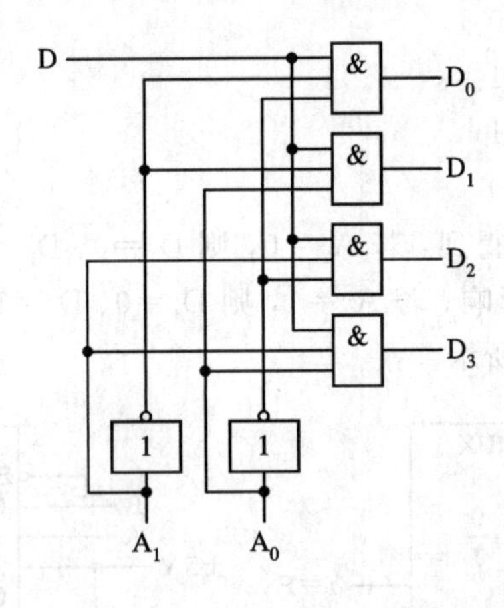

图 3-38 由与门和非门构成的一路－四路数据分配器逻辑电路图

由数据分配器的逻辑表达式可以看出：选择输入端的各个不同最小项会作为因子出现在各个输出的表达式中。这与译码器电路的输出为地址输入的各个不同的最小项(或其反)这一特点相同。实际上，我们可以利用译码器来实现数据分配器的功能。

在译码器一节中，我们介绍了 MSI 3 线－8 线译码器 74138。当 $S_1=1$、$\bar{S}_2=D$、$\bar{S}_3=0$ 时，由 74138 的真值表可以得到：D=1 时，译码器的译码功能被禁止，所有输出都为 1；D=0 时，只有与 A_2、A_1、A_0 组合对应的一个输出为 0，其他输出都为 1。由此可见，D 对应数据分配器的数据输入端，A_2、A_1、A_0 对应数据分配器的选择输入端，而 $\bar{Y}_i(i=0,\cdots,7)$ 对应数据分配器的数据输出端。

图 3-39 为 74138 作为数据分配器时的引脚图和逻辑符号。

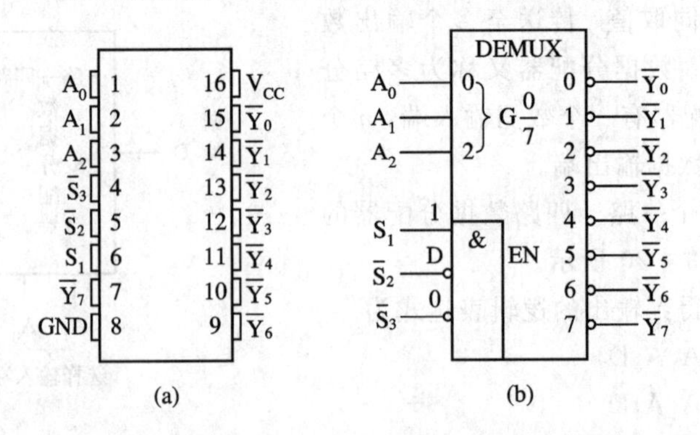

图 3-39 MSI 74138 一路－八路数据分配器

(a) 引脚图；(b) 逻辑符号

习　题

3－1　74148 是 8 线—3 线优先编码器，其真值表如表 3－5 所示。在图 3－40 所示各电路中，确定输出 $\overline{Y}_{EX}$、$\overline{Y}_2$、$\overline{Y}_1$、$\overline{Y}_0$、Y_S 的值。

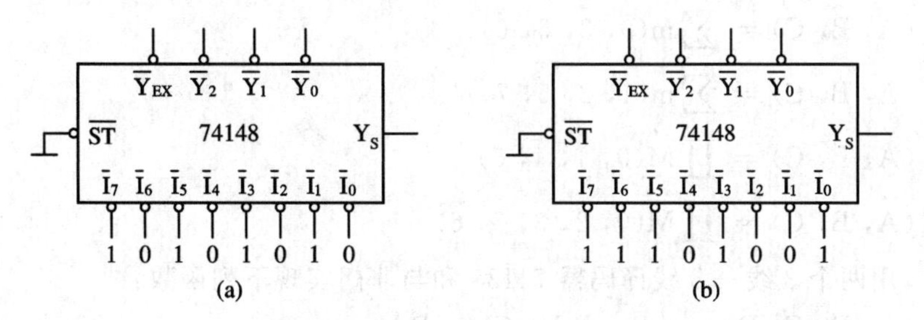

图 3－40　习题 3－1 图

3－2　用 74148 优先编码器和其他门电路构成一个 10 线—4 线 8421BCD 编码器。提示：利用选通输入端 $\overline{ST}$。

3－3　图 3－41 所示为 10 线—4 线 8421BCD 优先编码器 74147 的引脚图，其真值表如表 3－21 所示。试确定下列情况下输出的 BCD 码：

(1) 输入引脚 1、3、5 为 0，其他输入引脚为 1。

(2) 输入引脚 2、4、10 为 0，其他输入引脚为 1。

(3) 输入引脚 3、5、11 为 0，其他输入引脚为 1。

(4) 输入引脚 4、10、12 为 0，其他输入引脚为 1。

(5) 输入引脚 5、10、13 为 0，其他输入引脚为 1。

(6) 输入引脚 10、11、13 为 0，其他输入引脚为 1。

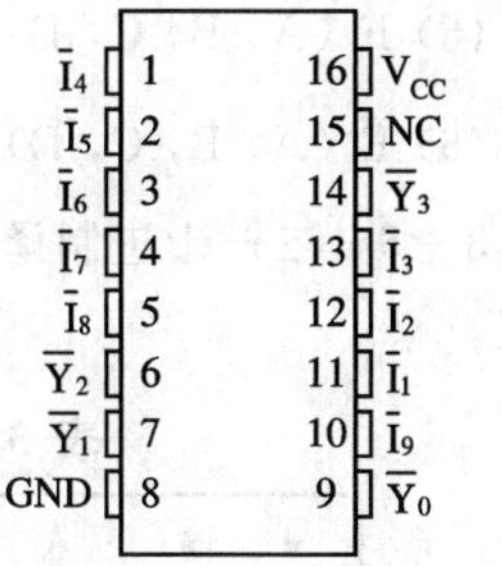

图 3－41　74147 的引脚图

表 3－21　8421BCD 优先编码器 74147 的真值表

输			入						输	出		
$\overline{I}_1$	$\overline{I}_2$	$\overline{I}_3$	$\overline{I}_4$	$\overline{I}_5$	$\overline{I}_6$	$\overline{I}_7$	$\overline{I}_8$	$\overline{I}_9$	$\overline{Y}_3$	$\overline{Y}_2$	$\overline{Y}_1$	$\overline{Y}_0$
1	1	1	1	1	1	1	1	1	1	1	1	1
×	×	×	×	×	×	×	×	0	0	1	1	0
×	×	×	×	×	×	×	0	1	0	1	1	1
×	×	×	×	×	×	0	1	1	1	0	0	0
×	×	×	×	×	0	1	1	1	1	0	0	1
×	×	×	×	0	1	1	1	1	1	0	1	0
×	×	×	0	1	1	1	1	1	1	0	1	1
×	×	0	1	1	1	1	1	1	1	1	0	0
×	0	1	1	1	1	1	1	1	1	1	0	1
0	1	1	1	1	1	1	1	1	1	1	1	0

3－4 用3线－8线译码器74138和与非门实现下列函数：

(1) $F_1(A, B, C) = AB + C$

(2) $F_2(A, B, C) = A\overline{B} + B\overline{C} + C\overline{A}$

(3) $F_3(A, B, C) = (\overline{A} + \overline{B})C$

(4) $F_4(A, B, C) = (\overline{A} + B)(\overline{B} + \overline{C})$

(5) $F_5(A, B, C) = \sum m(0, 3, 5, 6)$

(6) $F_6(A, B, C) = \sum m(1, 2, 5, 7)$

(7) $F_7(A, B, C) = \prod M(0, 1, 4, 5)$

(8) $F_8(A, B, C) = \prod M(0, 2, 3, 5, 6)$

3－5 用两个3线－8线译码器74138和与非门实现下列函数：

(1) $F_1(A, B, C, D) = A\overline{B} + B\overline{C} + C\overline{D} + D\overline{A}$

(2) $F_2(A, B, C, D) = AC + \overline{B}C\overline{D} + \overline{A}B\overline{C}D$

(3) $F_3(A, B, C, D) = \overline{A}(B + D) + \overline{C + BD}$

(4) $F_4(A, B, C, D) = \sum m(0, 1, 4, 6, 10, 11, 12, 14)$

(5) $F_5(A, B, C, D) = \sum m(2, 4, 7, 8, 9, 11, 13, 15)$

(6) $F_6(A, B, C, D) = \prod M(1, 3, 5, 6, 8, 10, 12, 13, 15)$

3－6 二—十进制译码器74LS42的真值表如表3－22所示，写出各个输出的逻辑表达式。

表3－22 二—十进制译码器74LS42的真值表

输入				输出									
A_3	A_2	A_1	A_0	$\overline{Y}_0$	$\overline{Y}_1$	$\overline{Y}_2$	$\overline{Y}_3$	$\overline{Y}_4$	$\overline{Y}_5$	$\overline{Y}_6$	$\overline{Y}_7$	$\overline{Y}_8$	$\overline{Y}_9$
0	0	0	0	0	1	1	1	1	1	1	1	1	1
0	0	0	1	1	0	1	1	1	1	1	1	1	1
0	0	1	0	1	1	0	1	1	1	1	1	1	1
0	0	1	1	1	1	1	0	1	1	1	1	1	1
0	1	0	0	1	1	1	1	0	1	1	1	1	1
0	1	0	1	1	1	1	1	1	0	1	1	1	1
0	1	1	0	1	1	1	1	1	1	0	1	1	1
0	1	1	1	1	1	1	1	1	1	1	0	1	1
1	0	0	0	1	1	1	1	1	1	1	1	0	1
1	0	0	1	1	1	1	1	1	1	1	1	1	0
1	0	1	0	1	1	1	1	1	1	1	1	1	1
1	0	1	1	1	1	1	1	1	1	1	1	1	1
1	1	0	0	1	1	1	1	1	1	1	1	1	1
1	1	0	1	1	1	1	1	1	1	1	1	1	1
1	1	1	0	1	1	1	1	1	1	1	1	1	1
1	1	1	1	1	1	1	1	1	1	1	1	1	1

3－7　写出如图 3－42(a)所示电路中 F_1、F_2、F_3 的逻辑表达式并画出它们的波形，其中，A、B、C、D 的波形如图 3－42(b)所示。

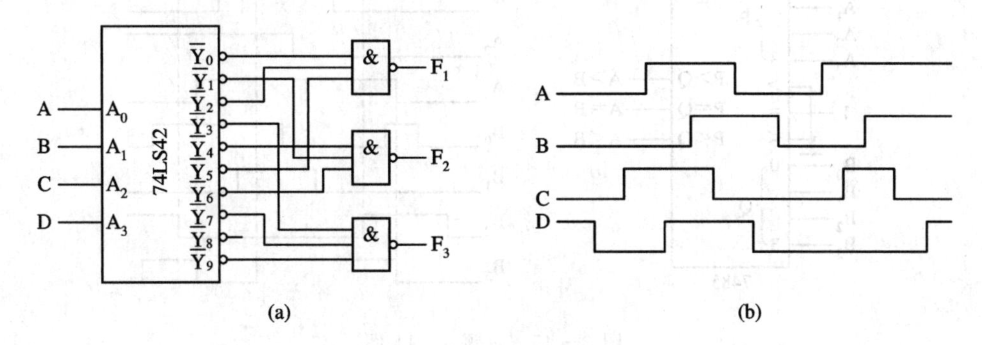

图 3－42　习题 3－7 图

3－8　画出如图 3－43(a)所示电路中 S_1、S_0、C_1 的波形，其中，A_1、A_0、B_1、B_0、C_0 的波形如图 3－43(b)所示。

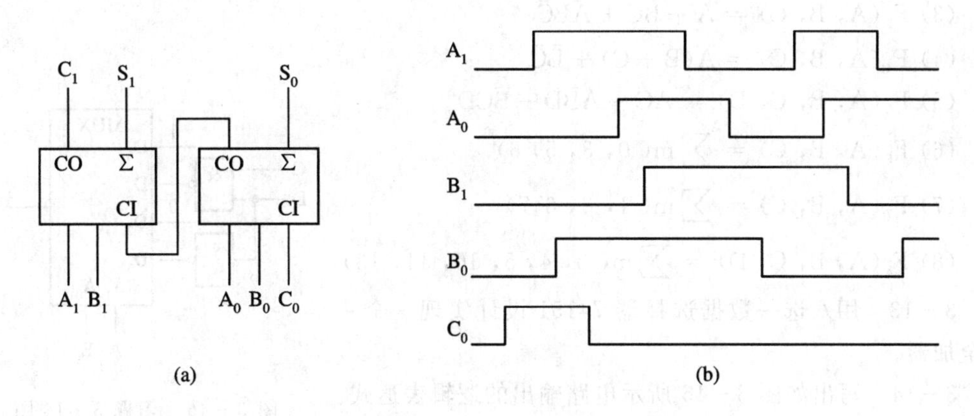

图 3－43　习题 3－8 图

3－9　分析图 3－44 所示逻辑电路，写出 F_1 和 F_2 的逻辑表达式。

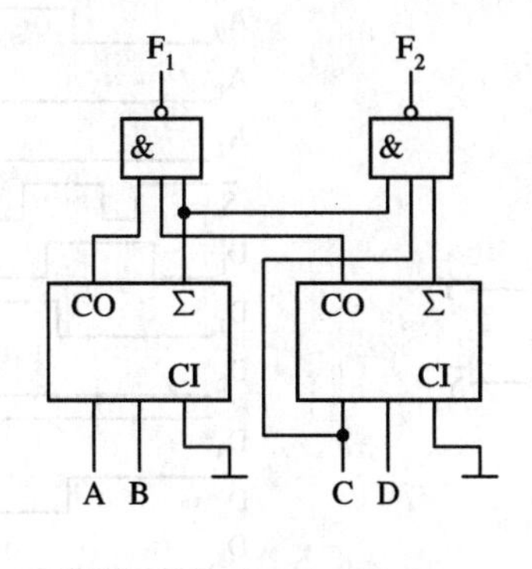

图 3－44　习题 3－9 图

3－10　用 74283 四位加法器和门电路设计一个 4 位二进制减法电路。

3－11　画出如图 3－45 所示电路中四位比较器 7485 输出端的波形。

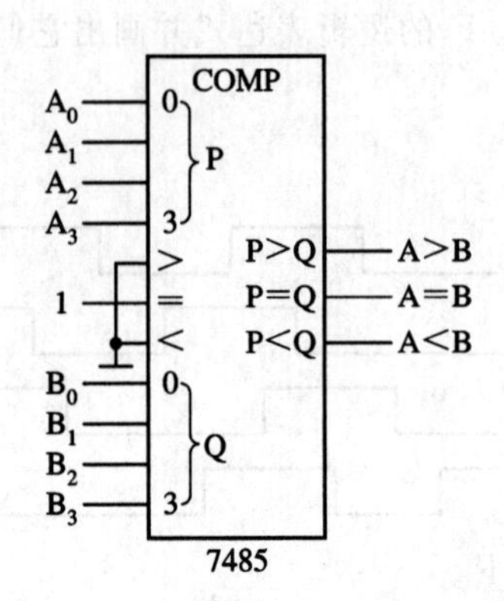

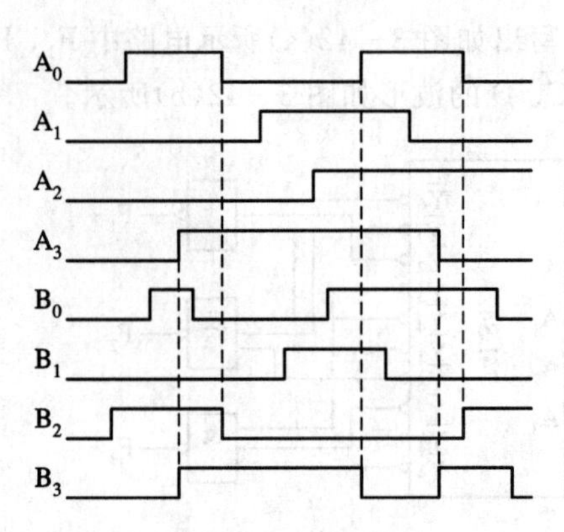

图 3-45　习题 3-11 图

3-12　用八选一数据选择器 74151 实现下列逻辑函数：

(1) $F_1(A, B) = A\overline{B} + \overline{A}B$

(2) $F_2(A, B, C) = \overline{A}\overline{B} + \overline{B}\overline{C} + \overline{A}\overline{C}$

(3) $F_3(A, B, C) = A + \overline{B}C + \overline{A}B\overline{C}$

(4) $F_4(A, B, C) = \overline{A}(B + C) + \overline{BC}$

(5) $F_5(A, B, C, D) = A\overline{C} + A\overline{B}D + \overline{B}CD$

(6) $F_6(A, B, C) = \sum m(0, 3, 5, 6)$

(7) $F_7(A, B, C) = \sum m(1, 3, 6, 7)$

(8) $F_8(A, B, C, D) = \sum m(3, 4, 5, 10, 11, 13)$

3-13　用八选一数据选择器 74151 设计实现一个一位全加器。

3-14　写出如图 3-46 所示电路输出的逻辑表达式。

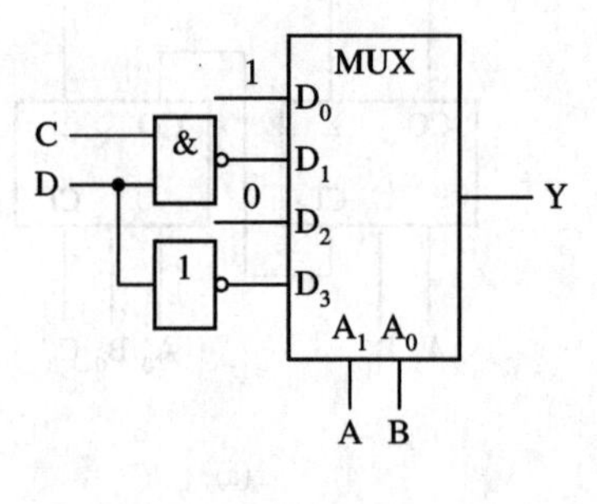

图 3-46　习题 3-14 图

3-15　画出如图 3-47 所示八选一数据选择器 74151 输出端的波形。

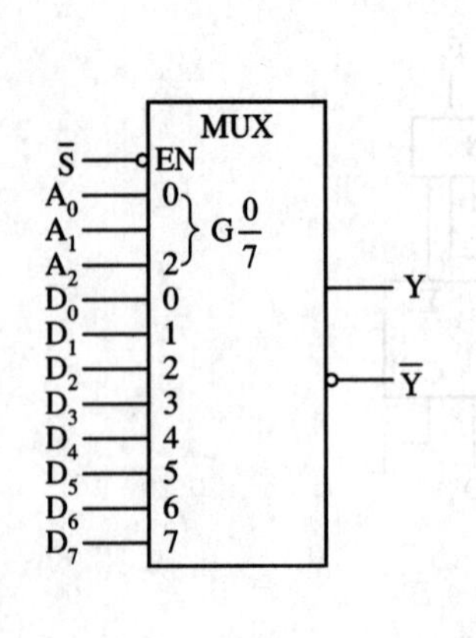

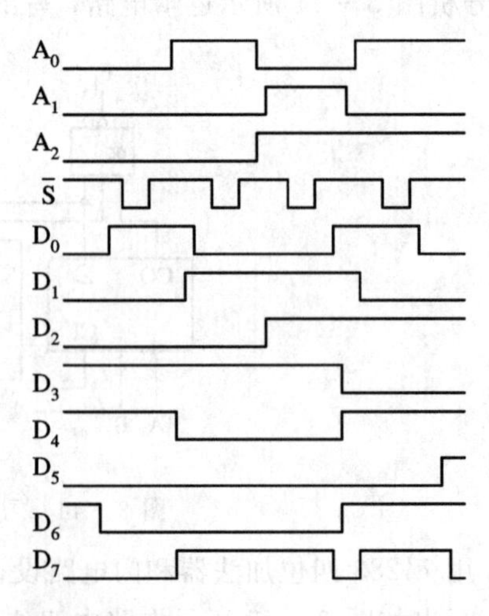

图 3-47　习题 3-15 图

第 4 章　时序逻辑电路

本章首先介绍了时序逻辑电路的基本结构和特点，接着介绍了时序逻辑电路中常用的基本逻辑单元——触发器，包括触发器的电路结构和动作特点、触发器的逻辑功能和分类以及不同逻辑功能触发器间的转换，然后介绍了时序逻辑电路的分析方法和设计方法。

4.1　时序逻辑电路的结构和特点

在第 3 章我们知道，所有的组合逻辑电路都有一个共同的特点：电路任一时刻的输出仅取决于当时电路的输入，与电路以前的输入和状态无关。在本章中，我们将要讨论另一种类型的逻辑电路——时序逻辑电路(简称时序电路)。在时序逻辑电路中，电路的输出不仅取决于当时电路的输入，还与以前电路的输入和状态有关，也就是说，时序逻辑电路具有记忆功能。

时序逻辑电路的结构框图如图 4 - 1 所示。从图中可以看出，一个时序逻辑电路通常由组合逻辑电路和存储电路两部分组成。其中，存储电路由触发器构成，是必不可少的。图中的 X_i ($i=1, \cdots, m$) 是电路的输入信号；Y_i($i=1, \cdots, k$)是电路的输出信号；W_i($i=1, \cdots, p$)是存储电路的输入信号(亦称驱动信号或激励信号)；Q_i($i=1, \cdots, r$)是存储电路的输出信号(亦称时序电路的状态信号)。这些逻辑信号之间的关系可用式(4.1.1)～式(4.1.3)三组方程来描述：

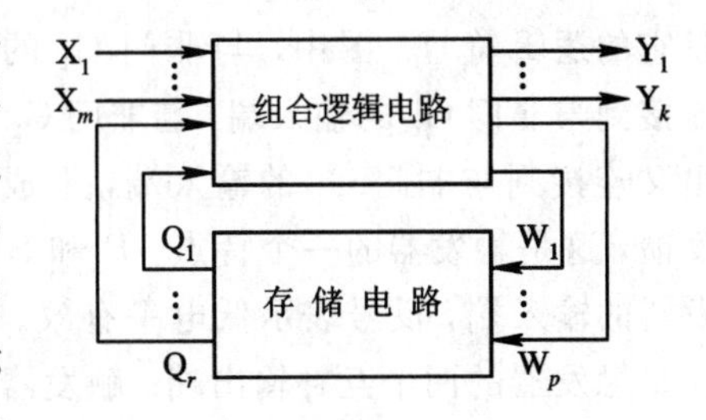

图 4 - 1　时序逻辑电路的结构框图

$$Y_i = f_i(X_1, X_2, \cdots, X_m, Q_1, Q_2, \cdots, Q_r), \quad i=1, \cdots, k \tag{4.1.1}$$

$$W_i = g_i(X_1, X_2, \cdots, X_m, Q_1, Q_2, \cdots, Q_r), \quad i=1, \cdots, p \tag{4.1.2}$$

$$Q_i^{n+1} = h_i(W_1^n, W_2^n, \cdots, W_p^n, Q_1^n, Q_2^n, \cdots, Q_r^n), \quad i=1, \cdots, r \tag{4.1.3}$$

其中，式(4.1.1)称为输出方程；式(4.1.2)称为驱动方程或激励方程；式(4.1.3)称为状态方程；Q_i^n 称为第 i 个触发器的现态；Q_i^{n+1} 称为第 i 个触发器的次态。

按照存储电路中触发器状态变化的特点，时序逻辑电路分为同步时序逻辑电路和异步时序逻辑电路。在同步时序逻辑电路中，所有触发器都受同一时钟信号控制，触发器的状态变化是同步进行的。在异步时序逻辑电路中，并非所有触发器都受同一时钟信号控制，因此触发器的状态变化不是同步的。

按照电路输出信号的特点，时序逻辑电路分为 Mealy 型电路和 Moore 型电路两种。在 Mealy 型电路中，输出不仅取决于电路的状态，还与电路的输入有关。在 Moore 型电路中，输出仅仅取决于电路的状态，与电路的输入无关。

4.2 触　发　器

触发器是时序逻辑电路中的基本单元电路，它具有两个稳定的状态，这两个状态分别称为 0 状态和 1 状态。只要外加信号不变，触发器的状态就不会发生变化，这就是它的存储功能。只有当外加信号变化时，触发器的状态才可能发生变化。

在分析触发器的状态变化时，将外加信号变化之前触发器的状态称为现态，用 Q^n 表示；将外加信号变化之后触发器的状态称为次态，用 Q^{n+1} 表示。触发器的 Q 输出端为 0 时称为 0 状态，为 1 时称为 1 状态。

4.2.1　触发器的电路结构和动作特点

按照电路结构形式的不同，可以将触发器分为基本触发器、同步触发器、主从触发器和边沿触发器等。

1. 基本 RS 触发器

基本 RS 触发器是各种触发器中结构最简单的一种，可用两个与非门或两个或非门通过交叉耦合构成。

图 4－2(a)所示是一个由两个与非门构成的基本 RS 触发器电路，图 4－2(b)所示是它的逻辑符号。图中，与非门 G_1 的输出连接到与非门 G_2 的输入端，与非门 G_2 的输出又连接到与非门 G_1 的输入端，形成交叉反馈，这是触发器的一个特点。$\overline{R}$ 和 $\overline{S}$ 是触发器的输入端，反号表示低电平有效。Q 和 $\overline{Q}$ 是触发器的两个互补输出端。触发器正常工作时，Q 和 $\overline{Q}$ 的值总是相反的。

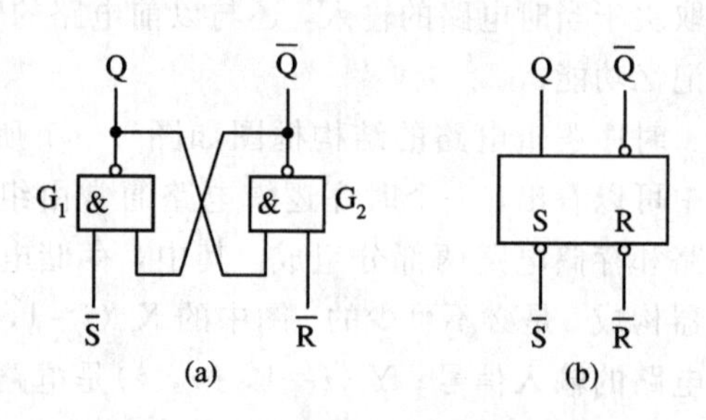

图 4－2　由与非门构成的基本 RS 触发器
(a) 电路图；(b) 逻辑符号

工作原理分析：

(1) 当 S＝0、R＝0 时。

如果 Q＝0、$\overline{Q}$＝1，则与非门 G_1 的两个输入端均为 1，其输出为 0；与非门 G_2 的一个输入端为 1，另一个输入端为 0，其输出为 1；Q＝0、$\overline{Q}$＝1 保持不变。

如果 Q＝1、$\overline{Q}$＝0，则与非门 G_2 的两个输入端均为 1，其输出为 0；与非门 G_1 的一个输入端为 1，另一个输入端为 0，其输出为 1；Q＝1、$\overline{Q}$＝0 保持不变。

S＝0、R＝0 常表示无输入信号。由分析可以得出：在此情况下，触发器的状态保持不变。

(2) 当 S＝0，R＝1 时。

如果 Q＝0，$\overline{Q}$＝1，则由于 $\overline{R}$ 为 0，使与非门 G_2 的一个输入端为 0，其输出保持为 1；由于 $\overline{S}$ 为 1，使得与非门 G_1 的两个输入端都为 1，其输出保持为 0，触发器保持为 0 状态。

如果 Q＝1，$\overline{Q}$＝0，则由于 $\overline{R}$ 为 0，将使与非门 G_2 的输出变为 1；当 G_2 的输出变为 1 后，由于 $\overline{S}$ 为 1，与非门 G_1 的两个输入端都为 1，其输出将变为 0，触发器由原来的 1 状态变为 0 状态。

S=0、R=1 表示 S 端无输入信号而 R 端有输入信号。由分析可以得出：在此情况下，不管原来是 0 状态还是 1 状态，触发器都将变为 0 状态，称为置 0。

(3) 当 S=1，R=0 时。

如果 Q=0，$\overline{Q}$=1，则由于 $\overline{S}$ 为 0，将使与非门 G_1 的输出变为 1；当 G_1 的输出变为 1 后，由于 $\overline{R}$ 为 1，与非门 G_2 的两个输入端都为 1，其输出将变为 0，触发器由原来的 0 状态变为 1 状态。

如果 Q=1，$\overline{Q}$=0，则由于 $\overline{S}$ 为 0，使与非门 G_1 的一个输入端为 0，其输出保持为 1；由于 $\overline{R}$ 为 1，使得与非门 G_2 的两个输入端都为 1，其输出保持为 0，触发器保持为 1 状态。

S=1、R=0 表示 S 端有输入信号而 R 端无输入信号。由分析可以得出：在此情况下，不管原来是 0 状态还是 1 状态，触发器都将变为 1 状态，称为置 1。

(4) 当 S=1，R=1 时。

不管 Q 和 $\overline{Q}$ 端是 0 还是 1，此时由于与非门 G_1 和 G_2 各有一个输入端 $\overline{S}$ 和 $\overline{R}$ 为 0，因此它们的输出均变为 1。如果 S 和 R 同时由 1 变为 0，与非门 G_1 和 G_2 的输出端都趋向于变为 0。由于变化快慢不同，先变为 0 的与非门通过反馈使另一个与非门保持为 1。在这种情况下，如果不知道 S 和 R 的变化谁先谁后，我们就无法可靠地预估触发器将变为 0 状态还是 1 状态，这种情况是正常工作时不允许出现的，RS=0 称为约束条件。

以上分析结果可用表 4 - 1 表示，表中反映了触发器的次态和输入信号以及现态之间的关系，称为触发器的特性表(或功能表)。表中的×表示约束。

表 4 - 1　基本 RS 触发器的特性表

R	S	Q^n	Q^{n+1}
0	0	0	0
0	0	1	1
0	1	0	1
0	1	1	1
1	0	0	0
1	0	1	0
1	1	0	×
1	1	1	×

由表 4 - 1 可以写出如下方程：

$$\begin{cases} Q^{n+1}=S+\overline{R}Q^n \\ RS=0 \end{cases}$$

上述方程描述了基本 RS 触发器的次态和输入信号以及现态之间的逻辑关系，称为基本 RS 触发器的特性方程。

分析结果表明，该触发器具有保持、置 0、置 1 三种逻辑功能，两个输入端必须满足约束条件 RS=0。

基本触发器的动作特点：在基本 RS 触发器电路中，由于不存在控制信号，且输入信号是直接加到与非门 G_1 和 G_2 的输入端的，因此 S 或 R 发生变化，都可能导致触发器的输出状态跟着发生变化。这一特性称为直接控制，S 称为直接置位端，R 称为直接复位端。

图 4 - 3 所示的时序图反映了由与非门构成的基本 RS 触发器在接收不同的输入信号时状态的变化情况。

除了与非门之外，也可以使用或非门构造 RS 触发器。图 4 - 4(a)所示为由两个或非门构成的基本 RS 触发器电路，图 4 - 4(b)所示为其逻辑符号。图 4 - 4 和图 4 - 2 所示的电路具有相同的逻辑功能和动作特点，不同之处在于：当 R 和 S 端同时有信号时，触发器的 Q 和 $\overline{Q}$ 端同时为 0，而不是同时为 1。

由或非门构成的基本 RS 触发器的时序图如图 4 - 5 所示。

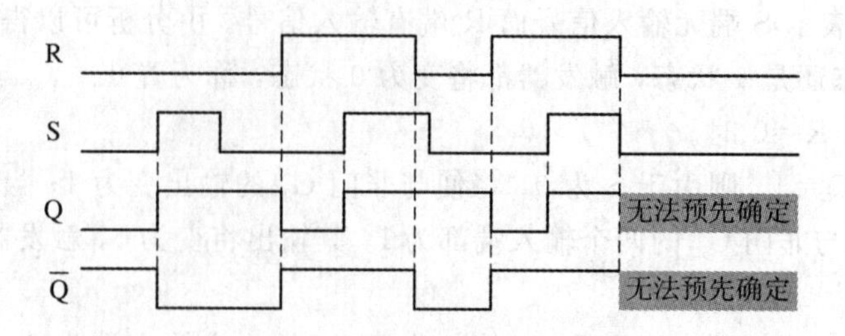

图 4-3 由与非门构成的基本 RS 触发器的时序图

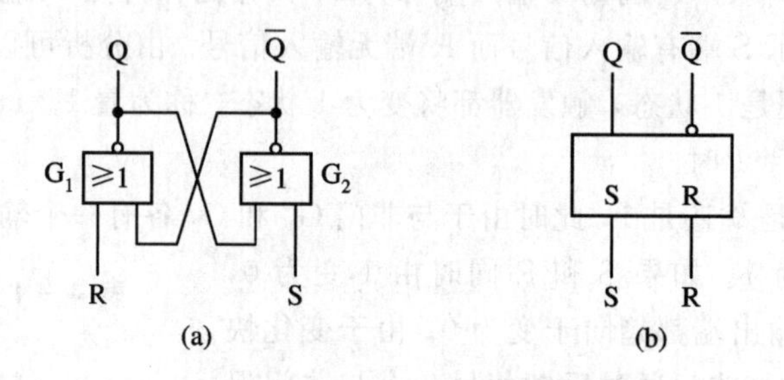

图 4-4 由或非门构成的基本 RS 触发器

(a) 电路图；(b) 逻辑符号

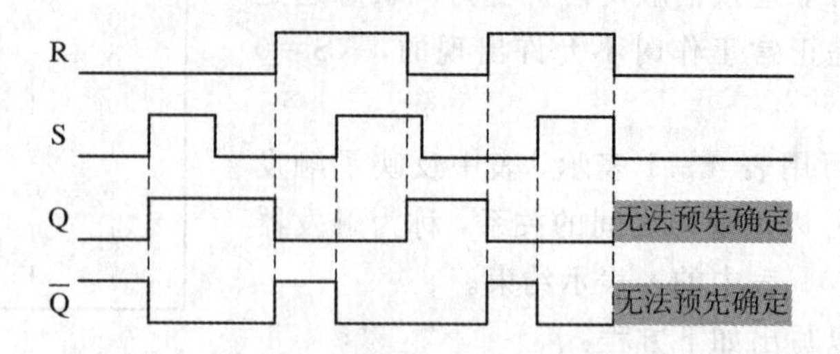

图 4-5 由或非门构成的基本 RS 触发器的时序图

2. 同步 RS 触发器

同步 RS 触发器是在基本 RS 触发器的基础上增加一个时钟控制端构成的，其目的是提高触发器的抗干扰能力，同时使多个触发器能够在一个控制信号的作用下同步工作。图 4-6(a)所示是一个由与非门组成的同步 RS 触发器，图 4-6(b)所示是它的逻辑符号。

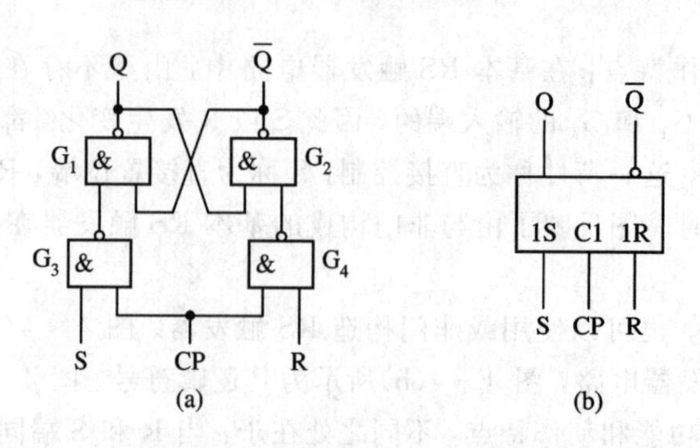

图 4-6 由与非门构成的同步 RS 触发器

(a) 电路图；(b) 逻辑符号

工作原理分析：

(1) 当CP=0时，与非门G_3和G_4的输入端被屏蔽，R和S输入端不起作用，此时，G_3和G_4的输出均为1，因此触发器的输出端保持不变。

(2) 当CP=1时，G_3的输出为$\bar{S}$，G_4的输出为$\bar{R}$，此时，电路等同于一个基本RS触发器。触发器的次态和输入信号以及现态之间的逻辑关系与图4-2所示的基本RS触发器的相同。

表4-2所示为同步RS触发器的特性表。同步RS触发器的特性方程如下：

$$\begin{cases} Q^{n+1}=S+\bar{R}Q^n \\ RS=0 \end{cases},\quad CP=1\text{ 时}$$

$$Q^{n+1}=Q^n,\quad CP=0\text{ 时}$$

表4-2　同步RS触发器的特性表

CP	R	S	Q^n	Q^{n+1}	CP	R	S	Q^n	Q^{n+1}
0	×	×	0	0	1	0	1	1	1
0	×	×	1	1	1	1	0	0	0
1	0	0	0	0	1	1	0	1	0
1	0	0	1	1	1	1	1	0	×
1	0	1	0	1	1	1	1	1	×

图4-7所示的时序图反映了由与非门构成的同步RS触发器在CP信号的控制下，接收不同输入信号时状态的变化情况。

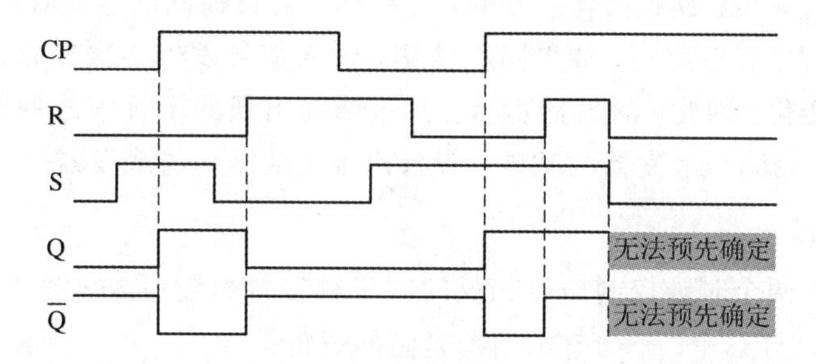

图4-7　由与非门构成的同步RS触发器的时序图

无论是基本RS触发器还是同步RS触发器，R和S都要满足约束条件RS=0。为了避免R和S同时为1的情况出现，可以在R和S之间连接一个非门，使R和S互反。这样，除了时钟控制端之外，触发器只有一个输入信号，通常表示为D，这种触发器称为D触发器。

图4-8(a)所示是一个由与非门构成的同步D触发器；图4-8(b)所示是它的逻辑符号；表4-3所示是它的特性表。它的特性方程如下：

$$Q^{n+1}=D,\quad CP=1\text{ 时}$$

$$Q^{n+1}=Q^n,\quad CP=0\text{ 时}$$

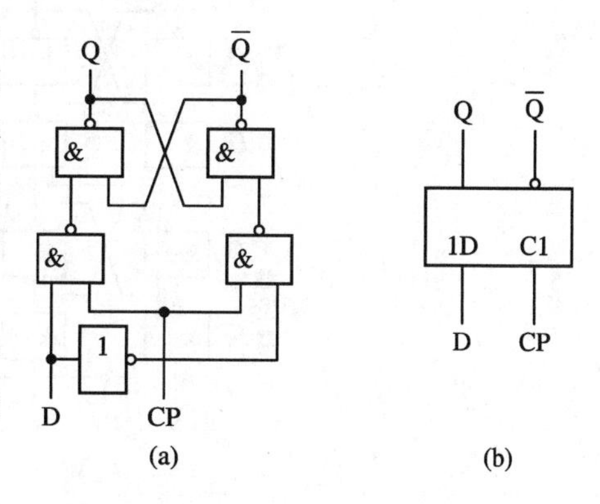

图4-8　同步D触发器
(a) 电路图；(b) 逻辑符号

表 4-3 同步 D 触发器的特性表

CP	D	Q^n	Q^{n+1}
0	×	0	0
0	×	1	1
1	0	0	0
1	0	1	0
1	1	0	1
1	1	1	1

由表 4-3 可以看出：当 CP=0 时，无论输入是 0 还是 1，触发器的状态都不会改变，次态等于现态；当 CP=1 时，0 输入使触发器的次态为 0(称为置 0)，1 输入使触发器的次态为 1(称为置 1)。可见，D 触发器具有置 0 和置 1 两种逻辑功能。

图 4-9 所示的时序图反映了同步 D 触发器在 CP 信号的控制下，接收不同输入信号时状态的变化情况。

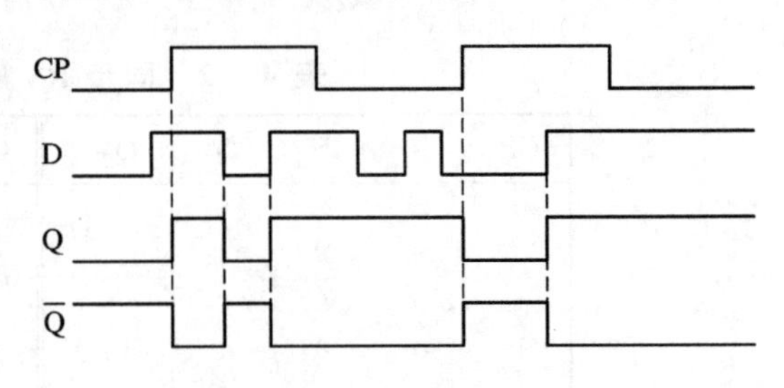

图 4-9 同步 D 触发器的时序图

同步触发器又称为电平控制触发器或门控触发器。同步触发器的动作特点：当时钟控制信号为某一种电平值时(在上述同步电路中，CP=1 时)，输入信号能影响触发器的输出状态，此时称为时钟控制信号有效；当时钟控制信号为另外一种电平值时(在上述同步电路中，CP=0 时)，输入信号不会影响触发器的输出，其状态保持不变，此时称为时钟控制信号无效。

在时钟控制信号有效期间，如果同步触发器输入信号发生多次变化，则触发器的状态也可能发生多次变化，因此，触发器容易受到这期间出现的干扰信号的影响。为了进一步提高抗干扰能力，在同步触发器的基础上设计出了主从结构的触发器。

3. 主从触发器

主从触发器由两个时钟控制信号相反的同步触发器相连而成。图 4-10(a)所示是一个主从 RS 触发器电路，图 4-10(b)所示是它的逻辑符号。

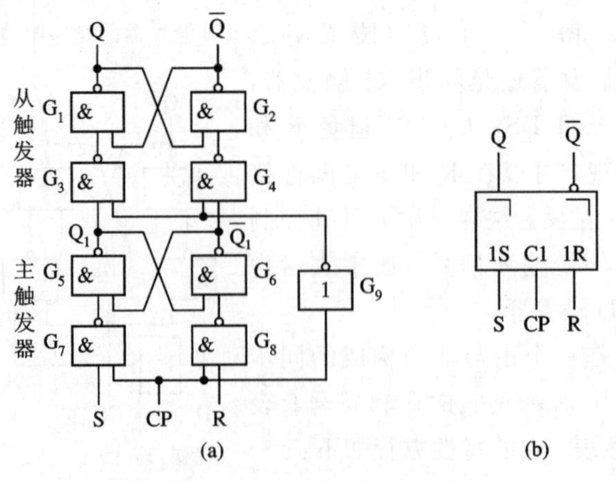

图 4-10 主从 RS 触发器

(a) 电路图；(b) 逻辑符号

在图 4-10 所示的主从 RS 触发器电路中，与非门 G_1、G_2、G_3 和 G_4 组成从触发器；与非门 G_5、G_6、G_7 和 G_8 组成主触发器；非门 G_9 使从触发器的时钟控制信号和主触发器的时钟控制信号相反。

工作原理分析：

(1) 在 CP=1 期间，主触发器的时钟控制信号有效，输入信号 R 和 S 能影响输出 Q_1 和 $\overline{Q}_1$，而且在此期间，允许多次变化。但由于此时从触发器的时钟控制信号无效，因此其输出 Q 和 $\overline{Q}$(亦为整个主从 RS 触发器的输出)不会发生变化。

(2) 在 CP=0 期间，主触发器的时钟控制信号无效，输入信号 R 和 S 不会影响输出 Q_1 和 $\overline{Q}_1$，因此，从触发器的输入信号不变，其输出 Q 和 $\overline{Q}$ 一旦稳定后就不会再发生变化。

(3) 当 CP 由 0 变为 1 时，由于延时较小，非门 G_9 的输出在 Q_1 和 $\overline{Q}_1$ 可能出现变化之前变为 0，从而封锁了与非门 G_3 和 G_4，使输出 Q 和 $\overline{Q}$ 保持不变。

(4) 当 CP 由 1 变为 0 时，从触发器的时钟控制信号从无效变为有效，在此时刻之前，Q_1 和 $\overline{Q}_1$ 如果发生了变化，意味着从触发器的输入信号发生了变化。在从触发器的时钟控制信号变为有效时，主从 RS 触发器的输出将产生相应的变化。如果在主触发器的时钟控制信号有效期间(CP=1)，Q_1 和 $\overline{Q}_1$ 端变化多次，则只有最后一次变化的结果会反映到 Q 和 $\overline{Q}$ 端。

主从 RS 触发器的特性表如表 4-4 所示。它的特性方程如下：

$$\begin{cases} Q^{n+1}=S+\overline{R}Q^n \\ RS=0 \end{cases}, \quad \text{CP 下降沿到来时}$$

$$Q^{n+1}=Q^n, \quad \text{CP 不是下降沿时}$$

表 4-4　主从 RS 触发器的特性表

CP	R	S	Q^n	Q^{n+1}
$\not\downarrow$	×	×	0	0
$\not\downarrow$	×	×	1	1
↓	0	0	0	0
↓	0	0	1	1
↓	0	1	0	1
↓	0	1	1	1
↓	1	0	0	0
↓	1	0	1	0
↓	1	1	0	×
↓	1	1	1	×

图 4-11 所示为主从 RS 触发器的时序图。从时序图可以看出，只有在 CP 的下降沿到来时，触发器的状态才可能发生变化。图中，在第一个 CP=1 期间，R 和 S 发生了多次变化，主触发器的状态也发生过多次变化。

从上面的分析中我们可以看到，只有在时钟控制信号 CP 有效时，输入信号 R 和 S 才可能影响触发器的状态，当时钟控制信号 CP 无效时，输入信号 R 和 S 对触发器不起作用。R 和 S 受 CP 的同步控制，因此叫作同步输入端。除了同步输入端之外，触发器一般还有异步输入端，它们不受时钟控制信号 CP 的控制。用异步输入端可随时给触发器设置所需的状态。

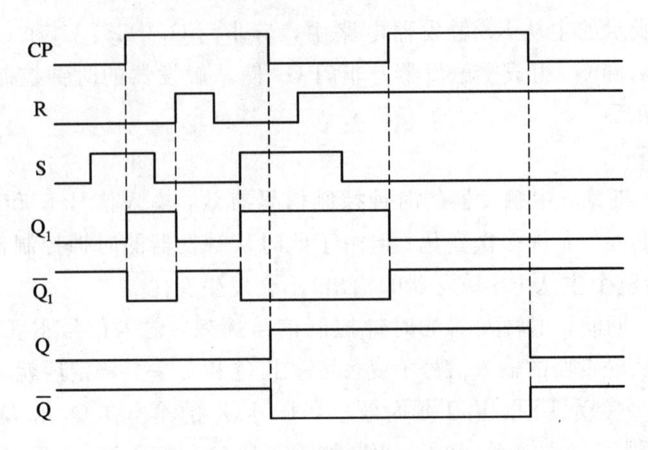

图 4－11　主从 RS 触发器的时序图

图 4－12 所示是带异步输入端的主从 RS 触发器，$\overline{R}_D$ 和 $\overline{S}_D$ 是两个异步输入端。当 $\overline{R}_D$ 有效(为 0)而 $\overline{S}_D$ 无效(为 1)时，触发器被置成 0 状态，$\overline{R}_D$ 叫作置 0 端或复位端；当 $\overline{S}_D$ 有效 $\overline{R}_D$ 无效时，触发器被置成 1 状态，$\overline{S}_D$ 叫作置 1 端或置位端。图 4－13 所示为电路的时序图。

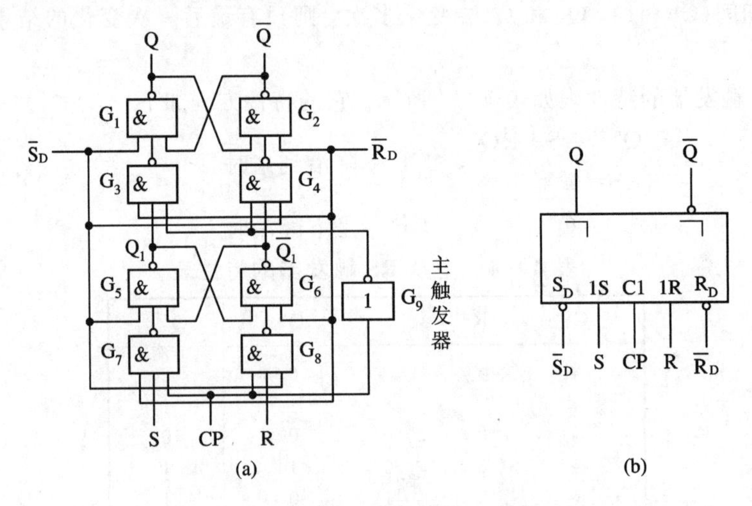

图 4－12　带异步输入端的主从 RS 触发器

(a) 电路图；(b) 逻辑符号

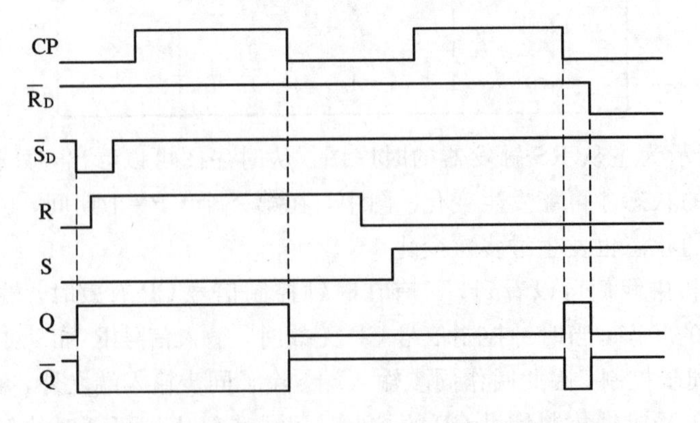

图 4－13　带异步输入端主从 RS 触发器的时序图

在图 4－10 所示的主从 RS 触发器电路中，输入端 S 和 R 在主触发器的时钟控制信号有效期间(CP＝1)，同样要满足约束条件 RS＝0。为了解决这一问题，可以从 Q 和 $\overline{Q}$ 端引回反馈，从电路结构上加以解决，从而构成所谓的主从 JK 触发器。主从 JK 触发器的电路图如图 4－14(a)所示，图 4－14(b)为其逻辑符号。

在图 4－14(a)所示的电路中，Q 反馈作为 G_8 的一个输入，$\overline{Q}$ 反馈作为 G_7 的一个输入。对比图 4－10(a)和图 4－14(a)两个电路，可以看出：$S=J\overline{Q}$，$R=KQ$，$RS=KJQ\overline{Q}$，无论 J 和 K 为何值，都满足 RS＝0，因此，J 和 K 可以为任何组合。

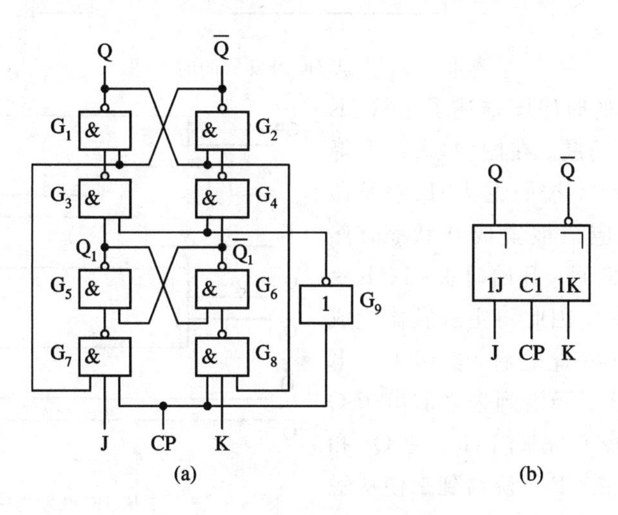

图 4－14　主从 JK 触发器

(a) 电路图；(b) 逻辑符号

主从 JK 触发器的特性表如表 4－5 所示。从表中可以看出：在 CP 的下降沿到来时，如果 J＝0、K＝0，则触发器保持原来的状态不变；如果 J＝0、K＝1，则触发器置 0；如果 J＝1、K＝0，则触发器置 1；如果 J＝1、K＝1，则触发器的次态和现态相反，称为翻转。因此，JK 触发器有四种不同的逻辑功能：保持、置 0、置 1 和翻转。

表 4－5　主从 JK 触发器的特性表

CP	J	K	Q^n	Q^{n+1}	CP	J	K	Q^n	Q^{n+1}
$\not\downarrow$	×	×	0	0	↓	0	1	1	0
$\not\downarrow$	×	×	1	1	↓	1	0	0	1
↓	0	0	0	0	↓	1	0	1	1
↓	0	0	1	1	↓	1	1	0	1
↓	0	1	0	0	↓	1	1	1	0

JK 触发器的特性方程如下：

$$Q^{n+1}=J\overline{Q}^n+\overline{K}Q^n,\qquad \text{CP 下降沿到来时}$$

$$Q^{n+1}=Q^n,\qquad \text{CP 不是下降沿时}$$

图 4－15 所示的时序图反映了主从 JK 触发器四种不同的逻辑功能。

由于 Q 和 $\overline{Q}$ 端的反馈，其中必有一个在主触发器 CP 有效期间为 0，从而屏蔽了其中一侧的输入信号，使这期间主触发器的输出端 Q_1 和 $\overline{Q_1}$ 最多只能变化一次，导致 Q 和 $\overline{Q}$ 动作时不一定按照当时的输入信号值变化。这就是主从 JK 触发器的一次变化问题。

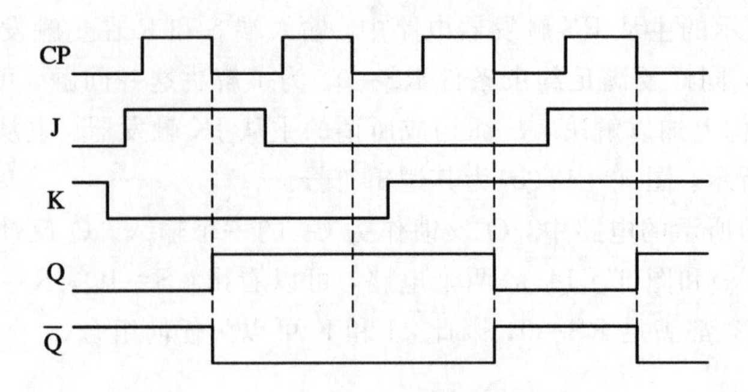

图 4 - 15　主从 JK 触发器的时序图

图 4 - 16 所示的时序图描述了主从 JK 触发器的一次变化问题。在图中，CP 下降沿到来时 J=0、K=1，按照主从 JK 触发器的特性表，触发器应该被置成 0 状态。然而，由于在CP=1 期间，开始时 J=1、K=0，此时 Q=0、$\overline{Q}$=1，因此将主触发器置成1(Q_1=1、$\overline{Q}_1$=0)。在此之后，虽然 J 和 K 发生变化，但在 CP 下降沿到来之前由于 Q 保持为 0 不变，屏蔽了与非门 G_8，使 Q_1 和 $\overline{Q}_1$ 保持不变，因此在 CP 下降沿到来使从触发器的时钟有效时，触发器的状态将是 1 状态而不是 0 状态。

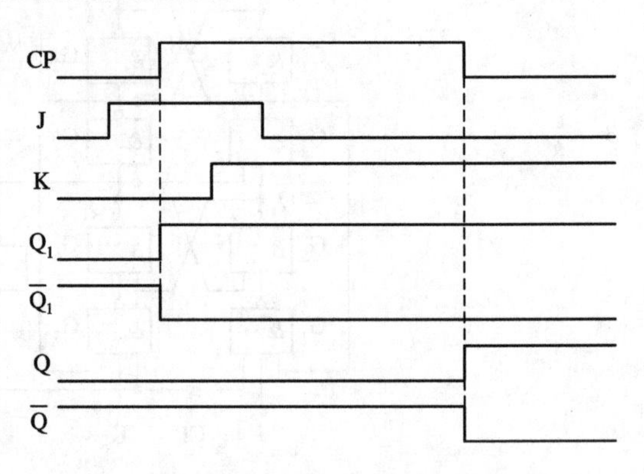

图 4 - 16　主从 JK 触发器一次变化的时序图

把主从 JK 触发器的 J 端和 K 端连接在一起并用 T 表示，就得到主从 T 触发器，如图 4 - 17(a)所示，图 4 - 17(b)为它的逻辑符号。表 4 - 6 所示是主从 T 触发器的特性表。它的特性方程如下：

$$Q^{n+1}=T\overline{Q}^n+\overline{T}Q^n,\qquad \text{CP 下降沿到来时}$$

$$Q^{n+1}=Q^n,\qquad \text{CP 不是下降沿时}$$

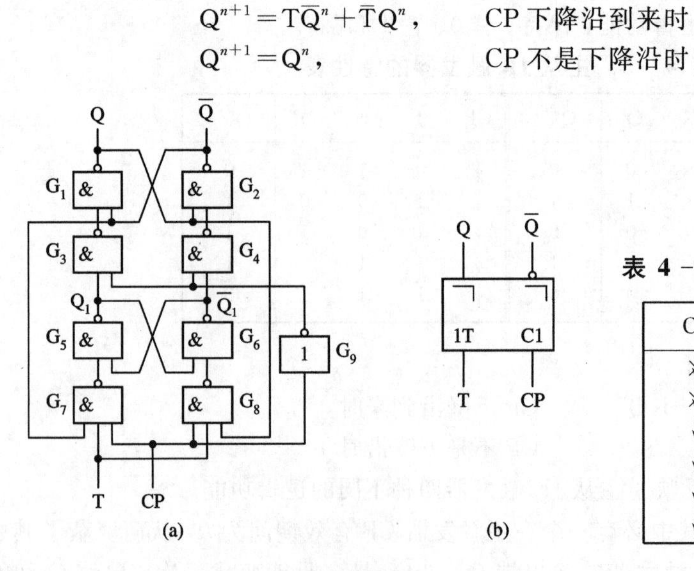

图 4 - 17　主从 T 触发器
(a) 电路图；(b) 逻辑符号

表 4 - 6　主从 T 触发器的特性表

CP	T	Q^n	Q^{n+1}
$\not\downarrow$	×	0	0
$\not\downarrow$	×	1	1
↓	0	0	0
↓	0	1	1
↓	1	0	1
↓	1	1	0

由表 4－6 可以看出，主从 T 触发器有两种逻辑功能：保持和翻转。当 T＝0 时，触发器的状态保持不变；当 T＝1 时，触发器的状态翻转。图 4－18 所示的时序图描述了主从 T 触发器接收信号时状态变化的情况。

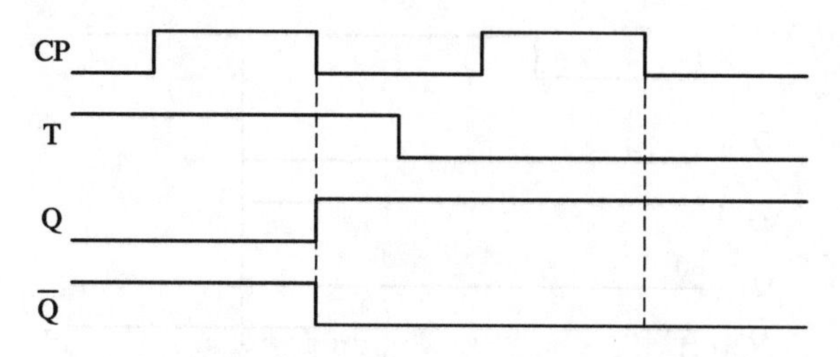

图 4－18　主从 T 触发器的时序图

主从触发器的动作特点：主从触发器的状态变化分两步，第一步，在主触发器的时钟控制信号有效期间，输入信号影响主触发器的状态，此时从触发器的状态不会发生变化；第二步，在主触发器的时钟控制信号由有效变为无效而从触发器的时钟控制信号由无效变为有效时，从触发器的状态根据主触发器的状态而变化。

在主触发器的时钟控制信号有效期间，如果输入信号发生过变化，则在时钟控制信号的有效边沿到来时，从触发器的状态不一定按照此时刻的输入信号来确定。

4. 边沿触发器

为了进一步提高可靠性，增强抗干扰能力，克服主从触发器存在的缺点，人们设计了边沿触发器。边沿触发器也是边沿动作的触发器。图 4－19 为边沿触发器的逻辑符号。

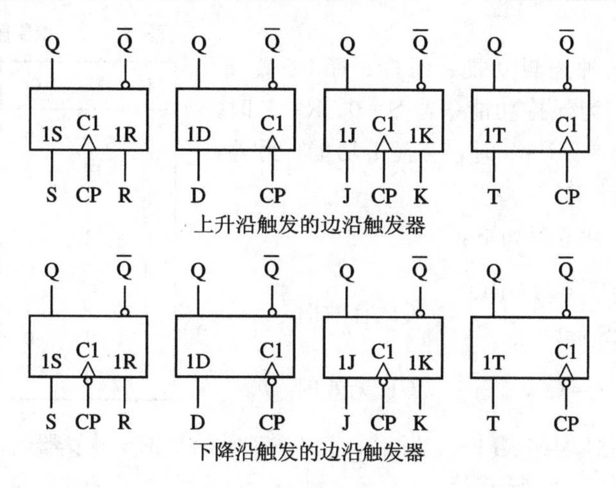

图 4－19　边沿触发器的逻辑符号

边沿触发器的动作特点：触发器输出的次态仅仅取决于现态和动作边沿(CP 的上升沿或下降沿)时的输入信号，在这之前的输入信号变化对触发器输出的次态无影响，从而提高了可靠性，增强了抗干扰能力。

图 4－20 所示的时序图描述了在相同的 CP、J、K 以及起始状态下，下降沿动作的主从 JK 触发器和边沿 JK 触发器的输出波形。从图中可以看出，这两种不同结构的触发器具有不同的动作特点。

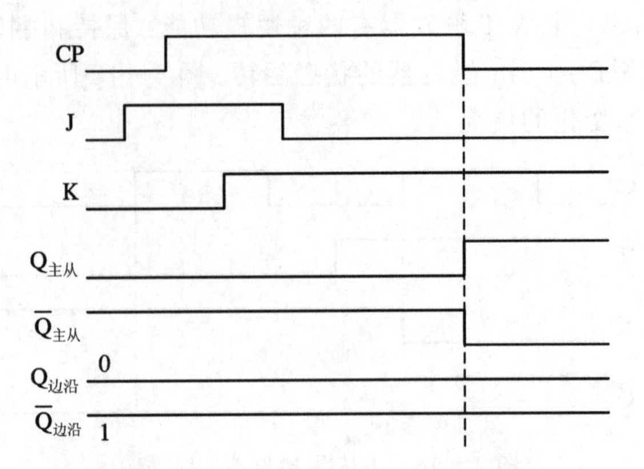

图 4-20　下降沿动作的主从 JK 触发器和边沿 JK 触发器的时序图对比

4.2.2　触发器的逻辑功能和分类

从逻辑功能，亦即从触发器次态和现态以及输入信号之间的关系上，可以将触发器分为 RS 触发器、D 触发器、JK 触发器、T 触发器等几种类型。描述触发器逻辑功能的常用方式有：特性方程、特性表、驱动表、状态转换图、时序图。驱动表(又称激励表)用表格的形式来描述触发器从一个现态转变为另一个次态时所需的驱动信号。状态转换图用图形来描述触发器的转换和相应驱动信号的关系。时序图反映了时钟控制信号、输入信号、触发器状态变化的时间对应关系。

1. RS 触发器

RS 触发器有三种逻辑功能：保持、置 0、置 1。当 S=0、R=0 时，为保持功能；当 S=0、R=1 时，为置 0 功能；当 S=1、R=0 时，为置 1 功能。另外，S 和 R 存在约束条件 RS=0。

RS 触发器的特性方程如下：

$$\begin{cases} Q^{n+1}=S+\bar{R}Q^n \\ RS=0 \end{cases}，\quad CP 有效时$$

$$Q^{n+1}=Q^n，\quad CP 无效时$$

表 4-7　RS 触发器的特性表

R	S	Q^n	Q^{n+1}	逻辑功能
0	0	0	0	保持
0	0	1	1	
0	1	0	1	置 1
0	1	1	1	
1	0	0	0	置 0
1	0	1	0	
1	1	0	×	约束
1	1	1	×	

RS 触发器的特性表如表 4-7 所示。表 4-8 所示是 RS 触发器的驱动表。RS 触发器的状态转换图如图 4-21 所示。

表 4-8　RS 触发器的驱动表

Q^n	Q^{n+1}	R	S
0	0	×	0
0	1	0	1
1	0	1	0
1	1	0	×

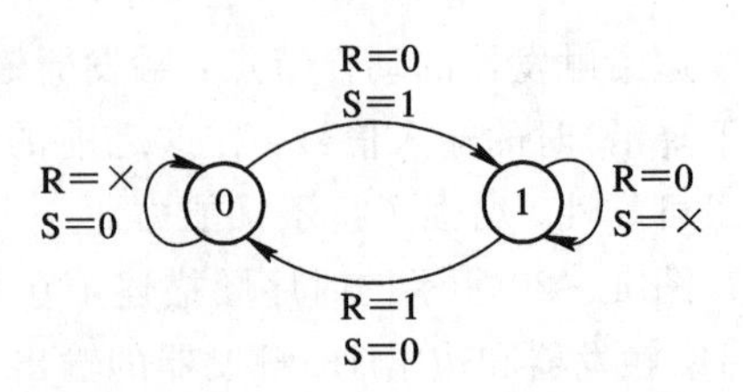

图 4-21　RS 触发器的状态转换图

需要注意的是：触发器的特性表、驱动表、状态转换图都是在时钟控制信号有效这一前提下才有意义的。

在表 4-7 所示的 RS 触发器特性表中，“×”表示约束。在表 4-8 所示的 RS 触发器驱动表和图 4-21 所示的 RS 触发器状态转换图中，“×”表示可 0 可 1。

2. D 触发器

D 触发器有两种逻辑功能：置 0、置 1。当 D=0 时，为置 0 功能；当 D=1 时，为置 1 功能。

D 触发器的特性方程如下：

$$Q^{n+1}=D, \quad \text{CP 有效时}$$
$$Q^{n+1}=Q^n, \quad \text{CP 无效时}$$

D 触发器的特性表、驱动表、状态转换图分别如表 4-9、表 4-10、图 4-22 所示。

表 4-9　D 触发器的特性表

D	Q^n	Q^{n+1}	逻辑功能
0	0	0	置 0
0	1	0	
1	0	1	置 1
1	1	1	

表 4-10　D 触发器的驱动表

Q^n	Q^{n+1}	D
0	0	0
0	1	1
1	0	0
1	1	1

图 4-22　D 触发器的状态转换图

3. JK 触发器

JK 触发器有四种逻辑功能：保持、置 0、置 1 和翻转。当 J=0、K=0 时，为保持功能；当 J=0、K=1 时，为置 0 功能；当 J=1、K=0 时，为置 1 功能；当 J=1、K=1 时，为翻转功能。

JK 触发器的特性方程如下：

$$Q^{n+1}=J\overline{Q}^n+\overline{K}Q^n, \quad \text{CP 有效时}$$
$$Q^{n+1}=Q^n, \quad \text{CP 无效时}$$

JK 触发器的特性表如表 4-11 所示。表 4-12 所示是 JK 触发器的驱动表。JK 触发器的状态转换图如图 4-23 所示。

表 4-11　JK 触发器的特性表

J	K	Q^n	Q^{n+1}	逻辑功能
0	0	0	0	保持
0	0	1	1	
0	1	0	0	置 0
0	1	1	0	
1	0	0	1	置 1
1	0	1	1	
1	1	0	1	翻转
1	1	1	0	

表 4-12　JK 触发器的驱动表

Q^n	Q^{n+1}	J	K
0	0	0	×
0	1	1	×
1	0	×	1
1	1	×	0

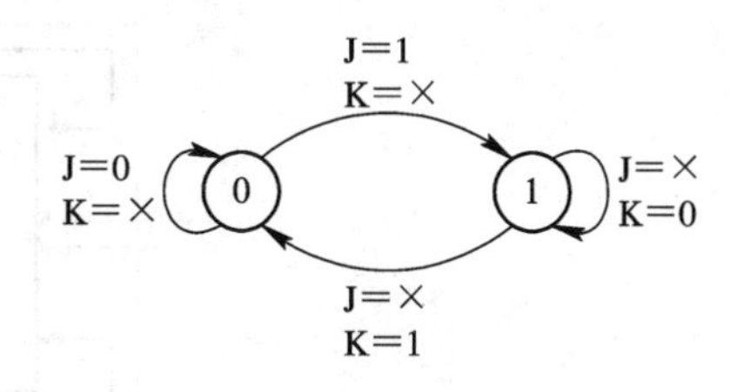

图 4-23　JK 触发器的状态转换图

4. T触发器

T触发器有两种逻辑功能：保持和翻转。当T=0时，为保持功能；当T=1时，为翻转功能。

T触发器的特性方程如下：

$$Q^{n+1}=T\overline{Q}^n+\overline{T}Q^n,\quad \text{CP 有效时}$$

$$Q^{n+1}=Q^n,\quad \text{CP 无效时}$$

T触发器的特性表、驱动表、状态转换图分别如表4-13、表4-14、图4-24所示。

表4-13 T触发器的特性表

T	Q^n	Q^{n+1}	逻辑功能
0	0	0	保持
0	1	1	
1	0	1	翻转
1	1	0	

表4-14 T触发器的驱动表

Q^n	Q^{n+1}	T
0	0	0
0	1	1
1	0	1
1	1	0

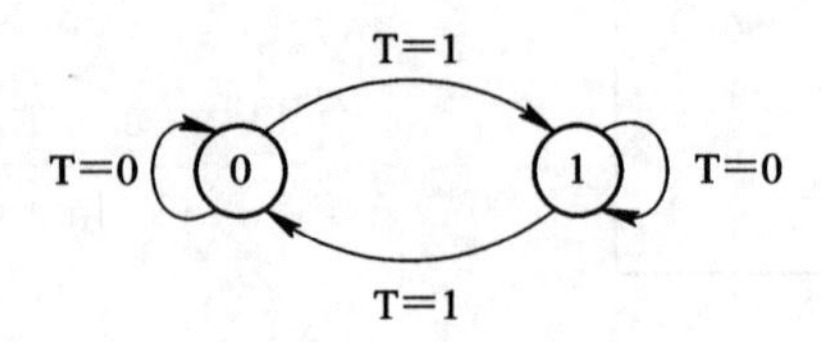

图4-24 T触发器的状态转换图

如果将T触发器的T输入端固定接电源(逻辑1)，则此时的触发器只有翻转这一种逻辑功能，称为T′触发器。T′触发器的特性方程为

$$Q^{n+1}=\overline{Q}^n,\quad \text{CP 有效时}$$

$$Q^{n+1}=Q^n,\quad \text{CP 无效时}$$

4.2.3 不同逻辑功能触发器间的转换

上一节介绍了几种逻辑功能不同的触发器，最常见的有D触发器和JK触发器。不同逻辑功能触发器间的转换就是在已有触发器的基础上，通过增加附加转换电路，使之转变成另一种类型的触发器。触发器转换的结构示意图如图4-25所示。

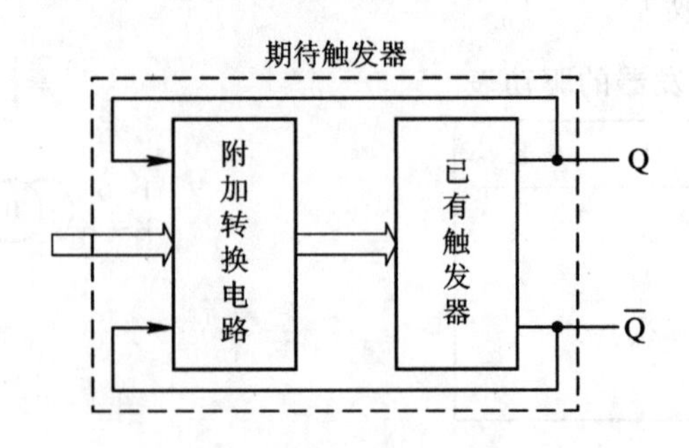

图4-25 触发器转换的结构示意图

触发器转换常用的方法有公式法和图表法两种。

公式法的转换步骤：

(1) 写出已有触发器和期待触发器的特性方程；

(2) 将期待触发器的特性方程变换成已有触发器特性方程的形式；

(3) 比较两个触发器的特性方程，求出转换电路的逻辑表达式；

(4) 画出逻辑电路图。

图表法的转换步骤：

(1) 根据期待触发器的特性表和已有触发器的驱动表列出转换电路的真值表；

(2) 根据真值表求出转换电路的逻辑表达式；

(3) 画出逻辑电路图。

1. JK 触发器转换为 RS、D、T 触发器

1) JK 触发器转换为 RS 触发器

JK 触发器的特性方程为

$$Q^{n+1}=J\overline{Q}^n+\overline{K}Q^n$$

RS 触发器的特性方程为

$$\begin{cases} Q^{n+1}=S+\overline{R}Q^n \\ RS=0 \end{cases}$$

转换 RS 触发器特性方程的形式，使之和 JK 触发器特性方程的形式一致：

$$\begin{aligned} Q^{n+1} &= S+\overline{R}Q^n \\ &= S(\overline{Q}^n+Q^n)+\overline{R}Q^n \\ &= S\overline{Q}^n+(S+\overline{R})Q^n \\ &= S\overline{Q}^n+\overline{\overline{S}R}Q^n \end{aligned}$$

将上式和 JK 触发器的特性方程进行比较，可得

$$J=S,\ K=\overline{S}R$$

利用约束条件 RS=0，可得

$$K=\overline{S}R+SR=R$$

因此，转换逻辑为

$$J=S,\ K=R$$

这一结果表明，JK 触发器可以直接作为 RS 触发器使用，如图 4 - 26 所示。

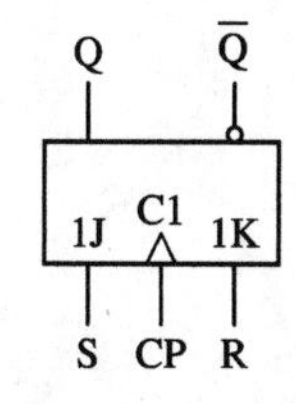

图 4 - 26　JK 触发器转换为 RS 触发器的逻辑图

根据 RS 触发器的特性表和 JK 触发器的驱动表可以列出转换电路的真值表，如表 4 - 15 所示。

表 4-15 JK→RS 转换电路的真值表

R	S	Q^n	Q^{n+1}	J	K
0	0	0	0	0	×
0	0	1	1	×	0
0	1	0	1	1	×
0	1	1	1	×	0
1	0	0	0	0	×
1	0	1	0	×	1
1	1	0	×	×	×
1	1	1	×	×	×

图 4-27 所示是根据表 4-15 画出的 J 和 K 的卡诺图。从卡诺图可以得到与公式法相同的结果。

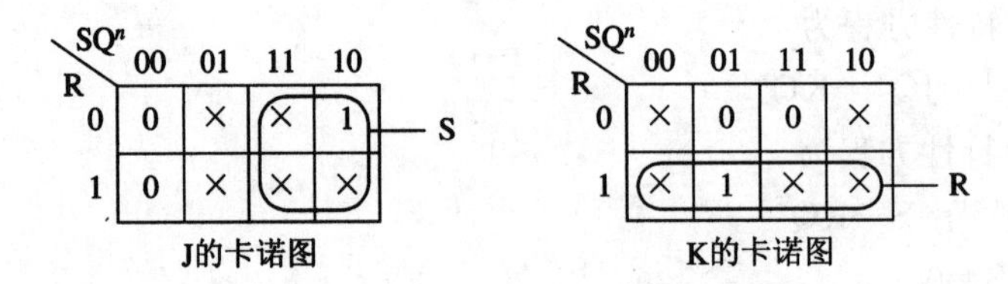

图 4-27 J 和 K 的卡诺图

2) JK 触发器转换为 D 触发器

D 触发器的特性方程为

$$Q^{n+1}=D=D\overline{Q}^n+DQ^n$$

JK 触发器转换为 D 触发器的转换逻辑为

$$J=D,\ K=\overline{D}$$

图 4-28 所示是 JK 触发器转换为 D 触发器的逻辑图。

3) JK 触发器转换为 T 触发器

T 触发器的特性方程为

$$Q^{n+1}=T\overline{Q}^n+\overline{T}Q^n$$

显然，J=K=T。

JK 触发器转换为 T 触发器的逻辑图如图 4-29 所示。

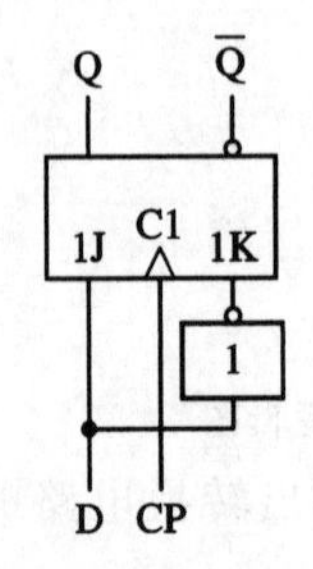

图 4-28 JK 触发器转换为 D 触发器的逻辑图

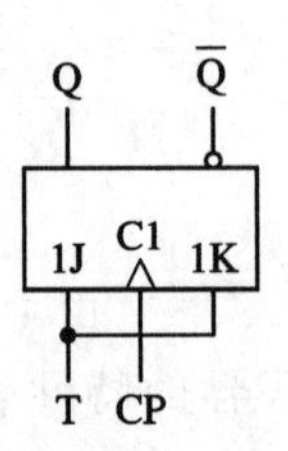

图 4-29 JK 触发器转换为 T 触发器的逻辑图

2. D 触发器转换为 RS、JK、T 触发器

1) D 触发器转换为 RS 触发器

D 触发器的特性方程为

$$Q^{n+1}=D$$

RS 触发器的特性方程为

$$Q^{n+1}=S+\overline{R}Q^n$$

转换逻辑为

$$D=S+\overline{R}Q^n$$

D 触发器转换为 RS 触发器的逻辑图如图 4－30 所示。

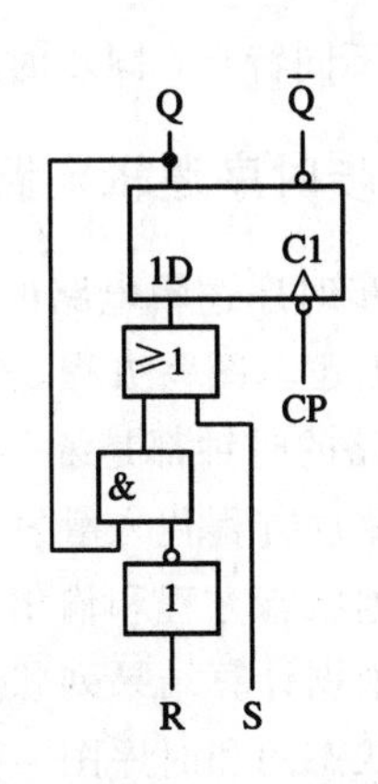

图 4－30　D 触发器转换为 RS 触发器的逻辑图

2) D 触发器转换为 JK 触发器

JK 触发器的特性方程为

$$Q^{n+1}=J\overline{Q}^n+\overline{K}Q^n$$

转换逻辑为

$$D=J\overline{Q}^n+\overline{K}Q^n$$

图 4－31 所示为 D 触发器转换为 JK 触发器的逻辑图。

3) D 触发器转换为 T 触发器

T 触发器的特性方程为

$$Q^{n+1}=T\overline{Q}^n+\overline{T}Q^n$$

转换逻辑为

$$D=T\overline{Q}^n+\overline{T}Q^n$$

D 触发器转换为 T 触发器的逻辑图如图 4－32 所示。

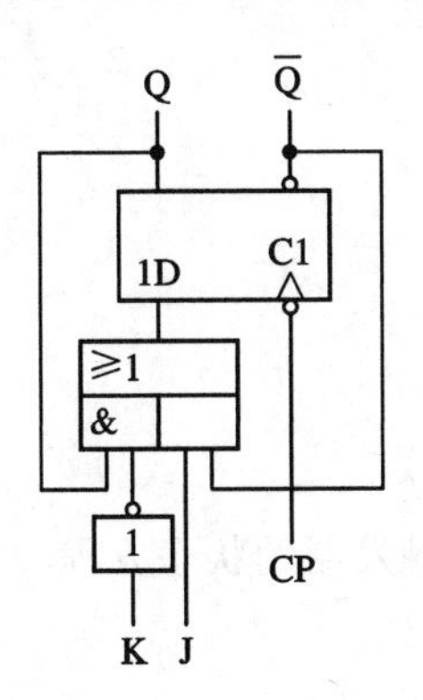

图 4－31　D 触发器转换为 JK 触发器的逻辑图

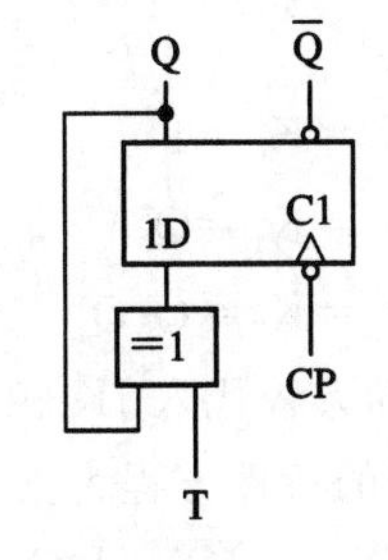

图 4－32　D 触发器转换为 T 触发器的逻辑图

4.3　时序逻辑电路的分析

分析时序逻辑电路，就是要根据电路的逻辑图，总结出其逻辑功能并用一定的方式描述出来。时序逻辑电路常用的描述方式有逻辑方程、状态(转换)表、状态(转换)图 、时序图等。一般而言，同组合逻辑电路相比，时序逻辑电路的分析更为复杂一些。而由于时钟控制信号的不同特点，同步时序逻辑电路和异步时序逻辑电路的分析又有所不同。

4.3.1 同步时序逻辑电路的分析

分析同步时序逻辑电路的一般步骤：

(1) 根据逻辑图写方程，包括时钟方程、输出方程、各个触发器的驱动方程。由于同步时序逻辑电路的时钟都是统一的，因此时钟方程也可以省略不写。

(2) 将驱动方程代入触发器的特性方程，得到各个触发器的状态方程。

(3) 根据状态方程和输出方程进行计算，求出各种不同输入和现态情况下电路的次态和输出，再根据计算结果列状态表。

(4) 画状态图和时序图。

【例 4.1】 分析图 4-33 所示的同步时序逻辑电路。

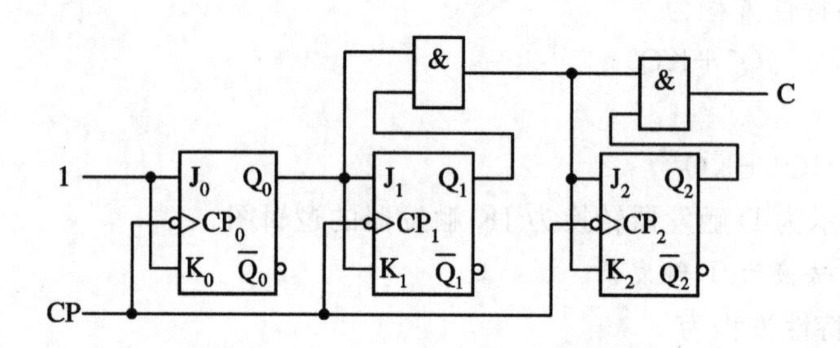

图 4-33 例 4.1 的同步时序逻辑电路

解 (1) 写出方程。

时钟方程：

$$CP_0=CP_1=CP_2=CP$$

输出方程：

$$C=Q_0^n Q_1^n Q_2^n$$

驱动方程：

$$J_0=K_0=1$$

$$J_1=K_1=Q_0^n$$

$$J_2=K_2=Q_0^n Q_1^n$$

(2) 将驱动方程代入 JK 触发器的特性方程，求各个触发器的状态方程。

JK 触发器的特性方程为

$$Q^{n+1}=J\overline{Q}^n+\overline{K}Q^n$$

各个触发器的状态方程为

$$Q_0^{n+1}=\overline{Q}_0^n$$

$$Q_1^{n+1}=Q_0^n\overline{Q}_1^n+\overline{Q}_0^n Q_1^n$$

$$Q_2^{n+1}=Q_0^n Q_1^n\overline{Q}_2^n+\overline{Q_0^n Q_1^n}Q_2^n$$

(3) 根据状态方程和输出方程进行计算，列状态表，如表 4-16 所示。

表 4-16　例 4.1 同步时序逻辑电路的状态表

Q_2^n	Q_1^n	Q_0^n	Q_2^{n+1}	Q_1^{n+1}	Q_0^{n+1}	C
0	0	0	0	0	1	0
0	0	1	0	1	0	0
0	1	0	0	1	1	0
0	1	1	1	0	0	0
1	0	0	1	0	1	0
1	0	1	1	1	0	0
1	1	0	1	1	1	0
1	1	1	0	0	0	1

(4) 画状态图和时序图，分别如图 4-34 和图 4-35 所示。

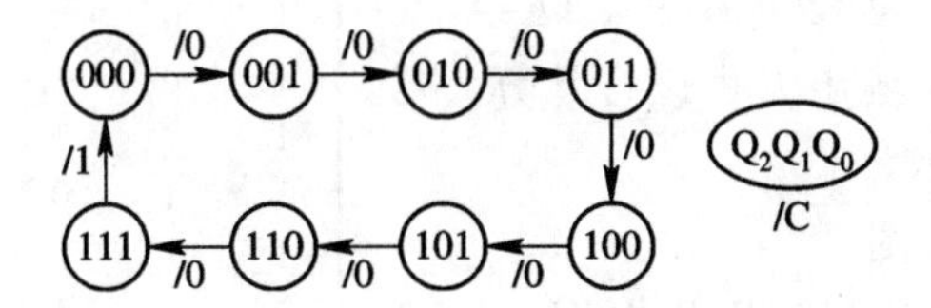

图 4-34　例 4.1 同步时序逻辑电路的状态图

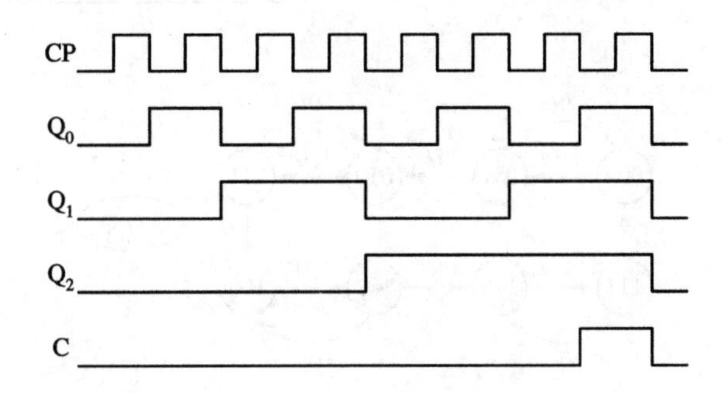

图 4-35　例 4.1 同步时序逻辑电路的时序图

【**例 4.2**】 分析图 4-36 所示的同步时序逻辑电路。

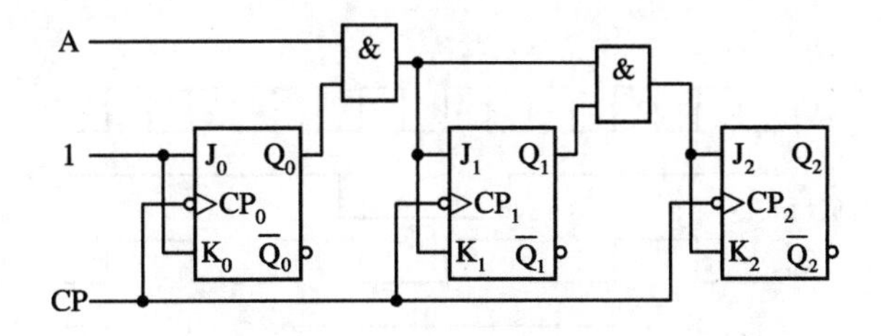

图 4-36　例 4.2 的同步时序逻辑电路

解　(1) 写出方程。

时钟方程：

$$CP_0 = CP_1 = CP_2 = CP$$

输出方程：无。

驱动方程：

$$J_0=K_0=1$$
$$J_1=K_1=AQ_0^n$$
$$J_2=K_2=AQ_0^nQ_1^n$$

(2) 将驱动方程代入JK触发器的特性方程，求各个触发器的状态方程。

JK触发器的特性方程为

$$Q^{n+1}=J\overline{Q}^n+\overline{K}Q^n$$

各个触发器的状态方程为

$$Q_0^{n+1}=\overline{Q}_0^n$$
$$Q_1^{n+1}=AQ_0^n\overline{Q}_1^n+\overline{AQ_0^n}Q_1^n$$
$$Q_2^{n+1}=AQ_0^nQ_1^n\overline{Q}_2^n+\overline{AQ_0^nQ_1^n}Q_2^n$$

(3) 根据状态方程和输出方程进行计算，列状态表，如表4-17所示。

表4-17 例4.2同步时序逻辑电路的状态表

A	Q_2^n	Q_1^n	Q_0^n	Q_2^{n+1}	Q_1^{n+1}	Q_0^{n+1}
0	0	0	0	0	0	1
0	0	0	1	0	0	0
0	0	1	0	0	1	1
0	0	1	1	0	1	0
0	1	0	0	1	0	1
0	1	0	1	1	0	0
0	1	1	0	1	1	1
0	1	1	1	1	1	0
1	0	0	0	0	0	1
1	0	0	1	0	1	0
1	0	1	0	0	1	1
1	0	1	1	1	0	0
1	1	0	0	1	0	1
1	1	0	1	1	1	0
1	1	1	0	1	1	1
1	1	1	1	0	0	0

(4) 画状态图和时序图。

根据状态表可以画出电路的状态图，如图4-37所示。图中的“1,0/”表示输入信号A为1或0。

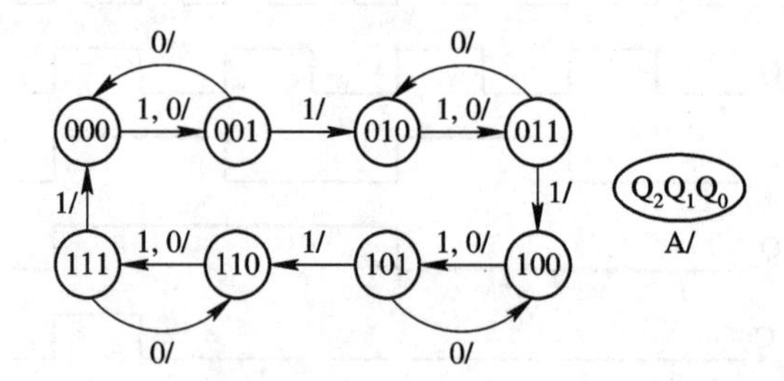

图4-37 例4.2同步时序逻辑电路的状态图

图4-38为在图4-36所示的输入信号和时钟控制信号作用下，电路中各个触发器状态的时序图。

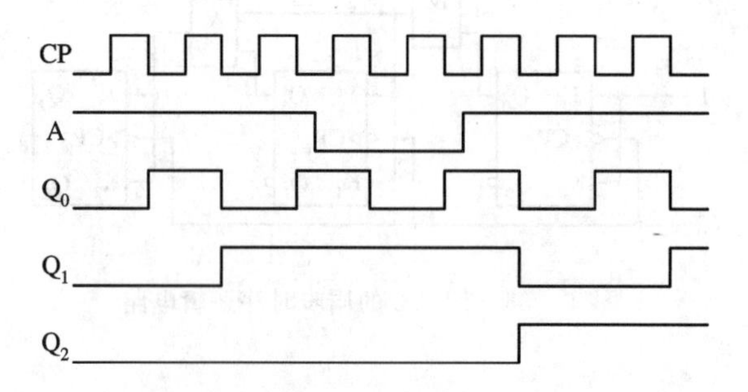

图4-38 例4.2同步时序逻辑电路的时序图

4.3.2 异步时序逻辑电路的分析

和同步时序逻辑电路不同，异步时序逻辑电路中各个触发器的时钟控制信号不是统一的。也就是说，异步时序逻辑电路中各个触发器的状态方程不是同时成立的。分析异步时序逻辑电路时，必须要确定触发器的时钟控制信号是否有效。

分析异步时序逻辑电路的一般步骤：

(1) 根据逻辑图写方程，包括时钟方程、输出方程及各个触发器的驱动方程。

(2) 将驱动方程代入触发器的特性方程，得到各个触发器的状态方程。

(3) 根据时钟方程、状态方程和输出方程进行计算，求出各种不同输入和现态情况下电路的次态和输出，根据计算结果列状态表。在计算的时候，要根据各个触发器的时钟方程来确定触发器的时钟控制信号是否有效。如果时钟控制信号有效，则按照状态方程计算触发器的次态；如果时钟控制信号无效，则触发器的状态不变。

(4) 画状态图和时序图。

【例 4.3】 分析图 4-39 所示的异步时序逻辑电路。

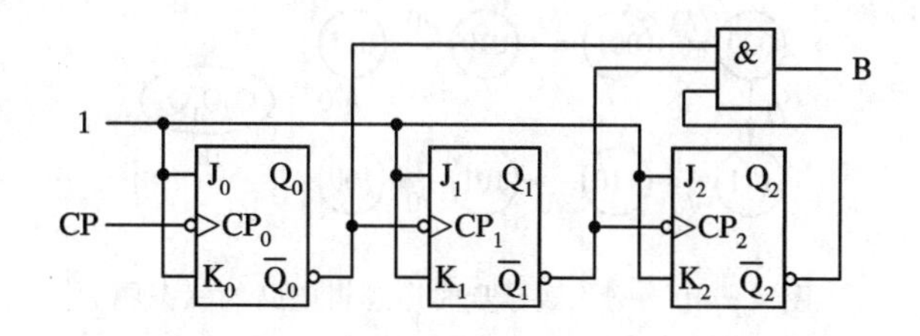

图 4-39　例 4.3 的异步时序逻辑电路

解　(1) 写出方程。

时钟方程：

$$CP_0=CP,\ CP_1=\overline{Q}_0,\ CP_2=\overline{Q}_1$$

输出方程：

$$B=\overline{Q}_0^n\overline{Q}_1^n\overline{Q}_2^n$$

驱动方程：

$$J_0=K_0=1,\ J_1=K_1=1,\ J_2=K_2=1$$

(2) 将驱动方程代入 JK 触发器的特性方程，求各个触发器的状态方程。

JK 触发器的特性方程为

$$Q^{n+1}=J\overline{Q}^n+\overline{K}Q^n$$

各个触发器的状态方程为

$$Q_0^{n+1}=\overline{Q}_0^n,\quad CP_0\text{ 下降沿到来时}$$

$$Q_1^{n+1}=\overline{Q}_1^n,\quad CP_1\text{ 下降沿到来时}$$

$$Q_2^{n+1}=\overline{Q}_2^n,\quad CP_2\text{ 下降沿到来时}$$

(3) 根据状态方程和输出方程进行计算，列状态表。

计算触发器的次态时，要先确定该触发器的时钟控制信号是否有效。例如，当现态为 010 时，如果 CP 出现一个下降沿，由时钟方程可知 CP_0 即为下降沿，CP_0 有效，Q_0 端翻转，由 0 变为 1；当 Q_0 端由 0 变为 1 时，$\overline{Q}_0$ 由 1 变为 0，此时 CP_1 为下降沿，CP_1 有效，Q_1 端翻转，由 1 变为 0；当 Q_1 端由 1 变为 0 时，$\overline{Q}_1$ 由 0 变为 1，此时 CP_2 为上升沿，CP_2 无效，Q_2 端保持不变。通过计算得到状态表，如表 4-18 所示，表中列出了有效的时钟控制信号(下降沿)。

表 4-18 例 4.3 异步时序逻辑电路的状态表

Q_2^n	Q_1^n	Q_0^n	Q_2^{n+1}	Q_1^{n+1}	Q_0^{n+1}	B	CP	CP_0	CP_1	CP_2
0	0	0	1	1	1	1	↓	↓	↓	↓
0	0	1	0	0	0	0	↓	↓		
0	1	0	0	0	1	0	↓	↓	↓	
0	1	1	0	1	0	0	↓	↓		
1	0	0	0	1	1	0	↓	↓	↓	↓
1	0	1	1	0	0	0	↓	↓		
1	1	0	1	0	1	0	↓	↓	↓	
1	1	1	1	1	0	0	↓	↓		

(4) 状态图和时序图分别如图 4-40 和图 4-41 所示。

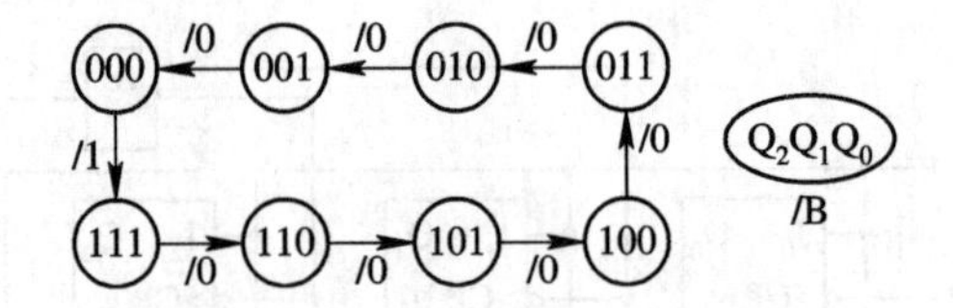

图 4-40 例 4.3 异步时序逻辑电路的状态图

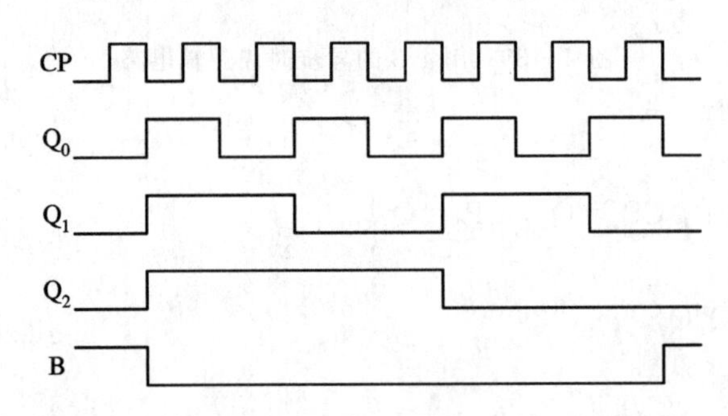

图 4-41 例 4.3 异步时序逻辑电路的时序图

【例 4.4】 分析图 4-42 所示的异步时序逻辑电路，写出各类方程，列出状态表。

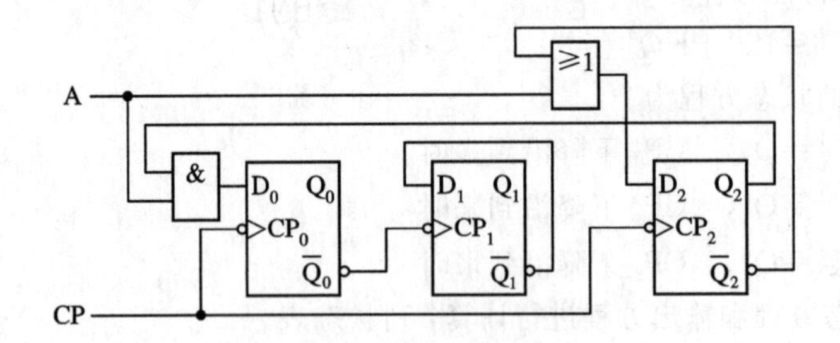

图 4-42 例 4.4 的异步时序逻辑电路

解 (1) 写出方程。

时钟方程：

$$CP_0=CP，CP_1=\overline{Q}_0，CP_2=CP$$

输出方程：无。

驱动方程：

$$D_0 = AQ_2^n,\ D_1 = \overline{Q}_1^n,\ D_2 = A + \overline{Q}_2^n$$

(2) 将驱动方程代入 D 触发器的特性方程，求各个触发器的状态方程。

D 触发器的特性方程为

$$Q^{n+1} = D$$

各个触发器的状态方程为

$Q_0^{n+1} = AQ_2^n$，　CP_0 下降沿到来时

$Q_1^{n+1} = \overline{Q}_1^n$，　CP_1 下降沿到来时

$Q_2^{n+1} = A + \overline{Q}_2^n$，　CP_2 下降沿到来时

(3) 根据状态方程和输出方程进行计算，列状态表，如表 4-19 所示。

表 4-19　例 4.4 异步时序逻辑电路的状态表

A	Q_2^n	Q_1^n	Q_0^n	Q_2^{n+1}	Q_1^{n+1}	Q_0^{n+1}	CP	CP_0	CP_1	CP_2
0	0	0	0	1	0	0	↓	↓		↓
0	0	0	1	1	0	0	↓	↓		↓
0	0	1	0	1	1	0	↓	↓		↓
0	0	1	1	1	1	0	↓	↓		↓
0	1	0	0	0	0	0	↓	↓		↓
0	1	0	1	0	0	0	↓	↓		↓
0	1	1	0	0	1	0	↓	↓		↓
0	1	1	1	0	1	0	↓	↓		↓
1	0	0	0	1	0	0	↓	↓		↓
1	0	0	1	1	0	0	↓	↓		↓
1	0	1	0	1	1	0	↓	↓		↓
1	0	1	1	1	1	0	↓	↓		↓
1	1	0	0	1	1	1	↓	↓	↓	↓
1	1	0	1	1	0	1	↓	↓		↓
1	1	1	0	1	0	1	↓	↓	↓	↓
1	1	1	1	1	1	1	↓	↓		↓

4.4　时序逻辑电路的设计

设计时序逻辑电路就是要根据具体的逻辑功能要求，求出电路输入输出间的逻辑关系，画出逻辑图，并用最少的器件实现电路。

4.4.1　同步时序逻辑电路的设计

同步时序逻辑电路设计的一个特点是无需给每个触发器确定时钟控制信号，各个触发器的时钟输入端都同外加时钟控制信号连接。同步时序逻辑电路设计的一般步骤如下：

(1) 分析逻辑功能要求，画符号状态转换图。

(2) 进行状态化简。

(3) 确定触发器的数目，进行状态分配，画状态转换图。

(4) 选定触发器的类型，求出各个触发器驱动信号和电路输出的方程。

(5) 检查电路能否自启动。如不能自启动，则进行修改。

(6) 画逻辑图并实现电路。

【例 4.5】 用下降沿动作的 JK 触发器设计一个同步时序逻辑电路，要求其状态转换图如图 4－43 所示。

解 在本例中，给出了编码后的状态转换图，而且从图中可以确定状态不能化简。因此，步骤(1)、(2)、(3)可以省去。

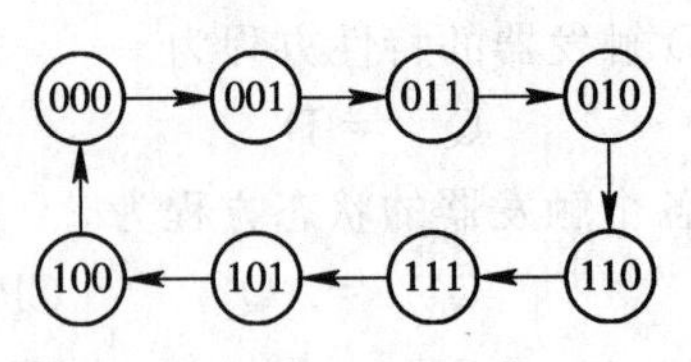

图 4－43 例 4.5 的状态转换图

根据图 4－43 所示的状态转换图，利用 JK 触发器的驱动特性，得到状态转换和驱动信号真值表，如表 4－20 所示。

表 4－20 例 4.5 的状态转换和驱动信号真值表

Q_2^n	Q_1^n	Q_0^n	Q_2^{n+1}	Q_1^{n+1}	Q_0^{n+1}	J_2	K_2	J_1	K_1	J_0	K_0
0	0	0	0	0	1	0	×	0	×	1	×
0	0	1	0	1	1	0	×	1	×	×	0
0	1	0	1	1	0	1	×	×	0	0	×
0	1	1	0	1	0	0	×	×	0	×	1
1	0	0	0	0	0	×	1	0	×	0	×
1	0	1	1	0	0	×	0	0	×	×	1
1	1	0	1	1	1	×	0	×	0	1	×
1	1	1	1	0	1	×	0	×	1	×	0

由表 4－20 画出各个驱动信号的卡诺图，如图 4－44 所示。

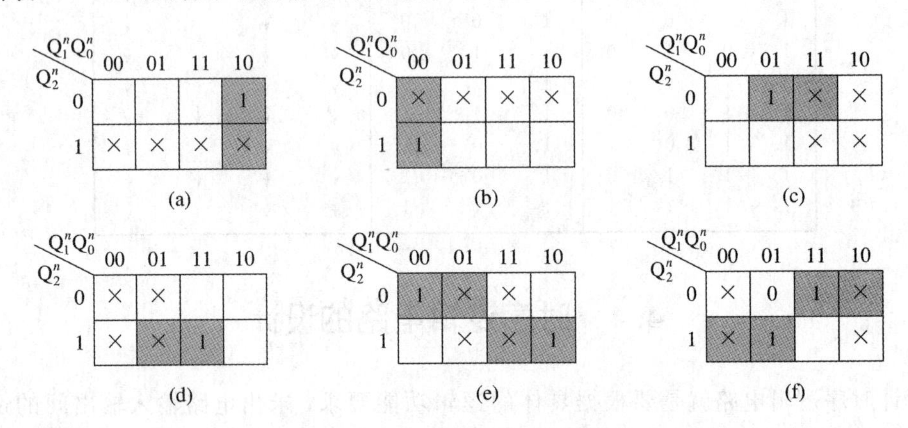

图 4－44 例 4.5 的卡诺图

(a) J_2 的卡诺图；(b) K_2 的卡诺图；(c) J_1 的卡诺图；

(d) K_1 的卡诺图；(e) J_0 的卡诺图；(f) K_0 的卡诺图

由图 4－44 所示的卡诺图可以很容易地得到触发器的驱动方程：

$$J_2 = Q_1^n \overline{Q}_0^n, \qquad K_2 = \overline{Q}_1^n \overline{Q}_0^n$$

$$J_1 = \overline{Q}_2^n Q_0^n, \qquad K_1 = Q_2^n Q_0^n$$

$$J_0 = Q_2^n Q_1^n + \overline{Q}_2^n \overline{Q}_1^n, \qquad K_0 = Q_2^n \overline{Q}_1^n + \overline{Q}_2^n Q_1^n$$

在本电路中，除了触发器的输出外，并无其他输出信号，因此无需求输出方程。从状态转换图可以看出，所有的状态构成一个循环，电路能够自启动。

最后，根据以上求得的驱动方程，画出电路的逻辑图，如图 4 - 45 所示。

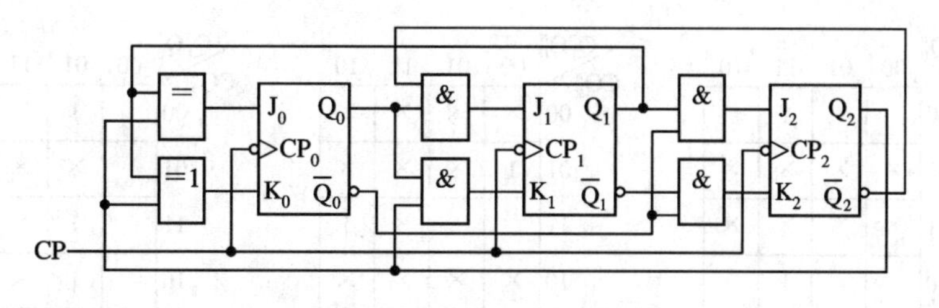

图 4 - 45　例 4.5 的逻辑图

【例 4.6】 用下降沿动作的 JK 触发器设计一个同步时序逻辑电路，要求其状态转换图如图 4 - 46 所示。其中，C 为控制输入信号；×表示 0 或 1。

解　首先根据图 4 - 46 所示的状态转换图，列出状态转换和驱动信号真值表，如表 4 - 21 所示。在本例的状态转换图中，有两个工作循环，它们都没有包括所有的状态。当 C＝0 时，循环由 000、001、010、011、100 五个状态构成，不包含 101、110、111 三个状态。当 C＝1 时，循环由 000、001、010、011、100、101、110 七个状态构成，不包含 111 这个状态。为了求得一个简单的实现电路，一般的做法是，当现态为这些无指定次态的状态时，先设定次态为任意状态。即每一位都可 0 可 1(表 4 - 21 中用×表示)，求出各个触发器的驱动方程和状态方程后，再根据所得到的方程反过来确定这些状态的次态，检查电路是否能够自启动，如不能自启动，则对设计进行修改。

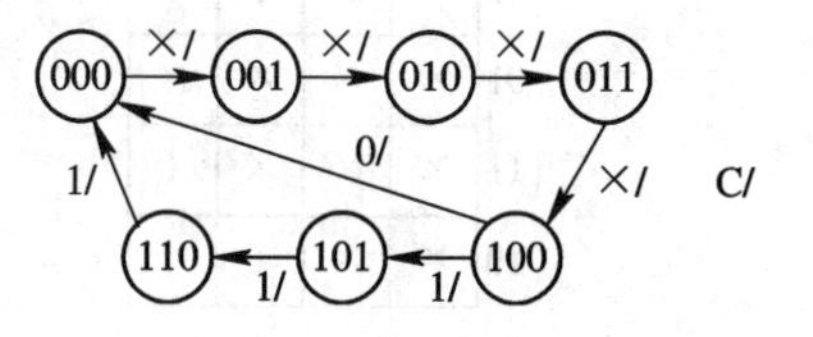

图 4 - 46　例 4.6 的状态转换图

在表 4 - 21 中，当 C＝0 时，101、110、111 这三个现态对应的次态都为×××；C＝1 时，现态 111 对应的次态也为×××。在这些情况下，由于对触发器的次态无特定要求，因此触发器的各个驱动信号任意，可以取 0 也可以取 1。

表 4 - 21　例 4.6 同步时序逻辑电路的状态转换和驱动信号真值表

C	Q_2^n	Q_1^n	Q_0^n	Q_2^{n+1}	Q_1^{n+1}	Q_0^{n+1}	J_2	K_2	J_1	K_1	J_0	K_0
0	0	0	0	0	0	1	0	×	0	×	1	×
0	0	0	1	0	1	0	0	×	1	×	×	1
0	0	1	0	0	1	1	0	×	×	0	1	×
0	0	1	1	1	0	0	1	×	×	1	×	1
0	1	0	0	0	0	0	×	1	0	×	0	×
0	1	0	1	×	×	×	×	×	×	×	×	×
0	1	1	0	×	×	×	×	×	×	×	×	×
0	1	1	1	×	×	×	×	×	×	×	×	×
1	0	0	0	0	0	1	0	×	0	×	1	×
1	0	0	1	0	1	0	0	×	1	×	×	1
1	0	1	0	0	1	1	0	×	×	0	1	×
1	0	1	1	1	0	0	1	×	×	1	×	1
1	1	0	0	1	0	1	×	0	0	×	1	×
1	1	0	1	1	1	0	×	0	1	×	×	1
1	1	1	0	0	0	0	×	1	×	1	0	×
1	1	1	1	×	×	×	×	×	×	×	×	×

根据表 4-21 画出触发器驱动信号的卡诺图，如图 4-47 所示。

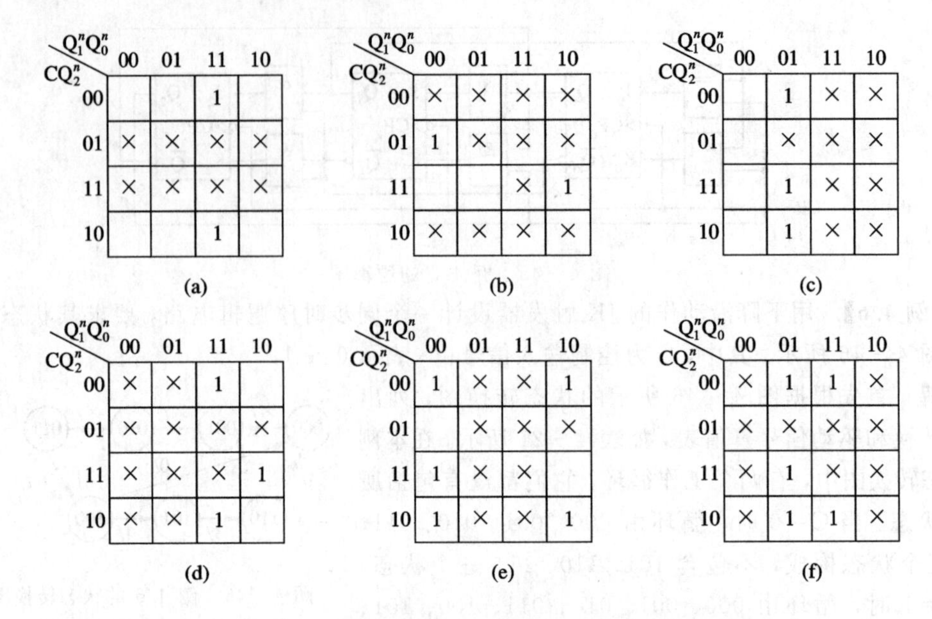

图 4-47 例 4.6 的卡诺图

(a) J_2 的卡诺图；(b) K_2 的卡诺图；(c) J_1 的卡诺图；

(d) K_1 的卡诺图；(e) J_0 的卡诺图；(f) K_0 的卡诺图

由卡诺图求得各个触发器的驱动方程：

$$J_2 = Q_1^n Q_0^n, \qquad K_2 = \overline{C} + Q_1^n = \overline{C\overline{Q_1^n}}$$

$$J_1 = Q_0^n, \qquad K_1 = Q_2^n + Q_0^n$$

$$J_0 = \overline{Q_2^n} + C\overline{Q_1^n}, \qquad K_0 = 1$$

根据以上求得的驱动方程，可以计算出原来未指定次态的状态实际的次态，见表 4-22。

表 4-22 未指定状态实际的状态转换表

C	Q_2^n	Q_1^n	Q_0^n	J_2	K_2	J_1	K_1	J_0	K_0	Q_2^{n+1}	Q_1^{n+1}	Q_0^{n+1}
0	1	0	1	0	1	1	1	0	1	0	1	0
0	1	1	0	0	1	0	1	0	1	0	0	0
0	1	1	1	1	1	1	1	0	1	0	0	0
1	1	1	1	1	1	1	1	0	1	0	0	0

将表 4-22 的结果补充到状态转换图中，画出完整的状态转换图，如图 4-48 所示。从图中可以清楚地看到，电路能够自启动。

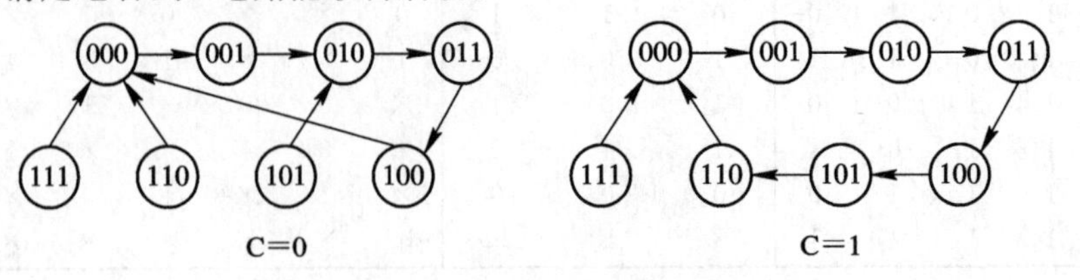

图 4-48 例 4.6 的完整状态转换图

最后，根据驱动方程画出逻辑图，如图 4－49 所示。

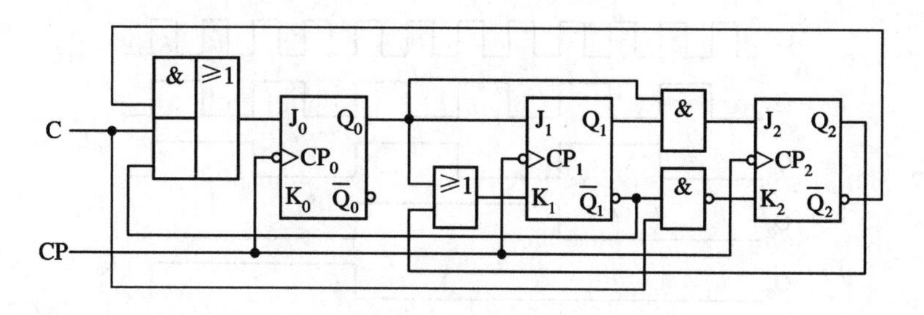

图 4－49　例 4.6 的逻辑图

4.4.2　异步时序逻辑电路的设计

异步时序逻辑电路的设计过程和同步时序逻辑电路的设计过程基本相同。不过，在设计异步时序逻辑电路时，要为各个触发器选择时钟控制信号，若选择得合适，则可以得到一个较简单的实现电路，使得电路更加经济可靠。从时钟触发器的特性可以知道，时钟控制信号有效是触发器状态发生变化的前提条件。当时钟控制信号无效时，无论驱动信号取值如何，触发器的状态都不会发生变化。选择时钟一般根据以下原则进行：在触发器状态发生变化的时刻，必须有有效的时钟控制信号；在触发器状态不发生变化的其他时刻，最好没有有效的时钟控制信号。选择时钟考虑的对象一般为：外部的时钟控制信号，其他触发器的 Q 端和 $\overline{Q}$ 端。

异步时序逻辑电路设计的一般步骤如下：

(1) 分析逻辑功能要求，画符号状态转换图，进行状态化简。

(2) 确定触发器数目和类型，进行状态分配，画状态转换图。

(3) 根据状态转换图画时序图。

(4) 利用时序图给各个触发器选时钟控制信号。

(5) 根据状态转换图列状态转换表。

(6) 根据所选时钟和状态转换表，列出触发器驱动信号的真值表。

(7) 求驱动方程。

(8) 检查电路能否自启动。如不能自启动，则进行修改。

(9) 根据驱动方程和时钟方程画逻辑图，实现电路。

【例 4.7】 用下降沿动作的 JK 触发器设计一个异步时序逻辑电路，要求其状态转换图如图 4－50 所示。

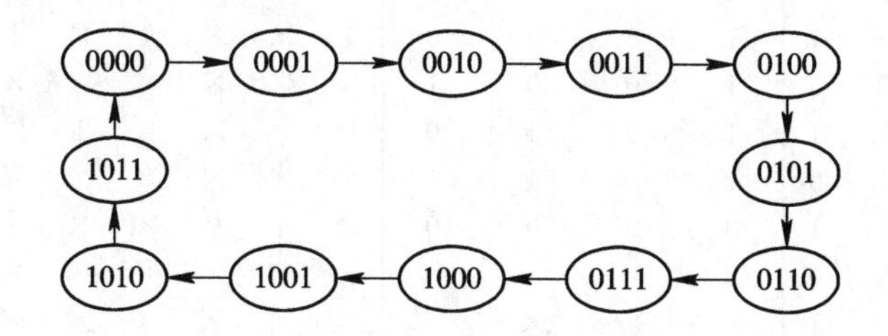

图 4－50　例 4.7 的状态转换图

解　由状态转换图可以看出，电路需要四个触发器。

由状态转换图画出电路的时序图，如图 4－51 所示。

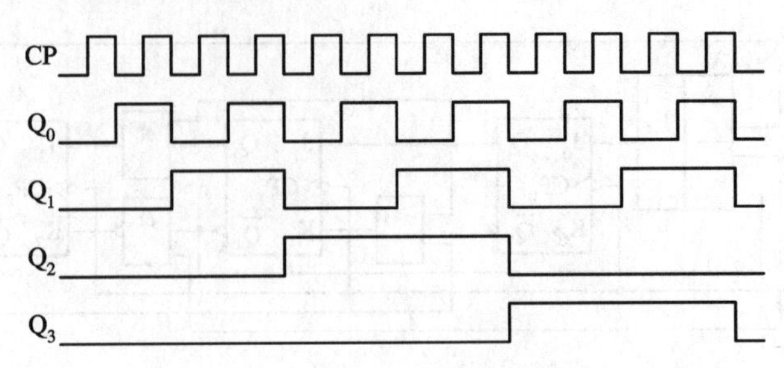

图 4－51　例 4.7 的时序图

现在根据图 4－51 所示的时序图来选定各个触发器的时钟控制信号。当 Q_0 发生变化时，CP_0 必须为下降沿，从图中可见，只有 CP 信号满足要求，因此选 CP 信号作为 Q_0 触发器的时钟控制信号；当 Q_1 发生变化时，CP_1 必须为下降沿，从图中可见，有 CP 和 Q_0 两个信号满足要求，由于 CP 有多余的下降沿而 Q_0 没有，因此选 Q_0 信号作为 Q_1 触发器的时钟控制信号；当 Q_2 发生变化时，CP_2 必须为下降沿，从图中可见，有 CP、Q_0 和 Q_1 三个信号满足要求，由于 Q_1 多余的下降沿个数最少，因此选 Q_1 信号作为 Q_2 触发器的时钟控制信号；当 Q_3 发生变化时，CP_3 必须为下降沿，也有 CP、Q_0 和 Q_1 这三个信号满足要求，同样选 Q_1 信号作为 Q_3 触发器的时钟控制信号。

这样，得到各个触发器的时钟方程为

$$CP_0=CP,\ CP_1=Q_0$$

$$CP_2=Q_1,\ CP_3=Q_1$$

确定了各个触发器的时钟方程后，接下来列出逻辑电路的状态转换表和驱动信号真值表，如表 4－23 所示。由于状态转换图中不包含 1100、1101、1110、1111 这四个状态，当现态为这四个状态时，次态可先设定为任意状态，这会使求得的方程更加简单。求出驱动方程后，再来确定它们实际的次态，检查电路能否自启动。

表 4－23　例 4.7 异步时序逻辑电路的状态转换和驱动信号真值表

Q_3^n	Q_2^n	Q_1^n	Q_0^n	Q_3^{n+1}	Q_2^{n+1}	Q_1^{n+1}	Q_0^{n+1}	J_3	K_3	J_2	K_2	J_1	K_1	J_0	K_0
0	0	0	0	0	0	0	1	×	×	×	×	×	×	1	×
0	0	0	1	0	0	1	0	×	×	×	×	1	×	×	1
0	0	1	0	0	0	1	1	×	×	×	×	×	×	1	×
0	0	1	1	0	1	0	0	0	×	1	×	×	1	×	1
0	1	0	0	0	1	0	1	×	×	×	×	×	×	1	×
0	1	0	1	0	1	1	0	×	×	×	×	1	×	×	1
0	1	1	0	0	1	1	1	×	×	×	×	×	×	1	×
0	1	1	1	1	0	0	0	1	×	×	1	×	1	×	1
1	0	0	0	1	0	0	1	×	×	×	×	×	×	1	×
1	0	0	1	1	0	1	0	×	×	×	×	1	×	×	1
1	0	1	0	1	0	1	1	×	×	×	×	×	×	1	×
1	0	1	1	0	0	0	0	×	1	0	×	×	1	×	1
1	1	0	0	×	×	×	×	×	×	×	×	×	×	×	×
1	1	0	1	×	×	×	×	×	×	×	×	×	×	×	×
1	1	1	0	×	×	×	×	×	×	×	×	×	×	×	×
1	1	1	1	×	×	×	×	×	×	×	×	×	×	×	×

列驱动信号的真值表时，要先根据给各个触发器选定的时钟控制信号，判断是否有效。如果时钟控制信号无效，则触发器的驱动信号可 0 可 1，对触发器的状态没有影响。例如，现态为 0000 时，来一个 CP 下降沿，电路的次态为 0001。由于 CP 为下降沿，因此 CP_0 有效，Q_0 要由 0 变为 1，根据 JK 触发器的驱动特性，J_0 必须为 1 而 K_0 可 0 可 1；由于 Q_0 由 0 变为 1，为上升沿，因此 CP_1 无效，J_1 和 K_1 可 0 可 1；Q_1 不变，CP_2 和 CP_3 都无效，J_2、K_2、J_3、K_3 都可 0 可 1。又如现态为 0011 时，来一个 CP 下降沿，电路的次态为 0100。由于 CP_0 有效，Q_0 要由 1 变为 0，因此根据 JK 触发器的驱动特性，K_0 必须为 1 而 J_0 可 0 可 1；由于 Q_0 由 1 变为 0，为下降沿，CP_1 有效，Q_1 要由 1 变为 0，因此 K_1 必须为 1 而 J_1 可 0 可 1；Q_1 由 1 变为 0，为下降沿，CP_2 和 CP_3 有效，Q_2 要由 0 变为 1，J_2 必须为 1 而 K_2 可 0 可 1；Q_3 要维持 0，J_3 必须为 0 而 K_3 可 0 可 1。

根据表 4－23 画出各个触发器驱动信号的卡诺图，如图 4－52 所示。

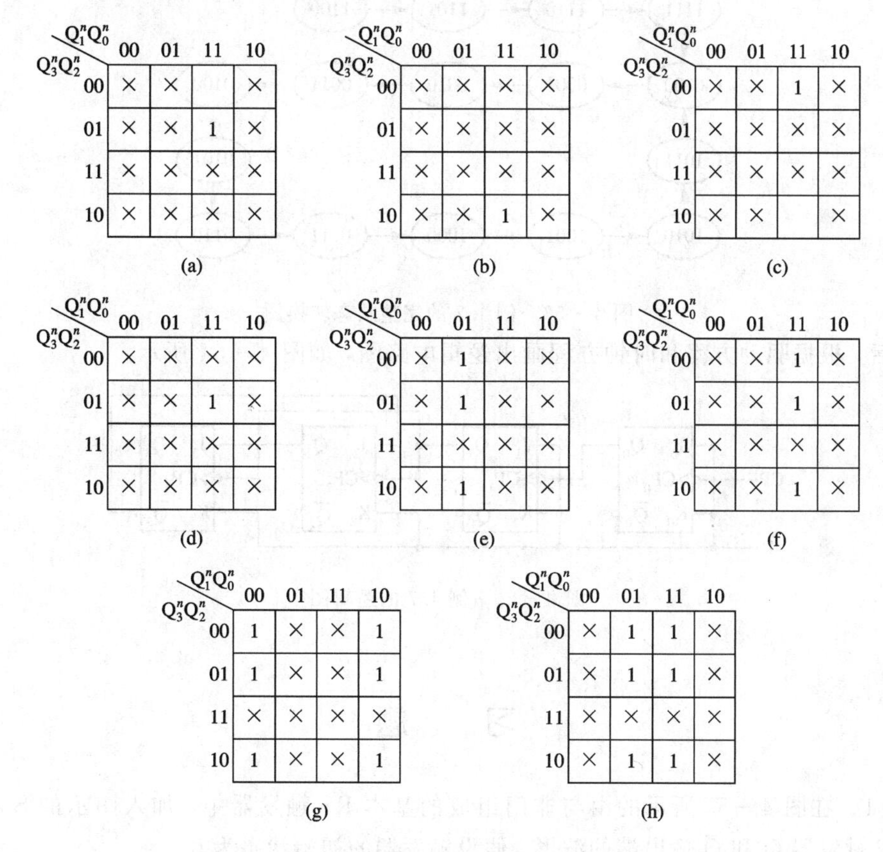

图 4－52　例 4.7 的卡诺图

(a) J_3 的卡诺图；(b) K_3 的卡诺图；(c) J_2 的卡诺图；(d) K_2 的卡诺图；
(e) J_1 的卡诺图；(f) K_1 的卡诺图；(g) J_0 的卡诺图；(h) K_0 的卡诺图

由卡诺图求得各个触发器的驱动方程如下：

$$J_3 = Q_2^n,\qquad K_3 = 1$$
$$J_2 = \overline{Q}_3^n,\qquad K_2 = 1$$
$$J_1 = 1,\qquad K_1 = 1$$
$$J_0 = 1,\qquad K_0 = 1$$

根据以上求得的驱动方程，可以计算出未使用状态实际的次态，见表 4 - 24。

表 4 - 24 未使用状态的状态转换表

Q_3^n	Q_2^n	Q_1^n	Q_0^n	Q_3^{n+1}	Q_2^{n+1}	Q_1^{n+1}	Q_0^{n+1}	CP	CP_0	CP_1	CP_2	CP_3
1	1	0	0	1	1	0	1	↓	↓			
1	1	0	1	1	1	1	0	↓	↓	↓		
1	1	1	0	1	1	1	1	↓	↓			
1	1	1	1	0	0	0	0	↓	↓	↓	↓	↓

按照表 4 - 24 的结果，将未使用状态加到状态转换图中，可以得到电路完整的状态转换图，如图 4 - 53 所示。由图 4 - 53 可见，电路能够自启动。

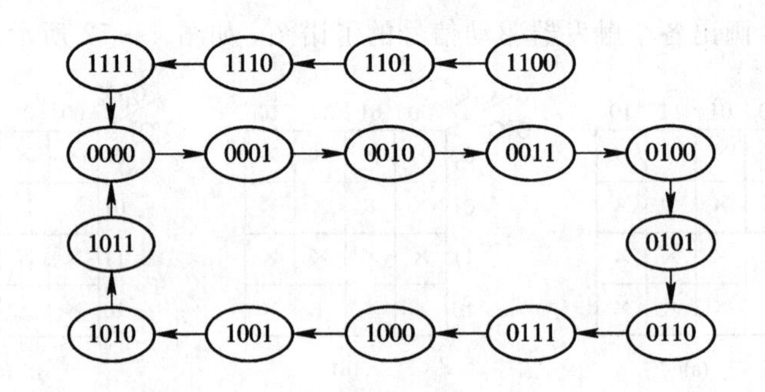

图 4 - 53 例 4.7 的完整状态转换图

最后，根据驱动方程和时钟方程画出逻辑电路图，如图 4 - 54 所示。

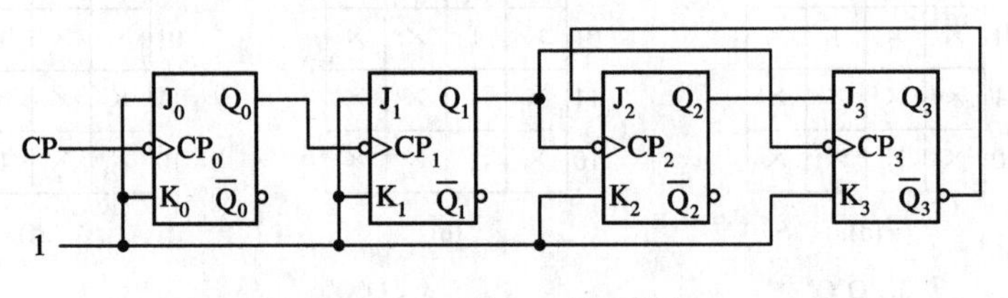

图 4 - 54 例 4.7 的逻辑图

习 题

4 - 1 在图 4 - 55 所示的由与非门组成的基本 RS 触发器中，加入图示的 S 和 R 波形，画出触发器 Q 和 $\overline{Q}$ 输出端的波形。假设触发器的初始状态为 0。

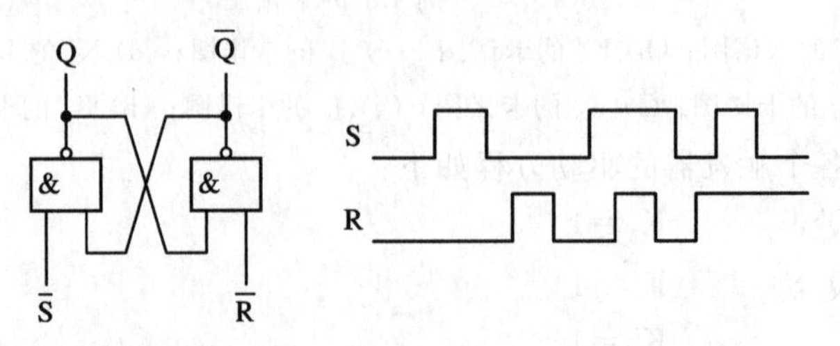

图 4 - 55 习题 4 - 1 图

4－2　在图 4－56 所示的由或非门组成的基本 RS 触发器中，加入图示的 S 和 R 波形，画出触发器 Q 和 $\overline{Q}$ 输出端的波形。假设触发器的初始状态为 0。

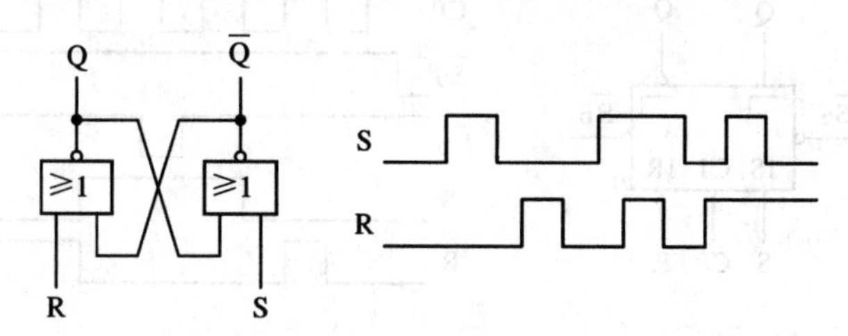

图 4－56　习题 4－2 图

4－3　在图 4－57 所示的同步 RS 触发器中，加入图示的 S、R 和 CP 波形，画出触发器 Q 和 $\overline{Q}$ 输出端的波形。假设触发器的初始状态为 0。

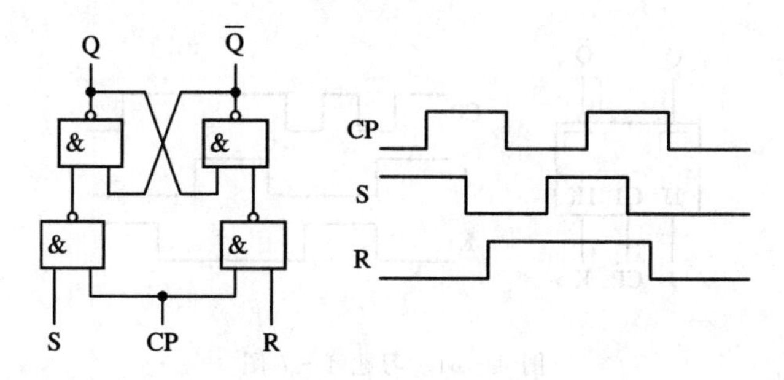

图 4－57　习题 4－3 图

4－4　在图 4－58 所示的同步 D 触发器中，加入图示的 D 和 CP 波形，画出触发器 Q 和 $\overline{Q}$ 输出端的波形。假设触发器的初始状态为 0。

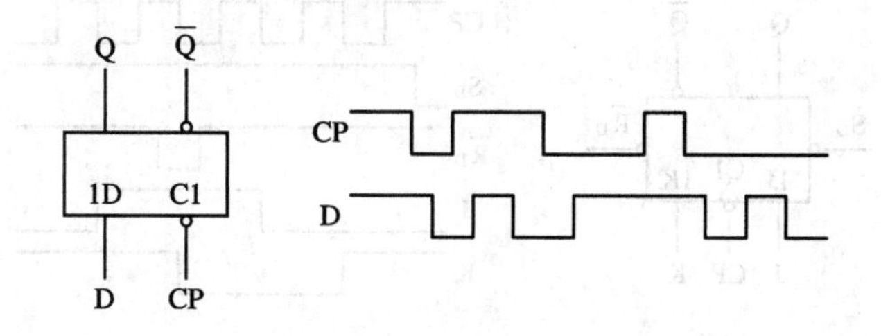

图 4－58　习题 4－4 图

4－5　在图 4－59 所示的主从 RS 触发器中，加入图示的 R、S 和 CP 波形，画出触发器 Q 和 $\overline{Q}$ 输出端的波形。假设触发器的初始状态为 0。

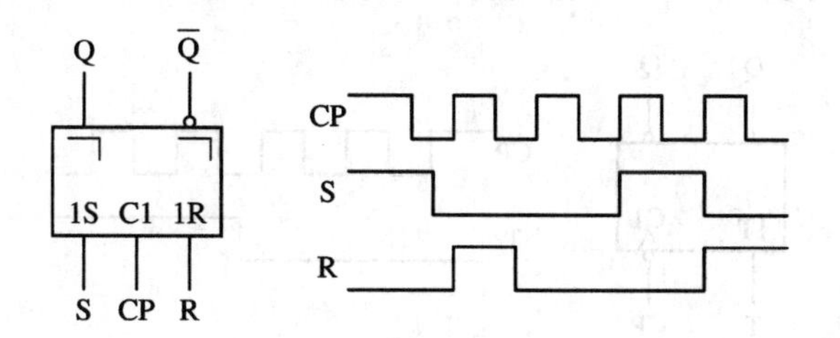

图 4－59　习题 4－5 图

4－6　在图 4－60 所示的带异步输入端的主从 RS 触发器中，加入图示的输入波形，画出触发器 Q 和 $\overline{Q}$ 输出端的波形。

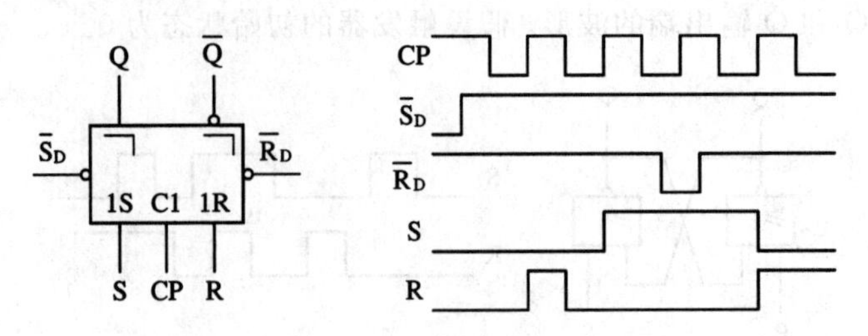

图 4-60　习题 4-6 图

4-7　在图 4-61 所示的主从 JK 触发器中，加入图示的 J、K 和 CP 波形，画出触发器 Q 和 $\overline{Q}$ 输出端的波形。假设触发器的初始状态为 0。

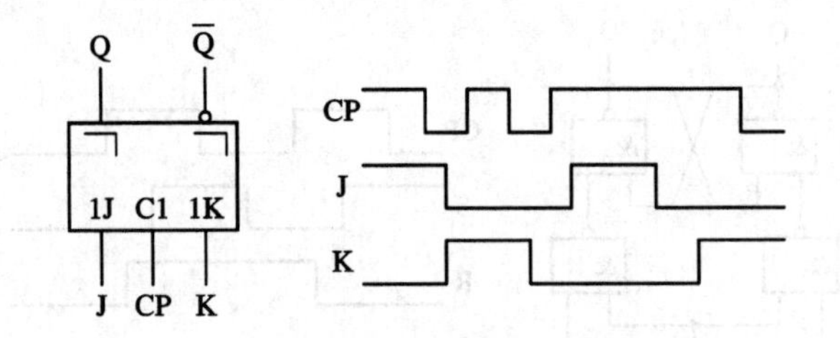

图 4-61　习题 4-7 图

4-8　在图 4-62 所示的边沿 JK 触发器中，加入图示的输入波形，画出触发器 Q 和 $\overline{Q}$ 输出端的波形。

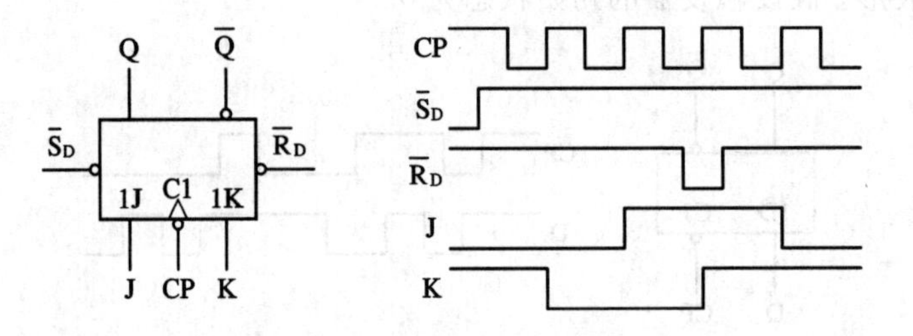

图 4-62　习题 4-8 图

4-9　在图 4-63 所示的边沿 T 触发器中，加入图示的 T 和 CP 输入波形，画出触发器 Q 和 $\overline{Q}$ 输出端的波形。假设触发器的初始状态为 0。

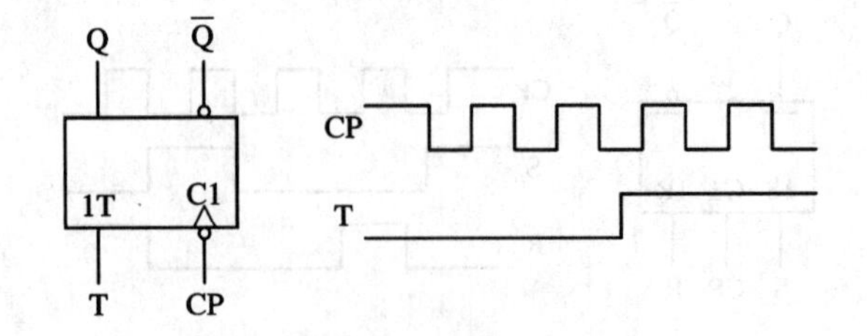

图 4-63　习题 4-9 图

4-10　将 RS 触发器分别转换为 D、JK 和 T 触发器。

4－11　将 T 触发器分别转换为 RS、D 和 JK 触发器。

4－12　画出图 4－64 中各个触发器 Q 和 $\overline{Q}$ 输出端的波形。假设触发器的初始状态为 0。

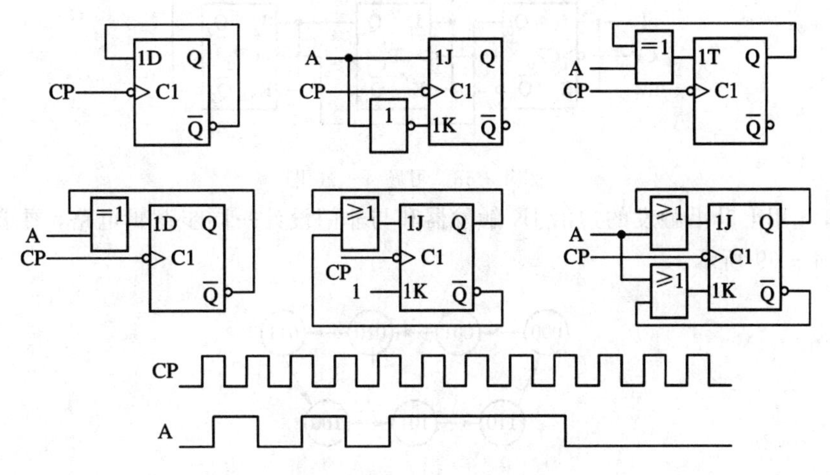

图 4－64　习题 4－12 图

4－13　分析图 4－65 所示电路，写出电路的驱动方程和状态方程，画出电路的状态图。

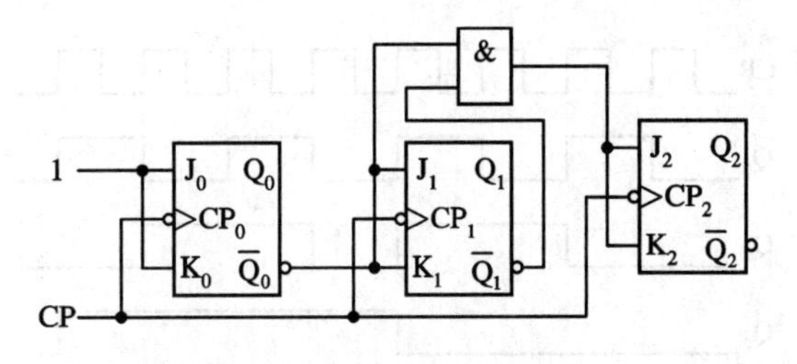

图 4－65　习题 4－13 图

4－14　分析图 4－66 所示电路，写出电路的驱动方程和状态方程，画出电路的状态图。

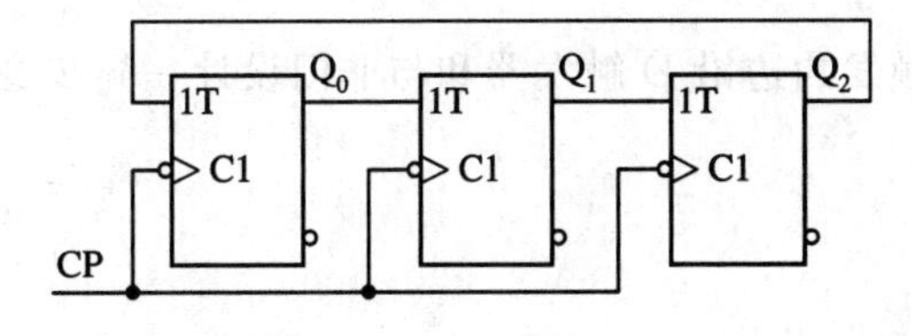

图 4－66　习题 4－14 图

4－15　分析图 4－67 所示电路，写出电路的时钟方程、驱动方程和状态方程，画出电路的状态图。

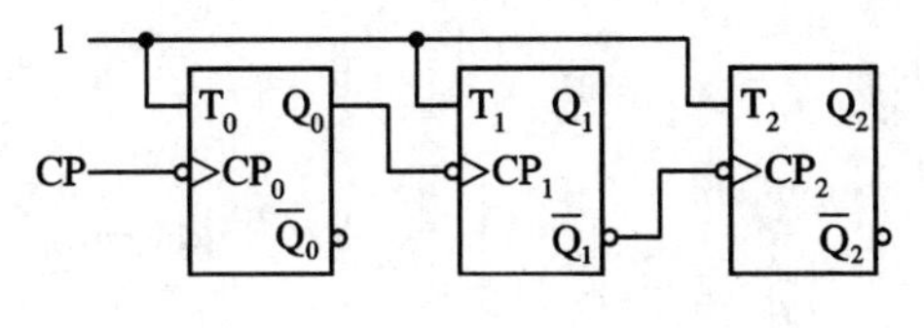

图 4－67　习题 4－15 图

4－16　分析图 4－68 所示电路，写出电路的时钟方程、驱动方程和状态方程，画出电路的状态图。

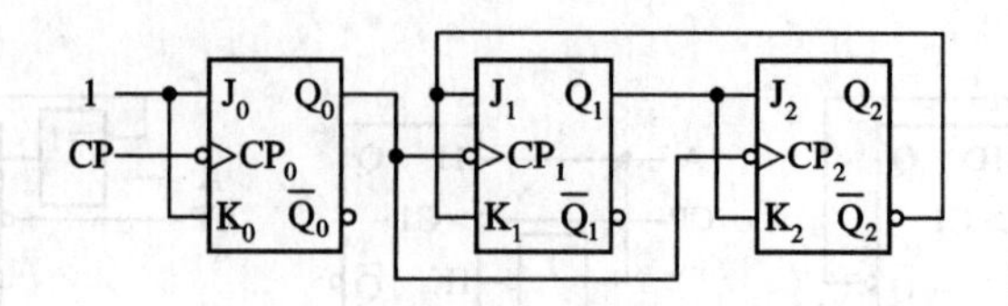

图 4－68　习题 4－16 图

4－17　用上升沿触发的边沿 JK 触发器和与非门设计一同步逻辑电路，要求电路的状态图如图 4－69 所示。

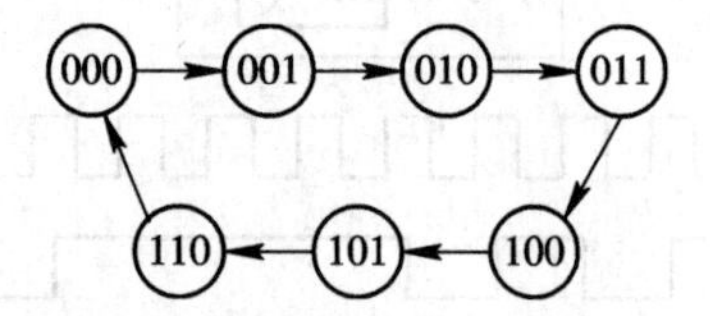

图 4－69　习题 4－17 图

4－18　用下降沿触发的边沿 D 触发器和与非门设计一同步逻辑电路，要求电路的时序图如图 4－70 所示。

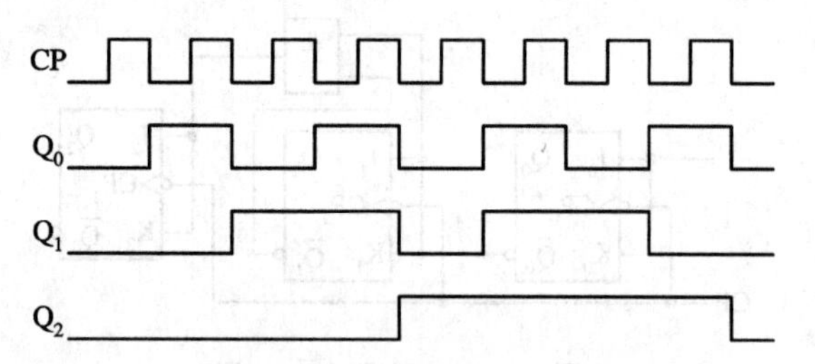

图 4－70　习题 4－18 图

4－19　用上升沿触发的边沿 JK 触发器和与非门设计一异步逻辑电路，要求电路的状态图如图 4－69 所示。

4－20　用下降沿触发的边沿 D 触发器和与非门设计一异步逻辑电路，要求电路的时序图如图 4－70 所示。

第 5 章　常用时序逻辑电路及 MSI 时序电路模块的应用

本章介绍常用时序逻辑电路——计数器、移位寄存器和移位寄存器型计数器的基本概念、工作原理和逻辑功能，同时还介绍了它们的典型 MSI 模块及应用。

5.1 计　数　器

计数器是一种用途非常广泛的时序逻辑电路，它不仅可以对时钟脉冲进行计数，还可以用在定时、分频、信号产生等逻辑电路中。

计数器的种类很多，根据它们的不同特点，可以将计数器分成不同的类型。典型的分类方法有如下几种：

(1) 按计数器中触发器状态的更新是否同步可分为同步计数器和异步计数器。

在同步计数器中，所有要更新状态的触发器都是同时动作的；在异步计数器中，并非所有要更新状态的触发器都同时动作。

(2) 按计数进制可分为二进制计数器、十进制计数器和 N 进制计数器。

按照二进制数规律对时钟脉冲进行计数的电路称为二进制计数器。在计数器中，被用来计数的状态组合的个数称为计数器的计数长度，或称为计数器的模。在二进制计数器中，触发器的所有状态组合都被用来计数，因此，n 位二进制计数器的计数长度为 2^n。

按照十进制数规律对时钟脉冲进行计数的电路称为十进制计数器。在十进制计数器中，只有 10 个状态组合被用来计数，十进制计数器的计数长度为 10。

按照 N 进制数规律对时钟脉冲进行计数的电路称为 N 进制计数器。在 N 进制计数器中，有 N 个状态组合被用来计数，N 进制计数器的计数长度为 N。

(3) 按计数过程中的增减规律可以分为加法计数器、减法计数器和可逆计数器。

按照递增规律对时钟脉冲进行计数的电路，称为加法计数器；按照递减规律对时钟脉冲进行计数的电路，称为减法计数器。在控制信号的作用下，既可以按照递增规律也可以按照递减规律对时钟脉冲进行计数的电路，称为可逆计数器。

5.1.1　同步计数器

1. 同步二进制加法计数器

按照二进制数规律对时钟脉冲进行递增计数的同步电路称为同步二进制加法计数器。图 5 - 1 所示电路是由 4 个下降沿动作的 JK 触发器构成的 4 位同步二进制加法计数器。

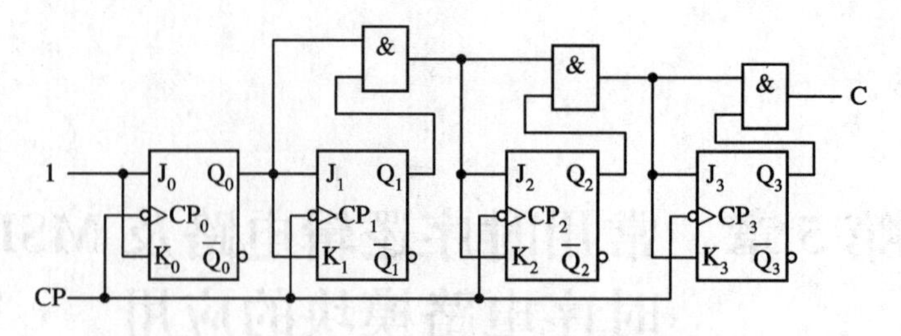

图 5-1　4位同步二进制加法计数器

由图可以分别写出电路的各方程。

时钟方程：　$CP_0 = CP_1 = CP_2 = CP_3 = CP$

输出方程：　$C = Q_3^n Q_2^n Q_1^n Q_0^n$

驱动方程：　$J_0 = K_0 = 1$

$J_1 = K_1 = Q_0^n$

$J_2 = K_2 = Q_1^n Q_0^n$

$J_3 = K_3 = Q_2^n Q_1^n Q_0^n$

将驱动方程代入 JK 触发器的特性方程 $Q^{n+1} = J\overline{Q}^n + \overline{K}Q^n$ 中，得到各个触发器的状态方程为

$$Q_0^{n+1} = \overline{Q}_0^n$$

$$Q_1^{n+1} = Q_0^n \overline{Q}_1^n + \overline{Q}_0^n Q_1^n = Q_0^n \oplus Q_1^n$$

$$Q_2^{n+1} = Q_1^n Q_0^n \overline{Q}_2^n + \overline{Q_1^n Q_0^n} Q_2^n = (Q_1^n Q_0^n) \oplus Q_2^n$$

$$Q_3^{n+1} = Q_2^n Q_1^n Q_0^n \overline{Q}_3^n + \overline{Q_2^n Q_1^n Q_0^n} Q_3^n = (Q_2^n Q_1^n Q_0^n) \oplus Q_3^n$$

以上状态方程在各个触发器的时钟控制信号有效时成立。由图 5-1 可以看到，各个触发器的时钟控制信号都连接在 CP 上，而且 4 个触发器都是下降沿动作的，这是一个同步电路，因此，以上状态方程在 CP 的下降沿到来时同时成立。

根据状态方程进行计算，列出电路的状态转换表，如表 5-1 所示。

表 5-1　图 5-1 所示 4 位同步二进制加法计数器的状态转换表

Q_3^n	Q_2^n	Q_1^n	Q_0^n	Q_3^{n+1}	Q_2^{n+1}	Q_1^{n+1}	Q_0^{n+1}	C
0	0	0	0	0	0	0	1	0
0	0	0	1	0	0	1	0	0
0	0	1	0	0	0	1	1	0
0	0	1	1	0	1	0	0	0
0	1	0	0	0	1	0	1	0
0	1	0	1	0	1	1	0	0
0	1	1	0	0	1	1	1	0
0	1	1	1	1	0	0	0	0
1	0	0	0	1	0	0	1	0
1	0	0	1	1	0	1	0	0
1	0	1	0	1	0	1	1	0
1	0	1	1	1	1	0	0	0
1	1	0	0	1	1	0	1	0
1	1	0	1	1	1	1	0	0
1	1	1	0	1	1	1	1	0
1	1	1	1	0	0	0	0	1

根据表 5－1，画出状态转换图，如图 5－2 所示。

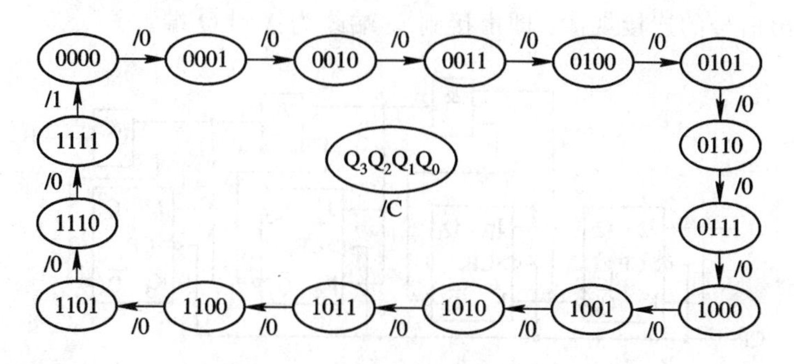

图 5－2　图 5－1 所示 4 位同步二进制加法计数器的状态转换图

从状态转换图可以清楚地看到，从任一状态开始，经过输入 16(2^4)个有效的 CP 信号(下降沿)后，计数器返回到原来的状态。如果初始状态为 0000，则在第 15 个 CP 下降沿到来后，输出 C 变为 1；在第 16 个 CP 下降沿到来后，输出 C 由 1 变为 0。可以利用 C 的这一下降沿作为向高位计数器进位的信号。

图 5－3 所示是该 4 位同步二进制加法计数器的时序图。

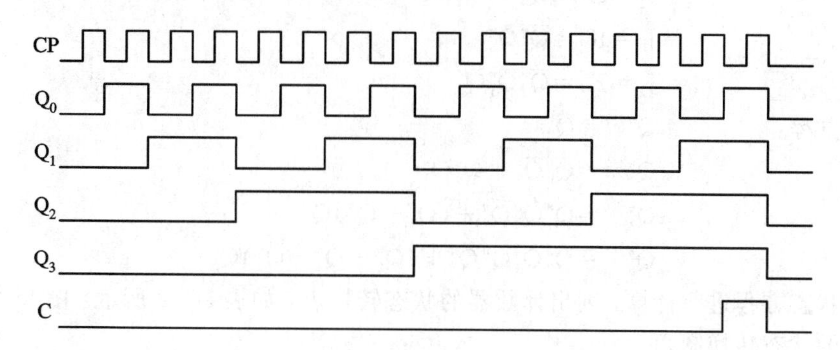

图 5－3　图 5－1 所示 4 位同步二进制加法计数器的时序图

从时序图中我们看到，各个触发器的输出 Q_0、Q_1、Q_2 和 Q_3 的频率分别为时钟控制信号频率的 1/2、1/4、1/8 和 1/16，可见计数器具有分频功能。

在图 5－1 所示电路中，各个 JK 触发器都接成 T 触发器的形式。用 T 触发器构造 m 位同步二进制加法计数器的连接规律为

$$\begin{cases} T_0 = 1 \\ T_i = \prod_{j=0}^{i-1} Q_j^n \qquad (i = 1,\ 2,\ \cdots,\ m-1) \end{cases}$$

2. 同步二进制减法计数器

按照二进制数规律对时钟脉冲进行递减计数的同步电路称为同步二进制减法计数器。用 T 触发器构造 m 位同步二进制减法计数器的连接规律为

$$\begin{cases} T_0 = 1 \\ T_i = \prod_{j=0}^{i-1} \overline{Q}_j^n \qquad (i = 1,\ 2,\ \cdots,\ m-1) \end{cases}$$

图 5－4 所示电路是由 4 个下降沿动作的 JK 触发器构成的 4 位同步二进制减法计数

器。图 5－4 和图 5－1 相同之处是将 JK 触发器接成 T 触发器的形式，不同之处是触发器驱动信号及输出信号的连接规律，即由接到 Q 端改为接到 $\overline{Q}$ 端。

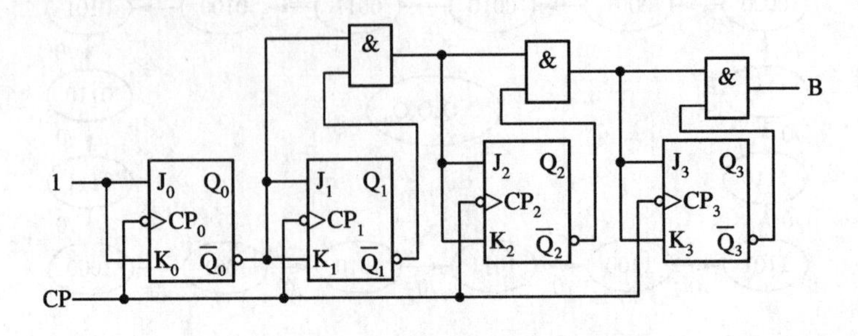

图 5－4　4 位同步二进制减法计数器

图 5－4 所示电路的方程分别如下。

时钟方程：　$CP_0=CP_1=CP_2=CP_3=CP$

输出方程：　$B=\overline{Q}_3^n\overline{Q}_2^n\overline{Q}_1^n\overline{Q}_0^n$

驱动方程：　$J_0=K_0=1$

$J_1=K_1=\overline{Q}_0^n$

$J_2=K_2=\overline{Q}_1^n\overline{Q}_0^n$

$J_3=K_3=\overline{Q}_2^n\overline{Q}_1^n\overline{Q}_0^n$

状态方程：　$Q_0^{n+1}=\overline{Q}_0^n$

$Q_1^{n+1}=\overline{Q}_0^n\overline{Q}_1^n+Q_0^nQ_1^n$

$Q_2^{n+1}=\overline{Q}_1^n\overline{Q}_0^n\overline{Q}_2^n+(Q_1^n+Q_0^n)Q_2^n$

$Q_3^{n+1}=\overline{Q}_2^n\overline{Q}_1^n\overline{Q}_0^n\overline{Q}_3^n+(Q_2^n+Q_1^n+Q_0^n)Q_3^n$

利用状态方程进行计算，列出计数器的状态转换表，如表 5－2 所示。图 5－5 所示为该计数器的状态转换图。

表 5－2　图 5－4 所示 4 位同步二进制减法计数器的状态转换表

Q_3^n	Q_2^n	Q_1^n	Q_0^n	Q_3^{n+1}	Q_2^{n+1}	Q_1^{n+1}	Q_0^{n+1}	B
0	0	0	0	1	1	1	1	1
0	0	0	1	0	0	0	0	0
0	0	1	0	0	0	0	1	0
0	0	1	1	0	0	1	0	0
0	1	0	0	0	0	1	1	0
0	1	0	1	0	1	0	0	0
0	1	1	0	0	1	0	1	0
0	1	1	1	0	1	1	0	0
1	0	0	0	0	1	1	1	0
1	0	0	1	1	0	0	0	0
1	0	1	0	1	0	0	1	0
1	0	1	1	1	0	1	0	0
1	1	0	0	1	0	1	1	0
1	1	0	1	1	1	0	0	0
1	1	1	0	1	1	0	1	0
1	1	1	1	1	1	1	0	0

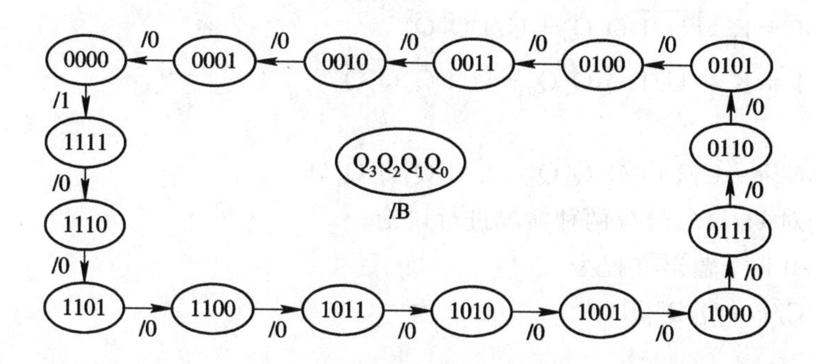

图 5-5　图 5-4 所示 4 位同步二进制减法计数器的状态转换图

图 5-5 表明，从任一状态开始，经过输入 16(2^4)个有效的 CP 信号(下降沿)后，计数器将返回到原来的状态。如果初始状态为 0000，此时输出 B 为 1，则在第一个 CP 下降沿到来后，输出 B 由 1 变为 0。可以利用 B 的这一下降沿作为向高位计数器借位的信号。

图 5-4 所示电路的时序图如图 5-6 所示。

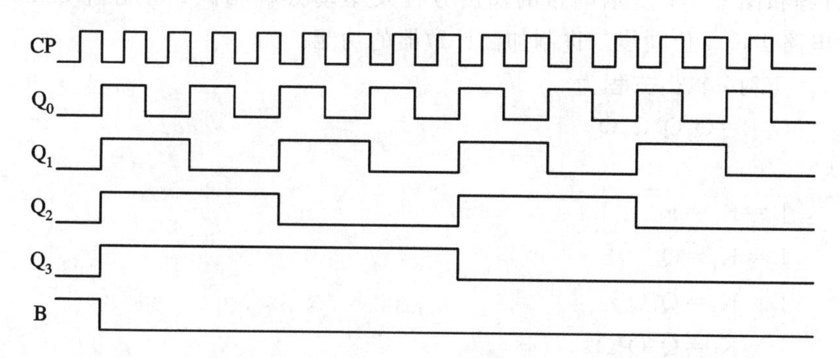

图 5-6　图 5-4 所示 4 位同步二进制减法计数器的时序图

3. 同步二进制加/减可逆计数器

将图 5-1 所示的同步二进制加法计数器和图 5-4 所示的同步二进制减法计数器合并，同时加上加/减控制信号，可以构成同步二进制加/减可逆计数器，如图 5-7 所示。

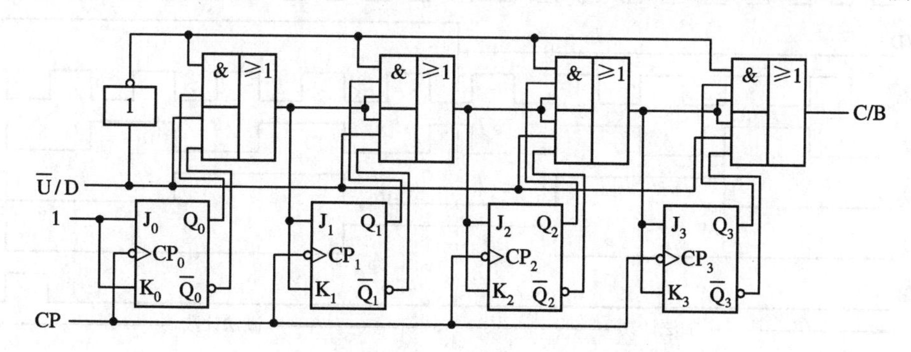

图 5-7　4 位同步二进制加/减可逆计数器

电路中各个触发器的驱动方程为

$$J_0 = K_0 = 1$$

$$J_1 = K_1 = \overline{\overline{U}/D}Q_0^n + \overline{U}/D\overline{Q_0^n}$$

$$J_2 = K_2 = \overline{\overline{U}/D}Q_1^n Q_0^n + \overline{U}/D\overline{Q}_1^n \overline{Q}_0^n$$

$$J_3 = K_3 = \overline{\overline{U}/D}Q_2^n Q_1^n Q_0^n + \overline{U}/D\overline{Q}_2^n \overline{Q}_1^n \overline{Q}_0^n$$

输出方程为

$$C/B = \overline{\overline{U}/D}Q_3^n Q_2^n Q_1^n Q_0^n + \overline{U}/D\overline{Q}_3^n \overline{Q}_2^n \overline{Q}_1^n \overline{Q}_0^n$$

现在我们对 $\overline{U}/D$ 信号分两种情况进行讨论。

当 $\overline{U}/D=0$ 时，输出方程为

$$C/B = Q_3^n Q_2^n Q_1^n Q_0^n$$

驱动方程为

$$J_0 = K_0 = 1$$

$$J_1 = K_1 = Q_0^n$$

$$J_2 = K_2 = Q_1^n Q_0^n$$

$$J_3 = K_3 = Q_2^n Q_1^n Q_0^n$$

上述方程和图 5-1 所示电路的输出方程及驱动方程相同，可见当 $\overline{U}/D=0$ 时，图 5-7 所示电路实现 4 位同步二进制加法计数器的功能。

当 $\overline{U}/D=1$ 时，输出方程为

$$C/B = \overline{Q}_3^n \overline{Q}_2^n \overline{Q}_1^n \overline{Q}_0^n$$

驱动方程为

$$J_0 = K_0 = 1$$

$$J_1 = K_1 = \overline{Q}_0^n$$

$$J_2 = K_2 = \overline{Q}_1^n \overline{Q}_0^n$$

$$J_3 = K_3 = \overline{Q}_2^n \overline{Q}_1^n \overline{Q}_0^n$$

上述方程和图 5-4 所示电路的输出方程及驱动方程相同，因此当 $\overline{U}/D=1$ 时，图 5-7 所示电路实现 4 位同步二进制减法计数器的功能。

图 5-8 为 4 位同步二进制加/减可逆计数器的时序图。

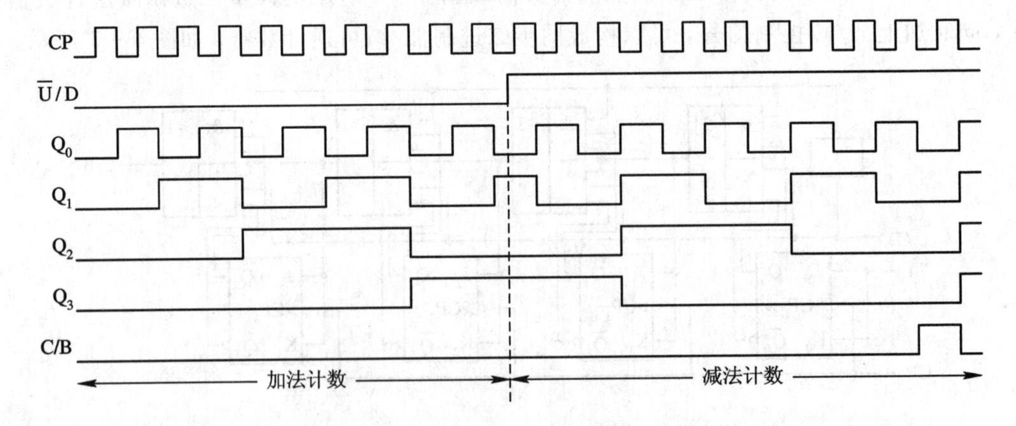

图 5-8 图 5-7 所示 4 位同步二进制加/减可逆计数器的时序图

4. 同步十进制加法计数器

按照十进制数规律对时钟脉冲进行递增计数的同步电路称为同步十进制加法计数器。图 5-9 所示电路是由四个下降沿动作的 JK 触发器构成的同步十进制加法计数器。

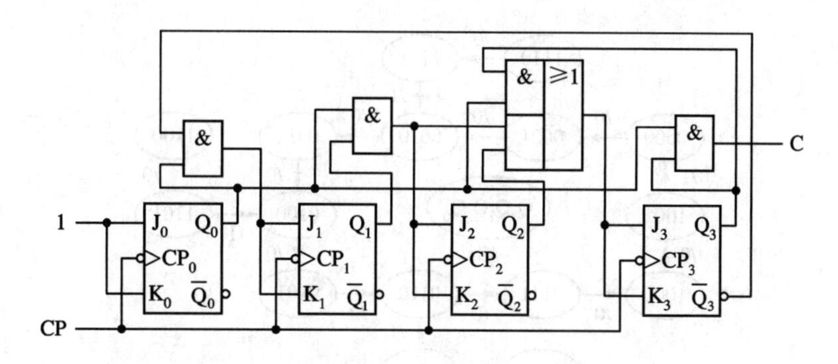

图 5 - 9　同步十进制加法计数器

由图 5 - 9 可以得到如下方程。

时钟方程：　　$CP_0=CP_1=CP_2=CP_3=CP$

输出方程：　　$C=Q_3^nQ_0^n$

驱动方程：

$$J_0=K_0=1$$
$$J_1=K_1=Q_0^n\overline{Q}_3^n$$
$$J_2=K_2=Q_1^nQ_0^n$$
$$J_3=K_3=Q_2^nQ_1^nQ_0^n+Q_3^nQ_0^n$$

状态方程：

$$Q_0^{n+1}=\overline{Q}_0^n$$
$$Q_1^{n+1}=(Q_0^n\overline{Q}_3^n)\oplus Q_1^n$$
$$Q_2^{n+1}=(Q_1^nQ_0^n)\oplus Q_2^n$$
$$Q_3^{n+1}=(Q_2^nQ_1^nQ_0^n+Q_3^nQ_0^n)\oplus Q_3^n$$

表 5 - 3 是电路的状态转换表，图 5 - 10 为状态转换图。图 5 - 11 所示是初始状态为 0000 时的时序图。

表 5 - 3　图 5 - 9 所示同步十进制加法计数器的状态转换表

Q_3^n	Q_2^n	Q_1^n	Q_0^n	Q_3^{n+1}	Q_2^{n+1}	Q_1^{n+1}	Q_0^{n+1}	C
0	0	0	0	0	0	0	1	0
0	0	0	1	0	0	1	0	0
0	0	1	0	0	0	1	1	0
0	0	1	1	0	1	0	0	0
0	1	0	0	0	1	0	1	0
0	1	0	1	0	1	1	0	0
0	1	1	0	0	1	1	1	0
0	1	1	1	1	0	0	0	0
1	0	0	0	1	0	0	1	0
1	0	0	1	0	0	0	0	1
1	0	1	0	1	0	1	1	0
1	0	1	1	0	1	1	0	1
1	1	0	0	1	1	0	1	0
1	1	0	1	0	1	0	0	1
1	1	1	0	1	1	1	1	0
1	1	1	1	0	0	1	0	1

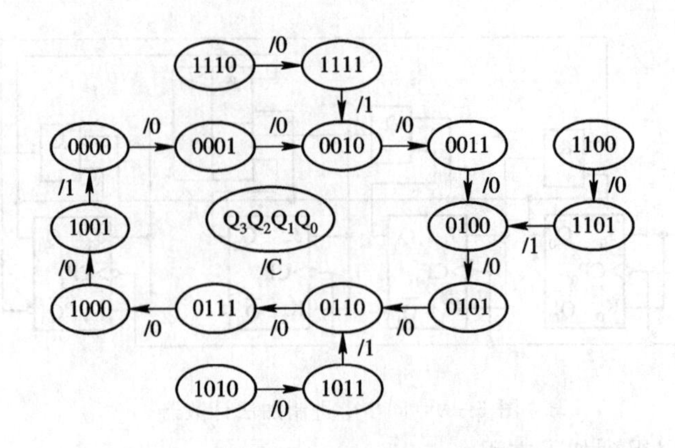

图 5-10　图 5-9 所示同步十进制加法计数器的状态转换图

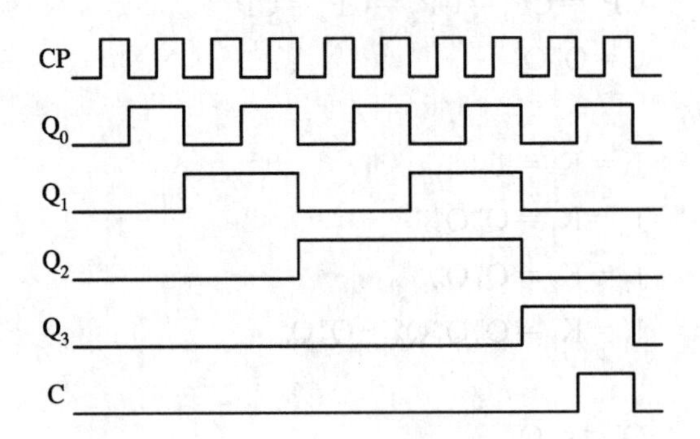

图 5-11　图 5-9 所示同步十进制加法计数器的时序图

5. 同步十进制减法计数器

按照十进制数规律对时钟脉冲进行递减计数的同步电路称为同步十进制减法计数器。图 5-12 所示电路是由 4 个下降沿动作的 JK 触发器构成的同步十进制减法计数器。

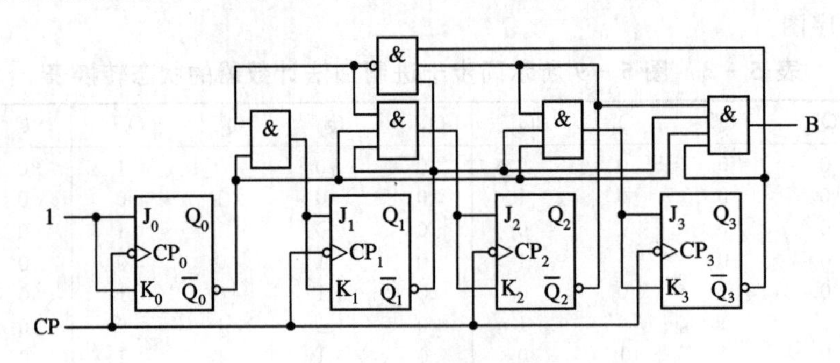

图 5-12　同步十进制减法计数器

由图可以写出如下方程。

时钟方程：

$$CP_0 = CP_1 = CP_2 = CP_3 = CP$$

输出方程：

$$B = \overline{Q}_3^n \overline{Q}_2^n \overline{Q}_1^n \overline{Q}_0^n$$

驱动方程：

$$J_0=K_0=1$$

$$J_1=K_1=\overline{Q}_0^n\ \overline{\overline{Q}_1^n\overline{Q}_2^n\overline{Q}_3^n}$$

$$J_2=K_2=\overline{Q}_0^n\overline{Q}_1^n\ \overline{\overline{Q}_1^n\overline{Q}_2^n\overline{Q}_3^n}$$

$$J_3=K_3=\overline{Q}_2^n\overline{Q}_1^n\overline{Q}_0^n$$

状态方程：

$$Q_0^{n+1}=\overline{Q}_0^n$$

$$Q_1^{n+1}=(\overline{Q}_0^n\ \overline{\overline{Q}_1^n\overline{Q}_2^n\overline{Q}_3^n})\oplus Q_1^n$$

$$Q_2^{n+1}=(\overline{Q}_0^n\overline{Q}_1^n\ \overline{\overline{Q}_1^n\overline{Q}_2^n\overline{Q}_3^n})\oplus Q_2^n$$

$$Q_3^{n+1}=(\overline{Q}_2^n\overline{Q}_1^n\overline{Q}_0^n)\oplus Q_3^n$$

表5-4和图5-13所示分别为该同步十进制减法计数器的状态转换表和状态转换图。当初始状态为0000时，时序图如图5-14所示。

表5-4　图5-12所示同步十进制减法计数器的状态转换表

Q_3^n	Q_2^n	Q_1^n	Q_0^n	Q_3^{n+1}	Q_2^{n+1}	Q_1^{n+1}	Q_0^{n+1}	B
0	0	0	0	1	0	0	1	1
0	0	0	1	0	0	0	0	0
0	0	1	0	0	0	0	1	0
0	0	1	1	0	0	1	0	0
0	1	0	0	0	0	1	1	0
0	1	0	1	0	1	0	0	0
0	1	1	0	0	1	0	1	0
0	1	1	1	0	1	1	0	0
1	0	0	0	0	1	1	1	0
1	0	0	1	1	0	0	0	0
1	0	1	0	1	0	0	1	0
1	0	1	1	1	0	1	0	0
1	1	0	0	1	0	1	1	0
1	1	0	1	1	1	0	0	0
1	1	1	0	1	1	0	1	0
1	1	1	1	1	1	1	0	0

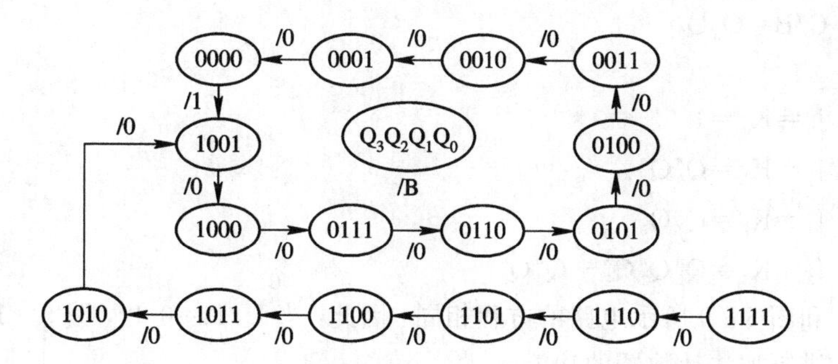

图5-13　图5-12所示同步十进制减法计数器的状态转换图

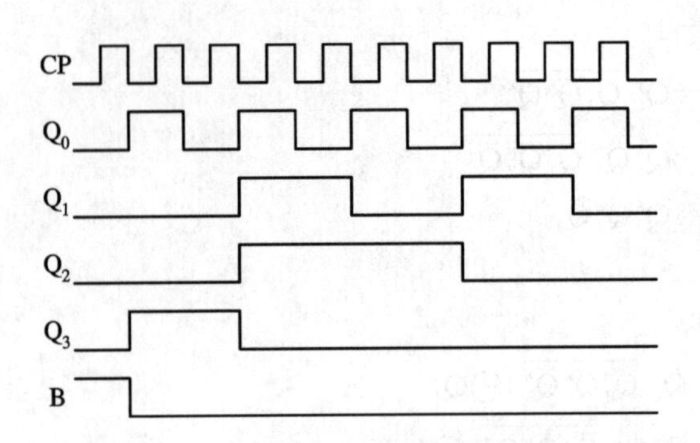

图 5-14 图 5-12 所示同步十进制减法计数器的时序图

6. 同步十进制可逆计数器

将图 5-9 所示的同步十进制加法计数器和图 5-12 所示的同步十进制减法计数器合并，同时加上加/减控制信号，可以构成十进制加/减可逆计数器，如图 5-15 所示。

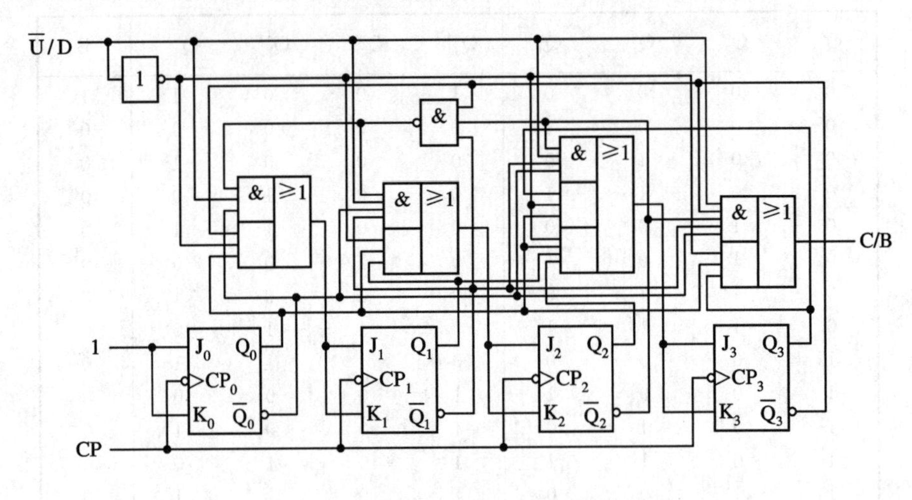

图 5-15 同步十进制加/减可逆计数器

当 $\overline{U}/D=0$ 时，时钟方程为

$$CP_0=CP_1=CP_2=CP_3=CP$$

输出方程为

$$C/B=Q_3^n Q_0^n$$

驱动方程为

$$J_0=K_0=1$$

$$J_1=K_1=Q_0^n \overline{Q}_3^n$$

$$J_2=K_2=Q_1^n Q_0^n$$

$$J_3=K_3=Q_2^n Q_1^n Q_0^n+Q_3^n Q_0^n$$

上述方程和图 5-9 所示电路的方程相同，因此，当 $\overline{U}/D=0$ 时，图 5-15 所示逻辑电路实现同步十进制加法计数器的功能。

当 $\overline{U}/D=1$ 时，时钟方程为

$$CP_0=CP_1=CP_2=CP_3=CP$$

输出方程为

$$B=\overline{Q}_3^n\overline{Q}_2^n\overline{Q}_1^n\overline{Q}_0^n$$

驱动方程为

$$J_0=K_0=1$$

$$J_1=K_1=\overline{Q}_0^n\ \overline{\overline{Q}_1^n\overline{Q}_2^n\overline{Q}_3^n}$$

$$J_2=K_2=\overline{Q}_0^n\overline{Q}_1^n\ \overline{\overline{Q}_1^n\overline{Q}_2^n\overline{Q}_3^n}$$

$$J_3=K_3=\overline{Q}_2^n\overline{Q}_1^n\overline{Q}_0^n$$

上述方程和图 5 - 12 所示电路的方程相同，也就是说，当 $\overline{U}/D=1$ 时，图 5 - 15 所示逻辑电路实现同步十进制减法计数器的功能。

图 5 - 16 所示为电路的时序图。

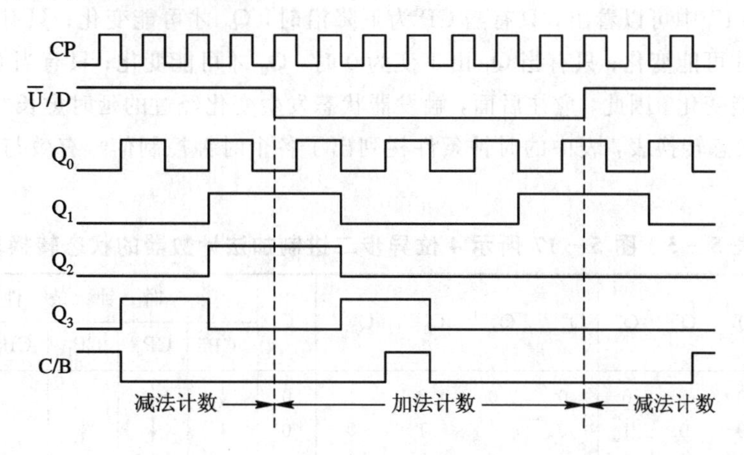

图 5 - 16　图 5 - 15 所示同步十进制加/减可逆计数器的时序图

5.1.2　异步计数器

1. 异步二进制加法计数器

按照二进制数规律对时钟脉冲进行递增计数的异步电路称为异步二进制加法计数器。

图 5 - 17 所示电路是由 4 个下降沿动作的 JK 触发器构成的 4 位异步二进制加法计数器。

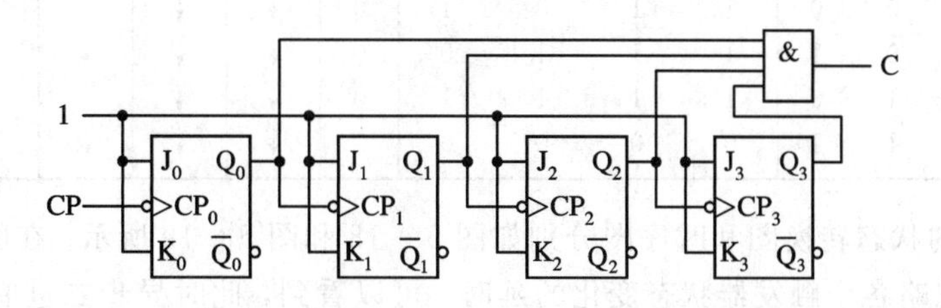

图 5 - 17　4 位异步二进制加法计数器

图 5-17 所示计数器的各类方程如下。

时钟方程：

$$CP_0=CP,\ CP_1=Q_0,\ CP_2=Q_1,\ CP_3=Q_2$$

输出方程：

$$C=Q_3^nQ_2^nQ_1^nQ_0^n$$

驱动方程：

$$J_0=K_0=1,\ J_1=K_1=1,\ J_2=K_2=1,\ J_3=K_3=1$$

状态方程：

$Q_0^{n+1}=\overline{Q}_0^n$，　　CP_0(即 CP)为下降沿时

$Q_1^{n+1}=\overline{Q}_1^n$，　　CP_1(即 Q_0)为下降沿时

$Q_2^{n+1}=\overline{Q}_2^n$，　　CP_2(即 Q_1)为下降沿时

$Q_3^{n+1}=\overline{Q}_3^n$，　　CP_3(即 Q_2)为下降沿时

由图 5-17 中可以看出，只有当 CP 为下降沿时，Q_0 才可能变化；只有当 Q_0 由 1 变为 0 时，Q_1 才可能变化；只有当 Q_1 由 1 变为 0 时，Q_2 才可能变化；只有当 Q_2 由 1 变为 0 时，Q_3 才可能变化。因此，愈往后面，触发器状态发生变化经过的延时愈长。表 5-5 所示是计数器的状态转换表，表中的时钟条件栏列出了各个时钟控制信号有效与否，↓表示下降沿。

表 5-5　图 5-17 所示 4 位异步二进制加法计数器的状态转换表

Q_3^n	Q_2^n	Q_1^n	Q_0^n	Q_3^{n+1}	Q_2^{n+1}	Q_1^{n+1}	Q_0^{n+1}	C	时钟条件				
									CP	CP_0	CP_1	CP_2	CP_3
0	0	0	0	0	0	0	1	0	↓	↓			
0	0	0	1	0	0	1	0	0	↓	↓	↓		
0	0	1	0	0	0	1	1	0	↓	↓			
0	0	1	1	0	1	0	0	0	↓	↓	↓	↓	
0	1	0	0	0	1	0	1	0	↓	↓			
0	1	0	1	0	1	1	0	0	↓	↓	↓		
0	1	1	0	0	1	1	1	0	↓	↓			
0	1	1	1	1	0	0	0	0	↓	↓	↓	↓	↓
1	0	0	0	1	0	0	1	0	↓	↓			
1	0	0	1	1	0	1	0	0	↓	↓	↓		
1	0	1	0	1	0	1	1	0	↓	↓			
1	0	1	1	1	1	0	0	0	↓	↓	↓	↓	
1	1	0	0	1	1	0	1	0	↓	↓			
1	1	0	1	1	1	1	0	0	↓	↓	↓		
1	1	1	0	1	1	1	1	0	↓	↓			
1	1	1	1	0	0	0	0	1	↓	↓	↓	↓	↓

该计数器的状态转换图和时序图分别如图 5-18 和图 5-19 所示。在图 5-19 中，为了简单起见，忽略各个触发器状态变化的延时。可以看到，此时异步二进制加法计数器的时序图和图 5-2 所示的同步二进制加法计数器的时序图相同。实际上，如果考虑延时，两者的时序图是有所差别的。

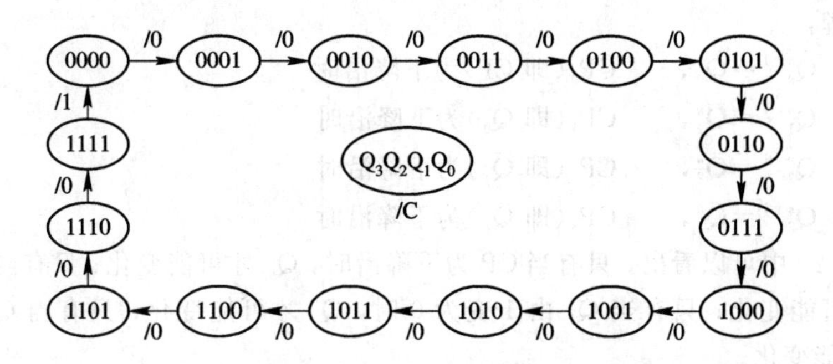

图 5 - 18　图 5 - 17 所示 4 位异步二进制加法计数器的状态转换图

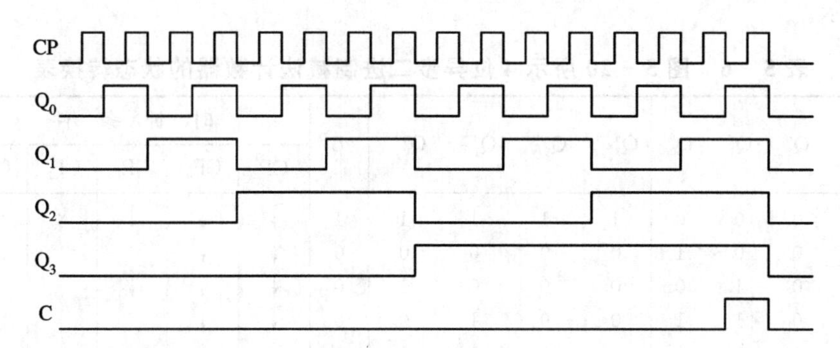

图 5 - 19　图 5 - 17 所示 4 位异步二进制加法计数器的时序图

2. 异步二进制减法计数器

按照二进制数规律对时钟脉冲进行递减计数的异步电路称为异步二进制减法计数器。

图 5 - 20 所示电路是由 4 个下降沿动作的 JK 触发器构成的 4 位异步二进制减法计数器。

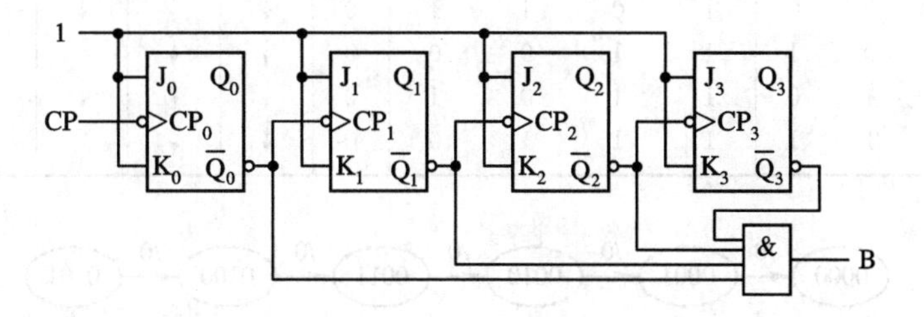

图 5 - 20　4 位异步二进制减法计数器

由图 5 - 20 所示电路，我们可以写出下列方程。

时钟方程：

$$CP_0=CP,\ CP_1=\overline{Q}_0,\ CP_2=\overline{Q}_1,\ CP_3=\overline{Q}_2$$

输出方程：

$$B=\overline{Q}_3^n\overline{Q}_2^n\overline{Q}_1^n\overline{Q}_0^n$$

驱动方程：

$$J_0=K_0=1,\ J_1=K_1=1,\ J_2=K_2=1,\ J_3=K_3=1$$

状态方程：

$Q_0^{n+1}=\overline{Q}_0^n$， CP_0（即 CP）为下降沿时

$Q_1^{n+1}=\overline{Q}_1^n$， CP_1（即 $\overline{Q}_0$）为下降沿时

$Q_2^{n+1}=\overline{Q}_2^n$， CP_2（即 $\overline{Q}_1$）为下降沿时

$Q_3^{n+1}=\overline{Q}_3^n$， CP_3（即 $\overline{Q}_2$）为下降沿时

由图 5-20 中可以看出，只有当 CP 为下降沿时，Q_0 才可能变化；只有当 $\overline{Q}_0$ 由 1 变为 0 时，Q_1 才可能变化；只有当 $\overline{Q}_1$ 由 1 变为 0 时，Q_2 才可能变化；只有当 $\overline{Q}_2$ 由 1 变为 0 时，Q_3 才可能变化。

表 5-6 所示是该计数器的状态转换表，其状态转换图和时序图分别如图 5-21 和图 5-22 所示。

表 5-6 图 5-20 所示 4 位异步二进制减法计数器的状态转换表

Q_3^n	Q_2^n	Q_1^n	Q_0^n	Q_3^{n+1}	Q_2^{n+1}	Q_1^{n+1}	Q_0^{n+1}	B	时钟条件				
									CP	CP_0	CP_1	CP_2	CP_3
0	0	0	0	1	1	1	1	1	↓	↓	↓	↓	↓
0	0	0	1	0	0	0	0	0	↓	↓			
0	0	1	0	0	0	0	1	0	↓	↓	↓		
0	0	1	1	0	0	1	0	0	↓	↓			
0	1	0	0	0	0	1	1	0	↓	↓	↓	↓	
0	1	0	1	0	1	0	0	0	↓	↓			
0	1	1	0	0	1	0	1	0	↓	↓	↓		
0	1	1	1	0	1	1	0	0	↓	↓			
1	0	0	0	0	1	1	1	0	↓	↓	↓	↓	↓
1	0	0	1	1	0	0	0	0	↓	↓			
1	0	1	0	1	0	0	1	0	↓	↓	↓		
1	0	1	1	1	0	1	0	0	↓	↓			
1	1	0	0	1	0	1	1	0	↓	↓	↓	↓	
1	1	0	1	1	1	0	0	0	↓	↓			
1	1	1	0	1	1	0	1	0	↓	↓	↓		
1	1	1	1	1	1	1	0	0	↓	↓			

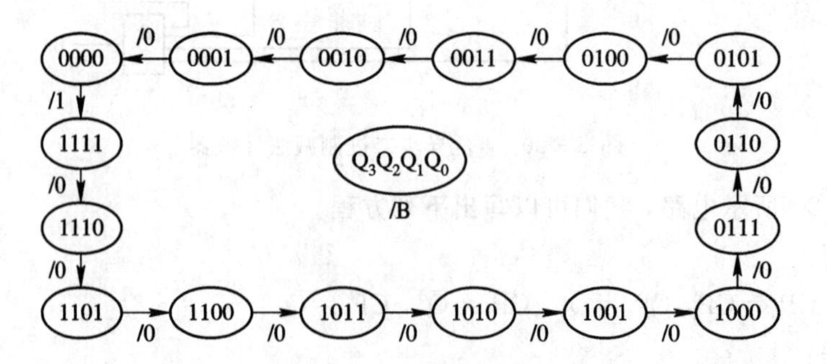

图 5-21 图 5-20 所示 4 位异步二进制减法计数器的状态转换图

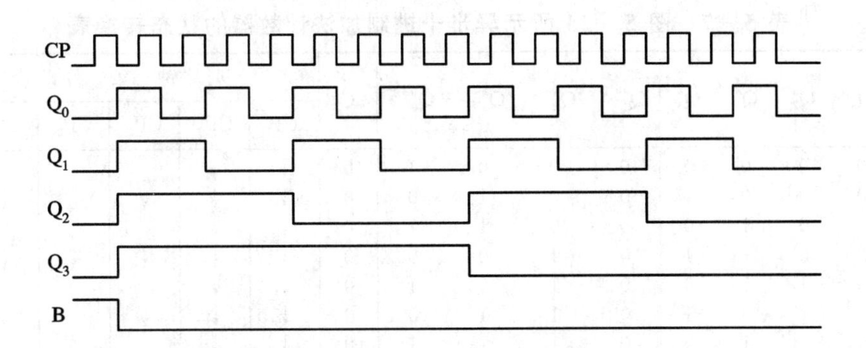

图 5-22　图 5-20 所示 4 位异步二进制减法计数器的时序图

3. 异步十进制加法计数器

按照十进制数规律对时钟脉冲进行递增计数的异步电路称为异步十进制加法计数器。图 5-23 所示电路是由 4 个下降沿动作的 JK 触发器构成的异步十进制加法计数器。

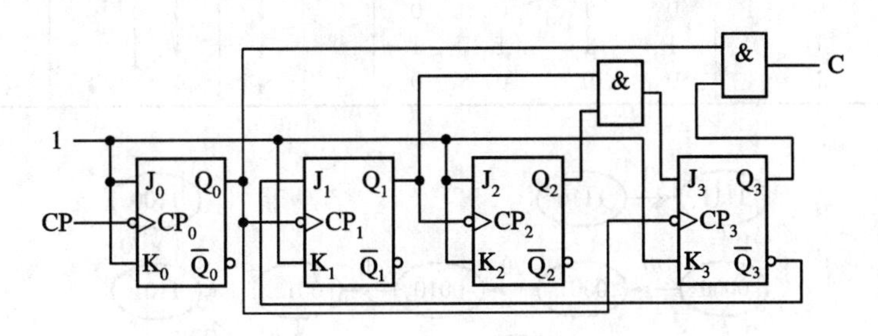

图 5-23　异步十进制加法计数器

图 5-23 所示电路的方程如下。

时钟方程：

$$CP_0 = CP,\ CP_1 = Q_0,\ CP_2 = Q_1,\ CP_3 = Q_0$$

输出方程：

$$C = Q_3^n Q_0^n$$

驱动方程：

$$J_0 = K_0 = 1$$

$$J_1 = \overline{Q}_3^n,\ K_1 = 1$$

$$J_2 = K_2 = 1$$

$$J_3 = Q_2^n Q_1^n,\ K_3 = 1$$

状态方程：

$Q_0^{n+1} = \overline{Q}_0^n$，　　CP$_0$(即 CP)为下降沿时

$Q_1^{n+1} = \overline{Q}_3^n \overline{Q}_1^n$，　　CP$_1$(即 Q$_0$)为下降沿时

$Q_2^{n+1} = \overline{Q}_2^n$，　　CP$_2$(即 Q$_1$)为下降沿时

$Q_3^{n+1} = Q_2^n Q_1^n \overline{Q}_3^n$，　　CP$_3$(即 Q$_0$)为下降沿时

根据以上方程，可以得出图 5-23 所示电路的状态转换表和状态转换图，分别如表 5-7 和图 5-24 所示。图 5-25 所示是其初始状态为 0000 时的时序图。

表 5－7 图 5－23 所示异步十进制加法计数器的状态转换表

Q_3^n	Q_2^n	Q_1^n	Q_0^n	Q_3^{n+1}	Q_2^{n+1}	Q_1^{n+1}	Q_0^{n+1}	C	时钟条件				
									CP	CP_0	CP_1	CP_2	CP_3
0	0	0	0	0	0	0	1	0	↓	↓			
0	0	0	1	0	0	1	0	0	↓	↓	↓		↓
0	0	1	0	0	0	1	1	0	↓	↓			
0	0	1	1	0	1	0	0	0	↓	↓	↓	↓	↓
0	1	0	0	0	1	0	1	0	↓	↓			
0	1	0	1	0	1	1	0	0	↓	↓	↓		↓
0	1	1	0	0	1	1	1	0	↓	↓			
0	1	1	1	1	0	0	0	0	↓	↓	↓	↓	↓
1	0	0	0	1	0	0	1	0	↓	↓			
1	0	0	1	0	0	0	0	0	↓	↓	↓		↓
1	0	1	0	1	0	1	1	0	↓	↓			
1	0	1	1	0	1	0	0	0	↓	↓	↓	↓	↓
1	1	0	0	1	1	0	1	0	↓	↓			
1	1	0	1	0	1	0	0	0	↓	↓	↓		↓
1	1	1	0	1	1	1	1	0	↓	↓			
1	1	1	1	0	0	0	0	1	↓	↓	↓	↓	↓

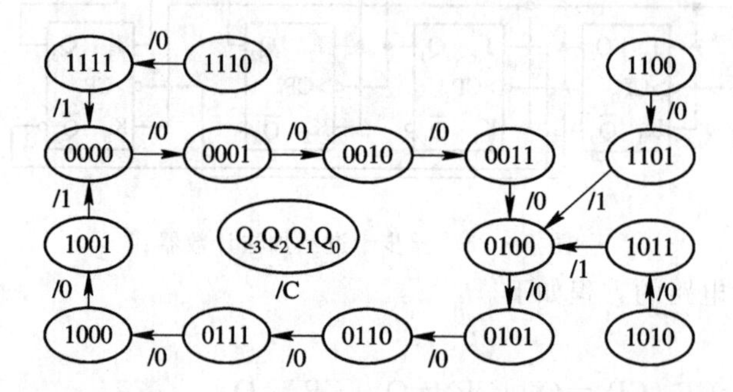

图 5－24 图 5－23 所示异步十进制加法计数器的状态转换图

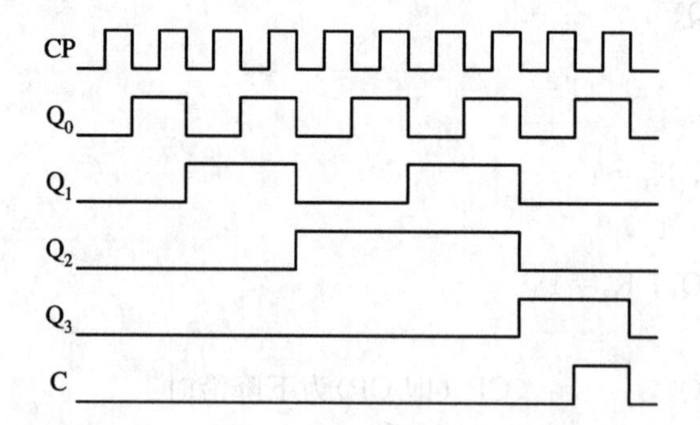

图 5－25 图 5－23 所示异步十进制加法计数器的时序图

4. 异步十进制减法计数器

按照十进制数规律对时钟脉冲进行递减计数的异步电路称为异步十进制减法计数器。图 5－26 所示电路是由 4 个下降沿动作的 JK 触发器构成的异步十进制减法计数器。

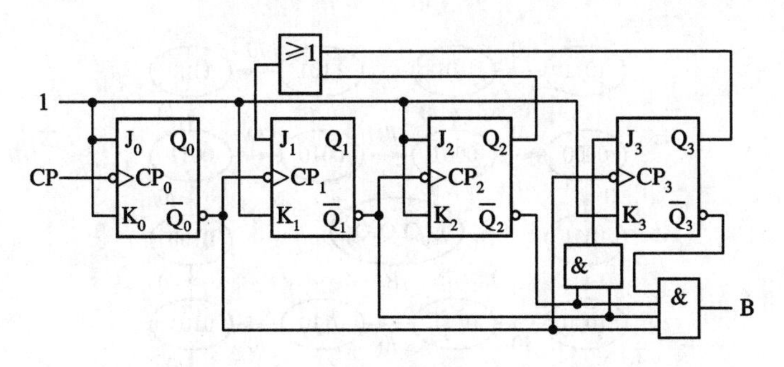

图 5 - 26　异步十进制减法计数器

由图 5 - 26 可以得到以下方程。

时钟方程：　$CP_0=CP$，$CP_1=\overline{Q}_0$，$CP_2=\overline{Q}_1$，$CP_3=\overline{Q}_0$

输出方程：　$B=\overline{Q}_3^n\overline{Q}_2^n\overline{Q}_1^n\overline{Q}_0^n$

驱动方程：　$J_0=K_0=1$

$J_1=Q_2^n+Q_3^n$，$K_1=1$

$J_2=K_2=1$

$J_3=\overline{Q}_2^n\overline{Q}_1^n$，$K_3=1$

状态方程：　$Q_0^{n+1}=\overline{Q}_0^n$，　　CP_0（即 CP）为下降沿时

$Q_1^{n+1}=(Q_2^n+Q_3^n)\overline{Q}_1^n$，　　CP_1（即 $\overline{Q}_0$）为下降沿时

$Q_2^{n+1}=\overline{Q}_2^n$，　　CP_2（即 $\overline{Q}_1$）为下降沿时

$Q_3^{n+1}=\overline{Q}_3^n\overline{Q}_2^n\overline{Q}_1^n$，　　CP_3（即 $\overline{Q}_0$）为下降沿时

表 5 - 8 所示是该电路的状态转换表；图 5 - 27 所示是它的状态转换图；图 5 - 28 所示是其初始状态为 0000 时的时序图。

表 5 - 8　图 5 - 26 所示异步十进制减法计数器的状态转换表

Q_3^n	Q_2^n	Q_1^n	Q_0^n	Q_3^{n+1}	Q_2^{n+1}	Q_1^{n+1}	Q_0^{n+1}	B	时钟条件				
									CP	CP_0	CP_1	CP_2	CP_3
0	0	0	0	1	0	0	1	1	↓	↓	↓		↓
0	0	0	1	0	0	0	0	0	↓	↓			
0	0	1	0	0	0	0	1	0	↓	↓	↓		↓
0	0	1	1	0	0	1	0	0	↓	↓			
0	1	0	0	0	0	1	1	0	↓	↓	↓	↓	↓
0	1	0	1	0	1	0	0	0	↓	↓			
0	1	1	0	0	1	0	1	0	↓	↓	↓		
0	1	1	1	0	1	1	0	0	↓	↓			
1	0	0	0	0	1	1	1	0	↓	↓	↓	↓	↓
1	0	0	1	1	0	0	0	0	↓	↓			
1	0	1	0	0	0	0	1	0	↓	↓	↓		↓
1	0	1	1	1	0	1	0	0	↓	↓			
1	1	0	0	0	0	1	1	0	↓	↓	↓	↓	↓
1	1	0	1	1	1	0	0	0	↓	↓			
1	1	1	0	0	1	0	1	0	↓	↓	↓		↓
1	1	1	1	1	1	1	0	0	↓	↓			

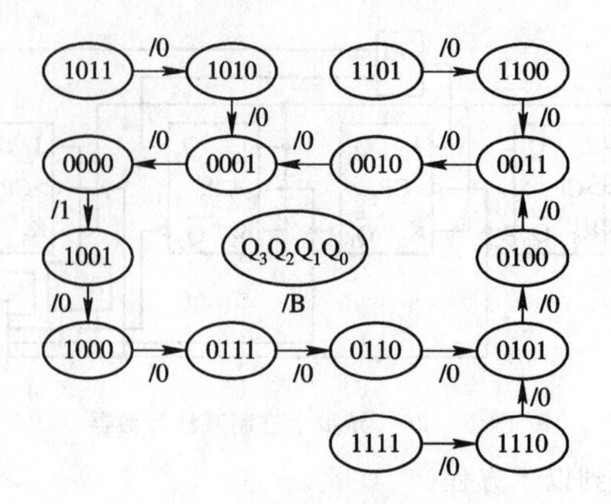

图 5-27 图 5-26 所示异步十进制减法计数器的状态转换图

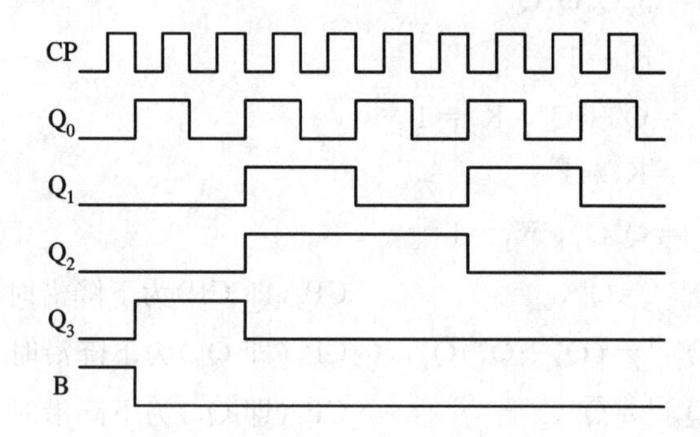

图 5-28 图 5-26 所示异步十进制减法计数器的时序图

5.1.3 MSI 计数器模块及应用

1. MSI 74163 计数器模块

74163 是中规模集成 4 位同步二进制加法计数器，计数范围为 0～15。它具有同步置数、同步清零、保持和二进制加法计数等逻辑功能。图 5-29(a)和(b)所示分别是它的国标符号和惯用模块符号，表 5-9 为它的功能表，图 5-30 是它的时序图。

表 5-9 74163 4 位同步二进制加法计数器的功能表

输入									输出				工作模式
$\overline{CLR}$	$\overline{LD}$	EP	ET	CLK	D_0	D_1	D_2	D_3	Q_0^{n+1}	Q_1^{n+1}	Q_2^{n+1}	Q_3^{n+1}	
0	×	×	×	↑	×	×	×	×	0	0	0	0	同步清零
1	0	×	×	↑	d_0	d_1	d_2	d_3	d_0	d_1	d_2	d_3	同步置数
1	1	0	1	×	×	×	×	×	Q_0^n	Q_1^n	Q_2^n	Q_3^n	保持
1	1	×	0	×	×	×	×	×	Q_0^n	Q_1^n	Q_2^n	Q_3^n	保持(CO=0)
1	1	1	1	↑	×	×	×	×	二进制加法计数				计数

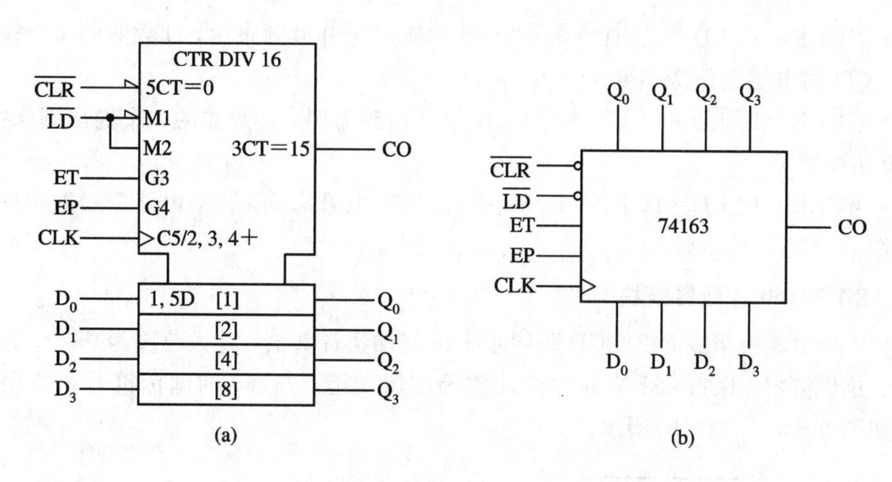

图 5－29　74163 4 位同步二进制加法计数器

(a) 国标符号；(b) 惯用模块符号

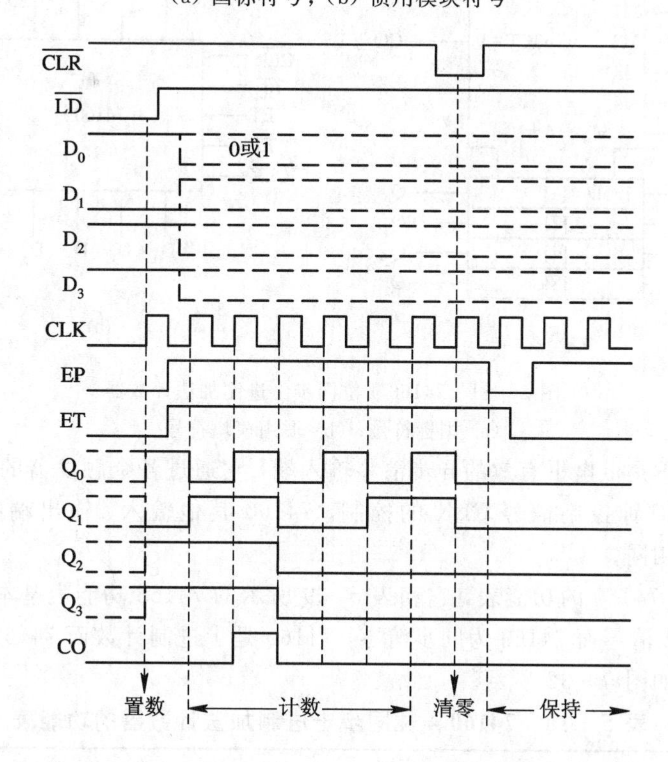

图 5－30　74163 4 位同步二进制加法计数器的时序图

在图 5－29 中，CLK 是时钟脉冲输入端，上升沿有效；$\overline{CLR}$是低电平有效的同步清零输入端；$\overline{LD}$是低电平有效的同步置数输入端；EP 和 ET 是两个使能输入端；D_0、D_1、D_2、D_3 是并行数据输入端；Q_0、Q_1、Q_2、Q_3 是计数器状态输出端；CO 是进位信号输出端，当计数到 1111 状态时，CO 为 1。

表 5－9 所示的功能表中列出了 74163 的工作模式：

(1) 当$\overline{CLR}$=0，CLK 上升沿到来时，计数器的 4 个输出端被同步清零。

(2) 当$\overline{CLR}$=1、$\overline{LD}$=0，CLK 上升沿到来时，计数器的 4 个输出端被同步置数。

（3）当$\overline{CLR}$=1、$\overline{LD}$=1、EP=0、ET=1，CLK上升沿到来时，计数器的4个输出端保持不变，CO输出端也保持不变。

（4）当$\overline{CLR}$=1、$\overline{LD}$=1、ET=0，CLK上升沿到来时，计数器的4个输出端保持不变，CO输出端被置零。

（5）当$\overline{CLR}$=1、$\overline{LD}$=1、EP=1、ET=1，CLK上升沿到来时，电路按二进制加法计数方式工作。

2. MSI 74160计数器模块

74160是中规模集成8421BCD码同步十进制加法计数器，计数范围为0～9。它具有同步置数、异步清零、保持和十进制加法计数等逻辑功能。74160的国标符号和惯用模块符号分别如图5-31(a)和(b)所示。

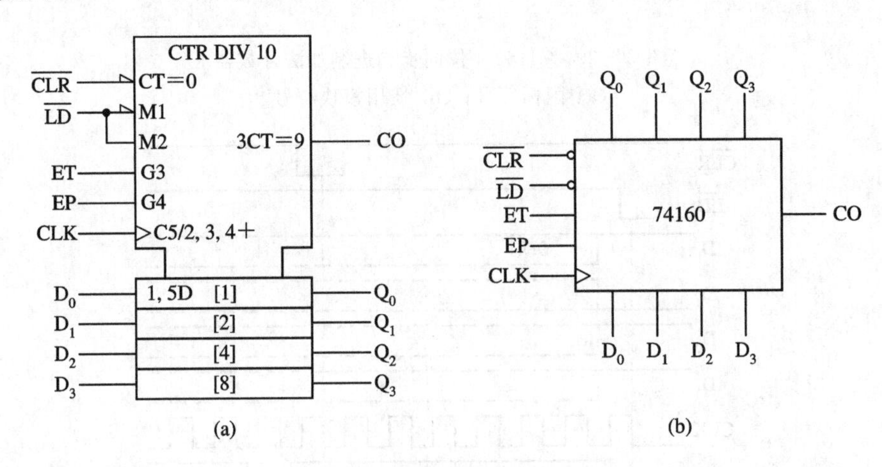

图5-31　74160 4位同步十进制加法计数器

(a) 国标符号；(b) 惯用模块符号

74160的$\overline{CLR}$是低电平有效的异步清零输入端，它通过各个触发器的异步复位端将计数器清零，不受时钟控制信号CLK的控制。74160其他输入、输出端的功能和用法与74163的对应端相同。

表5-10是74160的功能表，它和表5-9所示的74163功能表基本相同。不同之处为：74160是异步清零而74163为同步清零，74160是十进制计数而74163为二进制计数。74160的时序图如图5-32所示。

表5-10　74160 4位同步十进制加法计数器的功能表

输入									输出				工作模式
$\overline{CLR}$	$\overline{LD}$	EP	ET	CLK	D_0	D_1	D_2	D_3	Q_0^{n+1}	Q_1^{n+1}	Q_2^{n+1}	Q_3^{n+1}	
0	×	×	×	×	×	×	×	×	0	0	0	0	异步清零
1	0	×	×	↑	d_0	d_1	d_2	d_3	d_0	d_1	d_2	d_3	同步置数
1	1	0	1	×	×	×	×	×	Q_0^n	Q_1^n	Q_2^n	Q_3^n	保持
1	1	×	0	×	×	×	×	×	Q_0^n	Q_1^n	Q_2^n	Q_3^n	保持(CO=0)
1	1	1	1	↑	×	×	×	×	十进制加法计数				计数

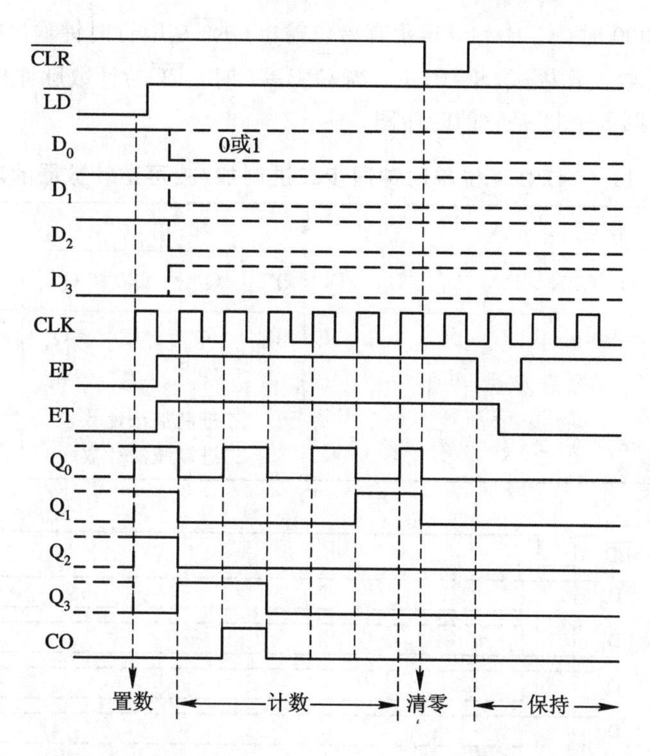

图 5-32 74160 4位同步十进制加法计数器的时序图

3. MSI 74191 计数器模块

74191是中规模集成4位单时钟同步二进制加/减可逆计数器，计数范围为0～15。它具有异步置数、保持、二进制加法计数和二进制减法计数等逻辑功能。图5-33(a)和(b)所示分别是它的国标符号和惯用模块符号。

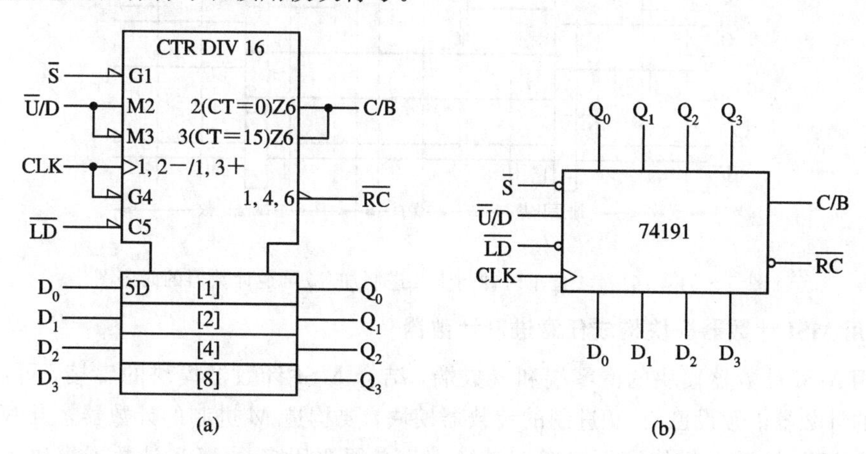

图 5-33 74191 4位单时钟同步二进制加/减可逆计数器

(a) 国标符号；(b) 惯用模块符号

$\overline{LD}$是低电平有效的异步置数控制端。$\overline{S}$是使能输入端，低电平有效。$\overline{U}/D$是加/减控制端，当$\overline{U}/D=0$时，做加法计数；当$\overline{U}/D=1$时，做减法计数。C/B是进位/借位输出端，计数器做加法计数且$Q_3Q_2Q_1Q_0=1111$时，C/B=1，表示有进位输出；计数器做减法计数

且 $Q_3Q_2Q_1Q_0=0000$ 时，C/B=1，表示有借位输出。$\overline{RC}$是串行时钟输出端，用于多个芯片的级联扩展，在计数工作模式($\overline{S}=0$)下，当 C/B=1 时，$\overline{RC}$与计数脉冲相同。表 5-11 为 74191 的功能表，图 5-34 是它的时序图。

表 5-11 74191 4 位单时钟同步二进制加/减可逆计数器的功能表

输入								输出				工作模式
$\overline{LD}$	$\overline{S}$	$\overline{U}/D$	CLK	D_0	D_1	D_2	D_3	Q_0^{n+1}	Q_1^{n+1}	Q_2^{n+1}	Q_3^{n+1}	
1	1	×	×	×	×	×	×	Q_0^n	Q_1^n	Q_2^n	Q_3^n	保持
0	×	×	×	d_0	d_1	d_2	d_3	d_0	d_1	d_2	d_3	异步置数
1	0	0	↑	×	×	×	×	二进制加法计数				计数
1	0	1	↑	×	×	×	×	二进制减法计数				计数

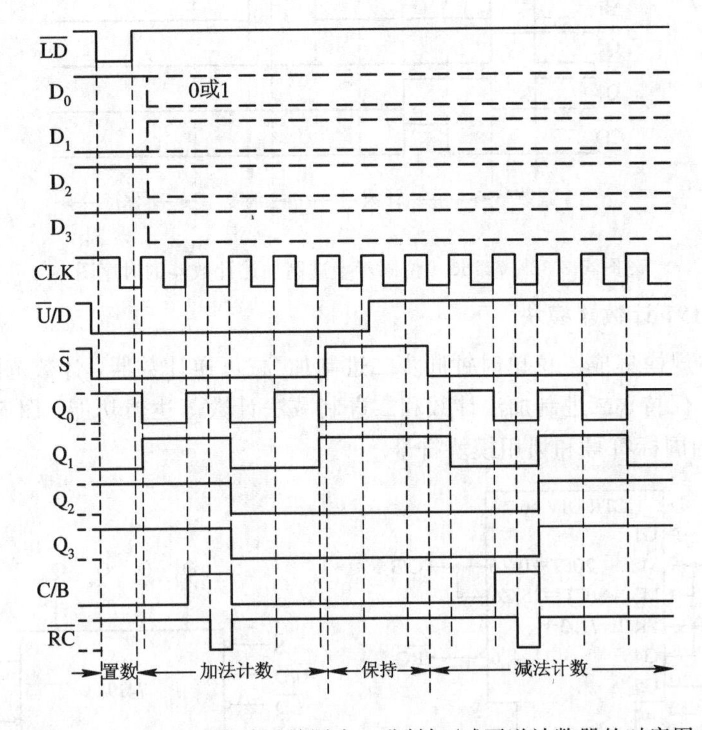

图 5-34 74191 4 位单时钟同步二进制加/减可逆计数器的时序图

4. 用 MSI 计数器模块构成任意进制计数器

利用 MSI 计数器模块的清零端和置数端，结合 MSI 计数器模块的串接，可以构成任意进制的计数器。假设已有 N 进制的计数器模块，要构造 M 进制的计数器，当 $N>M$ 时，只用一个 MSI 计数器模块即可；当 $N<M$ 时，必须要用多个 MSI 计数器模块进行串接。下面分别来讨论这两种情况。

1）已有计数器的模 N 大于要构造计数器的模 M

当已有计数器的模 N 大于要构造计数器的模 M 时，要设法让计数器绕过其中的 $N-M$个状态，提前完成计数循环，实现的方法有清零法和置数法。

清零法是在计数器尚未完成计数循环之前，使其清零端有效，让计数器提前回到全 0

状态。

置数法是在计数器计数到某个状态时，给它置入一个新的状态，从而绕过若干个状态。

计数器模块的清零和置数功能有同步和异步两种不同的方式，相应的转换电路也有所不同。要让计数器绕过 S_M 状态而从 S_{M-1} 状态转到另一个状态时，如果是同步清零或同步置数方式，就要在 S_{M-1} 状态时使计数器的同步清零端或同步置数端有效，这样，在下一个计数脉冲到来时，计数器就转为全 0 状态或预置的状态而非 S_M 状态；如果是异步清零或异步置数方式，则要在 S_M 状态时才使计数器的异步清零端或异步置数端有效，此时，计数器立即被清零或置数，S_M 状态只会维持很短的时间，不是一个稳定的计数状态。

【例 5.1】 用 74163 构造十五进制加法计数器。

解　74163 是具有同步清零和同步置数功能的 4 位二进制加法计数器，它的计数循环中包含 16 个状态，因此又称为十六进制计数器。用 74163 构造十五进制加法计数器就是要提前一个状态结束计数循环，使状态 1110 的下一个状态改为 0000 而非原来的 1111，如图 5 - 35 所示。

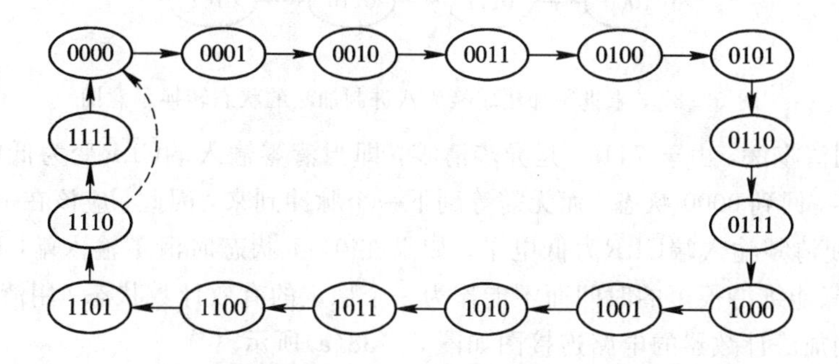

图 5 - 35　十六进制加法转换为十五进制加法的状态转换示意图

由于 74163 同时具有清零和置数功能，因此既可以采用清零法，也可以采用置数法。

如果采用清零法，当状态为 1110 时，要使 74163 的同步清零输入端 $\overline{CLR}$ 变为低电平，当下一个脉冲到来时，计数器被清零，回到 0000 状态。此时，清零输入端 $\overline{CLR}$ 变回高电平，计数器又回到计数工作模式重新开始计数。用清零法将 74163 构造成十五进制加法计数器的电路连接图如图 5 - 36(a)所示。

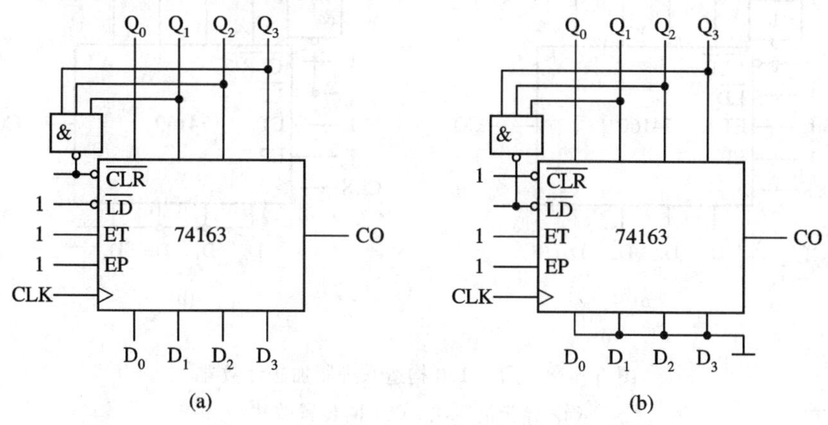

图 5 - 36　用 74163 构造十五进制加法计数器

(a) 同步清零法；(b) 同步置数法

如果采用置数法，当状态为 1110 时，要使 74163 的同步置数输入端$\overline{LD}$变为低电平，并行数据输入端 D_0、D_1、D_2、D_3 都接 0，当下一个脉冲到来时，计数器被置为 0000 状态。此时，置数输入端$\overline{LD}$变回高电平，计数器又回到计数工作模式重新开始计数。用置数法将 74163 构造成十五进制加法计数器的电路连接图如图 5－36(b)所示。

【例 5.2】 用 74160 构造八进制加法计数器。

解 74160 是具有异步清零和同步置数功能的十进制加法计数器，它的计数循环中包含 10 个状态，因此，用 74160 构造八进制加法计数器时，要使它提前两个状态结束计数循环，使状态 0111 的下一个状态改为 0000 而非原来的 1000，如图 5－37 所示。

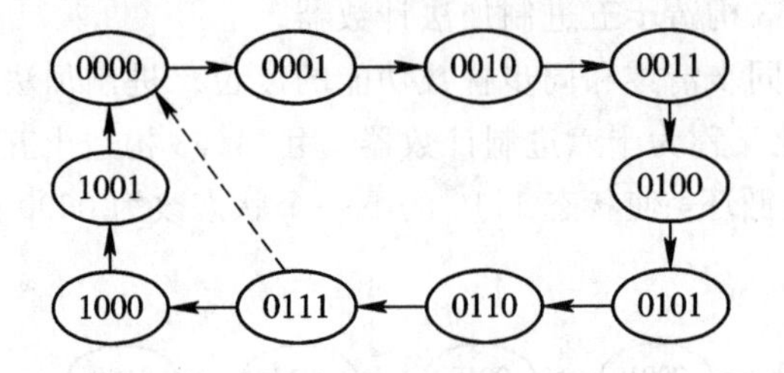

图 5－37 十进制加法转换为八进制加法的状态转换示意图

如果采用清零法，由于 74160 是异步清零，即当清零输入端$\overline{CLR}$变为低电平时，计数器马上被清零，回到 0000 状态，而无需等到下一个脉冲到来，因此，应该在 1000 状态而非 0111 状态时使清零输入端$\overline{CLR}$为低电平。如果在 0111 状态时清零输入端$\overline{CLR}$为低电平，则 0111 状态只能维持很短的时间而不能作为一个稳定的有效计数状态。用清零法将 74160 构造成八进制加法计数器的电路连接图如图 5－38(a)所示。

如果采用置数法，由于 74160 是同步置数，因此当状态为 0111 时，就要使 74160 的置数输入端$\overline{LD}$变为低电平。图 5－38(b)所示为用置数法将 74160 构造成八进制加法计数器的电路连接图。

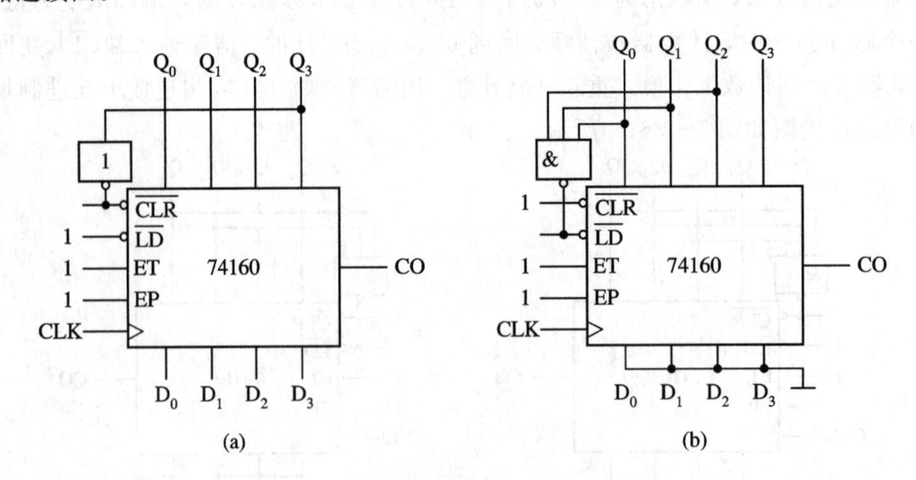

图 5－38 用 74160 构造八进制加法计数器

(a) 异步清零法；(b) 同步置数法

2）已有计数器的模 N 小于要构造计数器的模 M

当已有计数器的模 N 小于要构造计数器的模 M 时，如果 M 可以表示为已有计数器的模的乘积，则只需将计数器串接起来即可，无需利用计数器的清零端和置数端；如果 M 不能表示为已有计数器的模的乘积，则不仅要将计数器串接起来，还要利用计数器的清零端和置数端，使计数器绕过多余的状态。

【例 5.3】 用 74160 和 74163 构造一百六十进制计数器。

解　74160 的模为 10，74163 的模是 16，两者的乘积正好为 160，因此可以直接将一个 74160 和一个 74163 连接起来实现一百六十进制计数器。连接方法有串行进位和并行进位两种，分别如图 5－39 和图 5－40 所示。

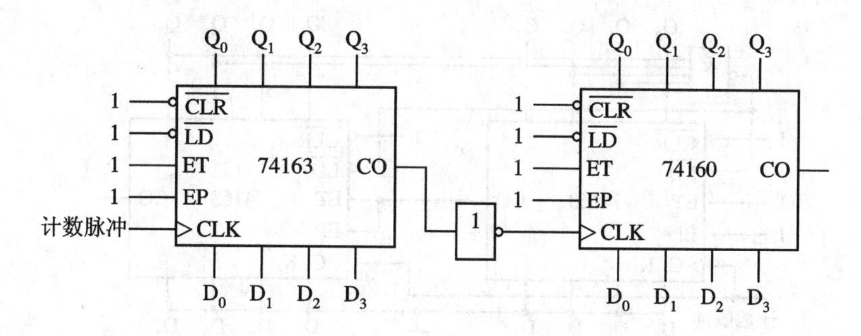

图 5－39　串行进位连接方式

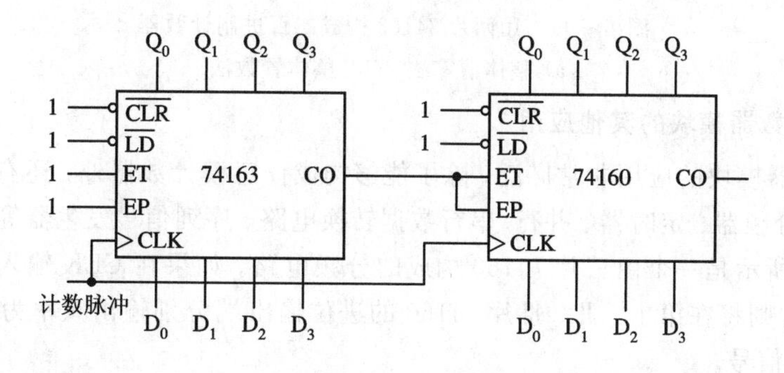

图 5－40　并行进位连接方式

【例 5.4】 用 74163 构造二百进制计数器。

解　74163 的模为 16，将两片 74163 连接起来可以构成二百五十六进制计数器。要构造二百进制计数器，必须让计数器绕过 56 个多余的状态，使计数器从全 0 状态开始计数，即经过输入 200 个计数脉冲后，重新回到全 0 状态。可以采用整体清零或整体置数方法。由于 74163 的清零和置数功能是同步方式的，因此要在计数 199 个脉冲后，使两片计数器的清零输入端或置数输入端都有效。

图 5－41(a)、(b)所示分别是整体清零法和整体置数法的电路连接图。由图中可知，当计数器计数到第 199 个脉冲时，状态为 11000111，此时与非门 G 的输出变为低电平，使清零输入端或置数输入端有效。这样，当下一个脉冲(第 200 个脉冲)到来时，计数器被清零或被置数而重新回到全 0 状态，实现二百进制的计数功能。

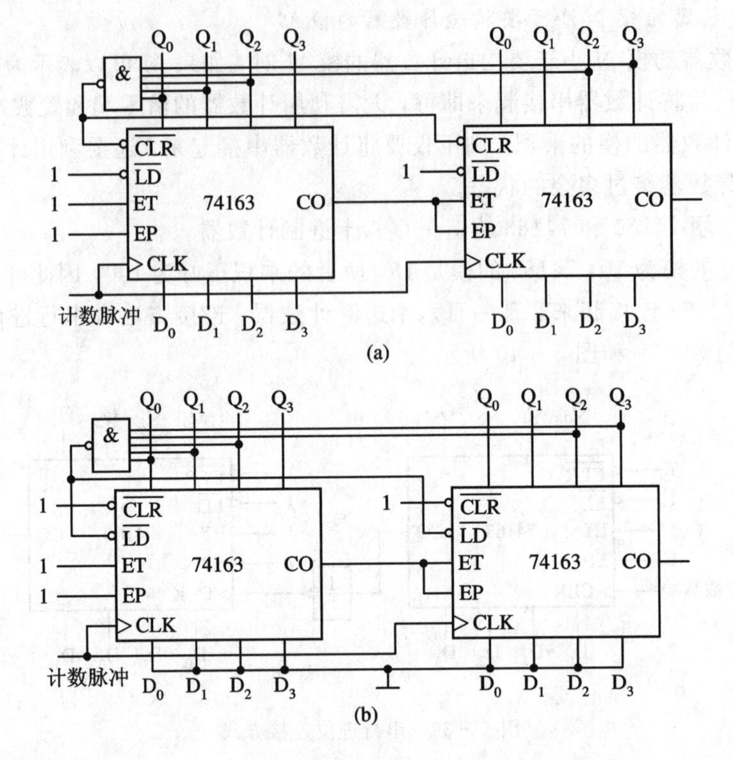

图 5-41　用两片 74163 构成二百进制计数器
(a) 整体清零法；(b) 整体置数法

5. MSI 计数器模块的其他应用

MSI 计数器模块的应用非常广泛，除了能够构成任意模计数器外，还有很多其他的用途，典型的有分频器、定时器、并行/串行数据转换电路、序列信号发生器等。

图 5-42 所示是一个由三片 74160 构成的分频电路。如果在 CLK 输入端加入频率为 f 的脉冲信号，则将在第Ⅰ、Ⅱ、Ⅲ片 74160 的进位输出端分别输出频率为 $f/10$、$f/100$、$f/1000$ 的脉冲信号。

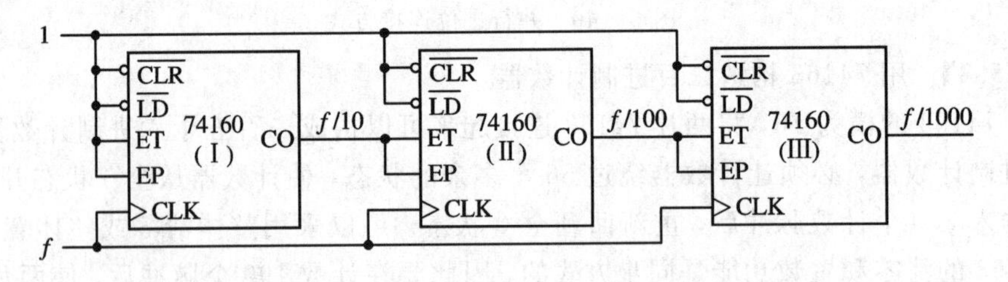

图 5-42　用 74160 构成分频电路

图 5-43 所示是一个由八进制加法计数器和八选一数据选择器构成的并行/串行数据转换电路。在数据选择器的数据输入端加入并行数据，在 CLK 信号的控制下，并行数据中的各位将按顺序一位接一位地从数据选择器的输出端输出，转换成串行数据，时序图如图 5-44 所示。如果在数据选择器的数据输入端加入固定的数据，则在 CLK 信号的控制下，将在数据选择器的输出端产生相应的序列信号。

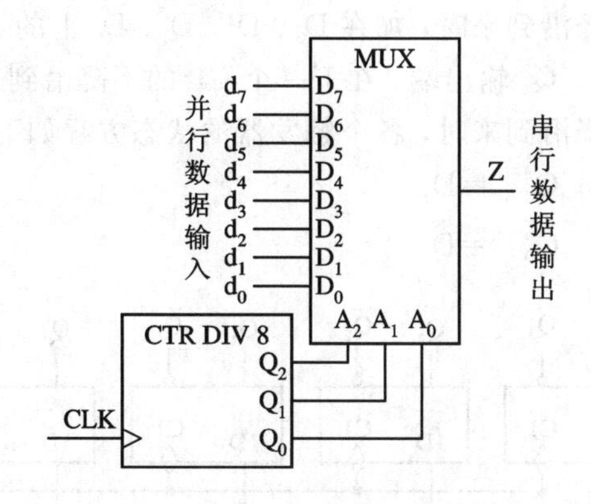

图 5-43　并行/串行数据转换电路

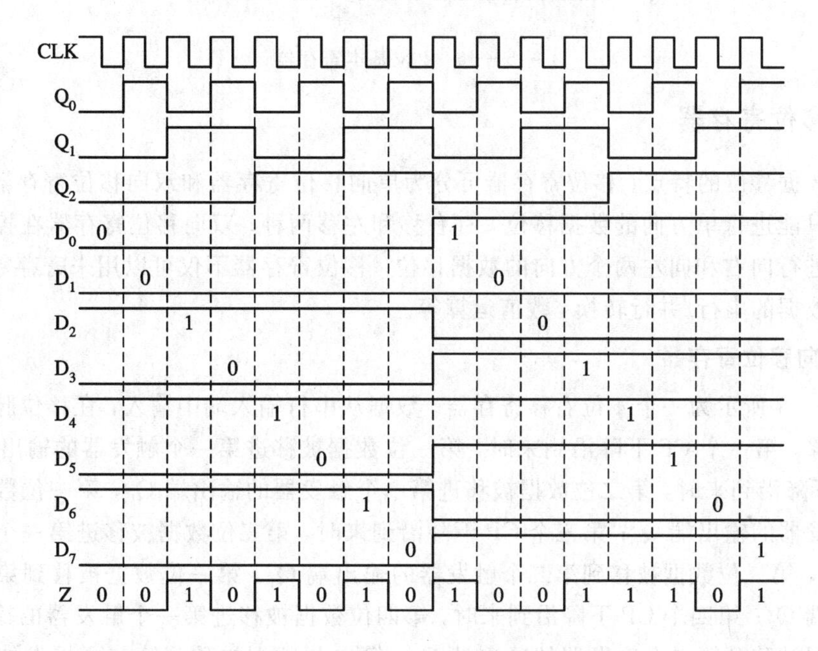

图 5-44　图 5-43 所示并行/串行数据转换电路的时序图

5.2　寄　存　器

寄存器是另一种常用的时序逻辑电路，主要用于对数据进行寄存和移位。寄存器可分为两大类：基本寄存器和移位寄存器。

基本寄存器只能寄存数据，其特点是：数据并行输入、并行输出。

移位寄存器不仅可以寄存数据，还可以对数据进行移位，数据在移位脉冲的控制下依次逐位左移或右移。移位寄存器有 4 种不同的工作方式：并行输入/并行输出、并行输入/串行输出、串行输入/并行输出和串行输入/串行输出。

5.2.1　基本寄存器

图 5-45 所示是由 4 个下降沿触发的边沿 D 触发器构成的 4 位基本寄存器。它的工作

原理很简单：当 CP 的下降沿到来时，加在 D_3、D_2、D_1、D_0 上的 4 位并行数据就被送入到 4 个触发器的 Q_3、Q_2、Q_1、Q_0 输出端，在下一个 CP 的下降沿到来之前，这些数据一直寄存在输出端。当 CP 的下降沿到来时，各个触发器的状态方程如下：

$$Q_3^{n+1}=D_3,\quad Q_2^{n+1}=D_2$$

$$Q_1^{n+1}=D_1,\quad Q_0^{n+1}=D_0$$

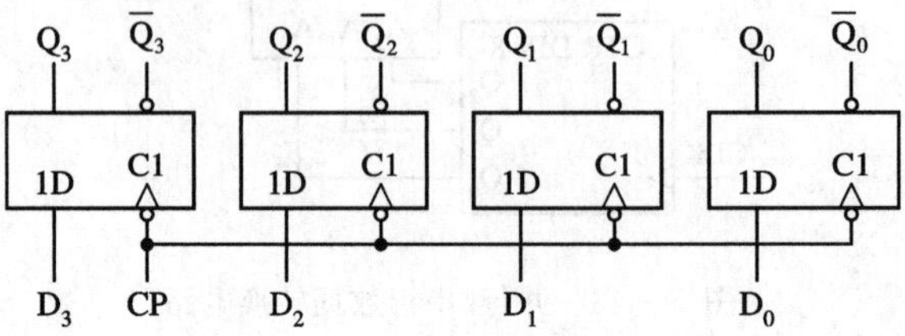

图 5-45　4 位基本寄存器

5.2.2　移位寄存器

按照数据移位的特点，移位寄存器可分为单向移位寄存器和双向移位寄存器。单向移位寄存器只能进行单方向的数据移位，有右移和左移两种。双向移位寄存器在控制信号的作用下可进行向右和向左两个方向的数据移位。移位寄存器不仅可以用来寄存数据，还广泛应用于数据的串行/并行转换、数值运算等。

1. 单向移位寄存器

图 5-46 所示为一个 4 位右移寄存器。数据从串行输入端中输入，在移位脉冲的作用下逐位右移，第一个 CP 下降沿到来时，第一位数据被移进第一个触发器的输出端 Q_0；第二个 CP 下降沿到来时，第二位数据被移进第一个触发器的输出端 Q_0，第一位数据被移到第二个触发器的输出端 Q_1；第三个 CP 下降沿到来时，第三位数据被移进第一个触发器的输出端 Q_0，第二位数据被移到第二个触发器的输出端 Q_1，第一位数据被移到第三个触发器的输出端 Q_2；第四个 CP 下降沿到来时，第四位数据被移进第一个触发器的输出端 Q_0，第三位数据被移到第二个触发器的输出端 Q_1，第二位数据被移到第三个触发器的输出端 Q_2，第一位数据被移到第四个触发器的输出端 Q_3。由此可见，在移位脉冲的作用下，可以从其中一个触发器的输出端串行输出数据，也可以经过 4 个移位脉冲后，从 4 个触发器的输出端并行输出数据。该寄存器有串行输入/串行输出、串行输入/并行输出两种工作方式。

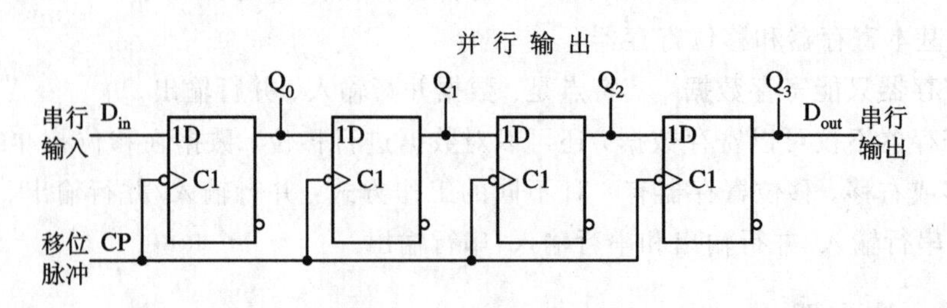

图 5-46　4 位右移寄存器

当 CP 的下降沿到来时，触发器的状态方程为

$$Q_3^{n+1}=Q_2^n$$

$$Q_2^{n+1}=Q_1^n$$

$$Q_1^{n+1}=Q_0^n$$

$$Q_0^{n+1}=D_{in}$$

图 5 - 47 所示为输入数据 1001 时寄存器的时序图。

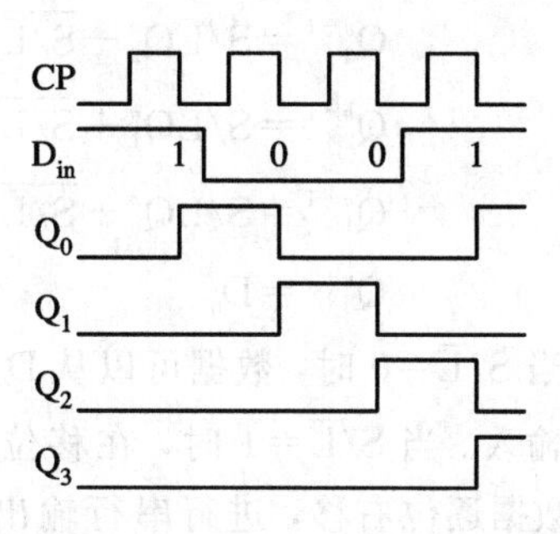

图 5 - 47　图 5 - 46 所示右移寄存器的时序图

图 5 - 48 所示是一个 4 位左移寄存器，其工作原理和图 5 - 46 所示的右移寄存器相似。不同之处在于：在图 5 - 48 所示寄存器中，数据是逐位左移的；在图 5 - 46 所示寄存器中，数据是逐位右移的。

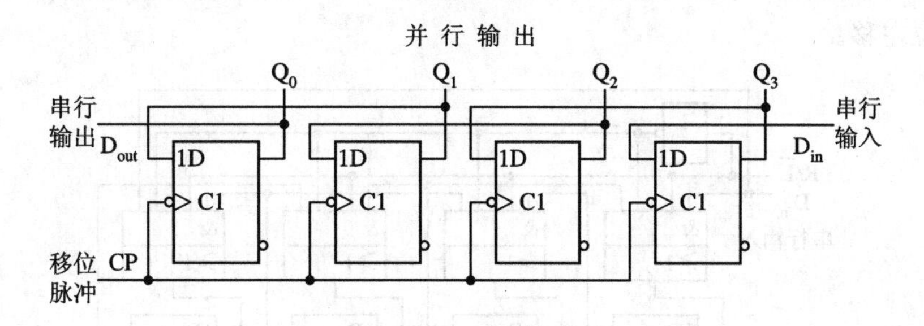

图 5 - 48　4 位左移寄存器

当 CP 的下降沿到来时，触发器的状态方程如下：

$$Q_3^{n+1}=D_{in},\quad Q_2^{n+1}=Q_3^n$$

$$Q_1^{n+1}=Q_2^n,\quad Q_0^{n+1}=Q_1^n$$

在图 5 - 46 和图 5 - 48 所示的移位寄存器中，数据都是串行输入的，既可以串行输出，也可以并行输出，可以实现数据的串行/并行转换。图 5 - 49 所示是一个数据并行输入、串行输出的移位寄存器，它可以实现数据的并行/串行转换。

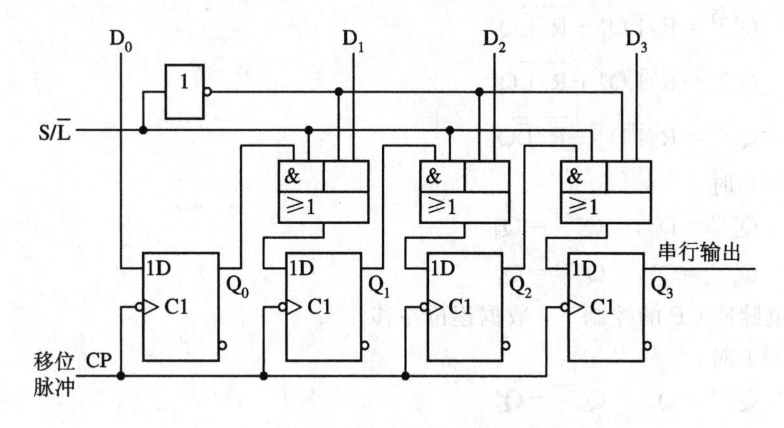

图 5 - 49　并入/串出移位寄存器

当 CP 的下降沿到来时，由图 5 - 49 写出触发器的状态方程如下：

$$Q_3^{n+1} = S/\overline{L}Q_2^n + \overline{S/\overline{L}}D_3$$

$$Q_2^{n+1} = S/\overline{L}Q_1^n + \overline{S/\overline{L}}D_2$$

$$Q_1^{n+1} = S/\overline{L}Q_0^n + \overline{S/\overline{L}}D_1$$

$$Q_0^{n+1} = D_0$$

当 $S/\overline{L}=0$ 时，数据可以从 D_0、D_1、D_2、D_3 端并行输入。当 $S/\overline{L}=1$ 时，在移位脉冲 CP 的控制下，数据逐位右移，进行串行输出。因此，此寄存器可以实现数据的并行/串行转换，图 5 - 50 所示是它的时序图。

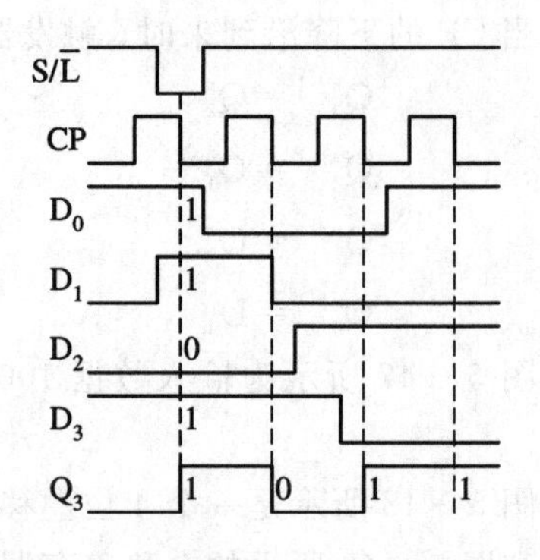

图 5 - 50 图 5 - 49 所示寄存器的时序图

2. 双向移位寄存器

图 5 - 51 所示是一个双向移位寄存器，利用它可以对数据进行逐位右移，也可以对数据进行逐位左移。

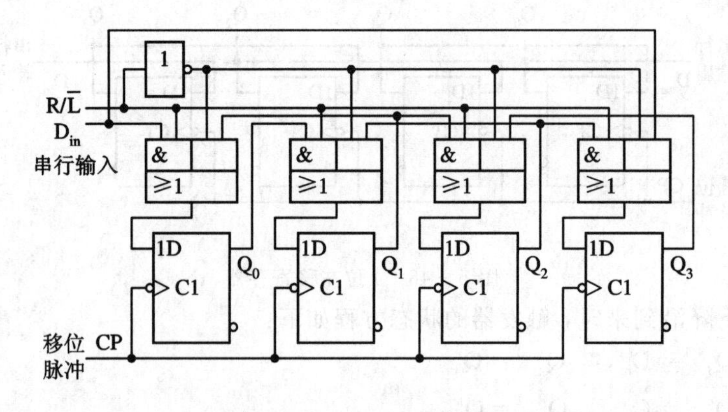

图 5 - 51 双向移位寄存器

当 CP 的下降沿到来时，触发器的状态方程为

$$Q_3^{n+1} = R/\overline{L}Q_2^n + \overline{R/\overline{L}}D_{in}$$

$$Q_2^{n+1} = R/\overline{L}Q_1^n + \overline{R/\overline{L}}Q_3^n$$

$$Q_1^{n+1} = R/\overline{L}Q_0^n + \overline{R/\overline{L}}Q_2^n$$

$$Q_0^{n+1} = R/\overline{L}D_{in} + \overline{R/\overline{L}}Q_1^n$$

当 $R/\overline{L}=0$ 时：

$$Q_3^{n+1} = D_{in}，\quad Q_2^{n+1} = Q_3^n$$

$$Q_1^{n+1} = Q_2^n，\quad Q_0^{n+1} = Q_1^n$$

此时，在移位脉冲 CP 的控制下，数据逐位左移。

当 $R/\overline{L}=1$ 时：

$$Q_3^{n+1} = Q_2^n，\quad Q_2^{n+1} = Q_1^n$$

$$Q_1^{n+1} = Q_0^n，\quad Q_0^{n+1} = D_{in}$$

此时，在移位脉冲 CP 的控制下，数据逐位右移。

图 5 - 52 所示为寄存器的时序图，图中假设触发器的初始状态为 0000。

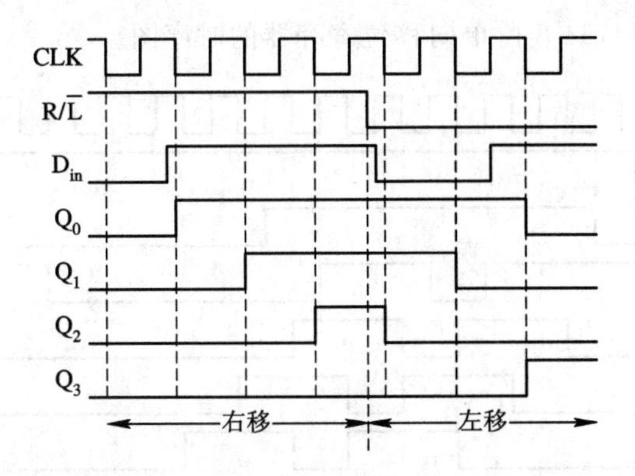

图 5 - 52 图 5 - 51 所示寄存器的时序图

5.2.3 MSI 寄存器模块及应用

1. MSI 74164 8位单向移位寄存器

74164是具有异步清零功能的8位串行输入/并行输出单向移位寄存器，它的逻辑符号如图5-53所示。图中，$\overline{CLR}$是异步清零端；A和B是串行数据输入端；$Q_0 \sim Q_7$是数据并行输出端；CLK是移位脉冲输入端。

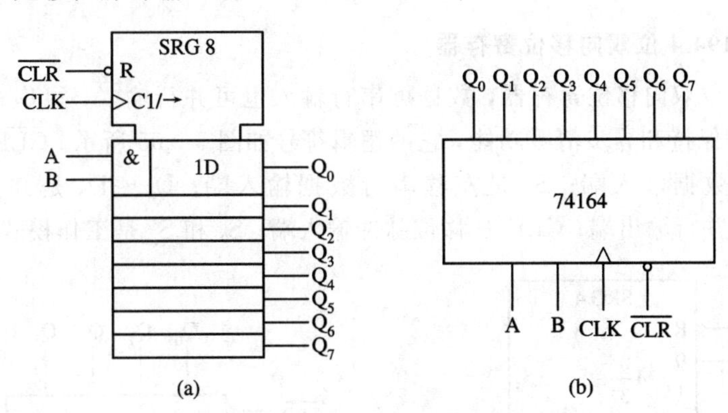

图 5 - 53 74164 八位单向移位寄存器

(a) 国标符号；(b) 惯用模块符号

表5-12所示是74164的功能表。当CP的上升沿到来时，74164的状态方程为

$$Q_0^{n+1}=A \cdot B,\quad Q_1^{n+1}=Q_0^n,\quad Q_2^{n+1}=Q_1^n$$

$$Q_3^{n+1}=Q_2^n,\quad Q_4^{n+1}=Q_3^n,\quad Q_5^{n+1}=Q_4^n$$

$$Q_6^{n+1}=Q_5^n,\quad Q_7^{n+1}=Q_6^n$$

表 5 - 12 74164 8位单向移位寄存的功能表

输 入			输 出								工作模式
$\overline{CLR}$	CLK	A·B	Q_0^{n+1}	Q_1^{n+1}	Q_2^{n+1}	Q_3^{n+1}	Q_4^{n+1}	Q_5^{n+1}	Q_6^{n+1}	Q_7^{n+1}	
0	×	×	0	0	0	0	0	0	0	0	异步清零
1	↑	0	0	Q_0^n	Q_1^n	Q_2^n	Q_3^n	Q_4^n	Q_5^n	Q_6^n	移入0
1	↑	1	1	Q_0^n	Q_1^n	Q_2^n	Q_3^n	Q_4^n	Q_5^n	Q_6^n	移入1

图 5 - 54 所示是 74164 8 位单向移位寄存器的时序图。

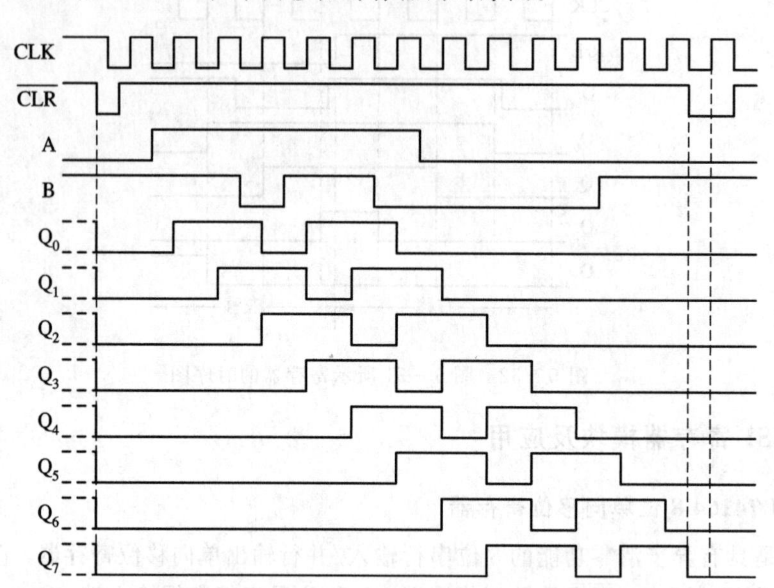

图 5 - 54　74164 8 位单向移位寄存器的时序图

2. MSI 74194 4 位双向移位寄存器

74194 是 4 位双向移位寄存器，数据可串行输入也可并行输入，可串行输出也可并行输出，同时具有保持和异步清零功能，它的逻辑符号如图 5 - 55 所示。$\overline{CLR}$是异步清零端；S_R 是右移串行数据输入端；S_L 是左移串行数据输入端；$D_0 \sim D_7$ 是并行数据输入端；$Q_0 \sim Q_7$ 是数据并行输出端；CLK 是移位脉冲输入端；S_0 和 S_1 是工作模式选择端。

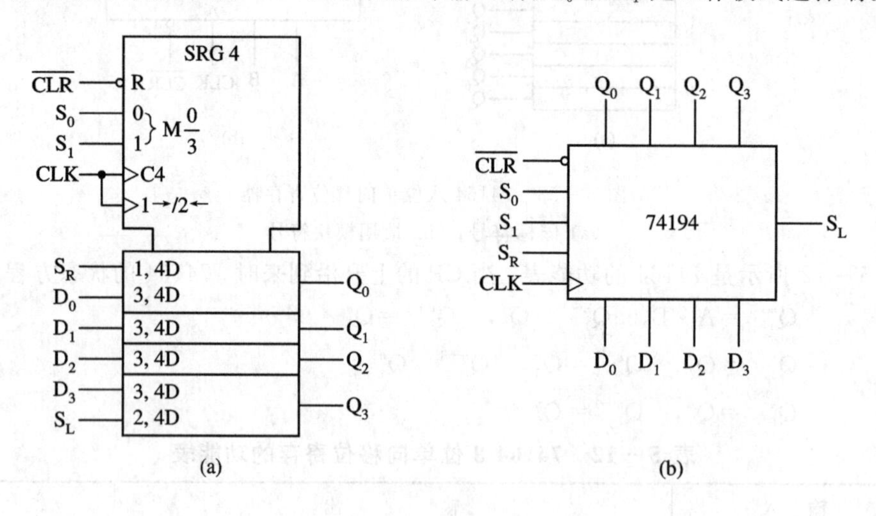

图 5 - 55　74194 4 位双向移位寄存器

(a) 国标符号；(b) 惯用模块符号

表 5 - 13 所示是 74194 4 位双向移位寄存器的功能表。

表 5-13　74194 4位双向移位寄存器的功能表

输		入						输		出		工作模式
$\overline{CLR}$	S_1	S_0	CLK	D_0	D_1	D_2	D_3	Q_0^{n+1}	Q_1^{n+1}	Q_2^{n+1}	Q_3^{n+1}	
0	×	×	×	×	×	×	×	0	0	0	0	异步清零
1	0	0	↑	×	×	×	×	Q_0^n	Q_1^n	Q_2^n	Q_3^n	保持
1	0	1	↑	×	×	×	×	S_R	Q_0^n	Q_1^n	Q_2^n	右移
1	1	0	↑	×	×	×	×	Q_1^n	Q_2^n	Q_3^n	S_L	左移
1	1	1	↑	d_0	d_1	d_2	d_3	d_0	d_1	d_2	d_3	并行输入

74194的工作模式如下。

(1) 当$S_1=0$、$S_0=0$时，为保持工作模式：

$$Q_3^{n+1}=Q_3^n,\quad Q_2^{n+1}=Q_2^n$$
$$Q_1^{n+1}=Q_1^n,\quad Q_0^{n+1}=Q_0^n$$

(2) 当$S_1=0$、$S_0=1$时，为右移工作模式：

$$Q_3^{n+1}=Q_2^n,\quad Q_2^{n+1}=Q_1^n$$
$$Q_1^{n+1}=Q_0^n,\quad Q_0^{n+1}=S_R$$

(3) 当$S_1=1$、$S_0=0$时，为左移工作模式：

$$Q_3^{n+1}=S_L,\quad Q_2^{n+1}=Q_3^n$$
$$Q_1^{n+1}=Q_2^n,\quad Q_0^{n+1}=Q_1^n$$

(4) 当$S_1=1$、$S_0=1$时，为并行输入工作模式：

$$Q_3^{n+1}=D_3,\quad Q_2^{n+1}=D_2$$
$$Q_1^{n+1}=D_1,\quad Q_0^{n+1}=D_0$$

图5-56为74194 4位双向移位寄存器的时序图。

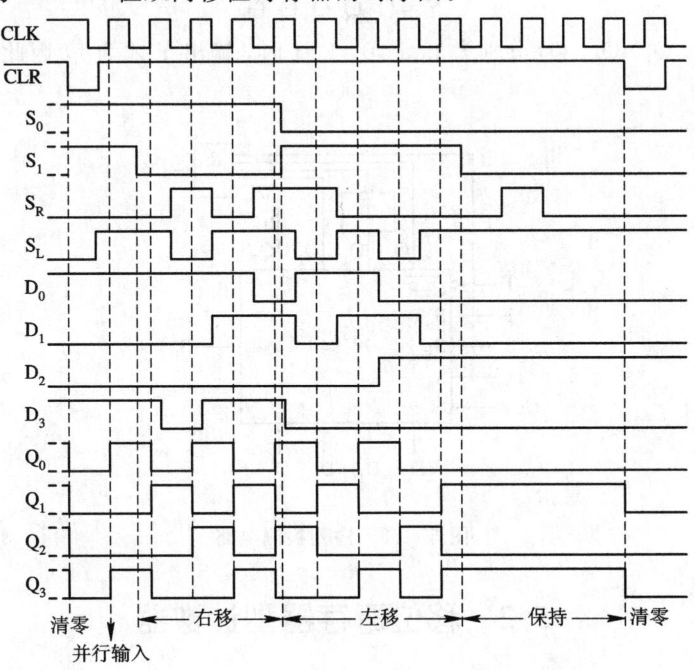

图5-56　74194 4位双向移位寄存器的时序图

3. MSI 寄存器模块的应用

MSI 寄存器模块的用途很广泛，比较常用的有延时控制、序列发生与检测、串行/并行数据转换等。

1）延时控制

利用串行输入/串行输出的 MSI 寄存器模块可以产生一定数量的延时。图 5 - 57(a)所示是由 74164 构成的结构非常简单的延时电路，时序图如图 5 - 57(b)所示。

图 5 - 57(a)中，数据从 74164 的两个串行输入端输入，从第 i 个($i=0, 1, \cdots, 7$)输出端 Q_i 输出，需要经过 $i+1$ 个移位脉冲。假设移位脉冲的周期为 T，则输出的延时为 $(i+1)T$。

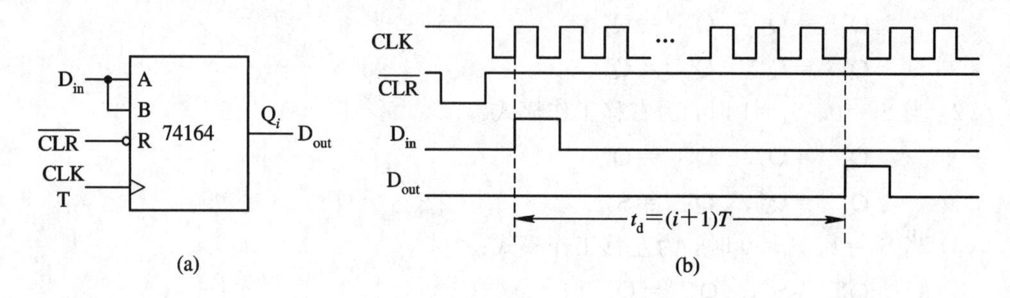

图 5 - 57　用 74164 进行延时控制

(a) 逻辑电路；(b) 时序图

2）序列检测

图 5 - 58 所示是一个由 74194 双向移位寄存器构成的序列检测电路。在电路中，74194 工作于右移方式，数据序列 D_{in} 由 S_R 端逐位右移输入，输出为

$$Y = D_{in} Q_0 \overline{Q_1} Q_2 Q_3$$

只有当 D_{in}、Q_0、Q_1、Q_2、Q_3 分别为 1、1、0、1、1 时，输出 Y 才为 1，因此可以用这一电路检测序列 11011。

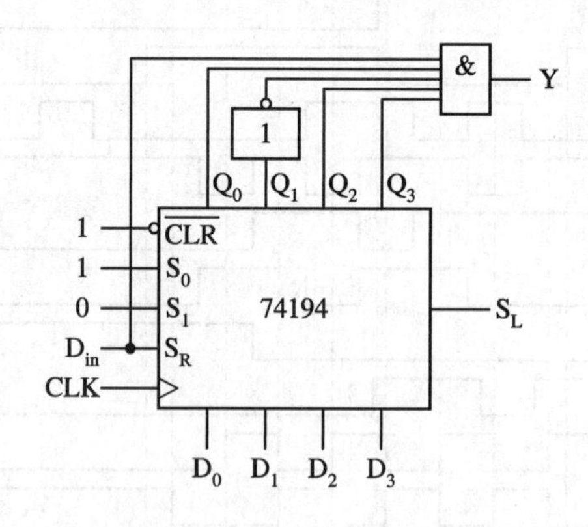

图 5 - 58　序列检测电路

5.3　移位寄存器型计数器

移位寄存器型计数器是在移位寄存器的基础上，通过增加反馈构成的。图 5 - 59 所示

是移位寄存器型计数器的逻辑结构图。环型计数器和扭环型计数器是两种最常用的移位寄存器型计数器。

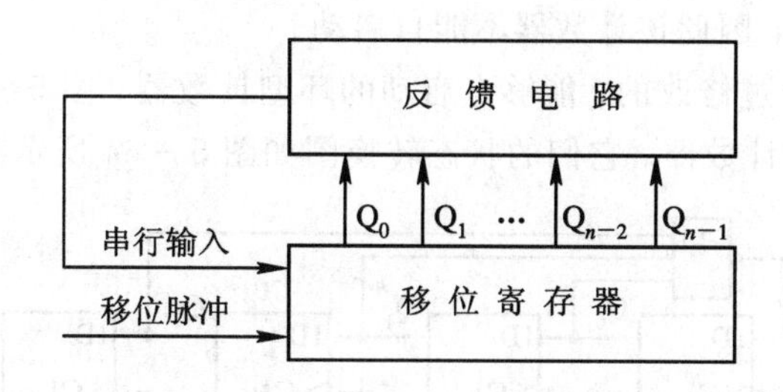

图 5－59　移位寄存器型计数器逻辑结构图

1. 环型计数器

基本的环型计数器是将移位寄存器中最后一级的 Q 输出端直接反馈到串行输入端构成的。图 5－60 是一个由 4 个下降沿触发的边沿 D 触发器组成的基本环型计数器。

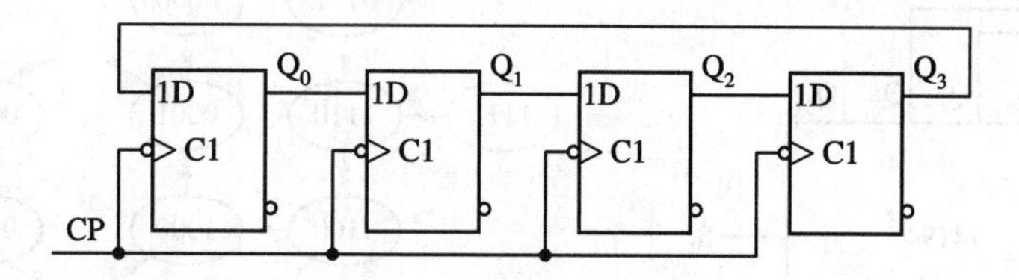

图 5－60　环型计数器

当 CP 的下降沿到来时，触发器的状态方程为

$$Q_3^{n+1}=Q_2^n,\quad Q_2^{n+1}=Q_1^n$$

$$Q_1^{n+1}=Q_0^n,\quad Q_0^{n+1}=Q_3^n$$

表 5－14 和图 5－61 所示分别是计数器的状态转换表和状态转换图。

表 5－14　图 5－60 所示环型计数器的状态转换表

Q_3^n	Q_2^n	Q_1^n	Q_0^n	Q_3^{n+1}	Q_2^{n+1}	Q_1^{n+1}	Q_0^{n+1}	Q_3^n	Q_2^n	Q_1^n	Q_0^n	Q_3^{n+1}	Q_2^{n+1}	Q_1^{n+1}	Q_0^{n+1}
0	0	0	0	0	0	0	0	1	0	0	0	0	0	0	1
0	0	0	1	0	0	1	0	1	0	0	1	0	0	1	1
0	0	1	0	0	1	0	0	1	0	1	0	0	1	0	1
0	0	1	1	0	1	1	0	1	0	1	1	0	1	1	1
0	1	0	0	1	0	0	0	1	1	0	0	1	0	0	1
0	1	0	1	1	0	1	0	1	1	0	1	1	0	1	1
0	1	1	0	1	1	0	0	1	1	1	0	1	1	0	1
0	1	1	1	1	1	1	0	1	1	1	1	1	1	1	1

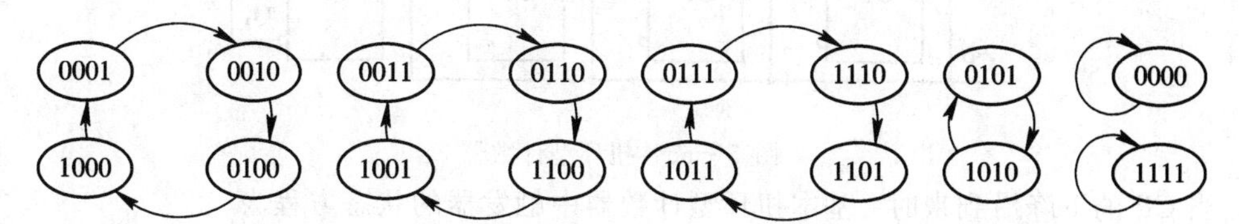

图 5－61　图 5－60 所示环型计数器的状态转换图

上面的状态转换图中共有6个循环，计数器正常工作时只能选用其中的一个循环(比如由0001、0010、0100、1000构成的循环)。被选中的循环是有效循环，其余循环都是无效循环。由于有无效循环，因此该计数器不能自启动。

图5-62所示是经过修改的、能够自启动的环型计数器；图5-63所示是由74194构成的能够自启动的环型计数器。它们的状态转换图如图5-64所示。

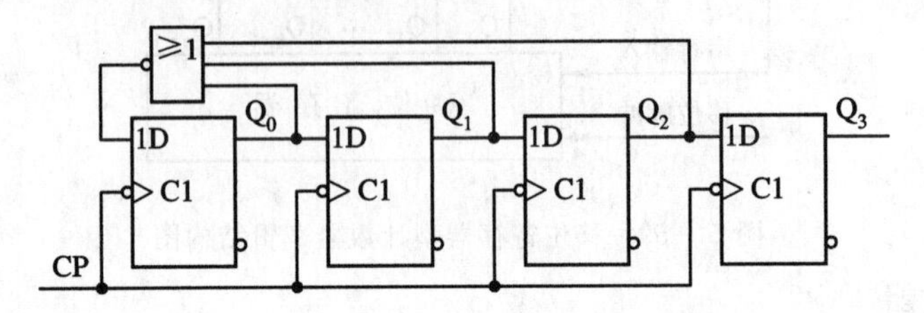

图5-62　修改的能自启动的环型计数器

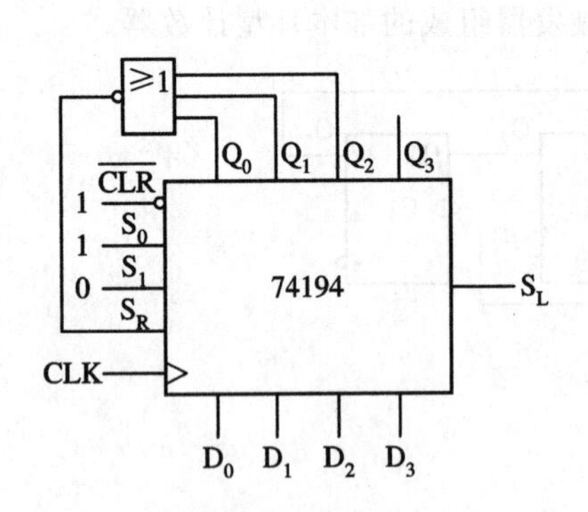

图5-63　由74194构成的能自启动的环型计数器

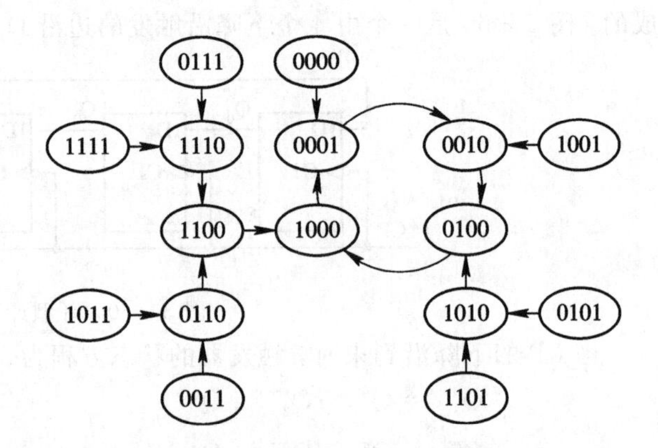

图5-64　自启动环型计数器的状态转换图

2. 扭环型计数器

在环型计数器中，有效循环只包含了很少的状态(有效状态)，其余多数的状态都没有利用，是无效状态，状态的利用率很低。扭环型计数器(也称为Johnson计数器)是在不改变移位寄存器内部结构的条件下，为了提高计数器状态的利用率而设计出来的。基本的扭环型计数器和基本环型计数器不同的地方是：将移位寄存器中最后一级的$\overline{Q}$而不是Q输出端直接反馈到串行输入端。图5-65所示是一个由4个下降沿触发的边沿D触发器组成的基本扭环型计数器。

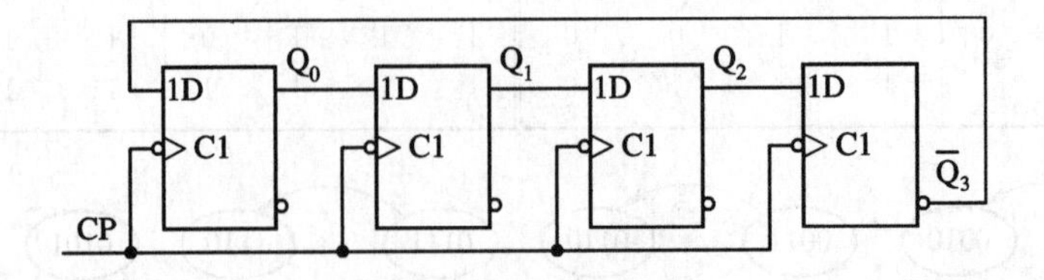

图5-65　扭环型计数器

当CP的下降沿到来时，基本扭环型计数器中触发器的状态方程为

$$Q_3^{n+1}=Q_2^n,\quad Q_2^{n+1}=Q_1^n$$

$Q_1^{n+1}=Q_0^n$，　$Q_0^{n+1}=\overline{Q}_3^n$

基本扭环型计数器的状态转换表和状态转换图分别如表 5 - 15 和图 5 - 66 所示。

表 5 - 15　图 5 - 65 所示扭环型计数器的状态转换表

Q_3^n	Q_2^n	Q_1^n	Q_0^n	Q_3^{n+1}	Q_2^{n+1}	Q_1^{n+1}	Q_0^{n+1}
0	0	0	0	0	0	0	1
0	0	0	1	0	0	1	1
0	0	1	0	0	1	0	1
0	0	1	1	0	1	1	1
0	1	0	0	1	0	0	1
0	1	0	1	1	0	1	1
0	1	1	0	1	1	0	1
0	1	1	1	1	1	1	1
1	0	0	0	0	0	0	0
1	0	0	1	0	0	1	0
1	0	1	0	0	1	0	0
1	0	1	1	0	1	1	0
1	1	0	0	1	0	0	0
1	1	0	1	1	0	1	0
1	1	1	0	1	1	0	0
1	1	1	1	1	1	1	0

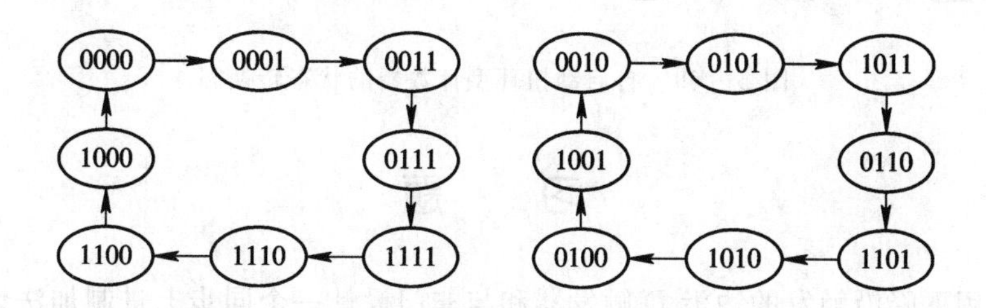

图 5 - 66　图 5 - 65 所示扭环型计数器的状态转换图

由状态转换图可以看出，基本扭环型计数器也是不能自启动的。

图 5 - 67 所示是经过修改的能够自启动的扭环型计数器；图 5 - 68 所示是由 74194 构成的能够自启动的扭环型计数器。图 5 - 67 和图 5 - 68 所示能自启动扭环型计数器的状态方程(CP 下降沿有效，CLK 上升沿有效)为

$Q_3^{n+1}=Q_2^n$，　$Q_2^{n+1}=Q_1^n$

$Q_1^{n+1}=Q_0^n$，　$Q_0^{n+1}=\overline{Q}_3^n+Q_1^n\overline{Q}_2^n$

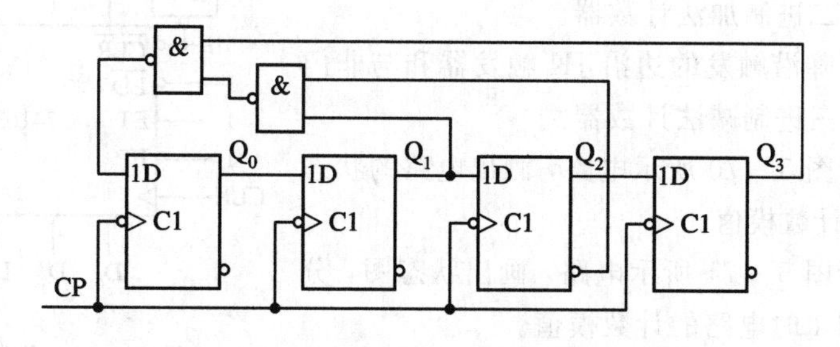

图 5 - 67　修改的能自启动的扭环型计数器

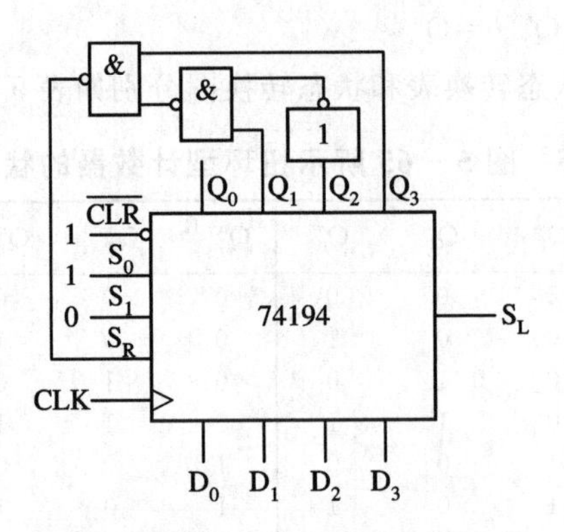

图 5-68　由 74194 构成的能自启动的扭环型计数器

图 5-69 所示是它们的状态转换图。

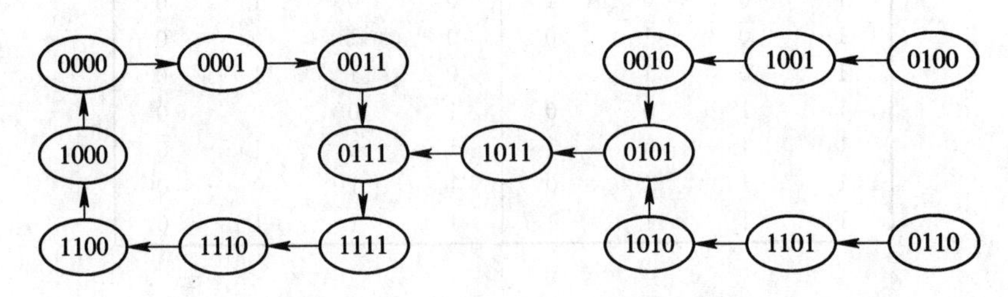

图 5-69　自启动扭环型计数器的状态转换图

习　题

5-1　用下降沿触发的边沿 D 触发器和与非门设计一个同步七进制加法计数器。

5-2　用下降沿触发的边沿 T 触发器和与非门设计一个同步十二进制加/减可逆计数器。

5-3　用下降沿触发的边沿 JK 触发器和与非门设计一个同步可控进制减法计数器，要求当控制变量为 0 时为十一进制，当控制变量为 1 时为十四进制。

5-4　用下降沿触发的边沿 D 触发器和与非门设计一个异步七进制加法计数器。

5-5　用下降沿触发的边沿 T 触发器和与非门设计一个异步十二进制加法计数器。

5-6　用下降沿触发的边沿 JK 触发器和与非门设计一个异步十三进制减法计数器。

5-7　分析图 5-70 所示电路，画出电路的状态图，说明电路的计数模值。

5-8　分析图 5-71 所示电路，画出状态图，分别说明 C 为 0 和 1 时电路的计数模值。

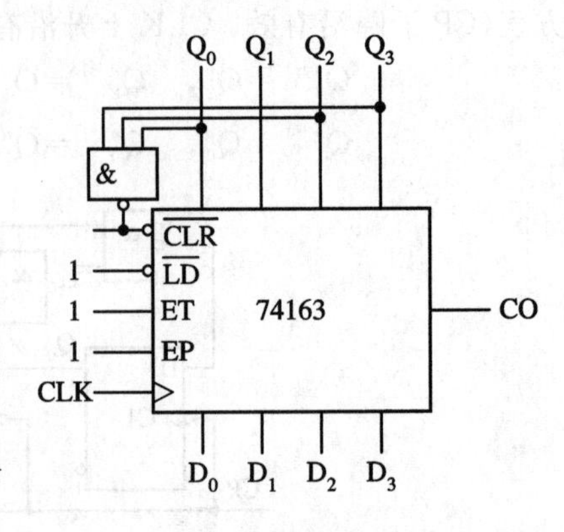

图 5-70　习题 5-7 图

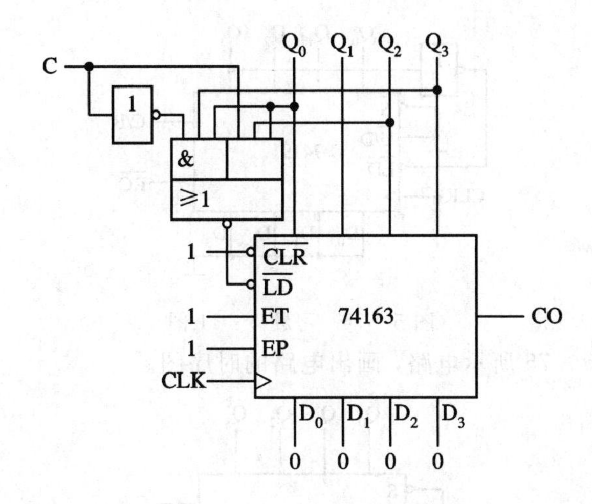

图 5-71　习题 5-8 图

5-9　分析图 5-72 所示电路，说明电路的计数模值。

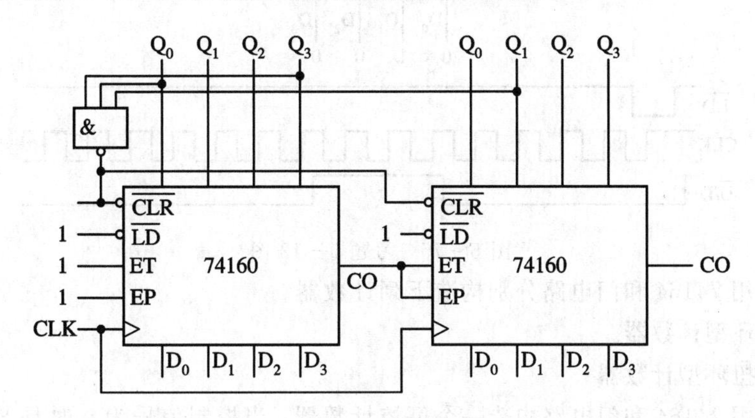

图 5-72　习题 5-9 图

5-10　分析图 5-73 所示电路，说明电路的计数模值。

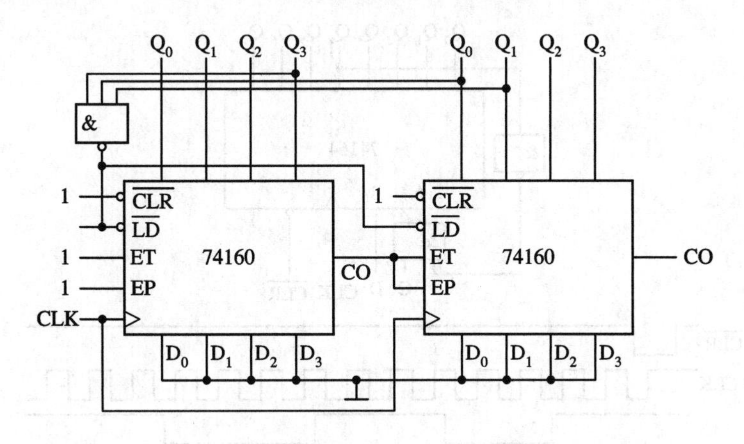

图 5-73　习题 5-10 图

5-11　分析图 5-74 所示电路，画出电路的时序图。假设初始状态为 0000。

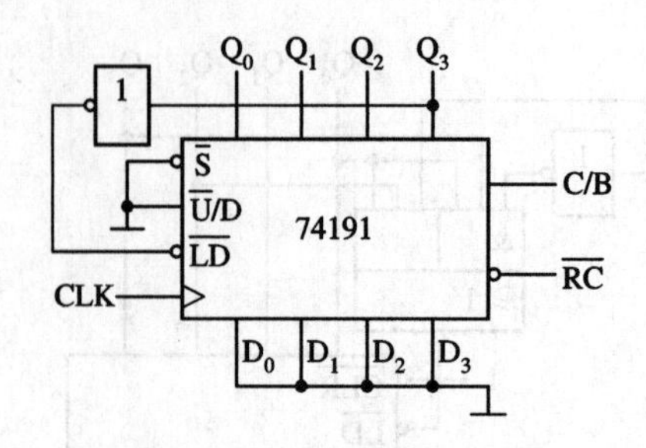

图 5-74 习题 5-11 图

5-12 分析图 5-75 所示电路，画出电路的时序图。

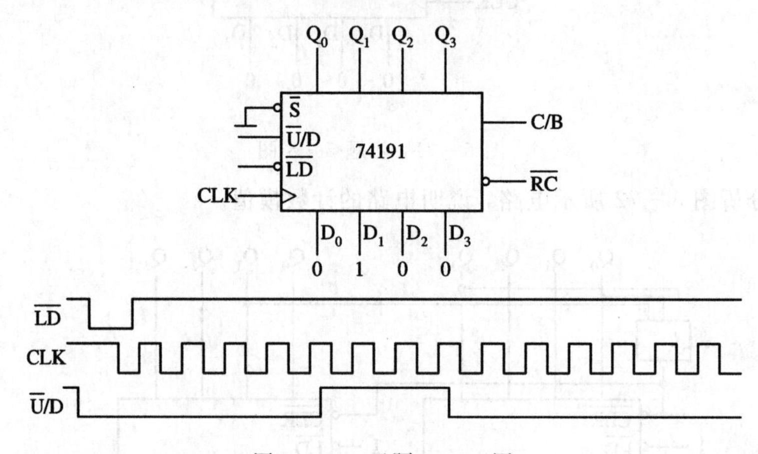

图 5-75 习题 5-12 图

5-13 用 74164 和门电路分别构造下列计数器。

(1) 6 位环型计数器。

(2) 6 位扭环型计数器。

5-14 用 74164 和门电路构造一个可控计数器，当控制信号为 0 时是 8 位环型计数器；当控制信号为 1 时是 8 位扭环型计数器。

5-15 分析图 5-76 所示电路，画出电路的时序图。

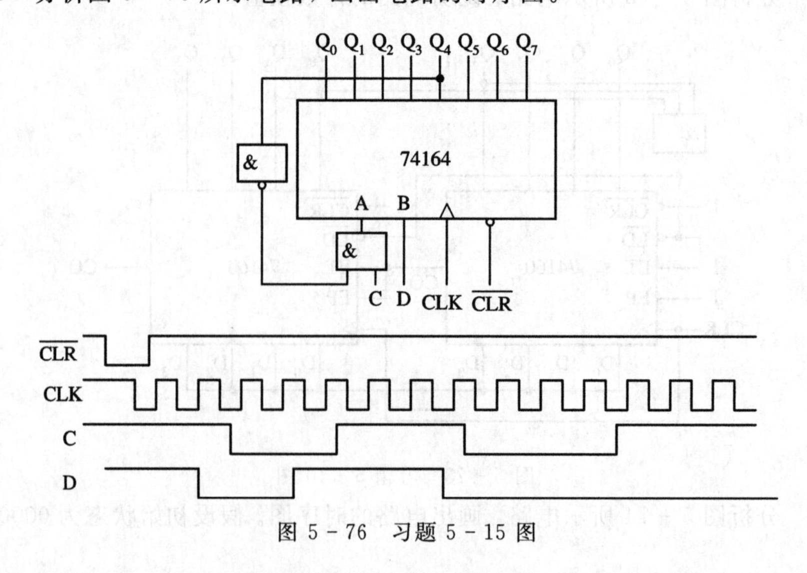

图 5-76 习题 5-15 图

5 - 16　用两片 74194 组成 8 位双向移位寄存器。

5 - 17　用 74194 和门电路构造一个可控计数器，当控制信号 A 为 0 时是 4 位右移环型计数器；当控制信号 A 为 1 时是 4 位左移环型计数器。

5 - 18　分析图 5 - 77 所示电路，画出电路的时序图。

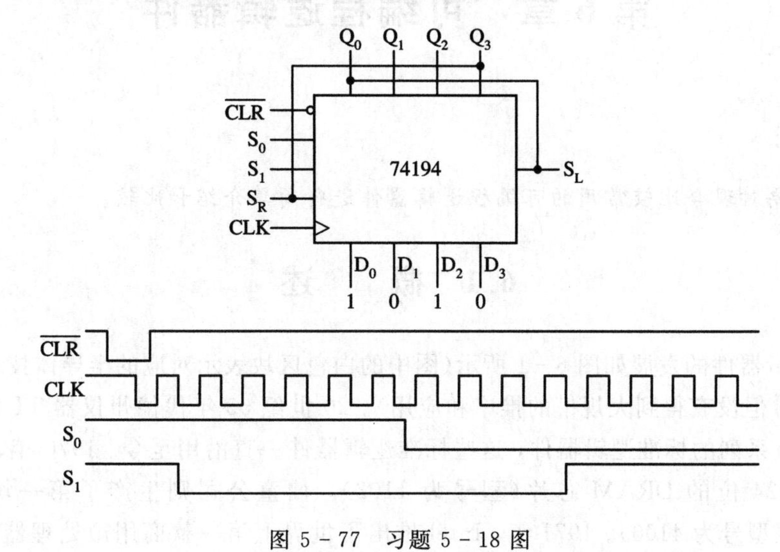

图 5 - 77　习题 5 - 18 图

第6章 可编程逻辑器件

本章主要对现今比较常用的可编程逻辑器件进行简单介绍和比较。

6.1 概 述

数字逻辑器件的发展如图6-1所示(图中的白色区块表示对应的半导体技术和产品虽然已经出现，但没有得到大规模的推广和应用)。20世纪60年代德州仪器TI公司推出了54系列和74系列的标准逻辑器件，这些标准逻辑器件一直沿用至今。1970年，Intel生产了第一块1024位的DRAM芯片(型号为1103)，仙童公司则生产了第一块256位的SRAM芯片(型号为4100)。1971年，Intel推出了世界上第一款商用微处理器芯片4004，4004微处理器芯片中包含约2300个晶体管，每秒可以执行6万次操作。从图6-1中可以看到，虽然专用集成电路(ASIC，Application Specific Integrated Circuit)芯片在20世纪60年代中期已经出现，但ASIC芯片生产工艺在70年代末期才趋于成熟并开始投入大规模应用。

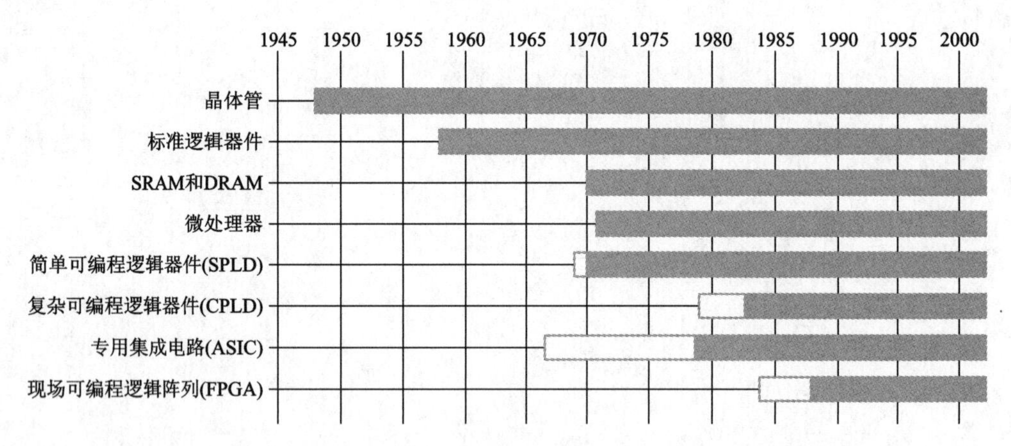

图6-1 数字逻辑器件的发展

标准逻辑器件、微处理器芯片、SRAM和DRAM芯片以及专用集成电路芯片，这些种类的芯片一旦生产出来，它们内部的逻辑结构和电路结构是固定不变的。与这些芯片不同，业界还推出了另一大类数字逻辑器件，这类数字逻辑器件的逻辑功能和电路结构可以通过电学和逻辑编程的方式进行变换，从而得到新的逻辑功能和电路结构，这类器件被称为PLD(Programmable Logic Devices)，即可编程逻辑器件。

可编程逻辑器件包括图6-1中的简单可编程逻辑器件(SPLD，Simple Programmable

Logic Devices)、复杂可编程逻辑器件(CPLD，Complex Programmable Logic Devices)、现场可编程逻辑阵列(FPGA，Field Programmable Gate Arrays)三类器件。从图 6-1 中可知，从简单可编程逻辑器件、复杂可编程逻辑器件到现场可编程逻辑阵列，这三类可编程逻辑器件的集成度、复杂度和性能是不断提高的，它们产生的年代也是各不相同的。

由于可编程逻辑器件的逻辑功能和电路结构可以通过电学和逻辑编程的方式进行变换，因此最先出现的 SPLD 的功能和意义并不仅仅局限于将印制板上多个分立的 54 或 74 标准逻辑器件集成到一个 SPLD 芯片中，它提高了系统的性能和可靠性，降低了印制板和系统的成本，更重要的是，SPLD 芯片的逻辑功能和电路结构将可以按照系统的功能需求进行编程，极大地方便了系统原型的建构、系统功能的验证和完善，具有重要的设计方法学的突破意义。随着 SPLD 的成功应用、推广以及半导体技术的不断成熟和发展，性能更先进、功能更复杂的复杂可编程逻辑器件和现场可编程逻辑阵列也在不断推出并得到推广应用。可编程逻辑器件的分类如图 6-2 所示。

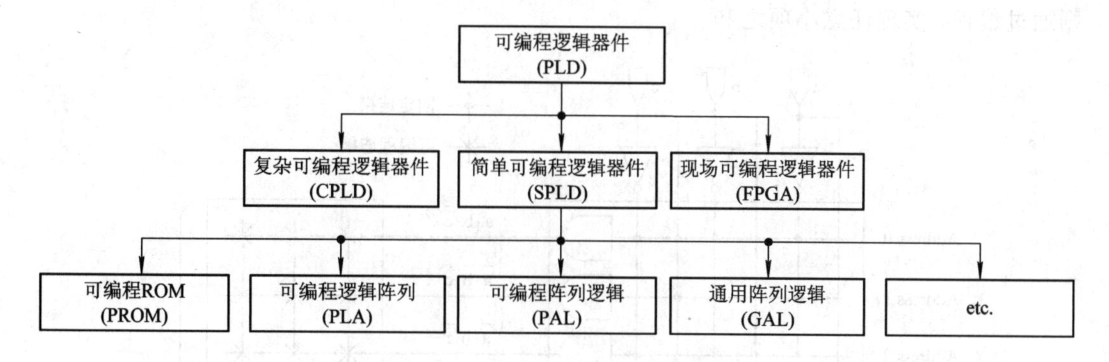

图 6-2　可编程逻辑器件的分类

6.2　简单可编程逻辑器件(SPLD)

如图 6-2 所示，简单可编程逻辑器件可分为 PROM、PLA、PAL 和 GAL 等不同种类的器件，这些 SPLD 的结构可以统一概括为图 6-3 所示的基本结构，由输入电路、与阵列、或阵列和输出电路四部分组成。其中，与阵列和或阵列用于实现逻辑函数和功能，它是 SPLD 的核心部分。

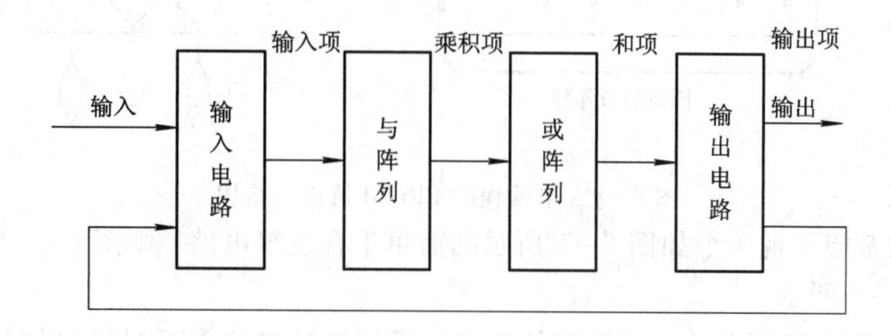

图 6-3　SPLD 器件的基本结构

输入电路的功能是对输入信号进行缓冲，在部分 SPLD 中会增加锁存功能，经缓冲后的输入信号将具有足够的驱动能力，并可产生反信号。输入信号包括外部输入信号和输出反馈信号，它们经输入电路处理后作为与阵列的输入项。

不同种类不同型号的 SPLD 的输出电路存在很大的差异。由与或阵列产生的逻辑运算结果，既可以组合电路的方式，经输出电路直接输出，也可以时序电路的方式，通过输出电路的寄存器暂存后输出。输出信号可根据设计需要，以高电平有效或以低电平有效的方式输出。输出电路通常采用三态电路，并由内部通道将输出信号反馈到输入端。

6.2.1　PROM 器件

第一种 SPLD 是 PROM 器件。PROM 器件于 1970 年问世，主要用来存储计算机的程序指令和常数，但设计人员也利用 PROM 来实现查找表和有限状态机等一些简单的逻辑功能。实际上，利用 PROM 器件可以方便地实现任意组合电路，这是通过一个固定的与阵列和一个可编程的或阵列组合来实现的。一个具有三输入、三输出的未编程 PROM 器件的结构如图 6-4 所示。在该结构中，与阵列固定地生成所有输入信号的逻辑小项，而或阵列则通过编程，实现任意小项之和。

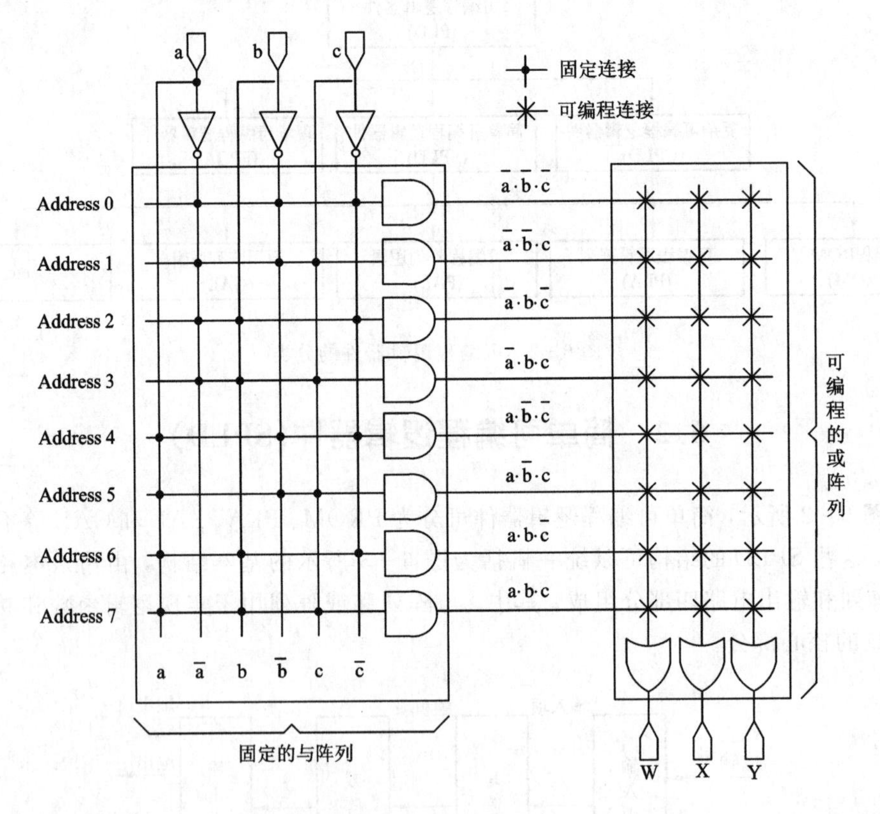

图 6-4　未编程的 PROM 器件的结构

如果我们希望实现一个如图 6-5 所示的简单组合逻辑电路，则图 6-4 中或阵列的编程情况如图 6-6 所示。

在实际的 PROM 器件中，或阵列的编程是通过熔丝连接 EPROM 晶体管或 E^2PROM 单元来实现的。

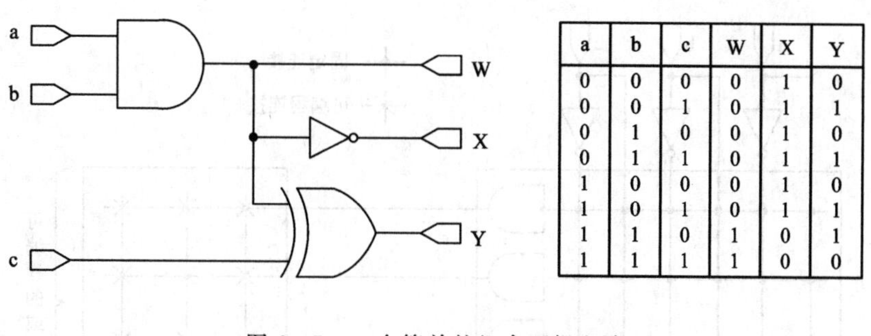

a	b	c	W	X	Y
0	0	0	0	1	0
0	0	1	0	1	1
0	1	0	0	1	0
0	1	1	0	1	1
1	0	0	0	1	0
1	0	1	0	1	1
1	1	0	1	0	1
1	1	1	1	0	0

图 6－5　一个简单的组合逻辑电路

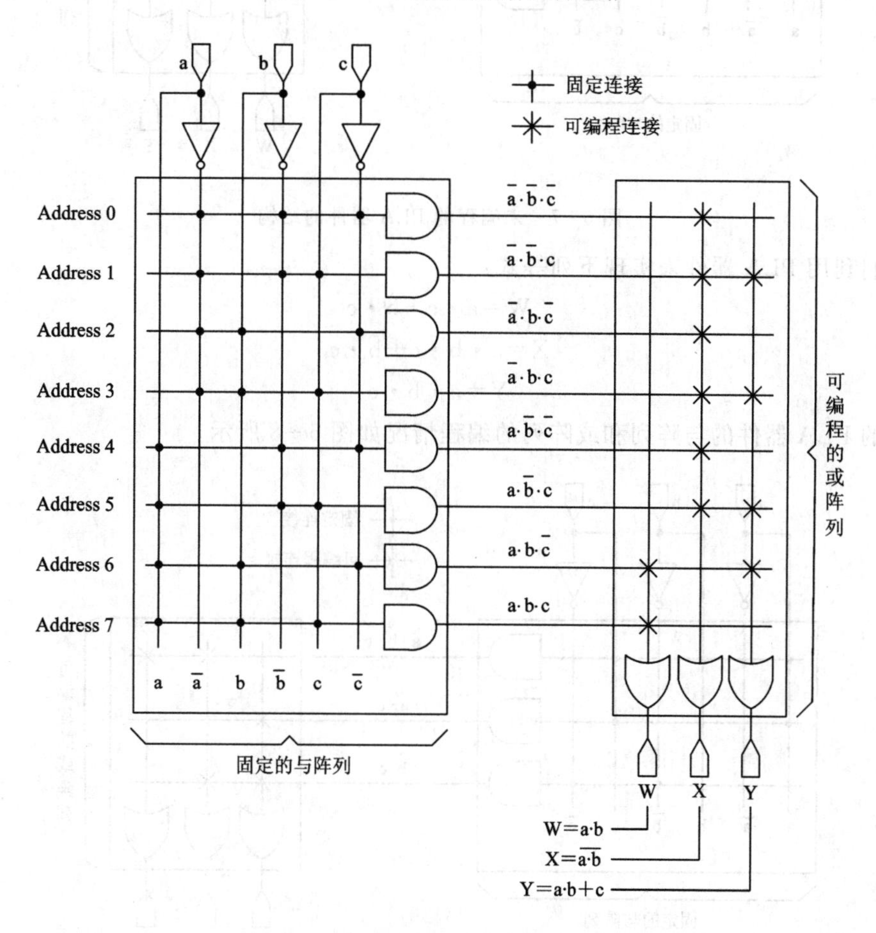

图 6－6　PROM 中的或阵列编程

6.2.2　PLA 器件

为了克服 PROM 器件中固定与阵列的局限，设计人员在 1975 年推出了可编程逻辑阵列(PLA，Programmable Logic Arrays)器件。PLA 器件是简单可编程器件中配置最灵活的一种器件，它的与阵列和或阵列都是可以编程的。一个未编程的 PLA 器件的结构如图 6－7 所示。和 PROM 器件不同的是，PLA 器件中的与阵列中的与项的数目和输入信号的数目无关，或阵列中的或项的数目和输入信号及与项的数目都无关。

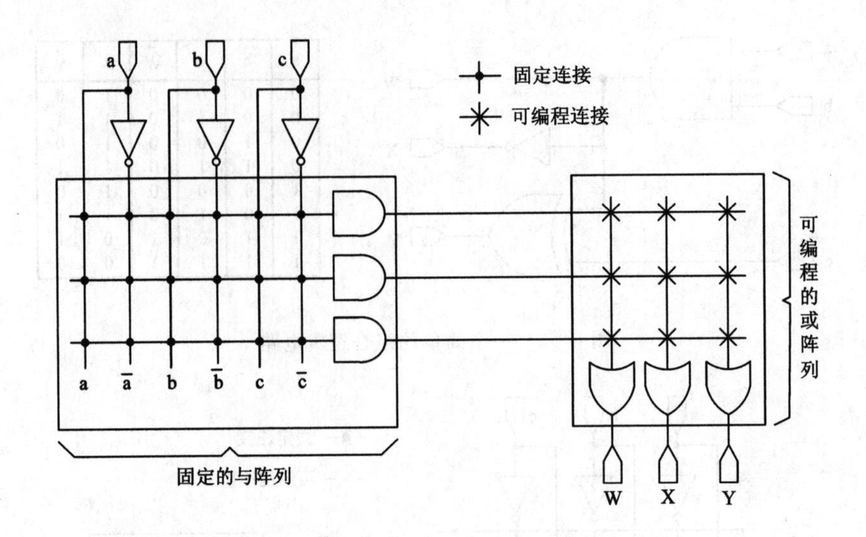

图 6-7 未编程的 PLA 器件的结构

我们利用 PLA 器件来实现下列等式：

$$W=a\cdot c+\overline{b}\cdot\overline{c}$$

$$X=a\cdot b\cdot c+\overline{b}\cdot\overline{c}$$

$$Y=a\cdot b\cdot c$$

则对应的 PLA 器件的与阵列和或阵列的编程情况如图 6-8 所示。

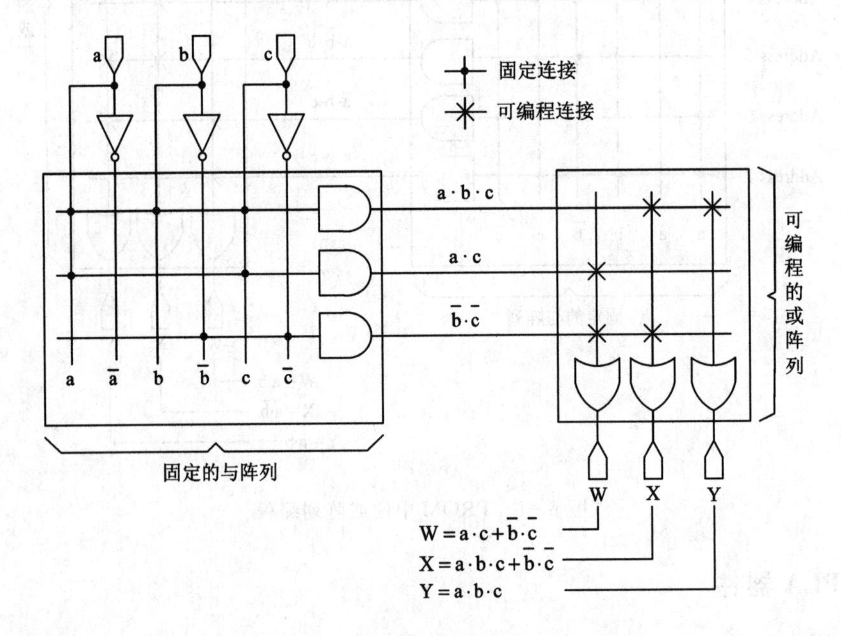

图 6-8 PLA 器件的与阵列和或阵列的编程

由于信号通过编程节点传输需要花费更多的时间，因此，PLA 器件的与阵列和或阵列在编程后，其运算速度与具有相同功能的 PROM 器件的相比要慢。

6.2.3 PAL 器件

为了克服 PLA 器件速度慢的问题，设计人员于 20 世纪 70 年代末期推出了一种新型的器件：可编程阵列逻辑(PAL，Programmable Array Logic)器件。PAL 器件的结构与 PROM 器件的正好相反，与阵列是可编程的，而或阵列则是固定的。未编程的 PAL 器件的结构如图 6-9 所示。

由于 PAL 器件中只有与阵列是可以编程的，因此 PAL 器件的速度快于 PLA 器件的速度。但是，由于 PAL 器件中输入或阵列的与项(乘积项)是固定的，因此 PAL 器件在逻辑功能上存在一定的局限。

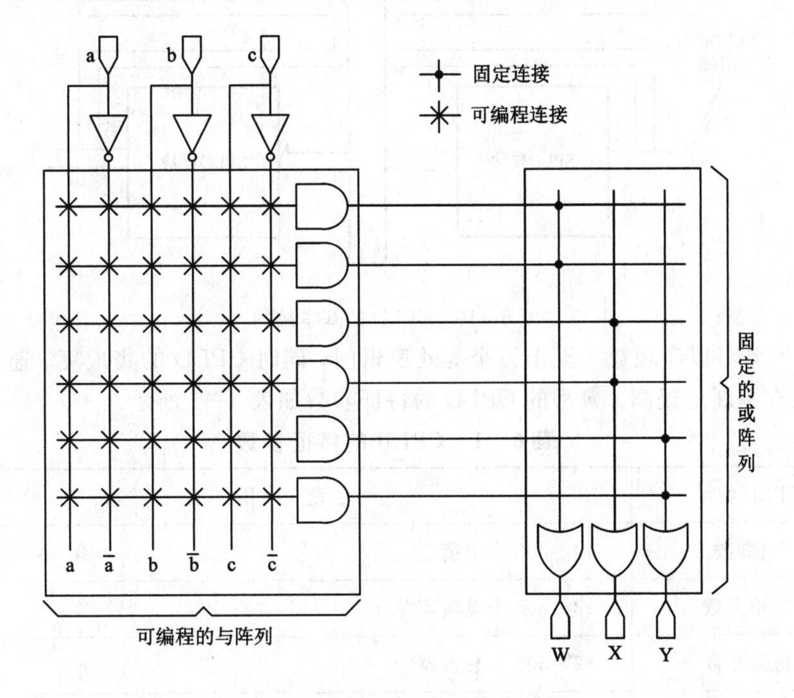

图 6-9　未编程的 PAL 器件的结构

6.3 复杂可编程逻辑器件(CPLD)

为了进一步提高 SPLD 的速度、性能和集成度，20 世纪 70 年代末，80 年代初，出现了复杂可编程逻辑器件。PAL 器件的发明者，MMI 公司(Monolithic Memories Inc.)推出了一款称为 MegaPAL 的 CPLD，其中集成了四个标准的 PAL 模块。MegaPAL 的缺点是功耗太大。1984 年，Altera 公司推出了新一代的集成了 CMOS 和 EPROM 工艺的 CPLD。CMOS 工艺的运用有利于提高芯片的集成度，并大量降低功耗；而利用 EPROM 单元来进行编程，可以极大地方便系统的原型设计和产品开发。

虽然各家公司生产的 CPLD 存在一定的差异，但 CPLD 的基本结构相同，如图 6-10 所示。CPLD 中包含多个 SPLD 模块，这些 SPLD 模块之间通过可编程的互连矩阵连接起来。在对 CPLD 编程时，不但需要对其中的每一个 SPLD 模块进行编程，而且 SPLD 模块之间的互连线也需要通过可编程互连阵列进行编程。不同生产厂家，不同产品系列的CPLD中所采用的可编程开关存在着差异，可编程开关可以利用EPROM、E^2PROM、FLASH和SRAM单元来实现。

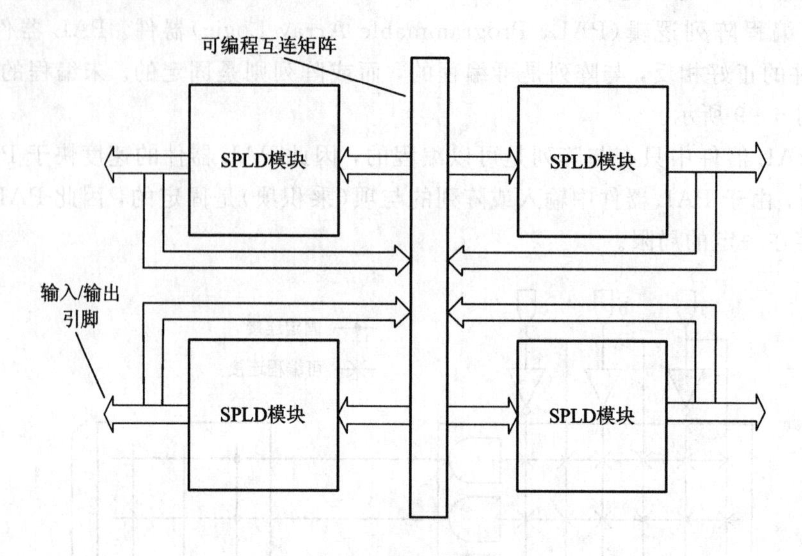

图6-10 CPLD的基本结构

CPLD通常可以实现数千至上万个等效逻辑门，同时CPLD的集成度、速度和体系结构复杂度也在不断地提高。典型的CPLD的特征参数如表6-1所示。

表6-1 CPLD的特征参数

CPLD特征	范 围
引脚数	44～300个引脚
宏单元数	32～500个逻辑宏单元
触发器数	32～500个触发器
编程工艺	E^2PROM、EPROM、FLASH
上电状态	非易失性
可编程特征	可反复编程
编程机制	可在系统环境中进行在线编程
规模	中等
等效逻辑门数	900～20 000个等效逻辑门

6.4 现场可编程逻辑阵列(FPGA)

在20世纪80年代初，可编程器件和ASIC芯片之间存在较大的集成度和性能的差距。SPLD和CPLD具有很高的可编程性，它们的设计和修改时间都很短，但这些器件的集成度都较低，无法实现更加复杂的功能。与此相反，ASIC 芯片实现了极高的集成度和复杂的功能，但 ASIC 芯片的价格十分昂贵，其设计与生产周期也很长。ASIC 芯片一旦在硅片上实现，就是不可改变的。

为了弥补可编程器件和 ASIC 芯片之间的差距，Xilinx 公司于 1984 年推出了一种新型的可编程逻辑器件，它被称为现场可编程逻辑阵列，即 FPGA(Field Programmable Gate Arrays)。FPGA 和 SPLD、CPLD 的关系如图 6-11 所示。

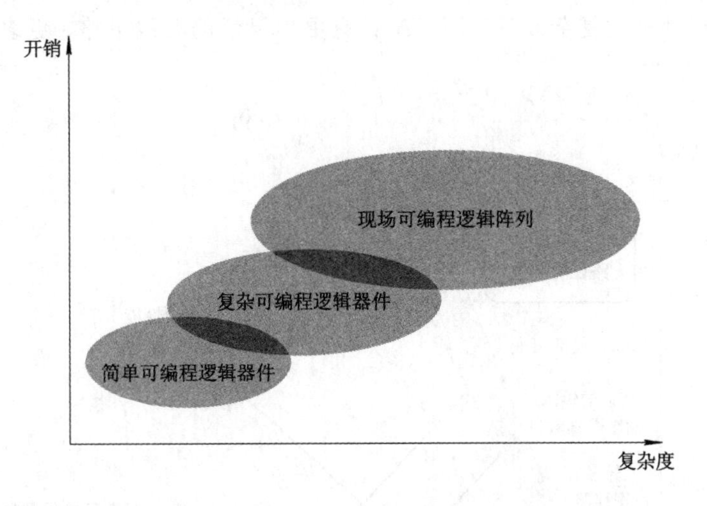

图 6-11　FPGA 和 SPLD、CPLD 的对比

FPGA 的基本结构如图 6-12 所示。对于 FPGA 结构的一种形象化的描述是：大量的可编程逻辑功能模块的“小岛”，被可编程的、互连的“海洋”所包围。

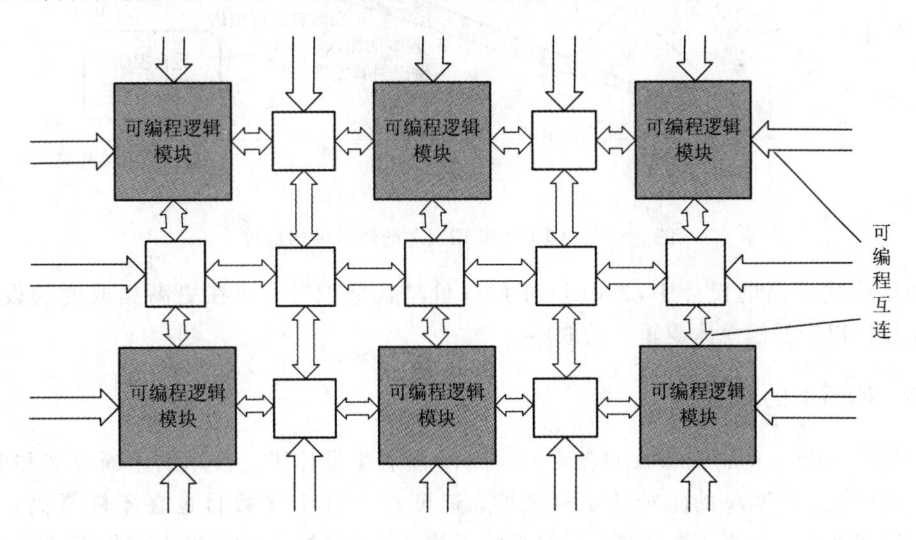

图 6-12　FPGA 的基本结构

6.4.1　FPGA 和 CPLD 的对比

从图 6-11 可知，高集成度的 CPLD 可以等价地实现较小规模的 FPGA 的功能。设计

人员的当前设计如果是用CPLD来实现的，则当该设计在未来进行较大规模的扩展时，可以考虑用FPGA来代替当前所采用的CPLD。

从CPLD发展到FPGA，并不仅仅是规模和集成度的进一步提升，FPGA的体系结构远远复杂于CPLD，它们的对比如图6-13所示。从图中可以看出，CPLD更适合于实现具有更多的组合电路，而寄存器数目受限的简单设计，同时，CPLD的连线延迟是可以准确地预估的，它的输入/输出引脚数目较少；FPGA更适合于实现规模更大，寄存器更加密集的针对数据路径处理的复杂设计，FPGA具有更加灵活的布线策略、更多的输入/输出引脚数目。

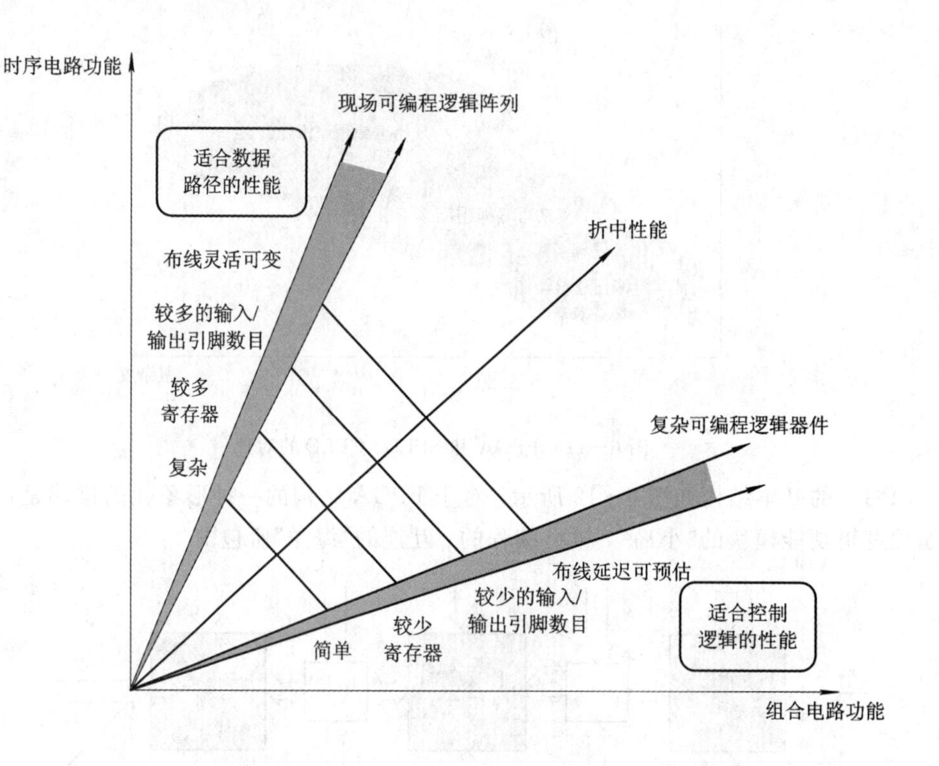

图6-13 CPLD和FPGA的体系结构比较

在集成度不高的设计中，CPLD往往以价格优势取胜，而在更高集成度的设计中，FPGA往往以较低的总体逻辑开销取胜。

6.4.2 FPGA的特征

典型的FPGA的特征参数如表6-2所示。随着半导体工艺技术的不断发展和商业竞争的日趋激烈，FPGA的集成度、复杂度、速度和I/O引脚数目也在不断提高，同时，FPGA的体系架构也在不断发展，容量更大的嵌入式RAM模块、嵌入式处理器硬核和软核、专用硬件乘法器、高速通信模块等功能模块被集成到FPGA中。结合先进的EDA设计工具，这些新型FPGA可以支持设计者在很短的时间内完成复杂的设计。

表 6-2 FPGA 的特征参数

FPGA 特征	范 围
引脚数	50 个
宏单元数	5000 个
触发器数	5000 个
编程工艺	FLASH、E^2PROM
上电状态	SRAM：挥发；OTP：非易失性
可编程特征	SRAM：可反复编程；OTP：不可反复编程
编程机制	SRAM：可在系统环境中进行在线编程
规模	中到大规模
等效逻辑门数	10 000 个等效逻辑门

FPGA 器件必须在设计流程的某个节点上进行编程，以定义特定器件的具体功能。为此，FPGA 器件可分为支持多次编程和一次编程(OTP，One Time Programmable)两大类。FPGA 器件的编程技术包括 SRAM、反熔丝、EPROM 和 E^2PROM 四种，它们的特点如下：

(1) 基于 SRAM 的编程技术。在系统上电期间，通过外部的器件(通常是非易失性存储器或微处理器)进行编程。它支持多次编程，且编程信息是易失性的(即器件断电后，编程信息丢失)，器件可以在系统中进行在线式的多次编程。

(2) 基于反熔丝的编程技术。FPGA 器件的编程是通过将器件内部的熔丝有选择地进行烧断来实现特定功能的。这种编程是非易失性的，且编程完成后是不可以改变的。

(3) 基于 EPROM 的编程技术。编程方式类似于 EPROM 器件的编程，编程是非易失性的，必须将 FPGA 器件从系统中取出才可以编程。

(4) 基于 E^2PROM 的编程技术。编程方式类似于 E^2PROM 器件的编程，编程是非易失性的，进行编程和多次编程时，都必须从系统中取出 FPGA 器件才可以。

基于 SRAM 技术的 FPGA 器件可以实现在系统内部的在线动态编程，这对系统的快速原型设计和开发带来了极大的便利。由于在原型系统设计和开发中，往往需要对 FPGA 器件的功能进行多次修改，因此基于 SRAM 技术的 FPGA 器件是原型系统设计和开发中的最佳选择。主流 FPGA 生产厂家所采用的编程技术如表 6-3 所示。

表 6-3 主流 FPGA 生产厂家所采用的编程技术

生产厂家	编程技术
Altera	SRAM，Flash
Actel	Antifuse
Lattice	SRAM，Flash
Quicklogic	Antifuse
Xilinx	SRAM

6.4.3　基于 SRAM 技术的 FPGA 的结构特点

FPGA 的基本结构如图 6-14 所示，在芯片的中央是逻辑模块的阵列，这些逻辑模块之间通过可编程的互连布线矩阵相连接。在芯片的四边是一个由 I/O 单元组成的环，I/O 单元可以通过编程来支持不同的接口标准。FPGA 的这种灵活的结构可以支持和覆盖范围极为广大的同步时序电路和组合电路的编程和实现。

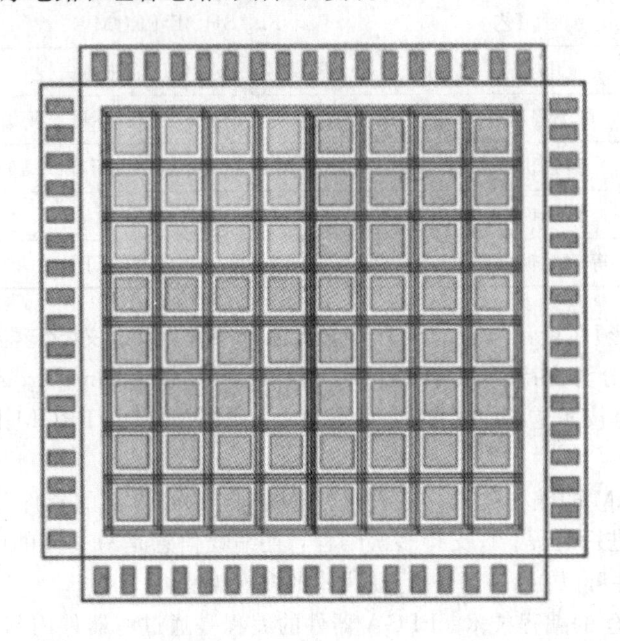

图 6-14　FPGA 的基本结构

如上所述，FPGA 的特点是包含大量的可编程模块。组成 FPGA 的基本要素包括：

- 逻辑单元；
- 布线矩阵和全局信号；
- I/O 单元；
- 时钟策略；
- 多路选择器；
- 存储器。

1. FPGA 中的逻辑单元

逻辑单元(LC，Logic Cell)是 FPGA 中最底层的逻辑功能模块，虽然不同的FPGA 厂家或同一厂家不同产品系列中的逻辑单元的结构都存在差异，但其基本结构是类似的。典型的逻辑单元的结构如图 6-15 所示。逻辑单元中通常包含一个至多个 N 输入的查找表(LUT，Look-Up Table)、触发器、信号布线选择器、控制信号和进位逻辑。

每一个查找表可以实现 N 输入或低于 N 输入的任意布尔逻辑函数。逻辑单元中的查找表的大小以及它们之间的相互关系将直接影响最终的资源利用效率和实现。熟练掌握逻辑单元的细节是实现最优 FPGA 设计的重要手段。当前常用的典型查找表采用的是四输入结构。

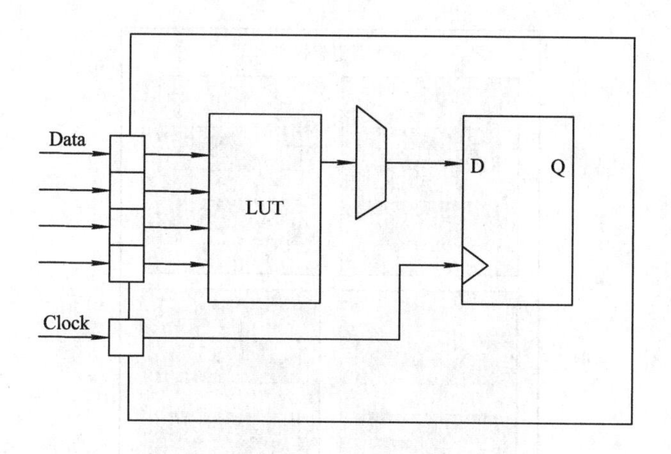

图6-15　典型逻辑单元的结构

查找表实际上是采用多个存储器单元来实现的，例如，四输入查找表中包含16个一位的RAM单元。因此，无论查找表实现什么样的布尔逻辑函数，查找表的计算延迟都是相同的。当然，也可以利用查找表实现存储电路，如先进先出(FIFO，First In First Out)的队列等。

利用查找表来实现一个组合电路的例子如图6-16所示。

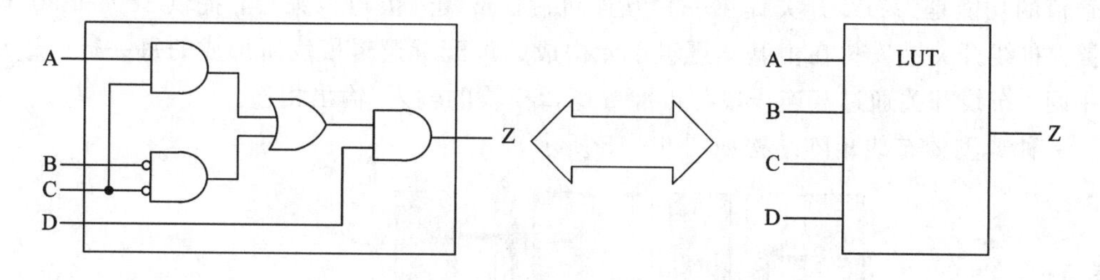

图6-16　用查找表实现一个组合电路

如图6-15所示，查找表的输出可以直接作为逻辑单元的输出，也可以通过D触发器缓存后输出。逻辑单元中的D触发器可以有多种配置，如支持时钟使能、异步清零、异步复位等功能。

为了支持更高层次的逻辑功能的实现，FPGA厂家可以将多个基本逻辑单元组合在一起，形成一个大的逻辑结构。不同的FPGA厂家或同一厂家的不同产品系列利用基本逻辑单元构成的逻辑结构的大小、功能、特点都存在差异，这些大的逻辑结构也有不同的命名，如可配置逻辑模块(CLB，Configurable Logic Block)、逻辑阵列模块(LAB，Logic Array Block)、宏逻辑阵列模块(megaLAB)等。以Xilinx公司的命名规则为例，如图6-17所示，包含三个层次，最小的组成单位是逻辑单元，两个逻辑单元组成一个位片(Slice)，四个位片构成一个可配置逻辑模块。采取这种层次化构造方法的一个主要原因，是因为FPGA中的连线延迟大于器件延迟，逻辑单元内部的连线是最紧凑的布线，位片内的布线延迟小于位片间的布线延迟，可配置逻辑模块内部的布线延迟小于可配置逻辑模块之间的布线延迟。

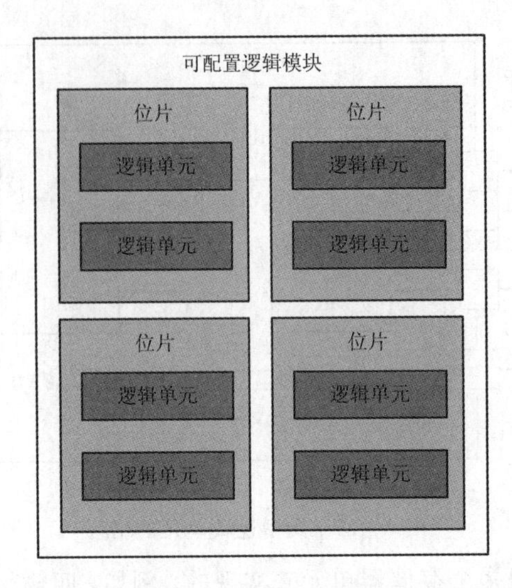

图 6－17　由多个基本逻辑单元组成的大的逻辑模块

2. FPGA 中的布线矩阵和全局信号

FPGA 器件中的基本布线单元是水平和垂直方向上的布线通道和可编程布线开关。不同 FPGA 厂家或不同 FPGA 产品系列中的布线通道数是不同的。水平和垂直方向上的布线通道的功能是为布线开关提供一种互连机制。布线开关可以编程，提供 180°和 90°布线通路。布线开关被安排在由基本逻辑单元构成的可配置逻辑模块所形成的每一行、每一列的中间。布线开关通过互连线段与可配置逻辑模块的输入/输出相连。

一种典型的布线矩阵结构如图 6－18 所示。

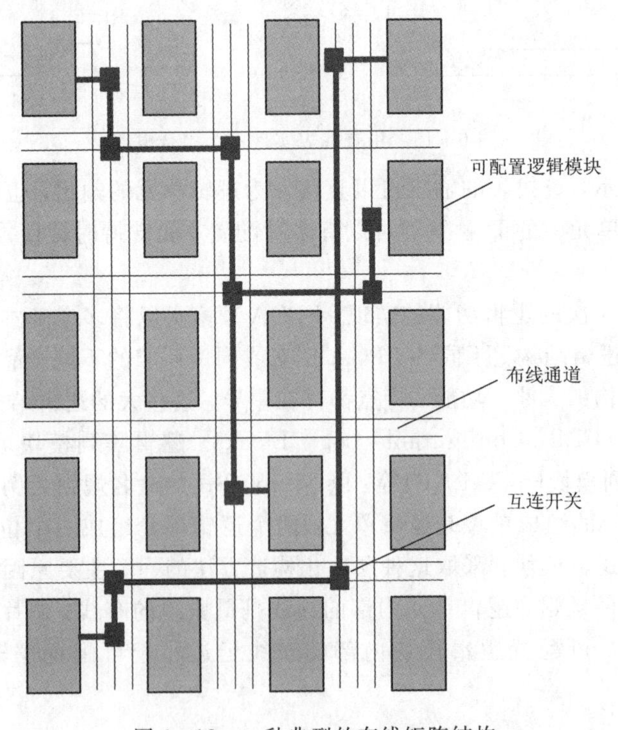

图 6－18　一种典型的布线矩阵结构

设计约束条件对布线通路的选择会产生重要的影响，并直接影响整个电路的时序参数。加法器进位链结构也对布线开关和 CLB 之间的连接产生着直接的影响。针对 FPGA 的特定结构，进位链的方向既可以是水平的，也可以是垂直的。

图 6－19 所示实现了一种进位链结构。

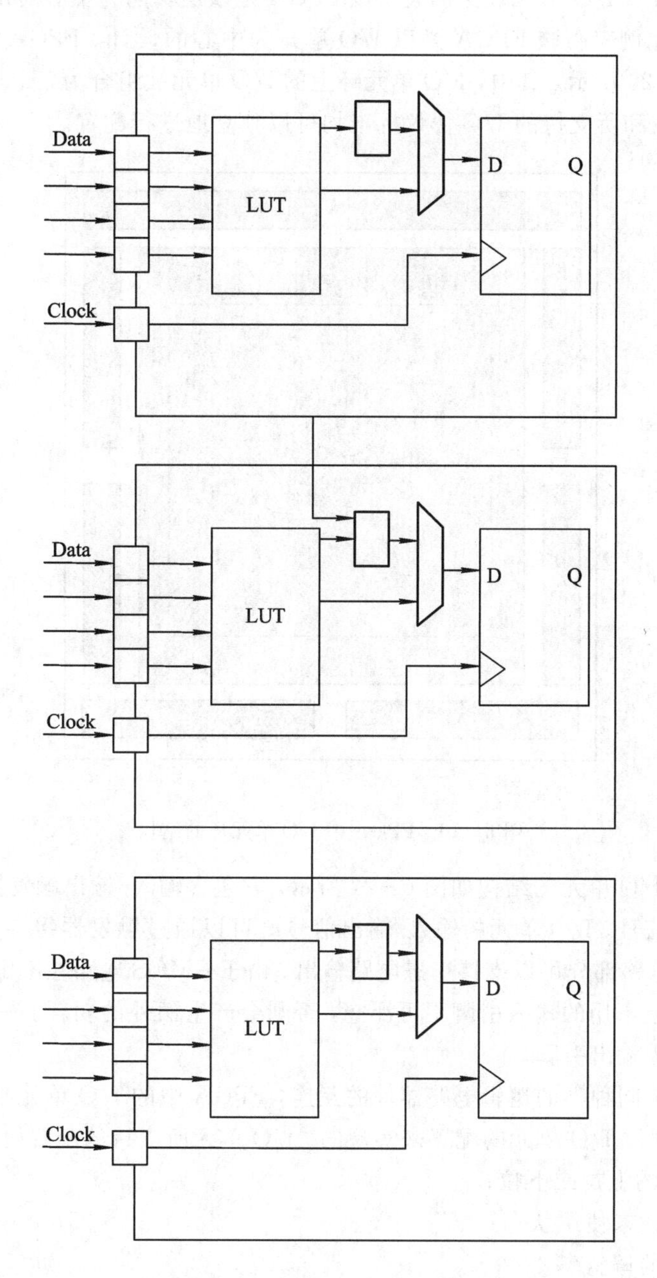

图 6－19　进位链结构与布线

除了规则的布线矩阵设计，绝大多数 FPGA 厂家还提供全局布线资源。全局布线资源的数量通常都是有限的，主要用于实现高性能和高负载的信号连线，例如时钟信号线和控制信号线。

3. FPGA 中的 I/O 单元

环绕在 CLB 阵列外围四边上的 I/O 单元环，其作用是实现 FPGA 与系统中其他芯片之间的接口和互连。I/O 单元数与 FPGA 内部逻辑门数之间的比例是 FPGA 的一个重要参数，高的逻辑门数与 I/O 单元数比例表明该 FPGA 是以逻辑门为中心的设计，高的 I/O 单元数与逻辑门数比例表明该 FPGA 是以 I/O 单元为中心的设计。FPGA 器件中 I/O 单元环的结构如图 6-20 所示。其中，I/O 单元环上的 I/O 单元被组合为 8 个块，每个块中 I/O 单元的功能、参数和所支持的 I/O 协议标准均可以独立地进行配置。

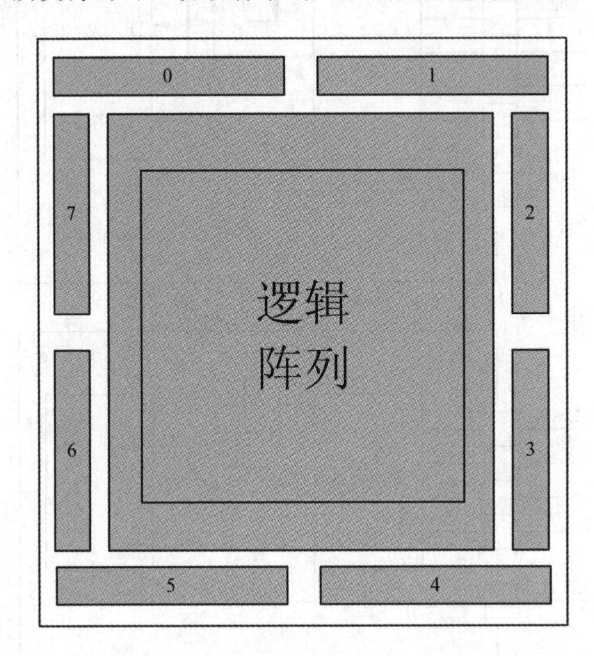

图 6-20 FPGA 中 I/O 单元环的结构

一种简单的 I/O 单元的结构如图 6-21 所示，它包含输入/输出触发器、控制信号、多路选择器和时钟信号。I/O 单元的输入/输出信号既可以通过触发器缓存，也可以不缓存。I/O 单元的输出电路部分可以支持三态电路输出。由于 CMOS 电路在不定状态下会产生功耗，因此 FPGA 上不用的输入引脚不可浮空，否则会产生额外的功耗。一种解决方案是将不用的引脚配置为输出引脚。

为了实现与不同种类的逻辑电路器件的互连，FPGA 中的 I/O 单元必须支持多种 I/O 接口标准，这是通过 I/O 单元的配置来实现的。I/O 单元所支持的配置内容包括：

- 输出信号的上拉或下拉；
- I/O 引脚的未使用状态；
- I/O 信号的偏斜率；
- I/O 单元的驱动能力；
- 所支持的 I/O 标准；
- 阻抗特性。

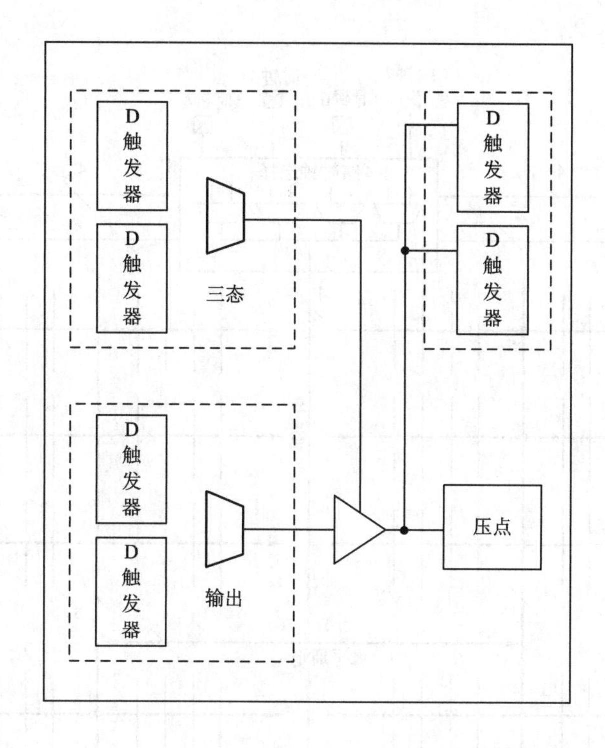

图 6-21　一种简单的 I/O 单元的结构

4. FPGA 中的时钟策略

FPGA 中的时钟策略包含布线策略和参数控制两部分。FPGA 中的时钟布线是通过占用全局布线资源来进行的，时钟布线形成的网络通常称为时钟网络。

Xilinx 公司的 Spartan3 系列芯片的时钟布线策略如图 6-22 所示，该布线策略分为系统布线和局部布线两个层次。

系统(时钟)布线往往开始于 FPGA 器件的中间，然后对称地分枝扩散到各个局部模块。对局部模块内部的时钟布线就是局部布线，对局部模块内部的时钟布线也相应地采取对称型的分枝扩散形式来进行。

时钟布线策略的核心是保证时钟网络的末端，即连接到每一个触发器上的时钟信号之间的延迟差异是最小的。

FPGA 中的时钟参数控制是通过时钟管理模块来完成的。时钟管理模块负责管理、调整 FPGA 片内局部和系统时钟的基本参数。时钟模块对时钟信号进行调制，主要是基于锁相环(PLL，Phase-Locked Loop)和延迟锁相环(DLL，Delay Lock Loop)技术。时钟管理模块的功能如图 6-23 所示，根据从 FPGA 芯片外输入的外部时钟信号，时钟管理模块生成具有不同性能参数的时钟信号，这些时钟信号通过时钟网络来进行传播。

时钟管理模块的功能包括抖动信号消除、频率综合、相移和自动偏斜校正四方面。其中，抖动信号消除功能是针对外部输入 FPGA 器件的时钟信号而言的。该信号的上升沿和下降沿与理想的时钟信号的上升沿和下降沿相比，存在着超前或滞后的情况，这种情况被称为时钟信号的抖动，如图 6-24 所示。经过时钟管理模块处理后的时钟信号的边沿将与理想信号的边沿对齐。

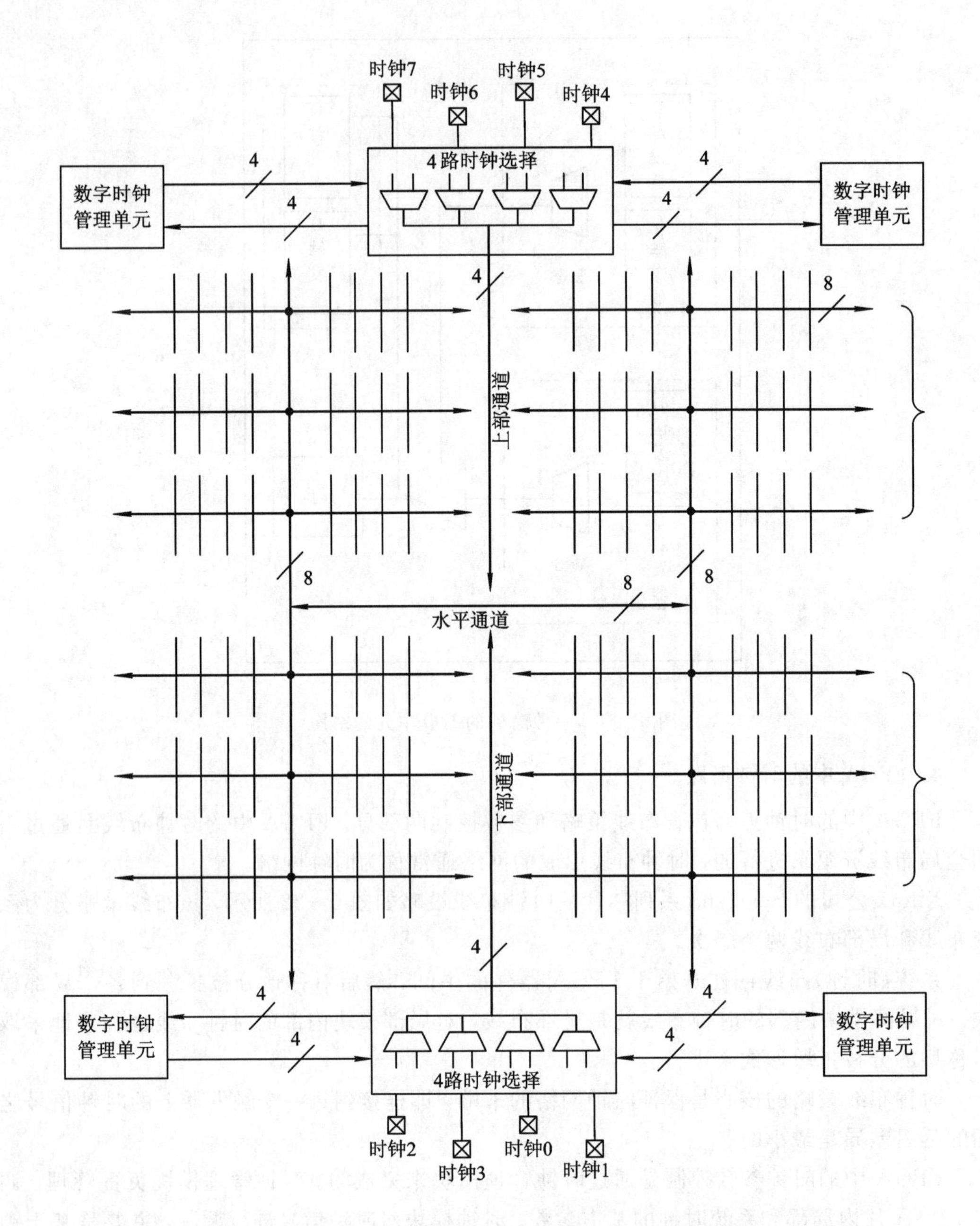

图 6-22 Xilinx 公司的 Spartan3 系列芯片的时钟布线策略

时钟管理模块的频率综合功能是指时钟管理模块可以针对时钟输入信号，产生频率为原时钟输入信号频率乘以或除以某一整数的新的时钟信号，以满足设计的特定频率需要。频率综合的示意图如图 6-25 所示。

时钟管理模块的相移功能是指时钟管理模块可以针对时钟输入信号，产生相位延迟于原时钟输入信号一定值的新的时钟信号。例如，针对输入时钟信号，可以生成常用的延迟 0°、120°和 240°的三相时钟，或延迟 0°、90°、180°和 270°的四相时钟。产生四相时钟的频率综合的示意图如图 6-26 所示。

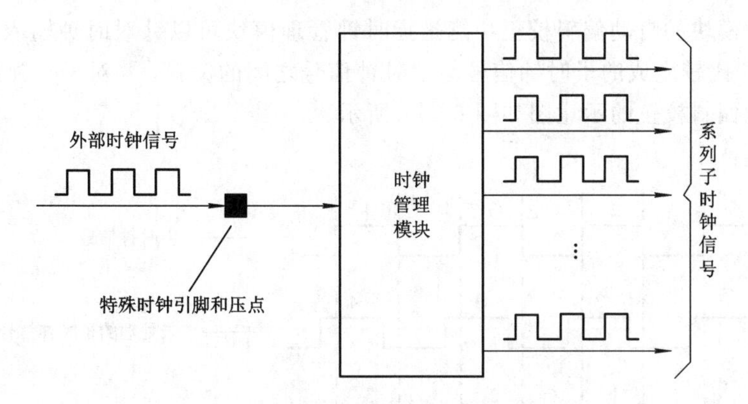

图 6-23 时钟管理模块的功能

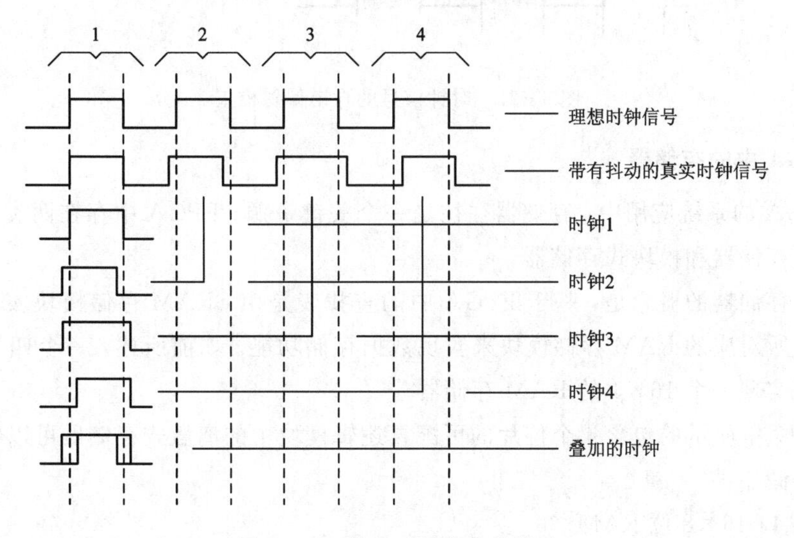

图 6-24 输入时钟信号的抖动

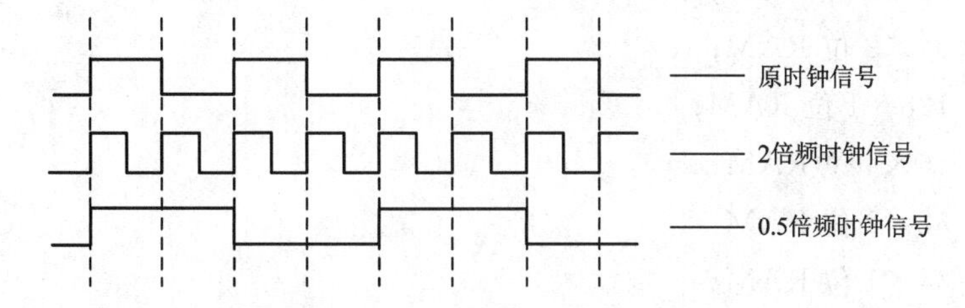

图 6-25 时钟信号的频率综合

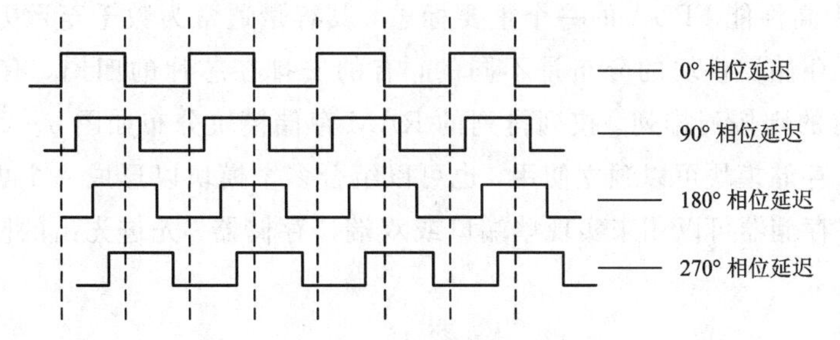

图 6-26 产生四相时钟的频率综合

时钟管理模块的自动偏斜校正功能是指时钟管理模块可以针对时钟输入信号(也称为主时钟信号)，比较生成的子时钟信号与主时钟信号之间的偏斜，并对子时钟进行调整。时钟信号的自动偏斜校正的示意图如图 6－27 所示。

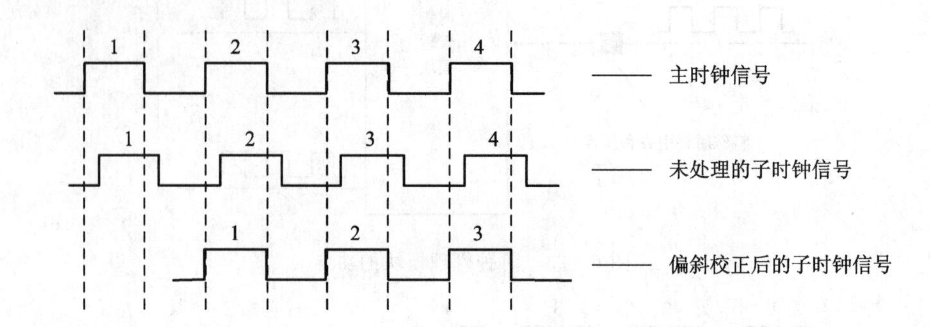

图 6－27　时钟信号的自动偏斜校正

5. FPGA 中的存储器

在 FPGA 的系统应用中，存储器往往是一个关键资源。FPGA 中存在两类存储器，分别是离散式存储器和模块式存储器。

离散式存储器的概念是，基于 FPGA 中的查找表是由 SRAM 存储模块实现的，可以利用查找表所对应的 RAM 存储模块来实现数据存储功能。如前所述，一个四输入的查找表可以用来实现一个 16×1 的 RAM 存储器。

图 6－17 中所示的包含 4 个位片的可配置逻辑模块中的离散式存储器可以实现下列不同规格的存储器：

- 单端口 16×8 位 RAM；
- 单端口 32×4 位 RAM；
- 单端口 64×2 位 RAM；
- 单端口 128×1 位 RAM；
- 双端口 16×4 位 RAM；
- 双端口 32×2 位 RAM；
- 双端口 64×1 位 RAM。

模块式存储器是指 FPGA 中专门实现的 RAM 存储器模块。含有多个大容量的模块式存储器已成为高性能 FPGA 的一个重要标志，其容量通常为数千至数万比特。不同的 FPGA 中 RAM 存储器模块的分布是不同的，有的安排在芯片的四周，有的均匀分布在整个芯片上，有的则按列排列。按列排列的 RAM 存储模块分布如图 6－28 所示。

这些 RAM 存储模块可以独立使用，也可以组合多个模块以形成一个更大的 RAM 存储模块。模块式存储器可以用来实现单端口或双端口存储器、先进先出的队列、有限状态机等。

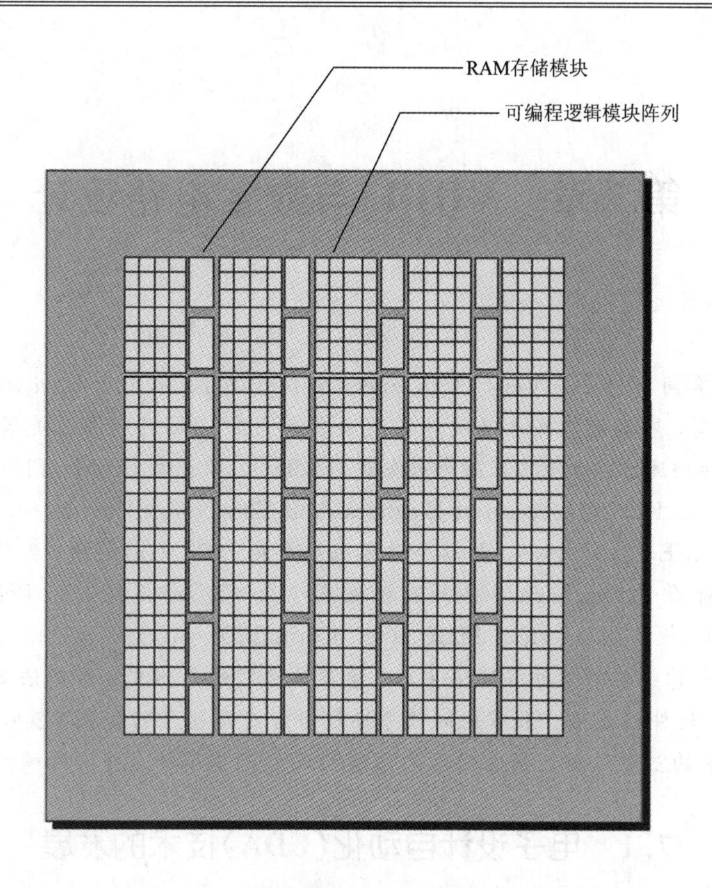

图 6-28　按列排列的 RAM 存储模块分布

习　题

6-1　结合数字逻辑器件的发展，简述可编程逻辑器件的特点与功能。

6-2　简述 PLA 器件与 PAL 器件的差别。

6-3　分别用 PROM、PLA 器件来实现一个全加器。

6-4　简述 FPGA 和 CPLD 的特征以及它们的区别和联系。

第7章 VHDL与数字电路设计

VHDL是单词VHSIC(Very High Speed Integrated Circuit) Hardware Description Language的缩写，即高速集成电路硬件描述语言。早在1980年，因为美国军事工业需要规范电子系统的描述方法，美国国防部开始进行VHDL的开发，IBM、TI公司也参与了该项目。1987年，由IEEE(Institute of Electrical and Electronics Engineers)将VHDL制定为标准，称为IEEE 1076—1987。第二个增强版本是在1993年制定的，称为IEEE 1076—1993。新增的标准包(packages)增加了数据类型和时序的定义，含IEEE 1164 (data types)、IEEE 1076.3 (numeric)、IEEE 1076.4 (timing)。

VHDL是一种经典的硬件描述语言，在学习该语言的具体文法和语法之前，我们需要弄清下列问题：硬件描述语言和常规的程序编程语言有哪些区别和联系？硬件描述语言是如何提出和发展的？硬件描述语言对数字系统的设计产生了什么样的影响？

7.1 电子设计自动化(EDA)技术的发展

硬件描述语言的产生和基于硬件描述语言的数字电路设计技术是随着数字电路的计算机辅助设计，也即电子设计自动化(EDA，Electronic Design Automatic)的发展而逐步发展起来的。

电子设计自动化的发展大致可以分为三个阶段：20世纪70年代的第一代EDA系统，常称为计算机辅助设计(CAD)系统；80年代的第二代EDA系统，常称为计算机辅助工程(CAE)系统；90年代的第三代EDA系统，这一代EDA系统的特点是实现了高层次设计的自动化。

第一代EDA工具的特点是交互式图形编辑设计，硬件采用16位小型机，逻辑图输入、逻辑模拟、电路模拟、版图设计及版图验证是分别进行的，设计人员需要对设计内容进行多次的比较和修改才能得到正确的设计。

CAD系统的引入使设计人员摆脱了烦琐的、容易出错的手工画图的传统方法，大大提高了效率，因而得到了迅速的推广。但其缺点也是明显的，主要表现为不能够适应规模较大的设计项目，而且设计周期长、费用高，如果在投片以后发现原设计存在错误，则不得不返工修改，其代价是高昂的。

第二代EDA工具集逻辑图输入、逻辑模拟、测试码生成、电路模拟、版图输入、版图验证等工具于一体，构成了一个较完整的设计系统。工程师以输入电路原理图的方式开始设计，并在32位工作站上完成全部设计工作。它支持全定制电路设计，同时支持门阵列、标准单元的自动设计。对于门阵列、标准单元等电路，系统可完成自动布局、自动布线功能，因而大大减轻了设计版图的工作量。

CAE系统的特点是支持一致性检查和后模拟功能。一致性检查是指版图与电路之间的一致性检查，即对版图进行版图参数提取，得到相应的电路图，并将此电路图与设计所依据的原电路图进行比较，从而检查设计是否有错。后模拟是将版图参数提取得到的版图寄生参数引入电路图，通过电路模拟进一步检查电路的时序关系和速度(在引入这些寄生参数后)是否符合设计要求。这些功能的引入有力地保证了一次投片成功率。但是一致性检查和后模拟是在设计的最后阶段才加以实施的，因而一旦发现错误，就需修改版图或修改电路，仍然要付出相当大的代价。

第三代EDA工具出现于20世纪90年代，随着芯片的复杂程度愈来愈高，数万门及数十万门的电路设计越来越多，单是靠原理图输入方式已经无法完成，硬件描述语言(HDL，Hardware Describe Language)设计方式应运而生，设计工作从行为级、功能级开始，EDA向设计的高层次发展，这样就出现了第三代EDA系统。

第三代EDA系统的特点是高层次设计的自动化。该系统引入了硬件描述语言，一般采用VHDL或Verilog语言，同时引入了行为综合和逻辑综合工具。设计采用较高的抽象层次进行描述，并按照层次式方法进行管理，大大提高了处理复杂设计的能力，设计所需的周期也大幅度地缩短。综合优化工具的采用使芯片的面积、速度、功耗获得了优化，第三代EDA系统迅速得到了推广应用。

高层次设计是与具体生产技术无关的，亦即与工艺无关。一个HDL原码可以通过逻辑综合工具综合成为一个现场可编程门阵列，既FPGA电路，也可综合成某一工艺所支持的专用集成电路，即ASIC电路。HDL原码对于FPGA和ASIC是完全一样的，仅需要更换不同的库重新进行综合。随着工艺技术的进步，需要采用更先进的工艺时，如从0.35 μm技术转换为0.18 μm技术时，可利用原来所书写的HDL原码。

前两代的EDA系统是以软件工具为核心的，第三代EDA系统是一个统一的、协同的、集成化的、以数据库为核心的系统。它具有面向目标的各种数据模型及数据管理系统，有一致性较好的用户界面系统，有基于图形界面的设计管理环境和设计管理系统。在此基础上，第三代EDA系统实现了操作的协同性、结构的开放性和系统的可移植性。

其中操作的协同性是指可在多窗口的环境下同时运行多个工具。例如，当版图编辑器完成了一个多边形的设计时，该多边形就被存入数据库，被存入信息对版图设计规则检查器同样有效。因此，允许在版图过程中交替地进行版图设计规则检查，以避免整个设计过程的反复。再如，当在逻辑窗口中对该逻辑图的某个节点进行检查时，在版图窗口可同时看到该节点所对应的版图区域。这种协同操作的并行设计环境使设计者可同时访问设计过程中的多种信息，并能分享设计数据。

结构的开放性是指通过一定的编程语言可以访问统一的数据库，同时在此结构框架中可嵌入第三方所开发的设计软件。

系统的可移植性是指整个软件系统可安装到不同的硬件平台上，这样可组成一个由不同型号工作站所组成的设计系统，从而共享同一设计数据。也可由低价的个人计算机和高性能的工作站共同组成一个系统。

7.2 硬件描述语言对数字系统的描述

VHDL 作为一种经典的硬件描述语言，它主要包含三方面的功能：实现电路系统的文档化描述、支持系统仿真和支持系统综合。VHDL 和常规的程序编程语言有哪些区别和联系呢？

常规的程序编程语言主要用来实现数值运算和数据处理，硬件描述语言则是对一个电路系统进行描述。电路系统可以从不同的角度进行描述：

- 行为级：系统执行什么样的操作和处理。
- 结构级：系统是如何构成的。
- 功能特性：系统如何与外界进行连接与交互。
- 物理特性：系统的处理速度如何。

同时，系统也可以按照不同的抽象级别进行描述：

- 开关级：描述晶体管的开关行为。
- 寄存器传输级：描述组合电路和时序电路的逻辑结构。
- 指令级体系结构级：描述微处理器的功能行为。

综合这些不同的角度和抽象级别，数字系统的描述可以用 Gajski 和 Kuhn 提出的著名的 Y 图来表示，如图 7-1 所示。数字系统设计是围绕图中层次化的描述而逐步展开和细化的，硬件描述语言能够在上述不同的抽象层次上对系统的各个方面进行描述。硬件描述语言所描述的系统模型能够在不同的抽象层次之间保持良好的互操作性。一方面，实现了设计的工艺无关性，即模块是可移植的；另一方面，支持设计的可重用和快速系统原型的实现。

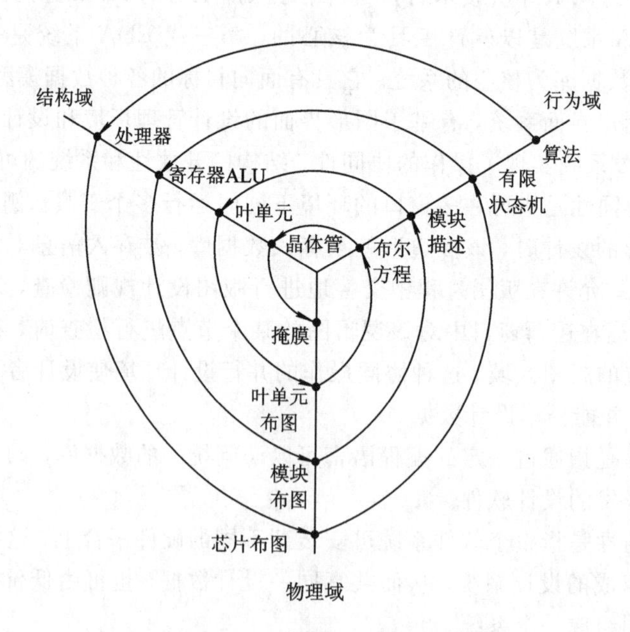

图 7-1　数字系统设计所涵盖的领域

7.3　基于硬件描述语言的数字电路设计流程

与图 7-1 相对应，基于硬件描述语言的数字电路设计包含高层次综合、逻辑综合和物理综合三个阶段的工作。

高层次综合也称为行为级综合(Behavioral Synthesis)，它的任务是将一个设计的行为级描述转换成寄存器传输级的结构描述。其设计步骤是，首先翻译和分析设计的 HDL 描述，在给定的一组性能、面积和功耗条件下，确定需要哪些硬件资源，如执行单元、存储器、控制器、总线等，通常称这一步为资源分配(Allocation)；其次确定在这一结构中各种操作的次序，通常称这一步为调度(Scheduling)。同时还可通过行为级和寄存器传输级硬件仿真进行验证。由于实现同一功能可以有多种硬件结构，因此高层次综合的目的就是要在满足目标和约束的条件下，找到一个代价最小的硬件结构，并使设计的功能最佳。

逻辑综合是将逻辑级的行为描述转换成逻辑级的结构描述，即逻辑门级网表。逻辑级的行为描述可以是状态转移图、有限状态机，也可以是布尔方程、真值表或硬件描述语言。逻辑综合过程还包括一些优化步骤，如资源共享、连接优化和时钟分配等。优化目标是面积最小、速度最快、功耗最低或它们的折中。

逻辑综合分成两个阶段：首先是与工艺无关的阶段，此阶段采用布尔操作或代数操作技术来优化逻辑；其次是工艺映射阶段，此阶段根据电路的性质(如组合型或时序型)及采用的结构(多层逻辑、PLD 或 FPGA)作出具体的映射，将与工艺无关的描述转换成门级网表或 PLD(或 FPGA)的专门文件。逻辑综合优化完成后，还需要进行细致的时延分析和时延优化。此外还要进行逻辑仿真，逻辑仿真是保证设计正确的关键步骤。过去通常采用软件模拟的方法，近年来则强调硬件仿真手段，如通过 PLD 或 FPGA 进行仿真。逻辑综合还包含测试综合，测试综合实现自动测试图形生成(ATPG，Automatic Test Pattern Generation)，为可测性提供高故障覆盖率的测试图形。测试综合还可以消去设计中的冗余逻辑，诊断不可测试的逻辑结构，还能够自动插入可测性结构。

物理综合也称为版图综合(Layout Synthesis)，它的任务是将门级网表自动转换成版图，即完成布图。

与传统的数字电路设计方法相比，基于硬件描述语言的数字电路设计方法具有以下四方面的优势：

(1) 采用自上向下(Top-down)的设计方法。所谓自上向下的设计方法，是指从系统总体要求出发，自上而下地逐步将设计内容细化，最后完成系统硬件的整体设计。在利用 HDL 的硬件设计方法中，自上而下分成三个层次对系统硬件进行设计。

第一层次是行为描述。所谓行为描述，实质上就是对整个系统的数学模型的描述。在行为描述阶段，并不真正考虑实际的操作和算法用什么方法来实现，考虑更多的是系统结构及其工作过程是否能达到系统结构及用户规格的要求，通过对系统行为描述的仿真来发现设计中存在的问题。

第二层次是 RTL 描述。这一层次称为寄存器传输描述(即数据流描述)。用行为方式描述的系统结构的抽象程度高，很难直接映射到具体逻辑元的硬件实现。要想得到硬件的具体实现，必须将以行为方式描述的 VHDL 程序改写为以 RTL 方式描述的 VHDL 程序，才能导出系统的逻辑表达式，最终才能进行逻辑综合。在完成编写 RTL 方式的描述程序以后，再用仿真工具对 RTL 方式描述的程序进行仿真。如果这一步仿真通过，那么就可以用逻辑综合工具进行综合了。

第三层次是逻辑综合。逻辑综合阶段利用逻辑综合工具将 RTL 方式描述的程序转换成用基本逻辑元件表示的文件(门级网表)，之后对门级网表再进行仿真，并检查定时关系。

如果在上述三个层次的某个层次上发现有问题，则应返回上一层，寻找和修改相应的错误，然后再向下继续未完成的工作。

(2) 采用系统早期仿真。从自上而下的设计过程可以看到，在系统设计过程中要进行三次仿真，即行为层次仿真、RTL 层次仿真和门级层次仿真，也就是进行系统数学模型的仿真、系统数据流的仿真和系统门电路原理的仿真。这三级仿真贯穿系统硬件设计的全过程，从而可以在系统设计早期发现设计中存在的问题。与传统设计的后期仿真相比，早期仿真可大大缩短系统的设计周期，节约大量的人力和物力。

(3) 降低硬件电路设计难度。在采用传统的硬件电路设计方法时，往往要求设计者写出该电路的逻辑表达式、真值表、时序电路的状态表。这一工作是相当困难和繁杂的，特别是在系统比较复杂时更是如此。在用 HDL 设计硬件电路时，就可以使设计者免除编写逻辑表或真值表之苦。

(4) 主要设计文件为用 HDL 编写的源程序。HDL 源程序作为归档文件有很多好处：资料良好，便于保存；可继承性好；等等。使用 HDL 源程序作为归档文件，当设计其他硬件电路时，可以使用文件中的某些硬件电路的工作原理和逻辑关系，而阅读原理图，推知其工作原理却需要较多的硬件知识和经验，并且看起来也不那么一目了然。

7.4 VHDL 的基本文法

7.4.1 基本语言要素

1. 注释

VHDL 中的注释由两个连续的短线(--)开始，直到行尾。

2. 标识符

VHDL 中的标识符可以是常数、变量、信号、端口、子程序或参数的名字。使用标识符要遵守如下法则：

(1) 标识符由字母(A～Z；a～z)、数字和下划线字符组成。

(2) 必须以英文字母开头。

(3) 末字符不能为下划线。

(4) 不允许出现两个连续下划线。

(5) 不区分大小写字母。

(6) VHDL 定义的保留字(或称关键字)不能用作标识符。

3. 数据对象

VHDL 中的数据对象有三种：信号、变量和常量。信号表示电路接线上的逻辑信号；

变量表示数据值，用于行为模型中的计算；常量是一个固定的值，作用是使设计实体中的常数更容易阅读和修改。常量只要被赋值就不能再改变。

4. 数据类型

1）位(BIT)和位矢量(BIT_VECTOR)

位的取值是0或1；位矢量是用双引号括起来的一组位数据，使用位矢量必须注明位宽。

2）标准逻辑位(STD_LOGIC)和标准逻辑矢量(STD_LOGIC_VECTOR)

在IEEE库的程序包STD_LOGIC1164中，定义了两个重要的数据类型，即STD_LOGIC(标准逻辑位)和STD_LOGIC_VECTOR(标准逻辑矢量)，该数据类型可以更精确地表示实际电路的信号值。STD_LOGIC数据可以包含如下9种不同取值：

(1)“0”——正常0。

(2)“1”——正常1。

(3)“Z”——高阻。

(4)“_”——不可能情况。

(5)“L”——弱信号0。

(6)“H”——弱信号1。

(7)“U”——未初始化值。

(8)“X ”——未知值。

(9)“W”——弱未知信号值。

3）整数(INTEGER)

整数类型的数代表正整数、负整数和零，表示的范围为$-(2^{31}-1)\sim(2^{31}-1)$，它与算术整数相似，可进行“+”“-”“ * ”“/”等算术运算，不能用于逻辑运算。

4）布尔量(BOOLEAN)

一个布尔量有两个状态：“真”或“假”。布尔量不属于数值，因此不能用于运算，它只能通过关系运算符获得。

5）枚举类型

用户通过枚举类型可以定义数据对象所有可能的取值。其文法表示如下：

```
TYPE identifier IS (value1, value2, … );
```

6）阵列类型

用户通过阵列类型可以将同一类型的单个数据对象组织成为一维或多维的阵列。其文法表示如下：

```
TYPE identifier IS ARRAY (range) OF type;
```

7）子类型

子类型是某一个类型的子集。其文法表示如下：

```
SUBTYPE identifier IS type RANGE range;
```

5. 数据对象运算操作符

在VHDL中共用四类操作符，可以分别进行逻辑(Logic)运算、算术(Arithmetic)运算、关系(Relational)运算和移位(Concatenation)运算。被操作符所操作的对象是操作数，操作数的类型应该和操作符所要求的类型相一致。

1）逻辑运算操作符

NOT(非)　　OR(或)　　AND(与)

NOR(或非)　　NAND(与非)　　XOR(异或)

2）算术运算操作符

＋(加)　　－(减)　　*(乘)　　/(除)　　MOD(求模)

REM(取余)　　ABS(取绝对值)　　**(乘方)　　&(并置)　　ABS(取绝对值)

3）关系运算操作符

＝(等于)　　/＝(不等于)　　＜(小于)

＜＝(小于等于)　　＞(大于)　　＞＝(大于等于)

4）移位运算操作符

SLL(逻辑左移)　　SRL(逻辑右移)　　SLA(算术左移)

SRA(算术右移)　　ROL(循环左移)　　ROR(循环右移)

6. 实体(ENTITY)

实体定义电路模块的名字和接口，其中接口部分包含了该电路模块的输入和输出信号。其文法表示如下：

ENTITY 实体名 IS
PORT (端口名和类型)；
END 实体名；

7. 结构体(ARCHITECTURE)

结构体描述电路模块的具体实现。结构体的文法因设计者所采用的电路模块描述方法的不同而不同，通常可以采用数据流(dataflow)模型、行为(behavioral)模型和结构(structural)模型描述法。

1）针对数据流模型的结构体文法表示

ARCHITECTURE 结构体名 OF 实体名 IS
　　[内部信号定义]；
BEGIN
　　[并行赋值语句]；
END 结构体名；

其中并行赋值语句是并行执行的。

2）针对行为模型的结构体文法表示

ARCHITECTURE 结构体名 OF 实体名 IS
　　[内部信号定义]；
　　[函数定义]；
　　[子程序定义]；
BEGIN
　　[进程模块]；
　　[并行赋值语句]；

```
    END 结构体名；
```

其中，进程模块内部的语句是串行执行的，而进程模块之间及进程模块和并行赋值语句之间是并行执行的。

3）针对结构模型的结构体文法表示

```
    ARCHITECTURE 结构体名 OF 实体名 IS
        [ 元器件定义 ]；
        [ 内部信号定义 ]；
    BEGIN
        [ 元器件实例化语句 ]；
        [ 并行赋值语句 ]；
    END 结构体名；
```

8. 包(PACKAGE)

包将电路模块描述中所用到的信号定义、常数定义、数据类型、元件语句、函数定义和过程定义等集合到一起，以便于在描述中统一引用。包结构本身包含一个包声明和一个包体。

1）包声明和包体

包声明中包含了所有被实体(ENTITY)共享的相关定义项，即这些定义项对实体 ENTITY 是可见的。包体中的内容就是包声明中所涉及的函数和子程序的具体实现。

包声明部分的文法如下：

```
    PACKAGE 包名 IS
        [ 类型定义 ]；
    [ 子类型定义 ]；
    [ 信号定义 ]；
    [ 变量定义 ]；
    [ 常量定义 ]；
    [ 元器件声明 ]；
    [ 函数声明 ]；
    [ 子程序声明 ]；
    END 包名；
```

包体部分的文法如下：

```
    PACKAGE BODY 包名 IS
        [ 函数实现 ]；
        [ 子程序实现 ]；
    END 包名；
```

2）包的使用

可以通过 LIBRARY 和 USE 语句来使用一个包。对应的文法如下：

```
    LIBRARY 库名；
    USE 库名.包名.ALL；
```

7.4.2 数据流模型中的并行语句

数据流模型中的并行语句是并行执行的，因此这些语句的前后顺序对执行的结果没有影响。

1. 并行信号赋值语句

并行信号赋值语句将一个值或一个表达式的计算结果赋值给一个信号。并行信号赋值语句能够转入执行的条件是表达式的值发生了变化。注意，被赋值信号的变化需要一定的延迟才能实现，即信号赋值不是立刻发生的。其对应的文法如下：

```
信号 <= 表达式;
```

2. 条件信号赋值语句

条件信号赋值语句按照不同的条件对信号赋予不同的值。该语句转入执行的条件是条件或表达式的值发生了变化。其对应的文法如下：

```
信号 <= 表达式 1 WHEN 条件 1 ELSE
        表达式 2 WHEN 条件 2 ELSE
        ⋮
        表达式 N;
```

3. 选择信号赋值语句

选择信号赋值语句根据选择条件表达式对信号赋予不同的值。该语句转入执行的条件是条件或表达式的值发生了变化。其对应的文法如下：

```
WITH 选择条件表达式 SELECT
信号 <= 表达式 1 WHEN 条件 1,
        表达式 2 WHEN 条件 2,
        ⋮
        表达式 N WHEN 条件 N;
```

应注意的是，该语句需要列举出条件表达式中所有可能的取值。可以用关键字OTHERS来表示所有剩余的条件选择。

7.4.3 行为模型中的串行语句

在行为模型的描述中，可以采用和常规计算机程序类似的串行执行语句。串行语句支持多种标准语句结构，例如变量赋值、IF_THEN_ELSE和LOOP。

1. 进程(PROCESS)

在进程模块中包含的语句都是串行执行的，而进程语句自身是一个并行语句，即多个进程语句之间是并行执行的。多个进程模块可以和并行语句组合在一起使用。其对应的文法如下：

```
进程名: PROCESS (敏感信号表)
    [ 变量定义 ];
BEGIN
    [ 串行语句 ];
```

```
END PROCESS 进程名;
```

敏感信号表中包含一组由逗号隔开的信号，当且仅当敏感信号表中的信号发生了变化时，进程转入执行。进程顺序执行完进程模块内部的全部串行语句后将被挂起，直到敏感表中的信号有新的变化发生。

2. 串行信号赋值语句

串行信号赋值语句的结构和并行信号赋值语句是一样的，只是它的执行机制是串行执行的。其对应的文法如下：

```
信号 <= 计算表达式;
```

3. 变量赋值语句

变量赋值语句将一个值或表达式的计算结果赋值给一个变量。变量赋值语句对变量的赋值操作是立刻执行的，不存在延迟。变量只能在进程模块内部定义。其对应的文法是：

```
变量 := 表达式;
```

4. WAIT 语句

如果一个进程的敏感信号表不为空，则在执行完进程中的最后一条语句后将被挂起。也可以利用WAIT语句来挂起一个进程。对应的文法如下：

```
WAIT UNTIL 条件表达式;
```

5. IF_THEN_ELSE 语句

IF THEN ELSE语句的文法如下：

```
IF 条件 THEN
  [ 串行语句 1 ];
  ELSE
  [ 串行语句 2 ];
END IF;

IF 条件 1 THEN
  [ 串行语句 1 ];
  ELSE IF 条件 2 THEN
  [ 串行语句 2 ];
      ⋮
  ELSE
  [ 串行语句 3 ];
END IF
```

6. CASE 语句

CASE语句的文法如下：

```
CASE 条件表达式 IS
     WHEN 条件选择 => [ 串行语句 ];
     WHEN 条件选择 => [ 串行语句 ];
```

⋮

WHEN OTHERS =＞［串行语句］；

END CASE；

7. NULL 语句

NULL 语句代表一个空操作语句，它的执行不会引起任何操作。其对应的文法如下：

NULL；

8. FOR 语句

FOR 语句的文法如下：

FOR 标识符 IN 起始值［TO｜DOWNTO］终止值 LOOP

［串行语句］；

END LOOP；

循环范围值必须是一个静态值。FOR 语句中的标识符是一个隐式定义的变量，不需要做专门的说明。例如：

```
sum := 0;
FOR count IN 1 TO 10 LOOP
  sum := sum + count;
END LOOP;
```

9. WHILE 语句

WHILE 语句的文法如下：

WHILE 条件表达式 LOOP

［串行语句］；

END LOOP；

10. LOOP 语句

LOOP 语句的文法如下：

LOOP

［串行语句］；

EXIT WHEN 条件表达式；

END LOOP；

11. EXIT 语句

EXIT 语句只能在 LOOP 语句的循环结构中使用，它的执行将使内部循环被中断。它的文法表示如下：

EXIT WHEN 条件表达式；

12. NEXT 语句

NEXT 语句只能在 LOOP 语句的循环结构中使用，它的执行将使当前循环直接跳到循环底部并开始下一轮的循环。NEXT 语句通常和 FOR 语句搭配使用，它的文法表示如下：

NEXT WHEN condition；

使用举例：

```
sum := 0;
FOR count IN 1 TO 10 LOOP
  NEXT WHEN count = 3;
sum := sum + count;
END LOOP;
```

13. 函数(FUNCTION)

函数声明的文法如下：

```
FUNCTION 函数名（参数表）RETURN 返回值类型；
```

函数定义的文法如下：

```
FUNCTION 函数名（参数表）RETURN 返回值类型 IS
BEGIN
  [ 串行语句 ]；
END 函数名；
```

函数调用的文法如下：

```
函数名(实际参数值)；
```

需要说明的是，参数表中的参数是输入的信号或变量。

14. 子程序(PROCEDURE)

子程序声明的文法如下：

```
PROCEDURE 子程序名（参数表）；
```

子程序定义的文法如下：

```
PROCEDURE 子程序名（参数表）IS
BEGIN
  [ 串行语句 ]；
END 子程序名；
```

子程序调用的文法如下：

```
子程序名(实际参数值)；
```

需要说明的是，参数表中的参数可以是输入、输出或双向的变量。

7.4.4　结构化模型的描述语句

在结构化模型的描述中，多个电路元器件通过信号的互连来构成一个更高层的模块。这些元器件在被引用前，首先必须有它们自己的实体(ENTITY)和结构体(ARCHITECTURE)的完整描述，这些描述可以放在同一个文件中，也可以安排在各自独立的文件中。在高层模块中，需要引用的元器件首先通过元器件声明(COMPONENT)语句进行声明，然后通过端口映射(PORT MAP)语句进行元器件的实例化。

1. 元器件声明(COMPONENT)语句

元器件声明语句对元器件的名字和接口信号进行声明，每一个元器件都有相应的实体(ENTITY)和结构体(ARCHITECTURE)描述。元器件声明语句中的元器件名字和接口信号必须与实体语句中的实体名和接口信号严格地一一对应。它的文法表示如下：

```
COMPONENT 元器件名 IS
  PORT（端口名字和类型列表）;
END COMPONENT;
```

2. 端口映射(PORT MAP)语句

端口映射语句通过定义元器件在系统中的实际互连关系来实现元器件的实例化。它的文法表示如下：

```
标号：元器件名 PORT MAP（实际连接信号列表）;
```

其中，实际连接信号列表的描述可以有位置映射和名字映射两种方式。

位置映射的例子：

```
SIGNAL x0, x1, y0, y1, c0, c1, c2, s0, s1: BIT;
U1: half_adder PORT MAP (x0, y0, c0, c1, s0);
U2: half_adder PORT MAP (x1, y1, c1, c2, s1);
```

名字映射的例子：

```
SIGNAL x0, x1, y0, y1, c0, c1, c2, s0, s1: BIT;
U1: half_adder PORT MAP (cout=>c1, si=>s0, cin=>c0, xi=>x0, yi=>y0);
U2: half_adder PORT MAP (cin=>c1, xi=>x1, yi=>y1, cout=>c2, si=>s1);
```

3. 连接的断开(OPEN)

在端口映射(PORT MAP)语句的实际连接信号列表中，没有使用或没有连接的端口可以用关键字 OPEN 来表示，例如：

```
U1: half_adder PORT MAP (x0, y0, c0, OPEN, s0);
```

4. 生成(GENERATE)语句

生成(GENERATE)语句的作用类似于宏扩展，它可以描述同一元器件的多次实例化。它的文法表示如下：

```
标号：FOR 标识符 IN 起始值 [ TO | DOWNTO ] 终止值 GENERATE
  [ 端口映射语句 ];
END GENERATE 标号;
```

7.5 VHDL 对基本电路行为的描述方法

如前所述，VHDL 主要是对设计对象进行描述，按自上向下的层次，这些对象包括系统、芯片、逻辑模块和寄存器。就每一个具体设计对象而言，需要描述的内容包括：接口，即设计实体对外部的连接关系；功能，即设计实体所进行的操作。

1. VHDL 的 ENTITY 结构对电路接口的描述

一个半加器的电路结构如图 7-2 所示，它的输入接口信号是 a、b，输出接口信号是 sum、carry。一个电路模块的接口是全部端口(PORT)的集合，在 VHDL 中一个端口就是一个信号，具有类型定义，如 BIT；同时具有输入/输出方向定义，如 IN、OUT、INOUT（双向）。

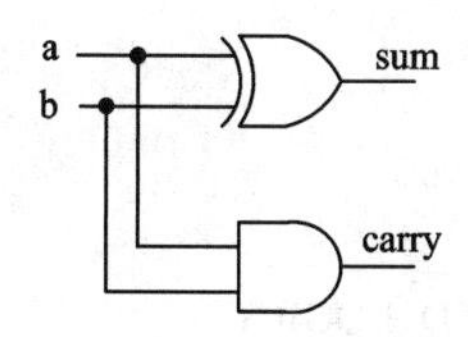

图7-2　半加器的电路结构

半加器的ENTITY描述如下：

```
ENTITY half-adder IS
  PORT ( a, b: IN BIT;
         sum, carry: OUT BIT);
END ENTITY half-adder;
```

VHDL支持四种基本的对象类型：变量（VARIABLE）、常量（CONSTANT）、信号（SIGNAL）和文件（FILE）。其中，变量和常量类型和传统的编程语言定义一致，而信号类型是针对数字系统的描述而定义的，与变量类型的区别在于信号值是与时间相联系的，信号的内部表示是一个时间值的序列，该序列常被称为信号的驱动序列。

2. VHDL的ARCHITECTURE结构对电路行为的描述

图7-2中的半加器电路的完整描述如下：

```
ENTITY half-adder IS
  PORT ( a, b: IN BIT;
         sum, carry: OUT BIT);
END ENTITY half-adder;

ARCHITECTURE behavioral OF half-adder IS
BEGIN
    sum<= a XOR b;
    carry<=a AND b;
END ARCHITECTURE behavioral
```

如上面的代码段所示，在VHDL描述中是将数字系统的接口与内部的具体实现分离开来的，一个ENTITY可以有多个不同的ARCHITECTURE，通过CONFIGURATION（配置）将ENTITY和一个特定的ARCHITECTURE对应起来。在上面的代码段中是遵循绑定规则，即以默认和直接定义的方式，将ENTITY和ARCHITECTURE对应起来。

VHDL程序由基本设计单元和次级设计单元组成。其中，基本设计单元包含：

- ENTITY
- CONFIGURATION
- PACKAGE声明

这些都是独立于其他设计单元的部分。次级设计单元包含：

- PACKAGE体
- ARCHITECTURE

3. 一个完整的全加器的VHDL描述

一个完整的全加器的电路结构如图7-3所示，对应的完整的VHDL描述如下：

```
LIBRARY IEEE;
USE IEEE.std_logic_1164.all;

ENTITY full-adder IS
  PORT (in1, in2, c_in: IN STD_LOGIC;
        sum, c_out: OUT STD_LOGIC);
END ENTITY full-adder;

ARCHITECTURE dataflow OF full-adder IS
  SIGNAL s1, s2, s3: STD_LOGIC;
  CONSTANT gate_delay: Time := 5ns;
BEGIN
  L1: s1 <= (in1 XOR in2) AFTER gate_delay;
  L2: s2 <= (c_in AND s1) AFTER gate_delay;
  L3: s3 <= (in1 AND in2) AFTER gate_delay;
  L4: sum <= (s1 XOR c_in) AFTER gate_delay;
  L5: c_out <= (s2 OR s3) AFTER gate_delay;
END ARCHITECTURE dataflow;
```

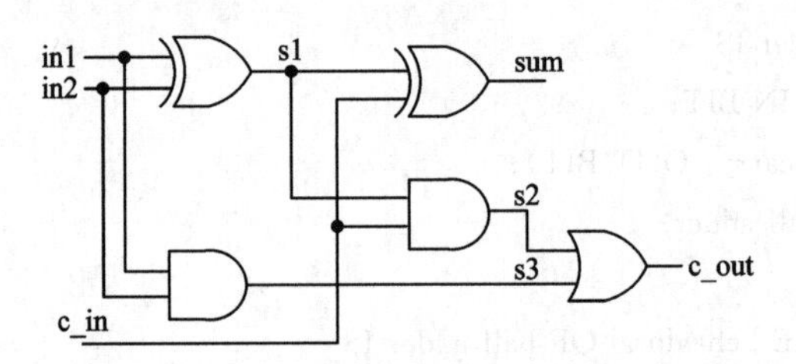

图 7-3　一个完整的全加器的电路结构

在上述完整的 VHDL 描述中，有几点需要注意：

(1) 在程序段的头两行，在使用 IEEE 1164 赋值系统之前需要加入 LIBRARY 和 PACKAGE 声明语句。LIBRARY 中包含了映射到实际文件目录的逻辑单元，PACKAGE 是类型定义、子程序和函数的集合，也包括用户定义的 PACKAGE 和系统 PACKAGE。

(2) 在 ARCHITECTURE 中，电路门延迟被定义为一个常数类型，常数值在 VHDL 程序中是不能改变的。

(3) 在 ARCHITECTURE 中，用来连接实际电路元件的内部信号 s1、s2 和 s3 被定义为信号类型。

对于 ARCHITECTURE 中的简单信号赋值语句的执行机制，下列几点是关键性的定义：

(1) 一条语句能够转入执行的前提条件是表达式敏感信号表中的信号有事件(EVENT)发生。

(2) 信号赋值语句和电路中的信号存在一一对应的关系。

(3) 文本中的语句顺序和实际的语句执行顺序没有必然的联系，信号赋值语句的执行顺序是由电路中的信号事件(EVENT)的传播来决定的。

4. 条件信号赋值语句

对于我们熟知的多路选择器，一个四选一电路的 VHDL 描述如下：

```
LIBRARY IEEE;
USE IEEE.std_logic_1164.all;

ENTITY mux4 IS
  PORT (in0, in1, in2, in3: IN STD_LOGIC;
        sel: IN STD_LOGIC_VECTOR (1 DOWNTO 0);
        z: OUT STD_LOGIC);
END ENTITY mux4;

ARCHITECTURE behavioral OF mux4 IS
BEGIN
  z <= in0 WHEN sel="00" ELSE
    in1 WHEN sel="01" ELSE
    in2 WHEN sel="10" ELSE
    in3 WHEN sel="11" ELSE
    in0;
END ARCHITECTURE behavioral;
```

在上述条件选择中，第一个为真的表达式决定了输出值。如果所有的条件都不满足，则输出信号为 in0。另一种条件信号赋值语句的写法如下：

```
LIBRARY IEEE;
USE IEEE.std_logic_1164.all;

ENTITY mux4 IS
  PORT (in0, in1, in2, in3: IN STD_LOGIC;
        sel: IN STD_LOGIC_VECTOR (1 DOWNTO 0);
        z: OUT STD_LOGIC);
END ENTITY mux4;

ARCHITECTURE behavioral OF mux4 IS
BEGIN
  WITH sel SELECT
    z <= in0 WHEN "00",
         in1 WHEN "01",
         in2 WHEN "10",
         in3 WHEN "11",
         in0 WHEN OTHERS;
END ARCHITECTURE behavioral;
```

其中的“WHEN OTHERS”子句可以用来保证所有的情况都被覆盖到了。

7.6 VHDL 对复杂电路行为的描述方法

在上述例子中的并行信号赋值语句可以方便地描述数字系统中组合电路的门级行为，但更高层的电路部件有着更复杂的行为，这些行为已经难以用并行信号赋值语句来描述，或者描述中需要引入状态信息，或者需要引入复杂数据结构，为此我们需要引入功能更强的描述结构。

1. 进程(PROCESS)语句的特点

用 PROCESS 语句来描述上面的四选一电路，代码如下：

```
LIBRARY IEEE;
USE IEEE.std_logic_1164.all;

ENTITY mux4 IS
  PORT (in0, in1, in2, in3 : IN STD_LOGIC;
        sel : IN STD_LOGIC_VECTOR (1 DOWNTO 0);
        z: OUT STD_LOGIC);
  END ENTITY mux4;

ARCHITECTURE behavioral OF mux4 IS
BEGIN
  PROCESS (sel, in0, in1, in2, in3)
    Variable zout: std_logic;
  BEGIN
    IF (sel = "00") THEN zout := in0;
    ELSEIF (sel = "01") THEN zout := in1;
    ELSEIF (sel = "10") THEN zout := in2;
    ELSE zout := in3;
    END IF;
    z <= zout;
  END PROCESS;
END ARCHITECTURE dataflow;
```

对于 ARCHITECTURE 中的 PROCESS 进程的执行机制，下列几点是关键性的定义：

(1) 进程中的语句是顺序执行的，进程中可以包含信号赋值语句。

(2) 进程体的结构和常规 C 语言的函数非常相似，它们都对变量作声明和引用，都采用 IF-THEN、IF-THEN-ELSE、CASE、FOR 和 WHILE 语句。

(3) 进程和其他并行信号赋值语句的关系是并行执行的。

(4) 进程之间是并行执行的。

(5) 进程之间通过信号来通信。

(6) 一个进程在仿真中的执行时间是 0 秒，进程的执行将产生未来的事件。

(7) 以将一个进程等价地看做一个复杂的信号赋值语句，进程的外部行为和一个并行信号赋值语句是完全相同的，进程描述了更加复杂的事件产生和处理的操作。

（8）变量和信号在进程中的运用是不同的，信号与硬件电路中的连线相对应，变量用于标识进程中运算的中间值。

将图7-3中的全加器采用等价的两个半加器结构构成，得到的电路结构如图7-4所示，对应的VHDL代码如下：

```
LIBRARY IEEE;
USE IEEE.std_logic_1164.all;

ENTITY full-adder IS
  PORT ( in1, in2, c_in : IN STD_LOGIC;
         sum, c_out: OUT STD_LOGIC);
  END ENTITY full-adder;

ARCHITECTURE dataflow OF full-adder IS
  SIGNAL s1, s2, s3 : STD_LOGIC;
  CONSTANT gate_delay: Time := 5ns;
BEGIN
  HA1: PROCESS (in1, in2) IS
    BEGIN
      s1 <= (in1 XOR in2) AFTER gate_delay;
      s2 <= (c_in AND s1) AFTER gate_delay;
    END PROCESS HA1;
  HA2: PROCESS (s1, c_in) IS
    BEGIN
      s3 <= (in1 AND in2) AFTER gate_delay;
      sum <= (s1 XOR c_in) AFTER gate_delay;
    END PROCESS HA2;
  OR1: PROCESS (s2, s3) IS
    BEGIN
      c_out <= (s2 OR s3) AFTER gate_delay;
    END PROCESS OR1;
END ARCHITECTURE dataflow;
```

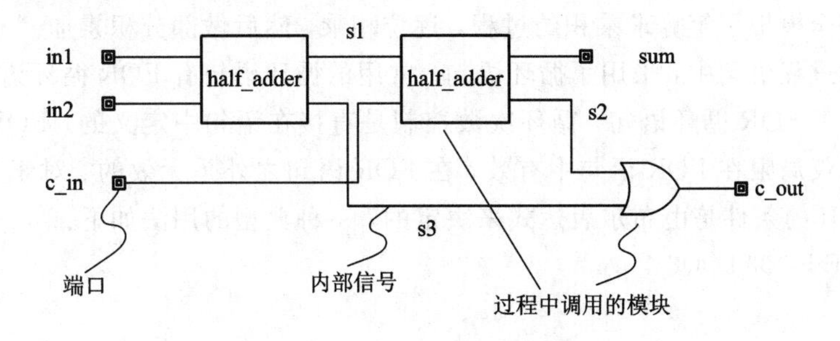

图7-4　含两个半加器的全加器

对比前面简单赋值语句的描述，可以更好地体会这两种表示方法的特点。

2. 乘法器的描述

利用 PROCESS 进程内部语句串行执行的特点，可以方便地对复杂的算法进行描述。一个 32 位×32 位乘法器的 VHDL 描述如下：

```
LIBRARY IEEE;
USE IEEE. std_logic_1164. all;

ENTITY mult32 IS
  PORT (multiplicand, multiplier: IN STD_LOGIC_VECTOR (31 DOWNTO 0);
        product: OUT STD_LOGIC_VECTOR (63 DOWNTO 0);
END ENTITY mult32;

ARCHITECTURE behavioral OF mult32 IS
BEGIN
  Mult_process: PROCESS (multiplicand, multiplier) IS
     VARIABLE product _ register: STD _ LOGIC _ VECTOR ( 63 DOWNTO 0 ): =
X"0000000000000000";
     VARIABLE multiplicand _ register: STD _ LOGIC _ VECTOR ( 31 DOWNTO 0 ): =
X"00000000";
  BEGIN
    multiplicand_register:= multiplicand;
    product_register:= X"00000000" & multiplier;
    FOR index IN 1 TO 32 LOOP
      IF product_register(0) = '1' THEN
        product_register (63 DOWNTO 32):= product_register (63 DOWNTO 32 ) +multipli-
cand_register;
      END IF;
      product_register:= '0' & product_register (63 downto 1);
    END LOOP;
    product <= product_register;
  END PROCESS Mult_process;
END ARCHITECTURE behavioral;
```

该算法完全模拟了笔算求乘积的过程，逐位相乘，然后做部分积累加。

在上面的进程语句中，采用了循环语句。常用的循环语句有 FOR 循环语句和 WHILE 循环语句。对于 FOR 循环语句，循环次数控制是直接在语句中定义的，FOR 循环语句的循环次数控制仅局限在 FOR 语句中有效，在 FOR 语句之外是无效的。对于 WHILE 循环语句，退出循环的条件是由布尔表达式来决定的，一种典型的用法如下：

```
WHILE J< 32 LOOP
  ⋮
  J := J+1;
END LOOP;
```

3. D 触发器的描述

如前所述，PROCESS 进程语句的引入可以方便状态存储电路的描述。一个带异步清零和置位的 D 触发器的电路图如图 7-5 所示，其 PROCESS 描述如下：

```
LIBRARY IEEE;
USE IEEE.std_logic_1164.all;

ENTITY dff IS
  PORT (R, S, clk, D: IN STD_LOGIC;
        Q, Qbar: OUT STD_LOGIC);
END ENTITY dff;

ARCHITECTURE behavioral OF dff IS
BEGIN
  PROCESS (R, S, clk ) IS
    BEGIN
      IF (R = '0') THEN Q<='0'; Qbar<='1';
      ELSEIF (S = '0' ) THEN Q<='1'; Qbar<='0';
      ELSEIF (rising_edge (clk)) THEN Q<=D; Qbar<=NOT D;
      END IF
  END PROCESS;
END ARCHITECTURE behavioral;
```

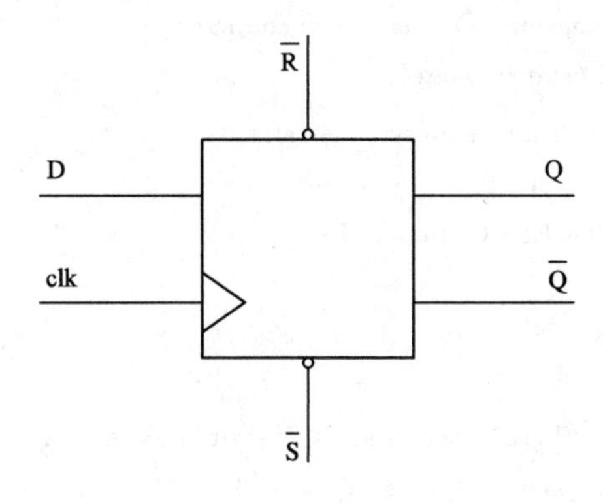

图 7-5　带异步清零和置位的 D 触发器

4. 有限状态机的描述

一个典型的有限状态机的电路结构如图 7-6 所示。从图中可知，有限状态机可以分为组合逻辑和时序逻辑两部分，组合逻辑部分用于实现输出计算和下一状态的计算，而时序逻辑部分则用于状态存储。与该电路结构相对应，有限状态机的描述也可以利用两个 PROCESS 进程来实现，一个 PROCESS 描述组合逻辑，另一个 PROCESS 描述时序逻辑。

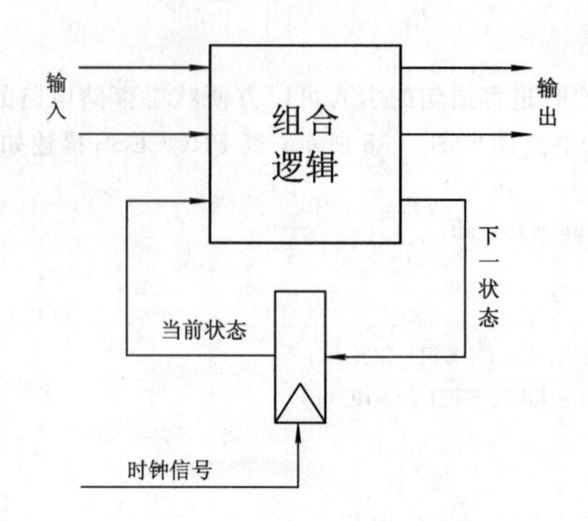

图 7-6 有限状态机的电路结构

一个简单的有限状态机的状态图如图 7-7 所示，对应的 VHDL 描述如下：

```
LIBRARY IEEE;
USE IEEE. std_logic_1164. all;

ENTITY state_machine IS
  PORT (reset, clk, x: IN STD_LOGIC;
          z: OUT STD_LOGIC);
END ENTITY state_machine;

ARCHITECTURE behavioral OF state_machine IS
  TYPE statetype IS (state0, state1);
  SIGNAL state, next_state: statetype := state0;
BEGIN
  Comb_process: PROCESS (state, x) IS
    BEGIN
      CASE state IS
        WHEN state0 =>
          IF x = '0' THEN next_state <=state1; z<='1';
          ELSE next_state <=state0; z<='0';
          END IF
        WHEN state1 =>
          IF x = '1' THEN next_state <=state0; z<='0';
          ELSE next_state <=state1; z<='1';
          END IF
      END CASE;
    END PROCESS Comb_process ;

  Clk_process: PROCESS (reset, clk) IS
    BEGIN
```

```
        IF (reset = '1') THEN state<=state0;
        ELSEIF (rising_edge (clk)) THEN state<=next_state;
        END IF
    END PROCESS Clk_process;
END ARCHITECTURE behavioral;
```

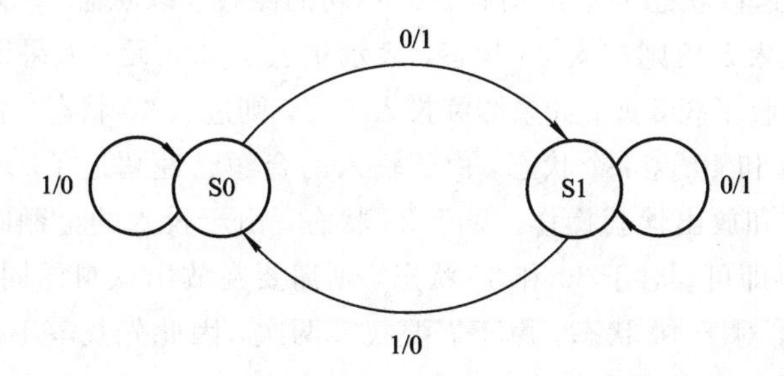

图 7-7　有限状态机的状态图

在程序中，存储状态值的触发器用异步复位信号 reset 来复位，系统的初始状态是 state0。

5. 自动售货机的描述

自动售货机作为一个较为复杂的有限状态机设计，它的 VHDL 描述具有一定的代表性。设计的功能描述是：某自动售货机中仅有一种饮料可以出售，此饮料的售价为 2.5 元；此自动售货机可以识别 1 元、2 元和 5 角三种币值；如果投入金额总值等于或超过 2 元就可以将饮料放出，并具有相应的找零钱功能。

解决方案是可以使用有限状态机实现自动售货机的控制。该状态机的输入包括 y1(表示投入 1 元)，y2(表示投入 2 元)和 j5(表示投入 5 角)。这三个信号在有相应钱币输入时保持一个周期的有效，并且最多只有一个信号为有效。此外，该状态机还必须有时钟信号 clk 和复位信号 rst 输入。该状态机的输出信号有三个：cola_out，有效时表示输出一罐饮料；j5_out，有效时表示找 5 角的零钱；y1_out，有效时表示找 1 元的零钱。

该有限状态机的状态转移图如图 7-8 所示。

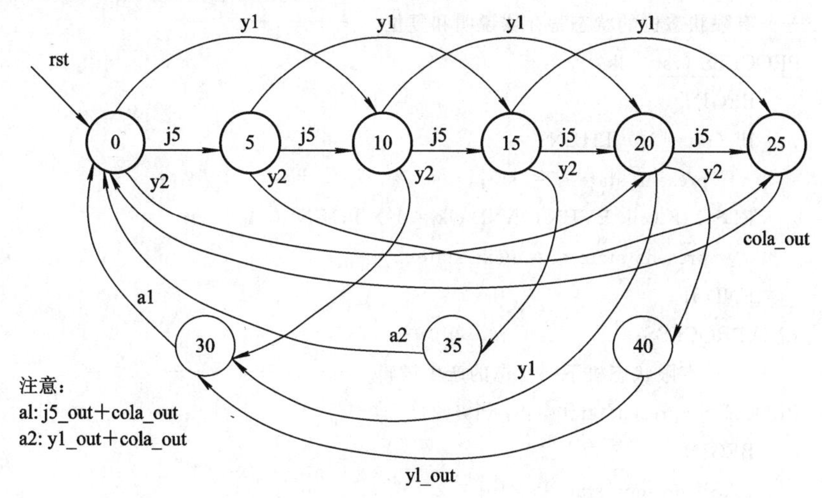

图 7-8　有限状态机的状态转移图

图7-8看似复杂，但却非常有规律。其中，每个状态表示了当前已经投入的钱币金额，5表示已经投入5角，10表示已经投入1元，等等；系统复位后的初始状态为0，表示没有钱币投入。

对于从0～20的5个状态，由于已经投入的钱币还没有达到2.5元，因此系统还能接收新的钱币。所以，这些状态的输出均有三条不同的路径。以状态20为例，此时已经接收了2元，如果继续投入5角则进入25状态，表示接收了2.5元；如果继续投入1元则进入35状态，表示已经接收了3.5元；如果继续投入2元，则进入40状态，表示已经接收了4元。

对于25、30、35和40这4个状态，由于输入的金额已经超过了2.5元，因此不再接收输入，主要进行找零和放出饮料操作。对于25状态，由于投入的金额刚好等于2.5元，因此此时直接放出饮料即可。对于30和35状态，则需要在放出饮料的同时进行找零操作(分别找零5角和1元)。对于40状态，由于需要找零两次，因此先找零1元，并将状态转移到30状态，然后继续后续的找零和放出饮料操作。

该有限状态机的VHDL程序如下：

```
LIBRARY IEEE;
USE IEEE.std_logic_1164.all;

ENTITY vending_machine IS
    PORT ( clk, rst: IN STD_LOGIC;
        j5, y1, y2: IN BOOLEAN;
        cola_out, j5_out, y1_out: OUT STD_LOGIC);
END ENTITY vending_machine;

ARCHITECTURE fsm OF vending_machine IS
-----状态说明------
    TYPE state IS (st0, st5, st10, st15, st20, st25, st30, st35, st40);
    SIGNAL present_state, next_state: STATE;
BEGIN
-----有限状态机的状态寄存器说明和复位 ----------
    PROCESS (rst, clk)
        BEGIN
        IF (rst='1') THEN
            present_state <= st0;
        ELSE IF (clk'EVENT AND clk='1') THEN
            present_state <= next_state;
        END IF;
    END PROCESS;
    ---- 有限状态机下一状态的产生逻辑----------
    PROCESS (present_state, j5, y1, y2)
        BEGIN
        CASE present_state IS
            WHEN st0 =>
```

```
        cola_out <= '0';
        j5_out <= '0';
        yl_out <= '0';
        IF (j5) THEN next_state <= st5;
            ELSE IF (yl) THEN next_state <= st10;
            ELSE IF (y2) THEN next_state <= st20;
            ELSE next_state <= st0;
        END IF;
    WHEN st5 =>
        cola_out <= '0';
        j5_out <= '0';
        yl_out <= '0';
        IF (j5) THEN next_state <= st10;
            ELSE IF (yl) THEN next_state <= st15;
            ELSE IF (y2) THEN next_state <= st25;
            ELSE next_state <= st5;
        END IF;
    WHEN st10 =>
        cola_out <= '0';
        j5_out <= '0';
        yl_out <= '0';
        IF (j5) THEN next_state <= st15;
            ELSE IF (yl) THEN next_state <= st20;
            ELSE IF (y2) THEN next_state <= st30;
            ELSE next_state <= st10;
        END IF;
    WHEN st15 =>
        cola_out <= '0';
        j5_out <= '0';
        yl_out <= '0';
        IF (j5) THEN next_state <= st20;
            ELSE IF (yl) THEN next_state <= st25;
            ELSE IF (y2) THEN next_state <= st35;
            ELSE next_state <= st15;
        END IF;
    WHEN st20 =>
        cola_out <= '0';
        j5_out <= '0';
        yl_out <= '0';
        IF (j5) THEN next_state <= st25;
            ELSE IF (yl) THEN next_state <= st30;
            ELSE IF (y2) THEN next_state <= st40;
            ELSE next_state <= st20;
```

```
            END IF;
        WHEN st25 =>
            cola_out <= '1';
            j5_out <= '0';
            y1_out <= '0';
            next_state <= st0;
        WHEN st30 =>
            cola_out <= '1';
            j5_out <= '1';
            y1_out <= '0';
            next_state <= st0;
        WHEN st35 =>
            cola_out <= '1';
            j5_out <= '0';
            y1_out <= '1';
            next_state <= st0;
        WHEN st40 =>
            cola_out <= '0';
            j5_out <= '0';
            y1_out <= '1';
            next_state <= st30;
    END CASE;
  END PROCESS;
END ARCHIFECTURE fsm;
```

整个 VHDL 程序需要注意以下几个方面：

(1) 在程序的起始处通过 VHDL 的自定义数据类型功能，定义了由 st0、st5 …… st40 等状态组成的有限状态机状态集合 state，并说明了两个此类型的信号 present_state 和 next_state，前者是当前状态，后者是后续状态。

(2) 程序体中包含了两个过程：一个过程是有限状态机的寄存器实现，包括复位和下一状态的转入等功能；第二个过程实质上是一个组合逻辑电路的说明，主要功能是根据当前状态和输入信号计算下一状态和输出信号。

在上述有限状态机的基础上还可以进一步改进。例如，在找零过程中，可能需要 5 角或者 1 元，但是 1 元的找零箱中可能已经没有钱币可以找零，因此原先的找零过程就需要加以改变。在 35 状态下，就需要根据当前是否还有 1 元钱币来判断是应该直接找 1 元零钱，还是找 5 角零钱并进入 30 状态。同样，40 状态下的找零过程也需要做相应改变。

习　题

7-1　简述第三代 EDA 系统的特点。

7-2　简述基于硬件描述语言的数字电路设计流程及其特点。

7-3　简述并行赋值语句与进程语句的特点与联系。

第 8 章　数/模和模/数转换

本章系统讲述数/模转换(把数字量转换成相应的模拟量)和模/数转换(把模拟量转换成相应的数字量)的基本原理和常见的典型电路。

在数/模转换电路中，分别介绍了权电阻网络数/模转换器、倒 T 型电阻网络数/模转换器以及权电流型数/模转换器。

在模/数转换电路中，首先介绍了模/数转换的一般原理和步骤，然后介绍了几种主要的模/数转换器。

另外，在讲述各种转换电路工作原理的基础上，着重讨论了转换器的转换精度和转换速度问题。

8.1 概　　述

随着数字计算机的迅速发展，其应用越来越广，特别是在自动控制、自动检测、通信、生物工程、医疗等领域中应用广泛。由于数字计算机只能处理数字信号，因此需要先将模拟信号转换成数字信号。同时，往往还需要把处理后得到的数字信号再转换成相应的模拟信号，作为最后的输出。

我们把将数字信号转换成模拟信号的电路或器件称为数/模转换器，又称 D/A 转换器或 DAC；将模拟信号转换为数字信号的电路或器件称为模/数转换器，又称 A/D 转换器或 ADC。

为了保证数据处理的准确性，D/A 转换器和 A/D 转换器必须有足够的精度，同时，为了适应快速过程的控制和检测的需要，D/A 转换器和 A/D 转换器还必须有足够快的转换速度。因此，转换精度和转换速度成为衡量 D/A 转换器和 A/D 转换器性能优劣的主要指标。

目前常见的 D/A 转换器有权电阻网络 D/A 转换器、倒 T 型电阻网络 D/A 转换器、权电流型 D/A 转换器等几种类型。

A/D 转换器的类型也有多种，可分为直接 A/D 转换器和间接 A/D 转换器两大类。在常见的直接 A/D 转换器中，又有并联比较型 A/D 转换器和反馈比较型 A/D 转换器两类。目前使用的间接 A/D 转换器大多都属于电压/时间变换型，如双积分型 A/D 转换器。

8.2 D/A 转换器

8.2.1 权电阻网络 D/A 转换器

1. 电路组成

图 8-1 所示为 4 位权电阻网络 D/A 转换器的原理图。它由权电阻网络 2^0R、2^1R、2^2R、2^3R(R 为基准电阻)，电子模拟开关 S_0、S_1、S_2、S_3，基准电源(U_{REF})及求和运算放大器组成。

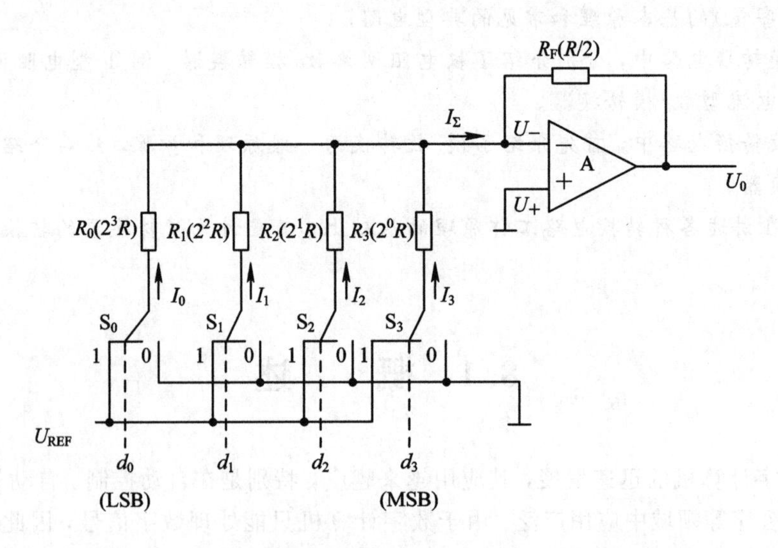

图 8-1 权电阻网络 D/A 转换器

电子模拟开关 S_0～S_3 受输入数字信号 d_0～d_3 控制，如果第 i 位数字信号 $d_i=1$，则 S_i 接位置 1，相应的电阻 R_i 和基准电压 U_{REF} 接通；若 $d_i=0$，则 S_i 接位置 0，R_i 接地。

求和运算放大器用于将权电阻网络流入的电流 i_Σ 转换为相应的模拟电压 u_0 输出。调节反馈电阻 R_F 的大小，可使输出的模拟电压 u_0 符合要求。同时，求和运算放大器又是权电阻网络和输出负载的缓冲器。

2. 工作原理

下面分析图 8-1 所示权电阻网络 D/A 转换器输出的模拟电压和输入数字信号之间的关系。在假设运算放大器输入电流为零的条件下可以得到：

$$\begin{aligned}u_0&=-R_F i_\Sigma=-R_F(I_3+I_2+I_1+I_0)\\&=-R_F\left(\frac{U_{REF}}{2^0R}d_3+\frac{U_{REF}}{2^1R}d_2+\frac{U_{REF}}{2^2R}d_1+\frac{U_{REF}}{2^3R}d_0\right)\end{aligned}\tag{8.2.1}$$

取 $R_F=R/2$，则得到

$$u_0=-\frac{U_{REF}}{2^4}(d_3 2^3+d_2 2^2+d_1 2^1+d_0 2^0)\tag{8.2.2}$$

对于 n 位的权电阻网络 D/A 转换器，当反馈电阻取为 $R/2$ 时，输出电压的计算公式可写成：

$$u_0 = -\frac{U_{REF}}{2^n}(d_{n-1}2^{n-1} + d_{n-2}2^{n-2} + \cdots + d_1 2^1 + d_0 2^0)$$
$$= -\frac{U_{REF}}{2^n}\sum_{k=0}^{n-1} d_k 2^k \tag{8.2.3}$$

上式表明，输出的电压正比于输入的数字量，从而实现了从数字量到模拟量的转换。

【例 8.1】 在图 8-1 所示权电阻网络 D/A 转换器中，设 $U_{REF} = -8$ V，$R_F = R/2$，试求：

(1) 当输入数字量 $d_3d_2d_1d_0 = 0001$ 时的输出电压。

(2) 当输入数字量 $d_3d_2d_1d_0 = 0101$ 时的输出电压。

(3) 当输入为最大数字量时的输出电压。

解 (1) 根据式(8.2.2)，可求得输入数字量 $d_3d_2d_1d_0 = 0001$ 时的输出电压为

$$u_0 = -\frac{U_{REF}}{2^4}(d_3 2^3 + d_2 2^2 + d_1 2^1 + d_0 2^0) = 0.5\ \text{V}$$

(2) 根据式(8.2.2)，可求得输入数字量 $d_3d_2d_1d_0 = 0101$ 时的输出电压为

$$u_0 = -\frac{U_{REF}}{2^4}(d_3 2^3 + d_2 2^2 + d_1 2^1 + d_0 2^0) = 2.5\ \text{V}$$

(3) 根据式(8.2.2)，可求得输入为最大数字量，即 $d_3d_2d_1d_0 = 1111$ 时的输出电压为

$$u_0 = -\frac{U_{REF}}{2^4}(d_3 2^3 + d_2 2^2 + d_1 2^1 + d_0 2^0) = 7.5\ \text{V}$$

权电阻网络 D/A 转换器的优点是电路结构比较简单，所用的电阻元件数较少。它的缺点是各个电阻的阻值相差比较大，尤其是在输入信号的位数较多时，这个问题更突出。例如当输入信号增加到 8 位时，如果取权电阻网络中最小的电阻为 $R = 10$ kΩ，那么最大的电阻阻值将达到 2^7R(=1.28 MΩ)，两者相差 128 倍之多。要想在极为宽广的阻值范围内保证每个电阻都有很高的精度是十分困难的，尤其对制作集成电路不利。为了克服权电阻网络 D/A 转换器中电阻阻值相差太大的缺点，常采用倒 T 型电阻网络 D/A 转换器。

8.2.2 倒 T 型电阻网络 D/A 转换器

1. 电路组成

图 8-2 所示为 4 位 $R-2R$ 倒 T 型电阻网络 D/A 转换器的原理图。和权电阻网络 D/A转换器相比，除电阻网络结构呈倒 T 型外，电阻网络中只有 R、$2R$ 两种阻值的电阻，这就给集成电路的设计和制作带来了很大的便利。

2. 工作原理

电子模拟开关 $S_0 \sim S_3$ 受输入数字信号 $d_0 \sim d_3$ 控制。当 $d_i = 1$ 时，S_i 接求和运算放大器的虚地端；当 $d_i = 0$ 时，S_i 接地。可见，无论输入数字信号为 0 还是为 1，即无论各电子模拟开关接“0”端还是接“1”端，各支路的电流都直接流入地或流入求和运算放大器的虚地端，所以对于倒 T 型电阻网络来说，各 $2R$ 电阻的上端相当于接地。由图 8-2 可知，基准电压 U_{REF} 对地电阻为 R，其流出的电流 $i = U_{REF}/R$ 是固定不变的，而每个支路的电流依次为 $I/2$、$I/4$、$I/8$、$I/16$，因此，流入求和运算放大器的电流 I_Σ 为

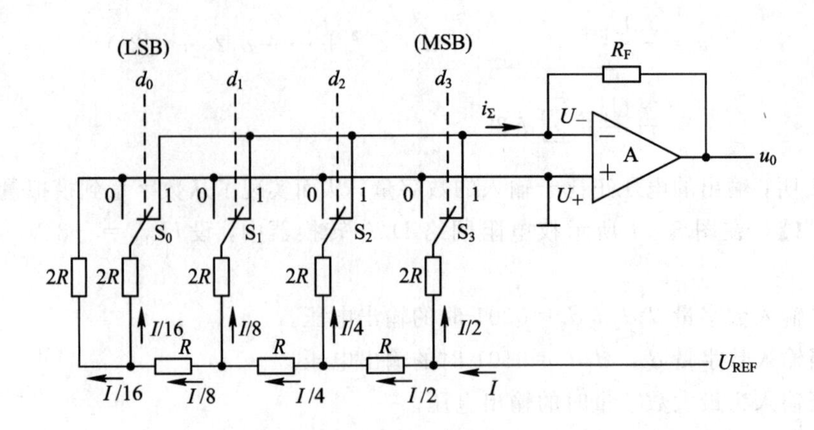

图 8-2 倒 T 型电阻网络 D/A 转换器

$$I_\Sigma = \frac{I}{2}d_3 + \frac{I}{4}d_2 + \frac{I}{8}d_1 + \frac{I}{16}d_0 \tag{8.2.4}$$

在求和运算放大器的反馈电阻阻值 R_F 等于 R 的条件下输出电压为

$$u_0 = -Ri_\Sigma = -\frac{U_{REF}}{2^4}(d_3 2^3 + d_2 2^2 + d_1 2^1 + d_0 2^0) \tag{8.2.5}$$

对于 n 位输入的倒 T 型电阻网络 D/A 转换器，在求和运算放大器的反馈电阻阻值为 R 的条件下，输出的模拟电压的计算公式为

$$u_0 = -\frac{U_{REF}}{2^n}(d_{n-1}2^{n-1} + d_{n-2}2^{n-2} + \cdots + d_2 2^2 + d_1 2^1 + d_0 2^0) \tag{8.2.6}$$

由上式可看出，输出电压和输入数字量呈正比关系。由于不论电子模拟开关接“0”端还是接“1”端，电阻 $2R$ 的上端总是接地或接求和运算放大器的虚地端，因此流经 $2R$ 支路上的电流不会随开关状态的变化而改变，它不需要建立时间，所以电路的转换速度提高了。倒 T 型电阻网络 D/A 转换器的电阻数量虽比权电阻网络多，但它只有 R 和 $2R$ 两种阻值，因而克服了权电阻网络电阻阻值多，差别大的缺点，便于集成化。因此，$R-2R$ 倒 T 型电阻网络 D/A 转换器得到了广泛的应用。

但无论是权电阻网络 D/A 转换器还是倒 T 型电阻网络 D/A 转换器，在分析的过程中，都把电子模拟开关当作理想开关处理，没有考虑它们的导通电阻和导通电压降。而实际上这些开关总有一定的导通电阻和导通电压降，而且每个开关的情况不完全相同。它们的存在无疑将引起转换误差，影响转换精度。为了解决这一问题，常采用权电流型 D/A 转换器。

8.2.3 权电流型 D/A 转换器

1. 电路组成

图 8-3 所示为 4 位权电流型 D/A 转换器的原理图。它由权电流源($I/16$、$I/8$、$I/4$、$I/2$)，电子模拟开关 S_0、S_1、S_2、S_3，基准电源(U_{REF})及求和运算放大器组成。

电子模拟开关 S_0～S_3 受输入数字信号 d_0～d_3 控制，如果第 i 位数字信号 $d_i=1$，则相应的开关 S_i 将权电流源接至求和运算放大器的反相输入端；若 $d_i=0$，则相应的开关将电流源接地。

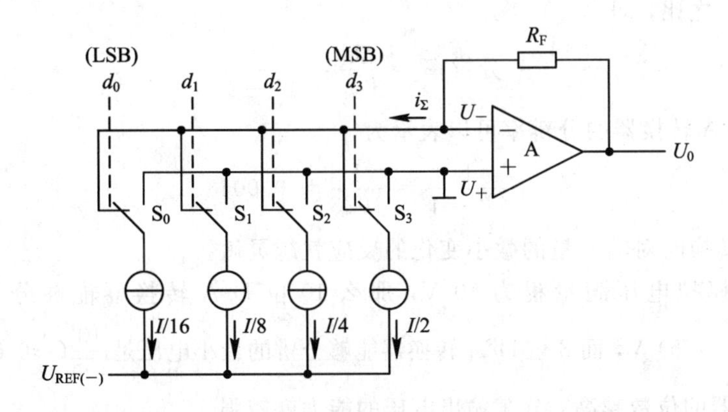

图 8－3　权电流型 D/A 转换器

恒电流源电路经常使用图 8－4 所示的电路结构形式。只要在电路工作时 U_B 和 U_{EE} 稳定不变，三极管的集电极电流就可保持恒定，不受开关内阻的影响。电流的大小近似为

$$I_i = \frac{U_B - U_{EE} - U_{BE}}{R_E} \tag{8.2.7}$$

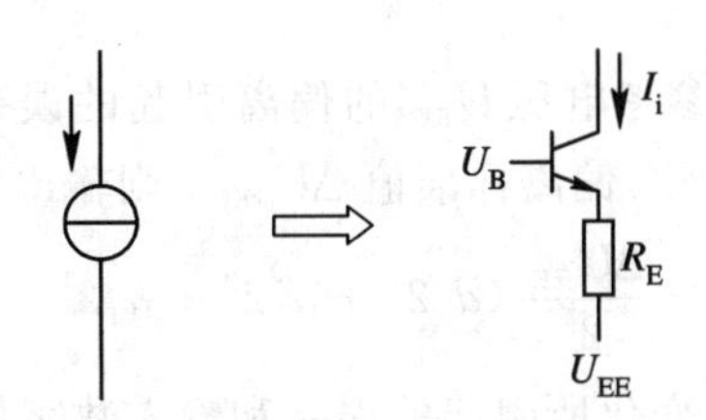

图 8－4　权电流型 D/A 转换器中的电流源

2. 工作原理

在权电流型 D/A 转换器中，有一组恒电流源，每个恒电流源的大小依次为前一个的 1/2，和二进制输入代码对应的权呈正比。

输出电压为

$$\begin{aligned} u_0 &= i_\Sigma R_F \\ &= R_F\left(\frac{I}{2}d_3 + \frac{I}{4}d_2 + \frac{I}{8}d_1 + \frac{I}{16}d_0\right) \\ &= \frac{R_F I}{2^4}(d_3 2^3 + d_2 2^2 + d_1 2^1 + d_0 2^0) \end{aligned} \tag{8.2.8}$$

可见，输出电压 u_0 正比于输入的数字量，实现了数字量到模拟量的转换。权电流型 D/A 转换器各支路电流的叠加方法与传输方式和 $R-2R$ 倒 T 型电阻网络 D/A 转换器相同，因而也具有转换速度快的特点。此外，由于采用了恒流源，每个支路电流的大小不再受开关内阻和压降的影响，从而降低了对开关电路的要求。

8.2.4　D/A 转换器的主要技术指标

1. 分辨率

分辨率是指输入数字量的最低有效位为 1 时，对应输出可分辨的电压变化量 ΔU 与最

大输出电压 U_m 之比，即

$$分辨率 = \frac{\Delta U}{U_m} = \frac{1}{2^n - 1} \tag{8.2.9}$$

例如，10 位 D/A 转换器的分辨率可以表示为

$$\frac{1}{2^{10} - 1} = \frac{1}{1023} \approx 0.001$$

分辨率越高，转换时对输入量的微小变化的反应就越灵敏。

如果输出模拟电压满量程为 10 V，那么 10 位 D/A 转换器能够分辨的最小电压是$\frac{10}{1023}$(≈0.009 775) V，而 8 位 D/A 转换器能够分辨的最小电压是$\frac{10}{255}$(≈0.039 216) V，可见，D/A 转换器的位数越高，分辨输出电压的能力就越强。

2. 转换精度

转换精度是实际输出值与理论计算值之差。这种差值由转换过程的各种误差引起，主要是静态误差。它包括：

(1) 非线性误差。它是由电子开关导通的电压降和电阻网络电阻值偏差产生的，常用满刻度的百分数来表示。

(2) 比例系数误差。它是参考电压 U_{REF} 的偏离引起的误差。以图 8 - 2 的倒 T 型电阻网络 D/A 转换器为例，如果 U_{REF} 偏离标准值 ΔU_{REF}，则输出将产生误差电压：

$$\Delta u_0 = -\frac{\Delta U_{REF}}{2^4}(d_3 2^3 + d_2 2^2 + d_1 2^1 + d_0 2^0) \tag{8.2.10}$$

这个结果说明，由 U_{REF} 的变化所引起的误差和输入数字量的大小是呈正比的。因此把由 ΔU_{REF} 引起的转换误差叫作比例系数误差。图 8 - 5 中以虚线表示出了当 ΔU_{REF} 一定时，输出的电压值偏离理论值的情况。

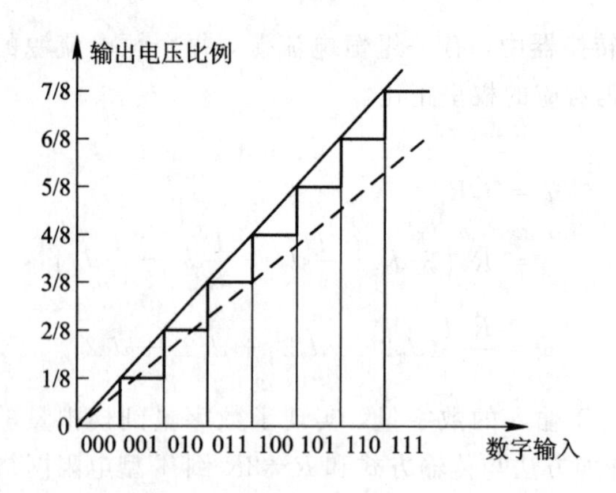

图 8 - 5 比例系数误差

(3) 漂移误差。它是由求和运算放大器零点漂移产生的误差。当输入数字量为 0 时，由于求和运算放大器的零点漂移，输出的模拟电压并不为 0。这使实际输出电压值与理想电压值产生一个相对位移，如图 8 - 6 中虚线所示。

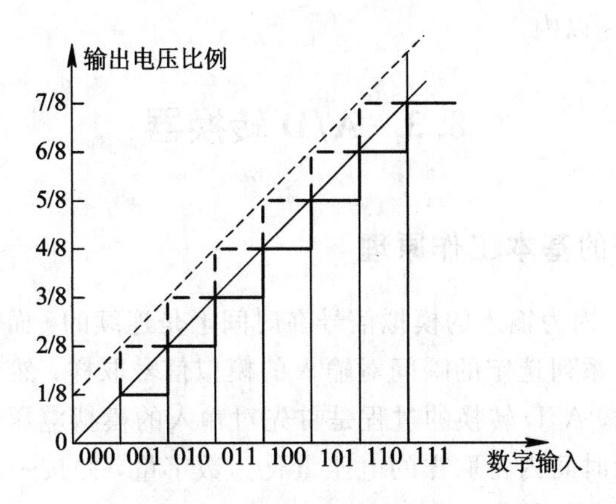

图 8-6　漂移误差

【例 8.2】　10 位倒 T 型电阻网络 D/A 转换器中，外接参考电压 $U_{REF}=-10$ V。为保证 U_{REF} 偏离标准值所引起的误差小于 1/2 LSB(最低有效位)，试计算 U_{REF} 的相对稳定度应取多少?

解　首先计算对应于 1/2 LSB 输入的输出电压。由式(8.2.6)可知，当输入代码只有 LSB=1 而其余各位均为 0 时的输出电压为

$$u_0=-\frac{U_{REF}}{2^n}(d_{n-1}2^{n-1}+d_{n-2}2^{n-2}+\cdots+d_2 2^2+d_1 2^1+d_0 2^0)=-\frac{U_{REF}}{2^n}$$

故与 1/2 LSB 相对应的输出电压绝对值为

$$\frac{1}{2}\times\frac{|U_{REF}|}{2^n}=\frac{|U_{REF}|}{2^{n+1}}$$

其次计算由于参考电压 U_{REF} 变化 ΔU_{REF} 所引起的输出电压变化 Δu_0，由式(8.2.6)可知，在 n 位输入的 D/A 转换器中，由 ΔU_{REF} 引起的误差电压应为

$$\Delta u_0=-\frac{\Delta U_{REF}}{2^n}(d_{n-1}2^{n-1}+d_{n-2}2^{n-2}+\cdots+d_2 2^2+d_1 2^1+d_0 2^0)$$

而且在数字量所有位全为 1 时 Δu_0 最大。这时的误差电压绝对值为

$$|\Delta u_0|=\frac{2^n-1}{2^n}|\Delta U_{REF}|=\frac{2^{10}-1}{2^{10}}|\Delta U_{REF}|$$

根据题意，Δu_0 必须小于等于 1/2 LSB 对应的输出电压，于是得到

$$|\Delta u_0|\leqslant\frac{1}{2^{11}}|U_{REF}|$$

$$\frac{2^{10}-1}{2^{10}}|\Delta U_{REF}|\leqslant\frac{1}{2^{11}}|U_{REF}|$$

故得到参考电压 U_{REF} 的相对稳定度为

$$\frac{|\Delta U_{REF}|}{|U_{REF}|}\leqslant\frac{1}{2^{11}}\div\frac{2^{10}-1}{2^{10}}\approx\frac{1}{2^{11}}=0.05\%$$

3. 建立时间

从数字信号输入 DAC 到输出电流(或电压)达到稳态值所需的时间为建立时间。建立时间的大小决定了转换速度。目前，10～12 位单片集成 D/A 转换器(不包括运算放大器)

的建立时间可以在 1 μs 以内。

8.3 A/D 转换器

8.3.1 A/D 转换器的基本工作原理

在 A/D 转换器中，因为输入的模拟信号在时间上是连续的，而输出的数字信号是离散的，所以转换只能在一系列选定的瞬间对输入的模拟信号取样，然后再把这些取样值转换成输出的数字量。因此，A/D 转换的过程是首先对输入的模拟电压信号取样，取样结束后进入保持时间，在这段时间内将取样的电压量化为数字量，并按一定的编码形式给出转换结果。然后，再开始下一次取样。

1. 取样与保持

取样是将时间上连续变化的信号转换为时间上离散的信号，即将时间上连续变化的模拟量转换为一系列等间隔的脉冲，脉冲的幅度取决于输入的模拟量，其过程如图 8－7 所示。图中，$u_i(t)$是输入的模拟信号，$s(t)$为取样脉冲，$u_o(t)$为取样后的输出信号。

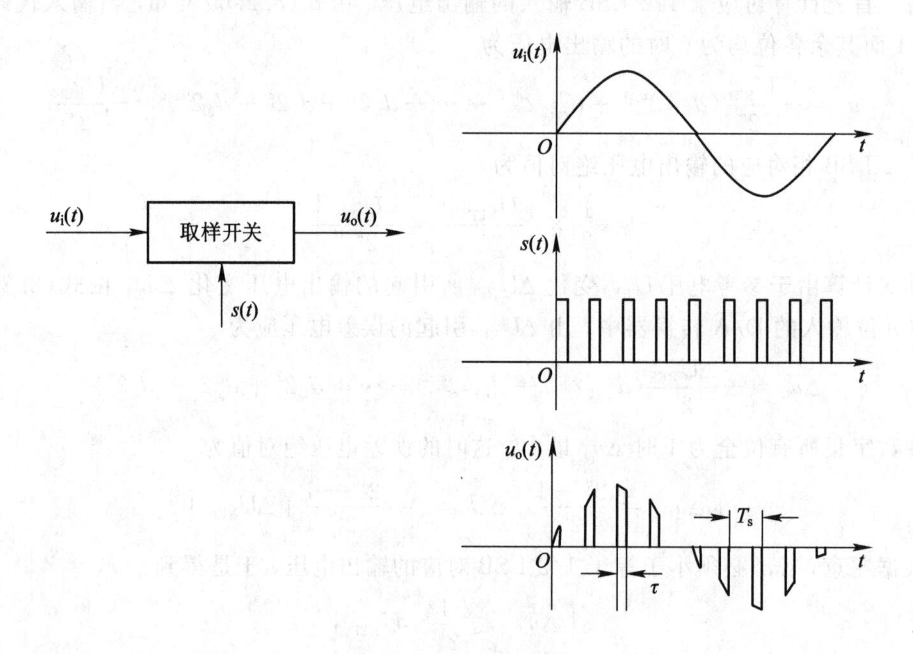

图 8－7 取样过程

在取样脉冲作用的周期 τ 内，取样开关接通，使 $u_o(t)=u_i(t)$，在其他时间$(T_s-\tau)$内，输出等于 0。因此，每经过一个取样周期，对输入信号取样一次，在输出端便得到输入信号的一个取样值。为了不失真地恢复原来的输入信号，根据取样定理，一个频率有限的模拟信号，其取样频率 f_s 必须大于等于输入模拟信号包含的最高频率 f_{max}的两倍，即取样频率必须满足：

$$f_s \geqslant 2f_{max} \tag{8.3.1}$$

对模拟信号取样后，得到一系列样值脉冲。取样脉冲宽度 τ 一般很小，在下一个取样脉冲到来之前，应暂时保持所取得的样值脉冲幅度，以便进行转换。因此在取样电路之后须加保持电路。图 8-8(a)是一种常见的取样保持电路，场效应管 V 为取样门，电容 C 为保持电容，运算放大器为跟随器，起缓冲隔离作用。在取样脉冲 $s(t)$到来的时间 τ 内，场效应管 V 导通，输入模拟量 $u_i(t)$向电容充电。假定充电时间常数远小于 τ，那么电容 C 上的充电电压就能及时跟上 $u_i(t)$的采样值。采样结束，V 迅速截止，电容 C 上的充电电压保持为前一次取样的值，一直保持到下一个取样脉冲到来为止。当下一个取样脉冲到来时，电容 C 上的电压 $u_o(t)$再按输入 $u_i(t)$变化。在输入一连串取样脉冲序列后，取样保持电路的缓冲放大器输出电压 $u_o'(t)$便得到如图 8-8(b)所示的波形。

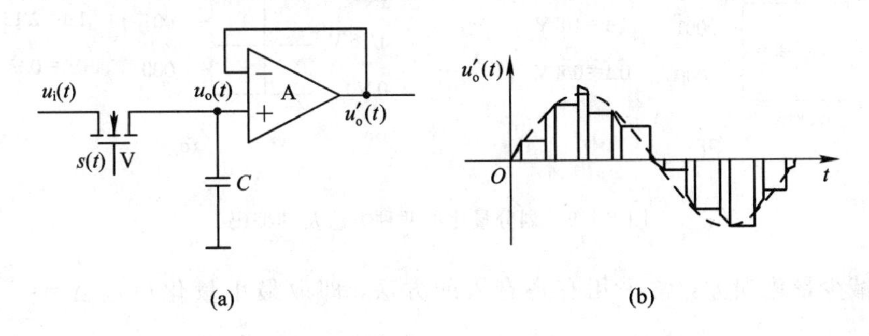

图 8-8　取样保持电路及输出波形

(a) 取样保持电路原理图；(b) 输出波形图

2. 量化与编码

正如前面所讲，数字信号不仅在时间上是不连续的，而且在幅度上也是不连续的。因此，任何一个数字量的大小都可用某个最小量单位的整数倍来表示。而采样－保持后的电压仍是连续可变的，在将其转换成数字量时，就必须把它与一些规定个数的离散电平进行比较，凡介于两个离散电平之间的取样值，可按某种方式近似地用这两个离散电平中的一个表示。这种取整并归的方式和过程称为数值量化，简称量化。所取的最小数量单位叫作量化单位，用 Δ 表示。显然，数字信号最低有效位(LSB)的 1 所代表的数量大小就等于 Δ。

把量化的结果用代码(可以是二进制，也可是其他进制)表示出来，称为编码。这些代码就是 A/D 转换的输出结果。

量化的方法有两种：一种是只舍不入，另一种是有舍有入。

只舍不入的方法是：取最小量化单位 $\Delta=U_m/2^n$(其中，U_m 为输入模拟电压的最大值；n 为输出数字代码的位数)，将 $0\sim\Delta$ 之间的模拟电压归并到 $0\cdot\Delta$，把 $\Delta\sim2\Delta$ 之间的模拟电压归并到 $1\cdot\Delta$，依次类推。这种方法产生的最大量化误差为 Δ。例如，把 0～1 V 的模拟电压转换成 3 位二进制代码，则 $\Delta=\frac{1}{2^3}\ \text{V}=\frac{1}{8}\ \text{V}$，规定凡数值在 $0\sim\frac{1}{8}$ V 之间的模拟电压归并到 $0\cdot\Delta$；用二进制数 000 表示，凡数值在 $\frac{1}{8}\sim\frac{2}{8}$ V 之间的模拟电压归并到 $1\cdot\Delta$，用二进制数 001 表示等，如图 8-9(a)所示。不难看出，这种量化方法可能带来的最大量化误差可达 1/8 V。

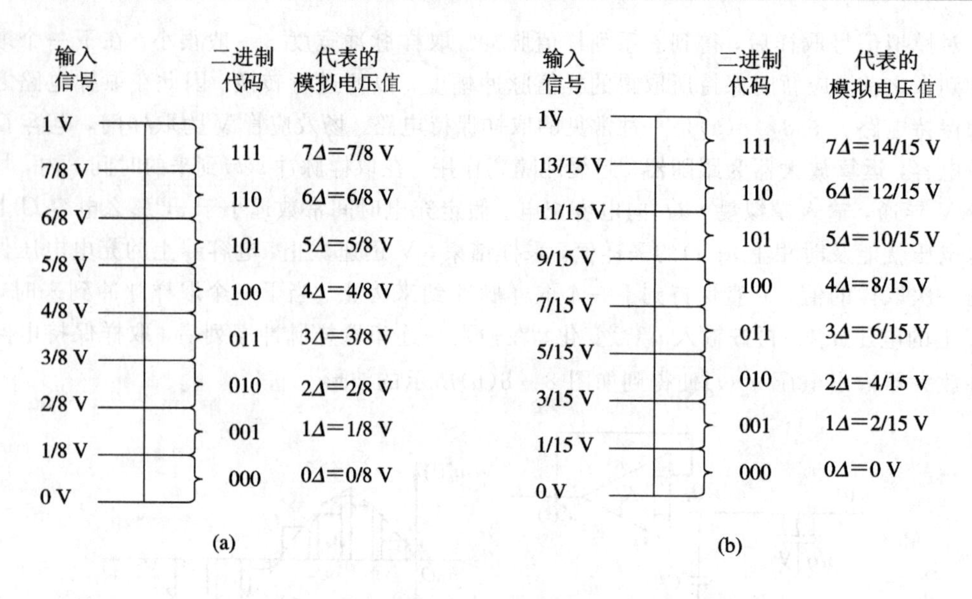

图 8－9　划分量化的两种方法及其编码

为了减少量化误差，常采用有舍有入的方法，即取最小量化单位 $\Delta=\dfrac{2U_{\mathrm{m}}}{2^{n+1}-1}$，将 $0\sim\dfrac{\Delta}{2}$之间的模拟电压归并到 $0\cdot\Delta$，把$\dfrac{\Delta}{2}\sim\dfrac{3}{2}\Delta$之间的模拟电压归并到 $1\cdot\Delta$，依次类推。这种方法产生的最大量化误差为$\dfrac{\Delta}{2}$。在上例中，取 $\Delta=\dfrac{2}{2^4-1}\ \mathrm{V}=\dfrac{2}{15}\ \mathrm{V}$，并将二进制输出代码 000 对应的模拟电压范围规定为 $0\sim\dfrac{1}{15}\ \mathrm{V}$，即 $0\sim\dfrac{1}{2}\Delta$；凡数值在$\dfrac{1}{15}\sim\dfrac{3}{15}\ \mathrm{V}$之间的模拟电压归并到 $1\cdot\Delta$，用二进制数 001 表示等，如图 8－9(b)所示。最大量化误差减小到 $\dfrac{1}{15}\ \mathrm{V}$，是因为将每个输出二进制代码所表示的模拟电压值规定为它所对应的模拟电压范围的中间值，所以最大量化误差自然不会超过$\dfrac{1}{2}\Delta$。

8.3.2　A/D 转换器的主要电路形式

ADC 电路分为直接法和间接法两大类。

直接法是通过一套基准电压与取样保持电压进行比较，从而将模拟量直接转换成数字量。其特点是工作速度高，转换精度容易保证，调准也比较方便。

间接法是将取样后的模拟电压信号先转换成一个中间变量(时间 t 或频率 f)，然后再将中间变量转换成数字量。其特点是工作速度较低，但转换精度可提高，且抗干扰性强。

常用的直接 A/D 转换器有并联比较型和反馈比较型两类。目前使用的间接 A/D 转换器多半都属于电压－时间变换型(简称 U－T 变换型)和电压－频率变换型(简称 U－F 变换型)。下面介绍常用的电路。

1. 并联比较型 A/D 转换器

并联比较型 A/D 转换器的电路结构如图 8－10 所示，它由电压比较器、寄存器和代码转换电路三部分组成。其输入为 0～U_{REF} 间的模拟电压，输出为 3 位二进制数码 $d_2d_1d_0$。

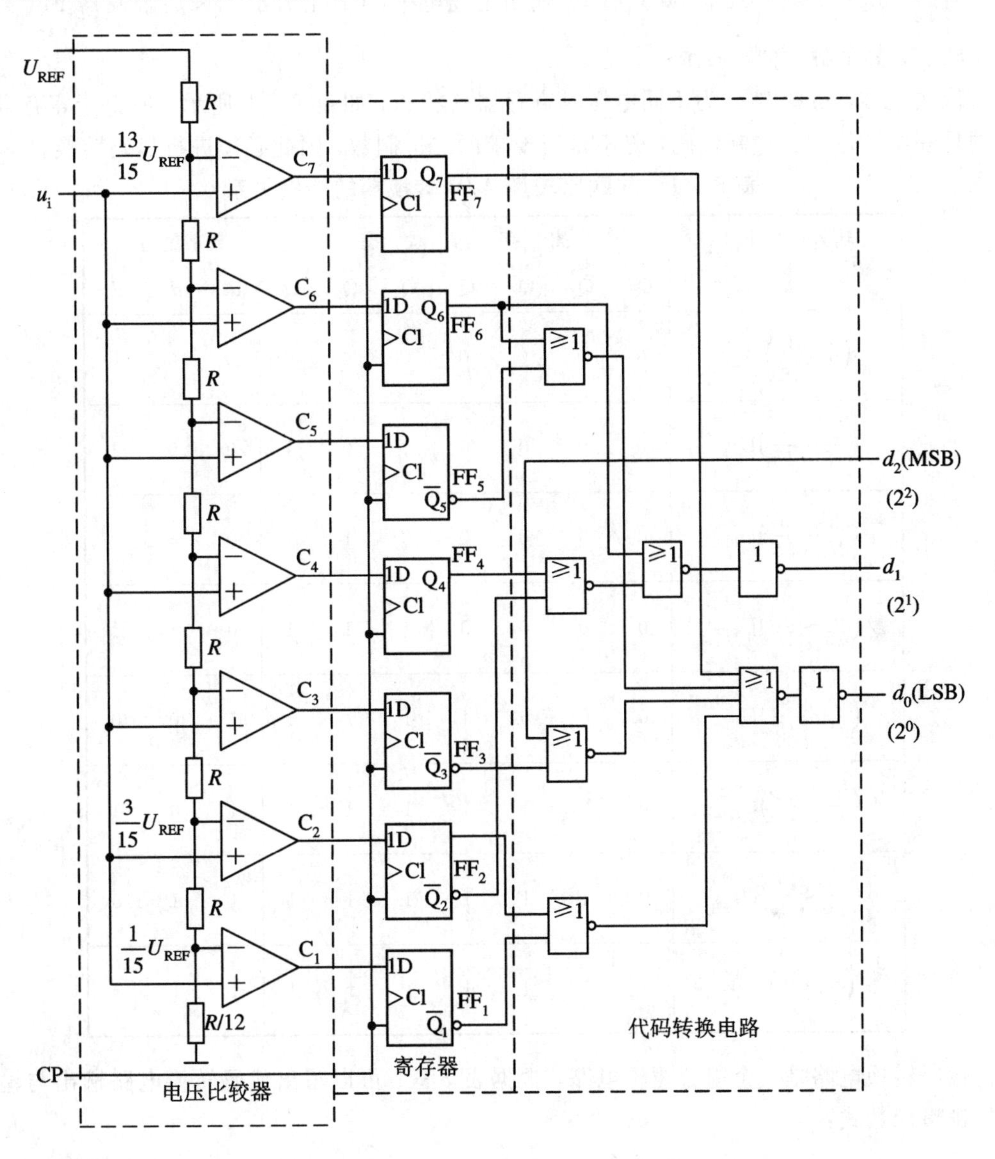

图 8-10　并联比较型 A/D 转换器

电压比较器由电阻分压器和 7 个比较器构成。在电阻分压器中，量化电平的划分采用图 8-9(b)所示的方式，即以有舍有入方式进行分压。用电阻链把参考电压 U_{REF} 分压，得到从 $\frac{1}{15}U_{REF}$ 到 $\frac{13}{15}U_{REF}$ 之间的 7 个量化电平，量化单位为 $\Delta=\frac{2}{15}U_{REF}$。然后，把这 7 个量化电平分别接到 7 个电压比较器 C_1～C_7 的负输入端，作为比较基准。同时，将输入的模拟电压接到每个电压比较器的正输入端，与这 7 个量化电平进行比较。

若 $u_i<\frac{1}{15}U_{REF}$，则所有电压比较器的输出全是低电平，CP 上升沿到来后寄存器中所有的触发器都被置成 0 状态。

若$\frac{1}{15}U_{\text{REF}} \leqslant u_{\text{i}} < \frac{3}{15}U_{\text{REF}}$，则只有 C_1 输出为高电平，CP 上升沿到来后触发器 FF_1 被置成 1 状态，其余触发器被置成 0 状态。

依次类推，易算出 u_{i} 为不同电压时寄存器的状态，如表 8-1 所示。但由于寄存器输出的是一组 7 位的二进制代码，仍不是所要求的二进制数，因此必须进行代码转换。

表 8-1　并联比较型 A/D 转换器的转换关系

输入模拟电压	寄存器状态							数字量输出		
u_{i}	Q_7	Q_6	Q_5	Q_4	Q_3	Q_2	Q_1	d_2	d_1	d_0
$\left(0\sim\frac{1}{15}\right)U_{\text{REF}}$	0	0	0	0	0	0	0	0	0	0
$\left(\frac{1}{15}\sim\frac{3}{15}\right)U_{\text{REF}}$	0	0	0	0	0	0	1	0	0	1
$\left(\frac{3}{15}\sim\frac{5}{15}\right)U_{\text{REF}}$	0	0	0	0	0	1	1	0	1	0
$\left(\frac{5}{15}\sim\frac{7}{15}\right)U_{\text{REF}}$	0	0	0	0	1	1	1	0	1	1
$\left(\frac{7}{15}\sim\frac{9}{15}\right)U_{\text{REF}}$	0	0	0	1	1	1	1	1	0	0
$\left(\frac{9}{15}\sim\frac{11}{15}\right)U_{\text{REF}}$	0	0	1	1	1	1	1	1	0	1
$\left(\frac{11}{15}\sim\frac{13}{15}\right)U_{\text{REF}}$	0	1	1	1	1	1	1	1	1	0
$\left(\frac{13}{15}\sim1\right)U_{\text{REF}}$	1	1	1	1	1	1	1	1	1	1

代码转换电路是一个组合逻辑电路，根据表 8-1 可以写出代码转换电路输出与输入间的逻辑函数式：

$$\begin{cases} d_2 = Q_4 \\ d_1 = Q_6 + \overline{Q}_4 Q_2 \\ d_0 = Q_7 + \overline{Q}_6 Q_5 + \overline{Q}_4 Q_3 + \overline{Q}_2 Q_1 \end{cases} \tag{8.3.2}$$

按照上式即可得到图 8-10 所示的代码转换电路。

例如，假设模拟输入电压 $u_{\text{i}}=3.8$ V，$U_{\text{REF}}=8$ V。当模拟输入电压 u_{i} 加到各级比较器时，由于

$$\frac{7}{15}U_{\text{REF}} \approx 3.73\ \text{V}, \quad \frac{9}{15}U_{\text{REF}} = 4.8\ \text{V}$$

因此比较器的输出 $C_7 \sim C_1$ 为 0001111。在时钟脉冲作用下，比较器的输出存入寄存器，经代码转换电路输出 A/D 转换结果：$d_2 d_1 d_0 = 100$。这也就是并联比较型 A/D 转换器的工作

过程。

并联比较型A/D转换器的转换速度很快，其转换速度实际上取决于器件的速度和时钟脉冲的宽度。其缺点是电路复杂，对于一个n位二进制输出的并联比较型A/D转换器，需2^n-1个电压比较器和2^n-1个触发器，代码转换电路随n的增大变得相当复杂。

并联比较型A/D转换器的转换精度主要取决于量化电平的划分，分得越细，精度越高。但分得过细，使用的比较器和触发器数目就越大，电路就更加复杂。此外，转换精度还受参考电压的稳定度和分压电阻相对精度以及电压比较器灵敏度的影响。

2. 反馈比较型A/D转换器

在反馈比较型A/D转换器中经常采用的有计数型和逐次渐近型两种方案。

计数型A/D转换器的原理框图如图8-11所示。它由电压比较器、D/A转换器、计数器以及输出寄存器等几部分组成。

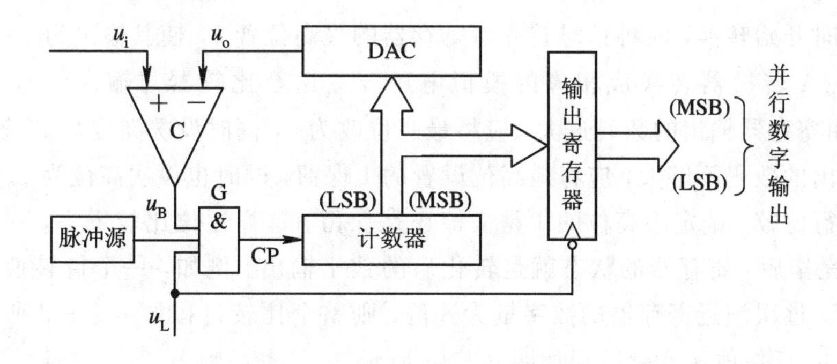

图8-11 计数型A/D转换器原理框图

转换开始前先用复位信号将计数器置零，而且转换控制信号应停留在$u_L=0$的状态。这时逻辑门被封锁，计数器不工作。计数器加给D/A转换器的是全0信号，因此D/A转换器输出的模拟电压$u_o=0$。如果u_i为正电压信号，则$u_i>u_o$，比较器的输出电压$u_B=1$。

当u_L变成高电平时开始转换，脉冲源发出的脉冲经过逻辑门G加到计数器的时钟信号输入端CP，计数器开始作加法计数。随着计数的进行，D/A转换器输出的模拟电压u_o也不断增加。当u_o增至$u_o=u_i$时，比较器的输出电压变成$u_B=0$，将逻辑门G封锁，计数器停止计数。这时，计数器中所存的数字就是所求的输出信号。

由于在转换过程中，计数器中的数字不停地变化，因此不宜将计数器的状态直接作为输出信号。为此，在输出端设置了输出寄存器。在每次转换完成以后，用转换控制信号u_L的下降沿将计数器输出的数字置入输出寄存器中，而以寄存器的状态作为最终的输出信号。

计数型A/D转换器电路简单，但速度很慢，当输出为n位二进制数码时，最大转换时间为$(2^n-1)\times T_{CP}$（T_{CP}为计数器时钟脉冲周期）。

为了提高转换速度，在计数型A/D转换器的基础上又产生了逐次渐近型A/D转换器。

逐次渐近型A/D转换器的原理框图如图8-12所示。它由电压比较器、D/A转换器、寄存器、时钟脉冲源和控制逻辑等几部分组成。

这种转换是将转换的模拟电压u_o与一系列基准电压比较。比较是从高位到低位逐位进行的，并依次确定各位数码是1还是0。转换开始前，先将寄存器清零。转换控制信号u_L

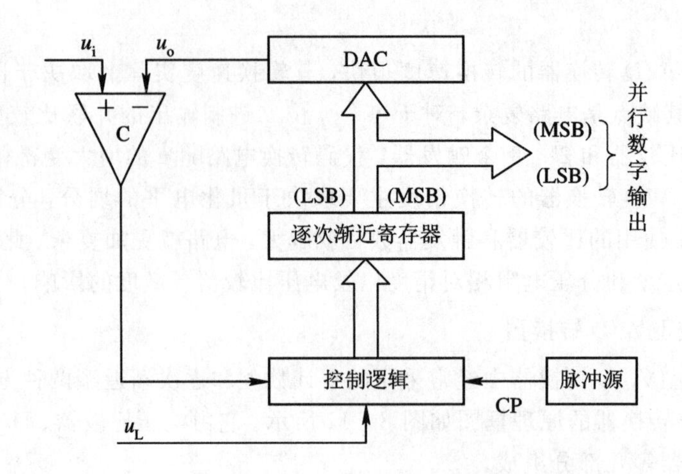

图 8-12 逐次渐近型 A/D 转换器原理框图

变为高电平时开始转换，时钟信号首先将寄存器的最高位置 1，使其输出为 100…00，这个数字量被 D/A 转换器转换成相应的模拟电压 u_o，送至比较器与输入信号 u_i 比较。若 $u_o>u_i$，说明寄存器输出的数码过大，应将最高位改为 0，同时设次高位为 1；若 $u_o\leqslant u_i$，说明寄存器输出的数码不够大，应将最高位设置的 1 保留，同时也设次高位为 1。然后再按同样的方法进行比较，确定次高位的 1 是去掉还是保留。这样逐位比较下去，一直到最低位为止。比较完毕后，寄存器的状态就是转化后的数字输出。例如，一个待转换的模拟电压 u_i=163 mV，逐次渐近寄存器的数字量为 8 位，则整个比较过程如表 8-2 所示，D/A 转换器输出的 u_o 反馈电压变化波形如图 8-13 所示。

表 8-2 u_i=163 mV 的逐次比较过程

CP 脉冲顺序	寄存器状态 Q_7	Q_6	Q_5	Q_4	Q_3	Q_2	Q_1	Q_0	十进制读数	比较判别	该位数码的留或舍
1	1	0	0	0	0	0	0	0	128	$u_i>u_o$	留
2	1	1	0	0	0	0	0	0	192	$u_i<u_o$	舍
3	1	0	1	0	0	0	0	0	160	$u_i>u_o$	留
4	1	0	1	1	0	0	0	0	176	$u_i<u_o$	舍
5	1	0	1	0	1	0	0	0	168	$u_i<u_o$	舍
6	1	0	1	0	0	1	0	0	164	$u_i<u_o$	舍
7	1	0	1	0	0	0	1	0	162	$u_i>u_o$	留
8	1	0	1	0	0	0	1	1	163	$u_i=u_o$	留
结果	1	0	1	0	0	0	1	1	163		

逐次渐近型 A/D 转换器具有较高的转换速度。对于一个 n 位逐次渐近型 A/D 转换

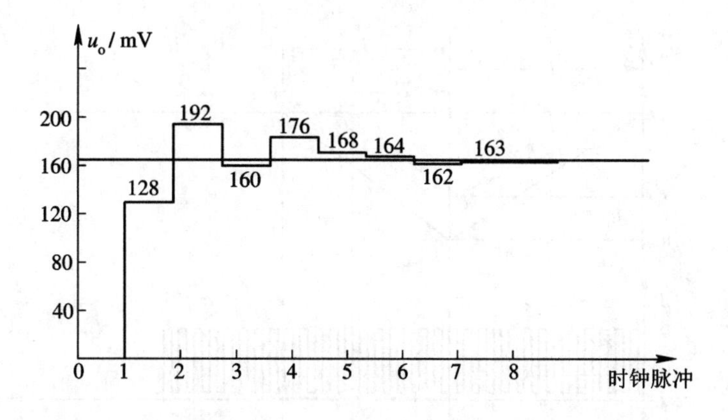

图 8－13　u_i＝163 mV 逐次比较 u_o 波形

器，转换一次需要的时间为$(n+2)T_{CP}$，位数越多，转换时间就相应越长。与并联比较型相比，它的速度要低一些，但所需硬件较少，因而在速度要求不是特别高的场合，逐次渐近型 A/D 转换器的应用最为广泛。

逐次渐近型 A/D 转换器的精度主要取决于其中 D/A 转换器的位数和线性度、参考电压的稳定性和电压比较器的灵敏度。由于高精度的 D/A 转换器已能实现，因此逐次渐近型 A/D 转换器可达到很高的精度。

3. 双积分型 A/D 转换器

双积分型 A/D 转换器的转换原理是将模拟电压 u_i 转换成与其大小成正比的时间 T，再利用基准时钟脉冲通过计数器将 T 变换成数字量。图 8－14 所示是双积分型 A/D 转换器的原理框图。它包含积分器、比较器、计数器、控制逻辑和时钟信号源等几部分。图 8－15 所示是这个电路的工作波形图。

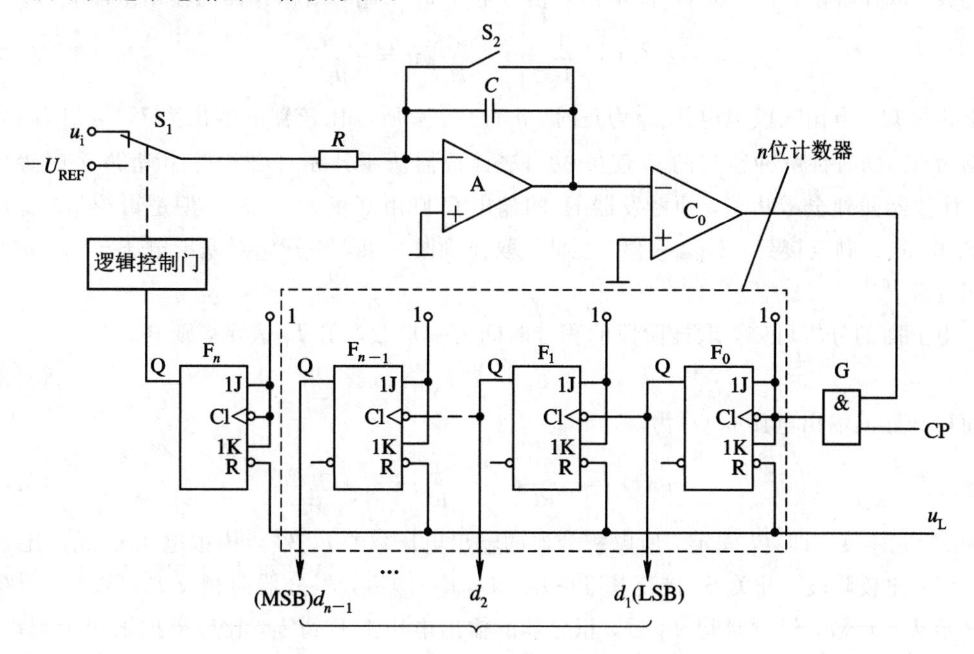

图 8－14　双积分型 A/D 转换器原理框图

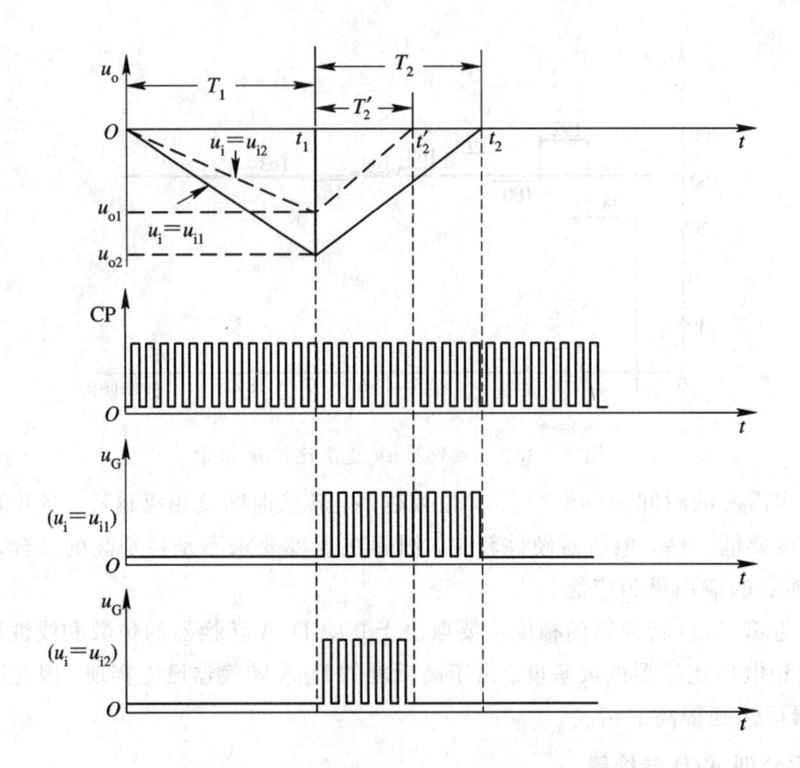

图 8-15　双积分型 A/D 转换器的工作波形

下面讨论它的工作过程和这种 A/D 转换器的特点。

转换开始前(转换控制信号 $u_L=0$)，先将计数器清零，并将开关 S_2 合上，使积分电容器完全放电。当 $u_L=1$ 时开始转换。其转换过程分两个阶段进行：

(1) 取样阶段。将开关 S_1 接至输入信号电压 u_i 一侧，则积分器的输出电压 u_o 为

$$u_o(t)=\frac{1}{C}\int_0^t\left(-\frac{u_i}{R}\right)dt=-\frac{u_i}{RC}t \tag{8.3.3}$$

由上式可知，当输入模拟电压 u_i 为正时，$u_o(t)<0$，所以比较器的输出为 1，与门 G 打开，周期为 T_{CP} 的时钟脉冲经与门 G 使 n 位加法计数器从零开始计数。当计满 2^n 个时钟脉冲时，计数器回到全零状态，而触发器 F_n 的输出 Q 则由 0 变为 1，从而使逻辑控制电路将开关 S_1 由 u_i 一侧改接到 $-U_{REF}$ 一侧。至此，取样阶段结束，并开始对基准电压 $-U_{REF}$ 进行反向积分。

由上面的分析可知，取样阶段的积分时间为一常数，用 T_1 表示，则

$$T_1=2^nT_{CP} \tag{8.3.4}$$

因而积分器的输出电压 $u_o(t)$ 为

$$u_o(t)=-\frac{u_i}{RC}t=-\frac{u_i}{RC}\cdot 2^n\cdot T_{CP} \tag{8.3.5}$$

因为 2^nT_{CP} 不变，即 T_1 固定，所以积分器的输出电压 $u_o(t)$ 与输入模拟电压 u_i 成正比。

(2) 比较阶段。开关 S_1 接至基准电压 $-U_{REF}$ 一侧后，积分器向相反方向积分，计数器又开始从 0 计数，经过时间 T_2 后，积分器的输出电压上升到零，比较器的输出为低电平，将与门 G 封锁，停止计数，转换结束。积分器的输出电压为

$$\begin{cases} u_o(t)=\dfrac{1}{C}\displaystyle\int_0^{T_2}\dfrac{U_{REF}}{R}\,dt-\dfrac{T_1}{RC}u_i=0 \\ \dfrac{U_{REF}}{RC}T_2=\dfrac{u_i}{RC}T_1 \\ T_2=\dfrac{T_1}{U_{REF}}u_i \end{cases} \tag{8.3.6}$$

即

$$T_2=\frac{2^n T_{CP}}{U_{REF}}u_i \tag{8.3.7}$$

可见，反向积分到 $u_o=0$ 的时间 T_2 与输入信号 u_i 成正比。在 T_2 时间间隔内，计数器所计的脉冲数 D 为

$$D=\frac{T_2}{T_{CP}}=\frac{2^n}{U_{REF}}u_i \tag{8.3.8}$$

由上式可见，计数器记录的脉冲数 D 与输入电压 u_i 成正比，计数器记录 D 个脉冲后的状态就表示了 u_i 的数字量的二进制代码，实现了 A/D 转换。

双积分型 A/D 转换器最突出的优点是工作性能比较稳定。由于每次转换用同一积分器进行两次积分，转换结果与 R、C 的参数无关，因此，R、C 参数的缓慢变化不影响电路的转换精度，而且也不要求 R、C 的数值十分准确。式(8.3.6)和式(8.3.8)还说明，在取 $T_1=NT_{CP}$ 的情况下，转换结果与时钟信号周期无关。只要每次转换过程中 T_{CP} 不变，那么时钟周期在长时间内发生缓慢变化不会带来转换误差。

双积分型 A/D 转换器的另一个优点是抗干扰能力比较强。因为转换器的输入端使用了积分器，所以对平均值为零的各种噪声有很强的抑制能力。

双积分型 A/D 转换器的主要缺点是工作速度低，其转换速度一般为几十毫秒左右。尽管如此，在速度要求不高的场合，双积分型 A/D 转换器的应用仍然十分广泛。

8.3.3　A/D 转换器的主要技术指标

1. 分辨率

分辨率指 A/D 转换器对输入模拟信号的分辨能力。从理论上讲，一个 n 位二进制数输出的 A/D 转换器应能区分输入模拟电压的 2^n 个不同量级，能区分输入模拟电压的最小差异 $\frac{1}{2^n}$ FSR(满量程输入的 $1/2^n$)。例如，A/D 转换器的输出为 10 位二进制数，最大输入信号为 5 V，则其分辨率为

$$\text{分辨率}=\frac{1}{2^{10}}\times 5\ \text{V}=4.88\ \text{mV}$$

2. 转换速度

转换速度是指完成一次转换所需的时间。A/D 转换器的转换速度主要取决于转换电路的类型，不同类型 A/D 转换器的转换速度相差很大。双积分型 A/D 转换器的转换速度最慢，需几十毫秒左右；逐次渐近型 A/D 转换器的转换速度较快，为几十微秒；并联型 A/D 转换器的转换速度最快，仅需几十纳秒。

习　题

8-1　在权电阻网络 DAC 中，如果 $U_{REF}=-10$ V，$R_F=\frac{1}{2}R$，$n=6$，试求：

(1) 当 LSB 由 0 变为 1 时，输出电压的变化值。

(2) 当 $D=110101$ 时，输出电压的值。

(3) 最大输入数字量的输出电压。

8-2　已知某 DAC 电路最小分辨电压 $U_{LSB}=5$ mV，最大满刻度电压 $U_m=10$ V，试求该电路输入数字量的位数和基准电压 U_{REF}。

8-3　某一控制系统中有一个 D/A 转换器，若系统要求 D/A 转换精度小于 0.25%，试问应选多少位的 D/A 转换器？

8-4　在倒 T 型电阻 D/A 转换器中，如果 $U_{REF}=-10$ V，$R_F=R$，$n=10$，输入数字量 $D=0110111011$，求输出电压的值。

8-5　某 8 位 ADC 电路输入模拟电压满量程为 10 V，当输入下列电压值时，将转换成多大的数字量？

59.7 mV，3.46 mV，7.08 mV

8-6　有一个 12 位 ADC 电路，它的输入满量程是 $U_m=10$ V，试计算其分辨率。

8-7　对于满刻度为 10 V，分辨率要达到 1 mV 的 A/D 转换器，其位数应是多少？当模拟输入电压为 6.5 V 时，输出数字量是多少？

8-8　对于 10 位逐次渐近型 ADC 电路，当时钟频率为 1 MHz 时，其转换时间是多少？如果要求完成一次转换的时间小于 10 μs，则时钟频率应选多大？

第 9 章　脉冲信号的产生与整形

本章介绍几种常用脉冲信号的产生和整形电路——施密特触发器、单稳态触发器和多谐振荡器，并着重讨论广为应用的 555 定时器的电路结构、逻辑功能及由 555 定时器构成施密特触发器、单稳态触发器和多谐振荡器的方法。

9.1　概　　述

脉冲信号是指突然变化的电压或电流。在数字电路中，为了控制和协调整个系统的工作，常常需要脉冲信号。获得矩形脉冲的方法有两种：一种是利用多谐振荡器直接产生所需要的矩形脉冲；另一种是通过整形电路把已有的周期性变化波形变换成符合要求的矩形脉冲。常用的整形电路有施密特触发器和单稳态触发器，施密特触发器主要用于将缓慢变化或快速变化的非矩形脉冲变换成陡峭的矩形脉冲；单稳态触发器主要用于将宽度不符合要求的脉冲变换成符合要求的矩形脉冲。

555 定时器是一种多用途的数字—模拟混合集成电路，利用它能方便地构成施密特触发器、单稳态触发器和多谐振荡器，因而 555 定时器在定时、控制、检测、报警等方面得到了广泛的应用。

9.2　555 定时器

555 定时器因输入端设计有三个 5 kΩ 电阻而得名，它的电源电压范围宽（双极型 555 定时器为 5 ～ 16 V，CMOS 555 定时器为 3 ～ 18 V），可提供与 TTL 及 CMOS 数字电路兼容的接口电平，还可输出一定功率，驱动微电机、指示灯、扬声器等。555 定时器的产品型号繁多，但所有双极型产品型号最后的三位数码都是 555，所有 CMOS 产品型号最后的四位数码都是 7555。它们的功能和外部引脚的排列完全相同。下面以双极型 555 定时器为例介绍 555 定时器的电路组成。

9.2.1　555 定时器的电路组成

555 定时器由电压比较器、电阻分压器、基本 RS 触发器、放电管四个基本单元组成。图 9-1 为其电路结构，其中，三个 5 kΩ 电阻构成电阻分压器，为两个电压比较器 C_1 和 C_2 提供参考电压 U_{R1} 和 U_{R2}，在不加控制电压时，$U_{R1}=\frac{2}{3}V_{CC}$，$U_{R2}=\frac{1}{3}V_{CC}$。如果在电压控制端（CO 端）加输入电压 U_{CO}，则 $U_{R1}=U_{CO}$，$U_{R2}=U_{CO}/2$。电压比较器 C_1 和 C_2 通过比较 TH

端电压与U_{R1}和$\overline{TR}$端电压与U_{R2}的大小而输出高电平或低电平，作为基本RS触发器的输入信号。基本RS触发器的输出控制放电三极管V，并决定输出信号。

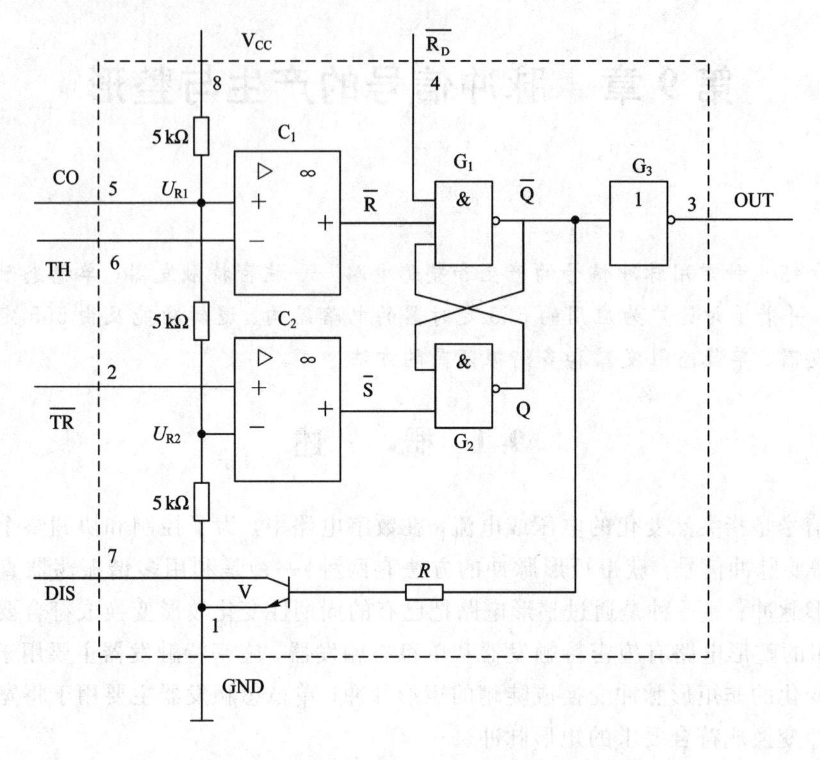

图 9-1 双极型555定时器电路结构图

图9-2是555定时器引脚图。其中，$\overline{R_D}$为复位端，只要在$\overline{R_D}$端加上低电平，输出端OUT便立即被置成低电平，不受其他输入端状态的影响，正常工作时必须使$\overline{R_D}$处于高电平状态。$\overline{TR}$是触发输入端，TH是阈值输入端。如果在控制电压端(CO端)施加一个外加电压，比较器的参考电压将随之改变，从而影响电路的定时参数。当不用控制电压端时，一般都通过一个0.01 μF电容接地，以旁路高频干扰，提高电路的工作稳定性。OUT为输出端。

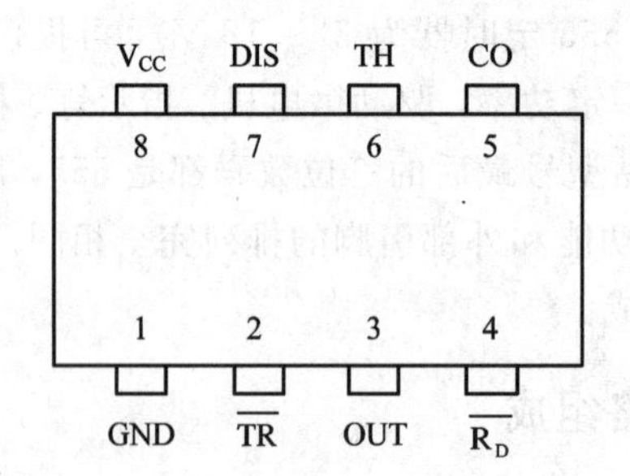

图 9-2 555定时器引脚图

9.2.2 555定时器的工作原理与逻辑功能

由555定时器电路结构图可知，当$\overline{R_D}$为低电平时，G_1输出高电平，V管导通，反相器

G_3 输出低电平，此时称为复位。

当$\overline{R_D}$为高电平时，根据 TH 和$\overline{TR}$的电压大小可分为三种情况：

(1) 当 TH 端电压大于 U_{R1}、$\overline{TR}$端电压大于 U_{R2} 时，$\bar{R}=0$，$\bar{S}=1$，RS 触发器被置 0，G_1 输出高电平，OUT 输出低电平，同时 V 管导通。

(2) 当 TH 端电压小于 U_{R1}、$\overline{TR}$端电压小于 U_{R2} 时，$\bar{R}=1$，$\bar{S}=0$，RS 触发器被置 1，G_1 输出低电平，OUT 输出高电平，V 管截止。

(3) 当 TH 端电压小于 U_{R1}、$\overline{TR}$端电压大于 U_{R2} 时，$\bar{R}=1$，$\bar{S}=1$，触发器的状态保持不变，因此 V 管的状态维持不变，OUT 输出也不变。

这样，我们就得到了表 9－1 所示的 555 定时器的功能表。

表 9－1　555 定时器功能表

输　入			输　出	
TH	$\overline{TR}$	$\overline{R_D}$	OUT＝Q	V 状态
×	×	0	0	导通
$>\frac{2}{3}V_{CC}$	$>\frac{1}{3}V_{CC}$	1	0	导通
$<\frac{2}{3}V_{CC}$	$<\frac{1}{3}V_{CC}$	1	1	截止
$<\frac{2}{3}V_{CC}$	$>\frac{1}{3}V_{CC}$	1	不变	不变

9.3　施密特触发器

施密特触发器是脉冲波形变换中经常使用的一种电路，利用它可以将正弦波、三角波以及其他一些周期性的脉冲波形变换成边沿陡峭的矩形波。另外，它还可以用作脉冲鉴幅器、比较器等。

9.3.1　施密特触发器的特性和符号

施密特触发器有两个重要特性：

(1) 输入信号从低电平上升的过程中，电路状态转换时对应的输入电平与输入信号从高电平下降过程中对应的输入转换电平不同。

(2) 在电路状态转换时，通过电路内部的正反馈过程使输出电压波形的边沿变得很陡峭。

利用这两个特性不仅能将边沿变换缓慢的信号波形整形为边沿陡峭的矩形波，而且可以将叠加在矩形脉冲高、低电平上的噪声有效地清除。

施密特触发器分为反相施密特触发器和同相施密特触发器，其相应的电压传输特性和逻辑符号如图 9－3 所示。图中，U_{T+} 称为正向阈值电平或上限触发电平；U_{T-} 称为负向阈值电平或下限触发电平；其差值称为回差电压(滞后电压)，用 ΔU_T 表示，即有 $\Delta U_T=U_{T+}-U_{T-}$。在图 9－3(a)中，当 U_I 从低电平上升到 U_{T+} 时，U_O 从高电平变为低电平；当

U_I 从高电平下降到 U_{T-} 时，U_O 从低电平变为高电平。由于 U_I 和 U_O 始终为反相关系，因此称这类施密特触发器为反相施密特触发器，其逻辑符号见图 9-3(c)。反之，若 U_I 和 U_O 为同相关系，如图 9-3(b)所示，则称为同相施密特触发器，其逻辑符号如图 9-3(d)所示。

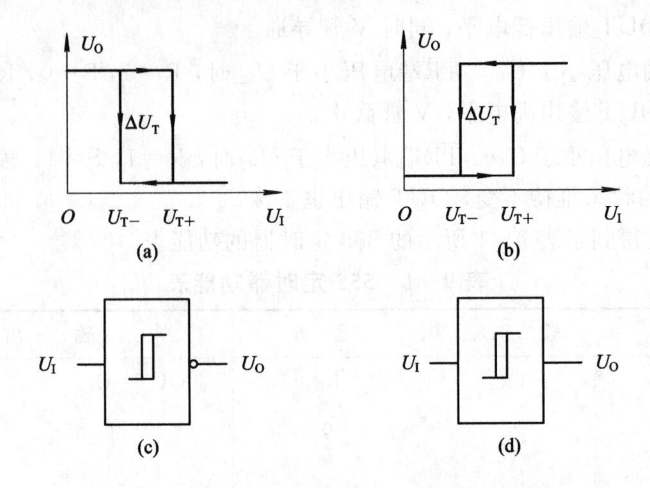

图 9-3 施密特触发器的电压传输特性及逻辑符号

(a) 反相施密特触发器电压传输特性；(b) 同相施密特触发器电压传输特性；

(c) 反相施密特触发器逻辑符号；(d) 同相施密特触发器逻辑符号

可以看出，施密特触发器是一种受输入信号电平直接控制的双稳态触发器。它有两个稳定状态，只要输入信号电平达到触发电平，输出信号就会发生突变，从一个稳态转变到另一个稳态，并根据外加触发信号来决定稳态的维持时间。另外，由于施密特触发器具有滞后特性或回差特性，即对正向和负向增长的输入信号，电路有不同的阈值电平，因此提高了抗干扰能力。

9.3.2 用 555 定时器构成施密特触发器的方法

将 555 定时器的高电平触发端和低电平触发端连接起来，作为触发信号的输入端，就可构成施密特触发器，如图 9-4 所示。

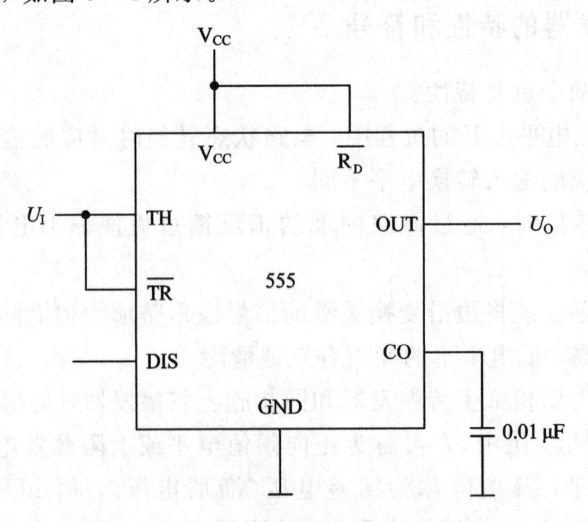

图 9-4 555 定时器构成的施密特触发器

对照 555 定时器的功能表，可知图 9-4 所示电路的工作过程形成了一个反相施密特触发器电压传输特性曲线，如图 9-5 所示。

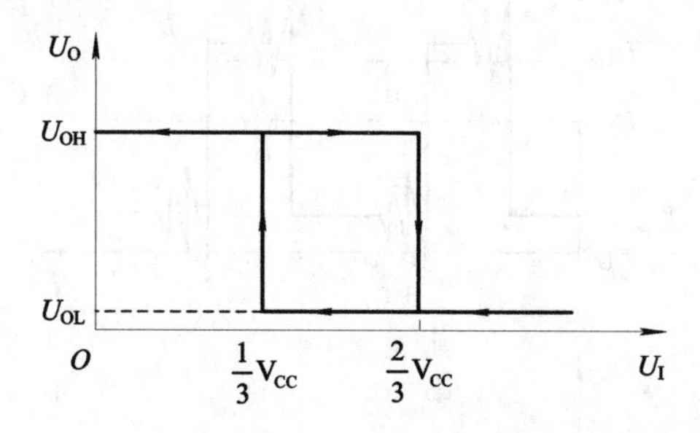

图 9-5　555 定时器构成的施密特触发器电压传输特性曲线

(1) U_I处于上升期间，当$U_I<\frac{1}{3}V_{CC}$时，根据 555 定时器功能表可知电路输出 U_O 为高电平。

(2) 当$\frac{1}{3}V_{CC}<U_I<\frac{2}{3}V_{CC}$时，输出 U_O 不变，仍为高电平。

(3) 当 U_I 增大到$\frac{2}{3}V_{CC}$时，电路输出 U_O 变为低电平，此刻对应的 U_I 值称为正向阈值电平。

(4) 在 U_I 由高电平逐渐下降且$\frac{1}{3}V_{CC}<U_I<\frac{2}{3}V_{CC}$时，输出 U_O 不变。

(5) 当$U_I<\frac{1}{3}V_{CC}$时，电路输出 U_O 变为高电平，此刻对应的 U_I 值称为负向阈值电平。

【例 9.1】 用 555 定时器将三角波转换成矩形波。

解　变换后的波形如图 9-6 所示。

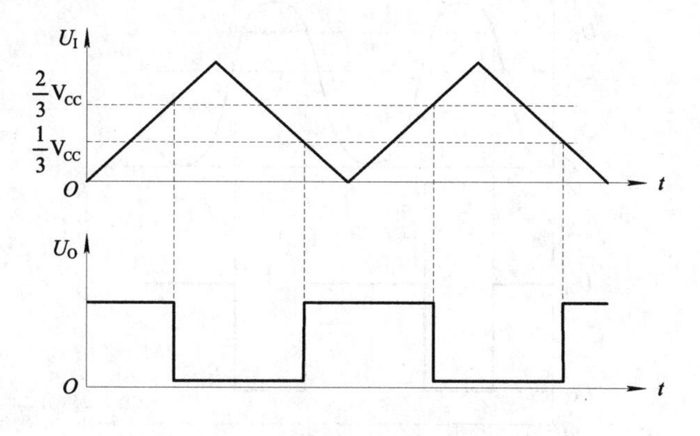

图 9-6　三角波变换矩形波波形图

9.3.3　施密特触发器应用举例

1. 用于脉冲整形

在数字测量和控制系统中，由传感器送来的信号波形边沿较差，此外，脉冲信号经过远距离传输后，往往会发生各种各样的畸变，整形电路可以把这些脉冲信号变换成具有一定幅度和宽度的矩形波形。图 9-7 是利用施密特触发器获得的比较理想的矩形脉冲波形。

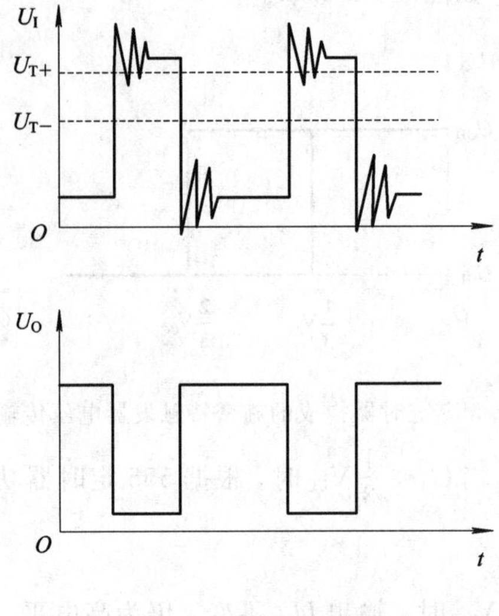

图 9-7 脉冲整形

2. 用于波形变换

利用施密特触发器在状态转换过程中的正反馈作用，施密特电路可以把变化比较缓慢的正弦波、三角波等变换成边沿很陡峭的矩形脉冲信号。

在图 9-8 所示的例子中，输入信号是由直流分量和正弦分量叠加而成的，只要输入信号的幅度大于 U_{T+}，即可在施密特触发器的输出端得到同频率的矩形脉冲信号。即施密特触发器能把不规则波形变换成前后沿陡峭的矩形波，且输出波形的周期和频率与输入信号相同。

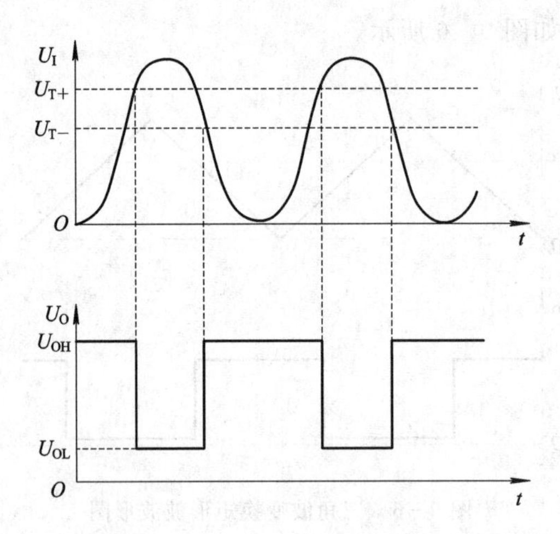

图 9-8 正弦波脉冲变换波形图

3. 用于脉冲鉴幅电路

由于施密特触发器的输出状态取决于输入信号 U_I 的幅值，即只有当输入信号 U_I 的幅值大于 U_{T+} 时，才会在输出端产生输出信号，因此，施密特触发器能将幅度大于 U_{T+} 的脉冲选出，具有脉冲鉴幅能力。图 9-9 给出了一个典型的鉴幅电路波形图。

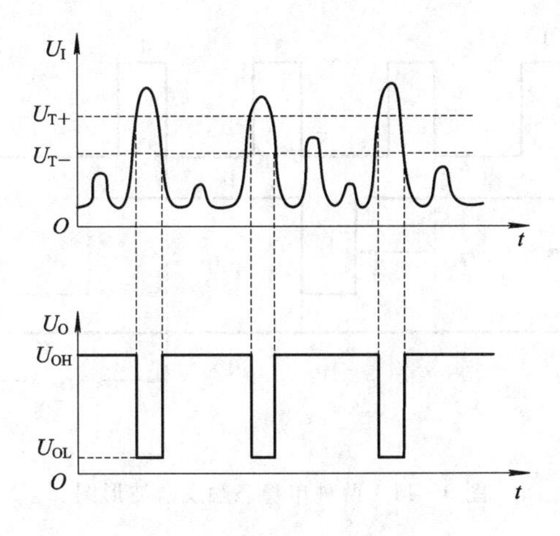

图 9 - 9　鉴幅电路波形图

9.4　单稳态触发器

9.4.1　单稳态触发器的特性和符号

单稳态触发器的工作特性具有如下的显著特点：

(1) 有一个稳态和一个暂稳态两个不同的工作状态(双稳态有两个稳态)。

(2) 在外界触发脉冲作用下，能从稳态翻转到暂稳态，在暂稳态维持时间 t_W 以后再自动返回稳态，并在其输出端产生一个宽度为 t_W 的矩形脉冲。

(3) 暂稳态维持时间的长短取决于电路本身的参数，与触发脉冲的宽度和幅度无关。

由于具备这些特点，单稳态触发器被广泛应用于脉冲整形(把不规则的波形转换成宽度、幅度都符合要求的脉冲)、延时(产生滞后于触发脉冲的输出脉冲)以及定时(产生固定时间宽度的脉冲信号)等场合。

单稳态触发器可分为不可重复触发型和可重复触发型。暂稳态期间如再次被触发，对原暂稳时间无影响，输出脉冲宽度仍从第一次触发开始计算的称为不可重复触发型单稳态触发器；而可重复触发型单稳态触发器在暂稳态期间再次被触发时，输出脉冲宽度在此前暂稳态时间的基础上再展宽 t_W。图 9 - 10 和图 9 - 11 所示分别为两种单稳态触发器的逻辑符号和波形图。其中，Q_1 是不可重复触发型单稳态触发器输出波形；Q_2 是可重复触发型单稳态触发器输出波形。

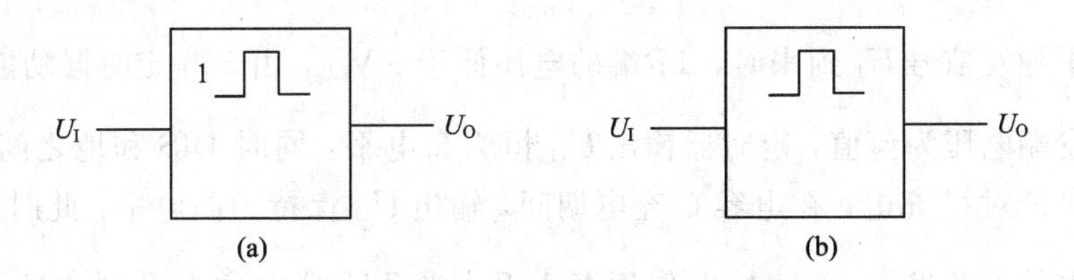

图 9 - 10　两种单稳态触发器逻辑符号

(a) 不可重复触发型；(b) 可重复触发型

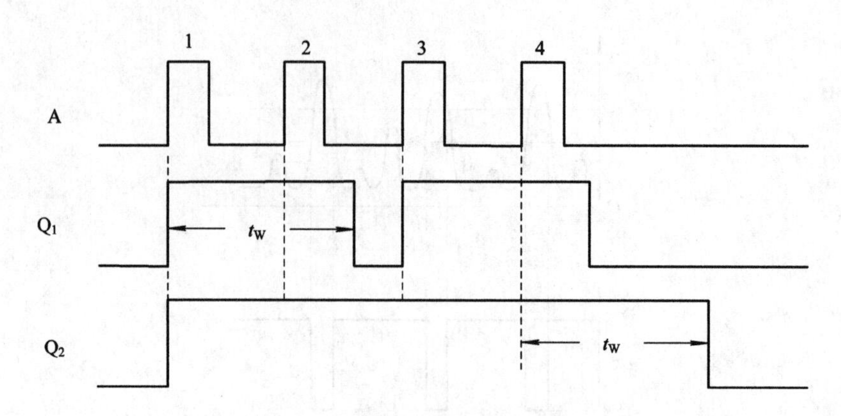

图 9-11 两种单稳态触发器波形图

9.4.2 用 555 定时器构成单稳态触发器的方法

在 555 定时器的外部加接几个阻容元件，就可构成单稳态电路。它所形成的单脉冲持续宽度可以从几微秒到几个小时。图 9-12 所示是由 555 定时器所构成的单稳态触发器，其中，R、C 是定时元件。

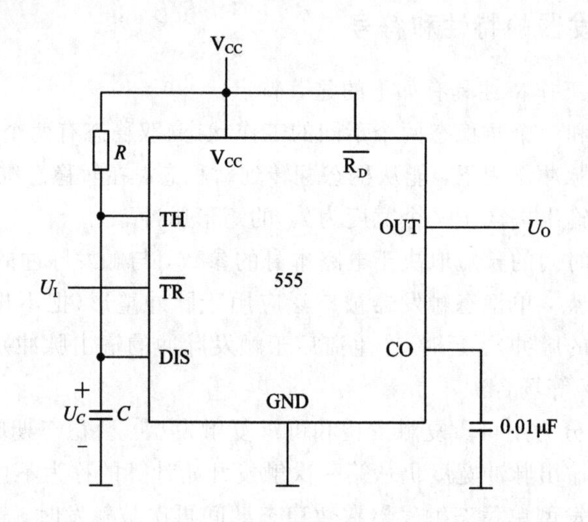

图 9-12 由 555 定时器构成的单稳态触发器

由图 9-12 所示的电路可知，稳态时，电容 C 放电完毕，由于触发端 TH 的电压低于 $\frac{2}{3}V_{CC}$，输入端 $\overline{TR}$ 的电压高于 $\frac{1}{3}V_{CC}$，因此 555 定时器 OUT 端保持输出低电平。

当低电平触发信号 U_I 到来时，$\overline{TR}$ 端的电压低于 $\frac{1}{3}V_{CC}$，由 555 定时器功能表可知，此时不管高触发端电压为何值，定时器输出 U_O 恒为高电平，同时 DIS 和地之间的放电管截止，电源通过 R 对 C 充电，在电容 C 充电期间，输出 U_O 保持为高电平，此时为暂稳态。

随着充电的不断进行，TH 端电位逐渐上升。当 TH 端电位上升到 $\frac{2}{3}V_{CC}$，即触发端 TH 电压高于 $\frac{2}{3}V_{CC}$ 时，由 555 定时器功能表可知，555 定时器输出 U_O 由高电平变为低电平，放电管导通，电容 C 通过放电管放电，电路返回到稳态。

图 9－13 所示为 555 定时器构成的单稳态触发器的工作波形。

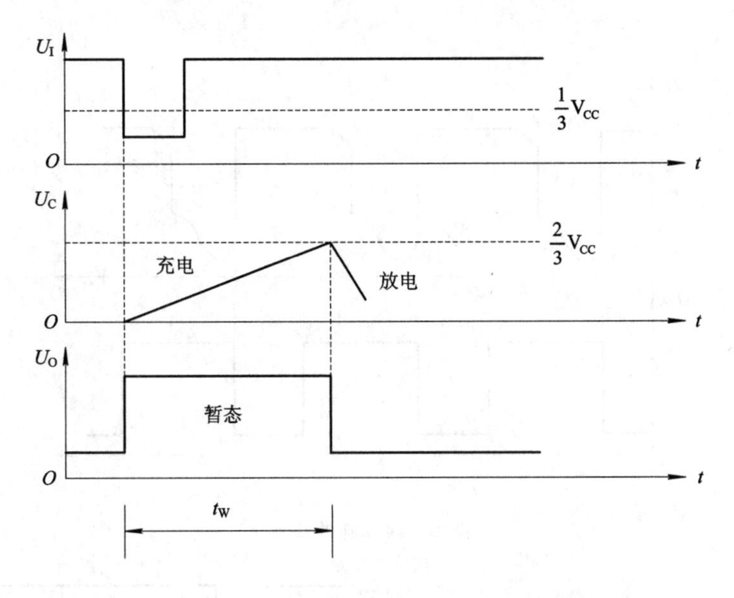

图 9－13　由 555 定时器构成的单稳态电路波形图

从上面的分析可以知道，电路保持一种稳定状态（低电平状态）不变，当触发信号到来时，电路马上转变成另一种状态（高电平状态），但这种状态不稳定，一段时间后，电路又自动返回到原状态（低电平状态），这就是单稳态触发器。忽略三极管的饱和压降，则 U_C 从零电平上升到 $\frac{2}{3}V_{CC}$ 的时间，即为单稳态触发器的输出脉冲宽度 t_W。

$$t_W = RC\ln 3 \approx 1.1RC$$

由以上分析可知，这种单稳态电路为不可重复触发器，要求输入触发脉冲宽度一定要小于 t_W。当输入触发脉冲宽度大于 t_W 时，要在输入端加 RC 微分电路。若触发脉冲是周期性的，则其周期应大于 t_W。

9.4.3　单稳态触发器应用举例

利用单稳态触发器在触发信号作用下由稳态进入暂稳态，暂稳态持续一定的时间后自动返回稳态的特点，可将单稳态电路用于对脉冲信号的宽度进行波形变换、脉冲整形、定时、延时等场合。

1. 用于脉冲整形

在图 9－14 所示例子中，将波形不规则的 U_I 加到单稳态电路的输入端，输出端就得到了规则的脉冲信号 U_O，输出脉冲宽度即为暂稳态维持时间，主要取决于充、放电元件 R 和 C。

2. 用于定时

利用单稳态触发器脉冲宽度取决于电路元件 R 和 C，且输出脉冲宽度一定的特点，可以实现电路定时。图 9－15 所示是单稳态触发器组成的定时电路和其相应的工作波形。U_C

是与门 G 开通与否的控制信号。当 U_C 为高电平时，门 G 开通，信号 U_B 通过门 G 输入；当 U_C 为低电平时，门 G 关闭，U_B 不能输出。通过计算在 t_W 时间内与门输出脉冲的个数可得到定时时间。

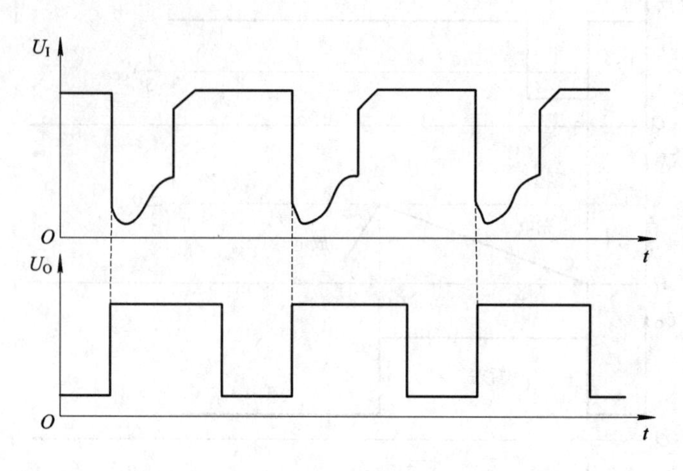

图 9-14 脉冲整形

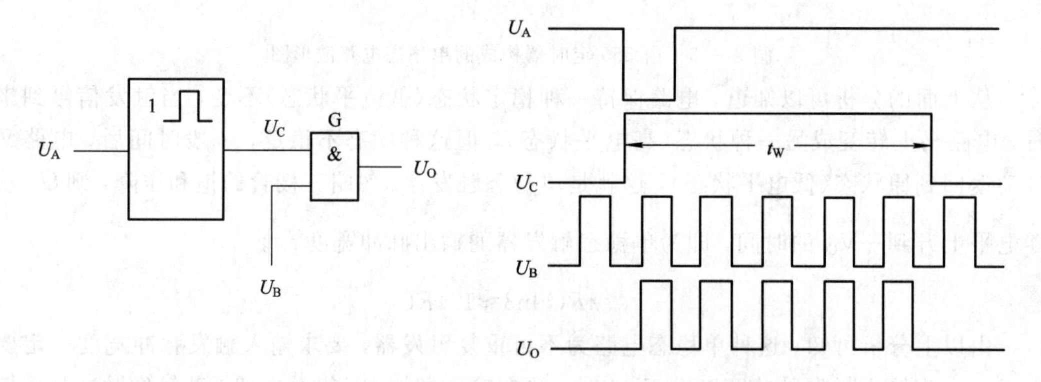

图 9-15 单稳态触发器组成的定时电路和工作波形

3. 用于脉冲延迟

在数字系统中，有时要求将某个脉冲宽度为 T_0 的信号延迟一段时间 T_1 后再输出。利用两个单稳态触发器可以很方便地实现这种脉冲延时，其电路图和波形图如图 9-16 和图 9-17 所示。从波形图可以看出，U_O 脉冲的下降沿相对输入信号 U_I 的上升沿延迟了 T_{W1} 时间。图中：

$$T_1 = T_{W1} \approx 1.1R_1C_1,\ T_0 = T_{W2} \approx 1.1R_2C_2$$

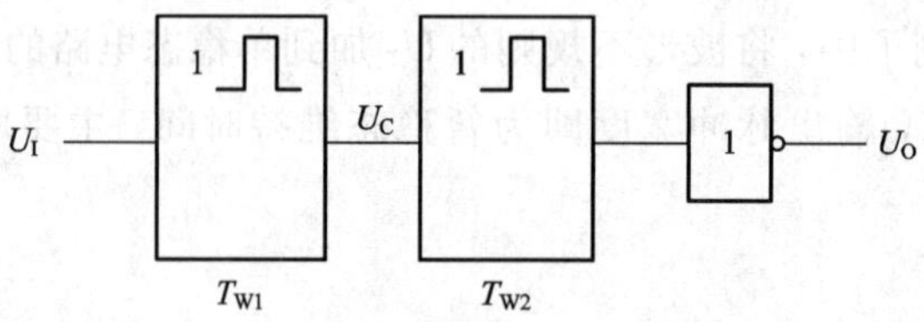

图 9-16 单稳态触发器组成的脉冲延时电路

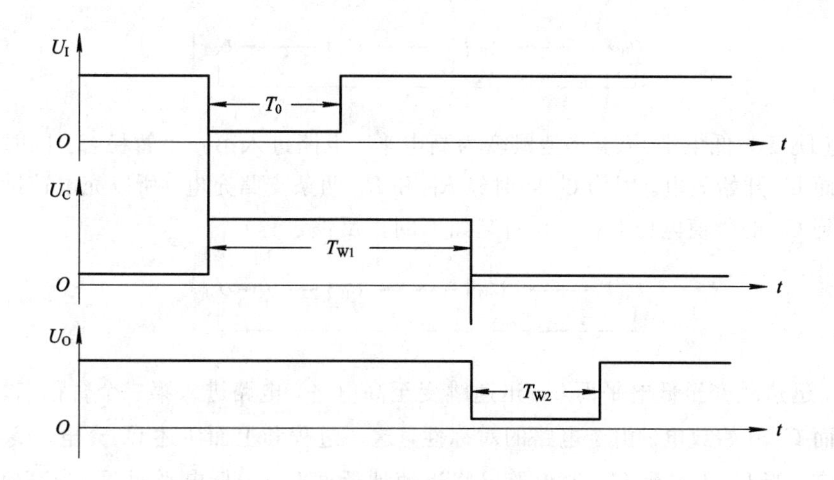

图 9－17　脉冲延时波形图

【例 9.2】 用 555 定时器构成的单稳态触发器输出定时时间为 1 s 的正脉冲，设 $R=27\ \text{k}\Omega$，试确定定时元件 C 的取值。

解　因为 $t_W\approx1.1RC$，故

$$C=\frac{t_W}{1.1R}=\frac{1}{1.1\times27\ \text{k}\Omega}\approx33.7\ \mu\text{F}$$

从而可取标称值为 33 μF。

9.5　多谐振荡器

多谐振荡器是一种自激振荡电路，不需要外加输入信号就可以自动地产生出矩形脉冲。它没有稳定状态，只有两个暂稳态，通过电容的充电和放电，使两个暂稳态相互交替，从而产生自激振荡，输出周期性的矩形脉冲信号。由于矩形波中含有丰富的高次谐波分量，因此习惯上又把矩形波振荡器叫作多谐振荡器。

9.5.1　多谐振荡器的工作原理

图 9－18 所示电路是对称式多谐振荡器的典型电路，它是由两个反相器 G_1 和 G_2 经耦合电容 C_1、C_2 连接起来的正反馈振荡回路。为了产生自激振荡，电路不能有稳定状态。也就是说，在静态下(电路没有振荡时)，它的状态必须是不稳定的。下面以图 9－18 所示电路为例分析多谐振荡器的工作原理。

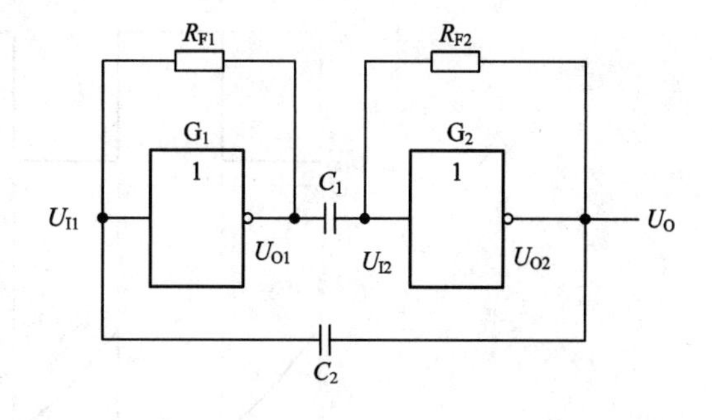

图 9－18　对称式多谐振荡器电路

假定由于某种原因(例如电源波动或外界干扰)使 U_{I1} 有微小的正跳变，则必然会引起如下的正反馈过程：

$$U_{I1}\uparrow \longrightarrow U_{O1}\downarrow \longrightarrow U_{I2}\downarrow \longrightarrow U_{O2}\uparrow$$

使 U_{O1} 迅速跳变为低电平，U_{O2} 迅速跳变为高电平，电路进入第一个暂稳态。同时，电容 C_1 开始充电而 C_2 开始放电。因为 C_1 同时经 R_{F1} 和 R_{F2} 两条支路充电，所以充电速度较快，U_{I2} 首先上升到 G_2 的阈值电压 U_{TH}，并引起如下的正反馈过程：

$$U_{I2}\uparrow \longrightarrow U_{O2}\downarrow \longrightarrow U_{I1}\downarrow \longrightarrow U_{O1}\uparrow$$

从而使 U_{O2} 迅速跳变至低电平而 U_{O1} 迅速跳变至高电平，电路进入第二个暂稳态。同时，C_2 开始充电而 C_1 开始放电。由于电路的对称性，这一过程和上面所述 C_1 充电、C_2 放电的过程完全对应，当 U_{I1} 上升到 U_{TH} 时电路又将迅速地返回 U_{O1} 为低电平而 U_{O2} 为高电平的第一个暂稳态。因此，电路没有稳态，只能不停地在两个暂稳态之间往复振荡，在输出端产生矩形输出脉冲。

图 9-19 所示为电路中各点电压的波形。

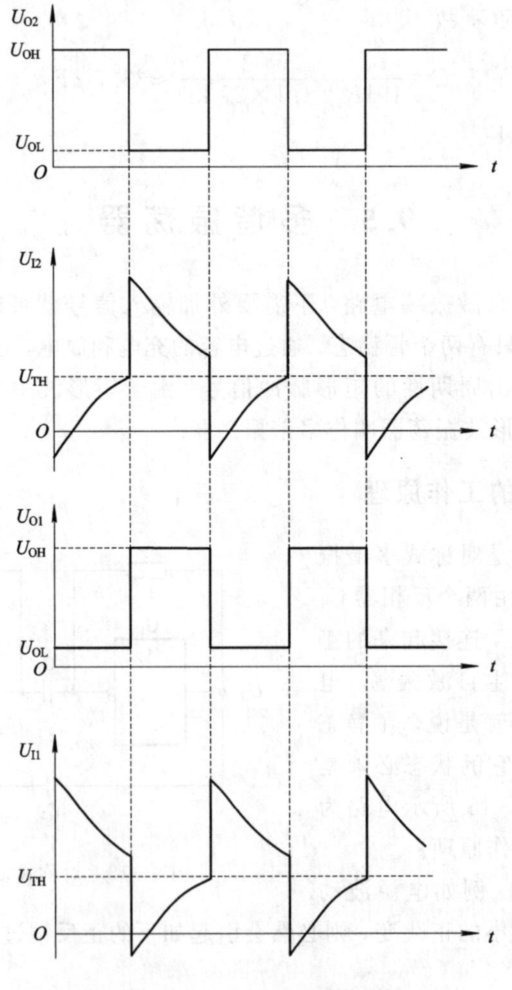

图 9-19　各点电压波形图

从图 9－19 中可以看出，RC 电路的充、放电作用自动控制 U_{I1} 和 U_{I2} 波形的变化，从而控制 G_1、G_2 门交替开通和关闭，使电路输出周期性的矩形脉冲。

9.5.2　石英晶体多谐振荡器

由于在 RC 振荡器中，决定振荡频率的主要因素是电路的定时元件 RC 以及门电路的阈值电压 U_{TH}，而它们都容易受温度影响，因此频率稳定性只有约 10^{-3} 或更差。因此，在对频率稳定性要求较高的场合，普遍采用石英晶体振荡器。石英晶体振荡器是将切成薄片的石英晶体置于两平板之间构成的，石英晶体可将振荡器的频率稳定性提高到 10^{-6}～10^{-8}。

高质量的石英晶体振荡器，其晶片置于恒温盒中，其频率稳定性可达 10^{-11}，足以满足大多数数字系统对频率稳定度的要求。目前家用电子钟表几乎都采用具有石英晶体谐振器的方波发生器，由于它的频率稳定性高，所以走时准确，在通常的气温条件下，很容易保证每天的精度误差小于 0.5 s。

由石英晶体的电抗频率特性可知，当外加电压的频率为谐振频率 f_0 时，石英晶体的阻抗最小，所以和 C_1、C_2 构成选频网络，形成正反馈，振荡频率约等于晶体频率，与外接电阻、电容无关，所以这种电路振荡频率的稳定度很高。因此，将石英晶体接在多谐振荡器的回路中就可组成石英晶体振荡器，这时，振荡频率只取决于石英晶体的固有谐振频率，而与 RC 无关。

在对称式多谐振荡器的基础上，串接一块石英晶体，就可以构成一个石英晶体振荡器电路。该电路将产生稳定度极高的矩形脉冲，其振荡频率由石英晶体的串联谐振频率决定。

图 9－20 为石英晶体多谐振荡器电路。

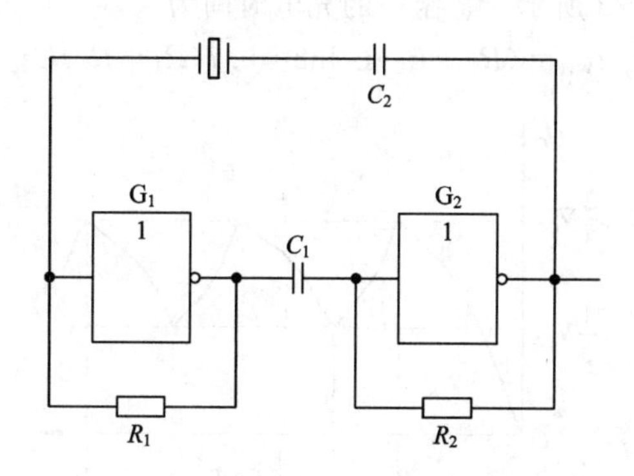

图 9－20　石英晶体多谐振荡器电路

9.5.3　用 555 定时器构成多谐振荡器的方法

用 555 定时器构成的多谐振荡器如图 9－21 所示。将 555 与三个阻容元件如图连接，就构成了无稳态多谐振荡模式，它与构成单稳态触发器的不同之处仅在于触发器 $\overline{TR}$ 接在充、放电回路的电容 C 上，而不是受外部触发控制。

电路接通电源后，由于 C 端电压不能突变，555 处于置位状态，输出端为高电平，内部放电管截止。通过 R_1、R_2 对 C 充电，$\overline{TR}$ 电位随 C 端电压上升。当 C 上的电压达到 $\frac{2}{3}V_{CC}$

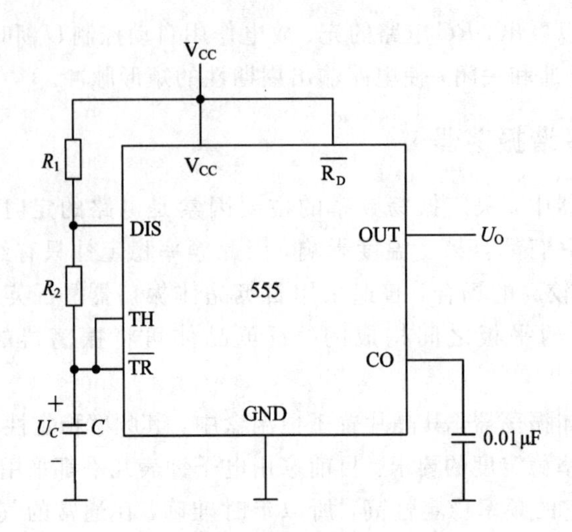

图 9-21 由 555 构成多谐振荡器电路

阈值电平时，比较器 C_1 翻转，使 RS 触发器置位，经缓冲器 G_3 倒相，输出呈低电平。此时放电管 V 饱和导通，电容 C 经 R_2 和 V 管放电。电容 C 放电所需时间为

$$t_{WL}=R_2C\ln2\approx0.7R_2C$$

当电容 C 放电至 $\frac{1}{3}V_{CC}$ 时，比较器 C_2 翻转，RS 触发器复位，经反相后，使输出端呈高电平，V 管截止，V_{CC} 又将通过 R_1、R_2 对 C 充电。当充电至 $\frac{2}{3}V_{CC}$ 时，触发器又发生翻转。如此周而复始产生振荡，在输出端就可得到一个周期性的方波。

工作波形图如图 9-22 所示。电容 C 的充电时间为

$$t_{WH}=(R_1+R_2)C\ln2\approx0.7(R_1+R_2)C$$

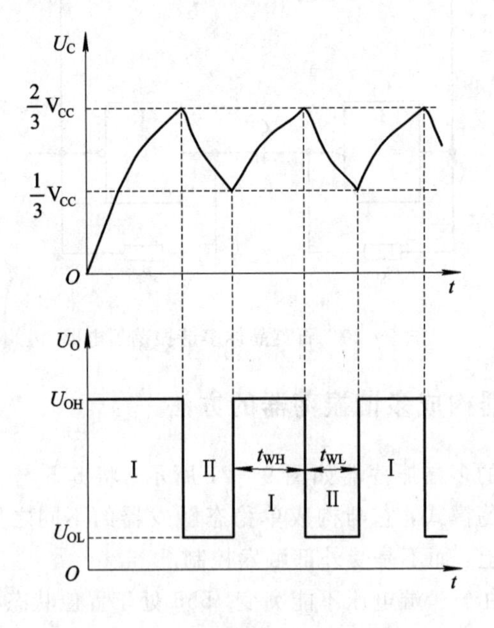

图 9-22 多谐振荡器的波形图

从而可得到输出方波的周期和振荡频率为

$$T = t_{WH} + t_{WL} \approx 0.7(R_1 + 2R_2)C$$

$$f = \frac{1}{T} = \frac{1.43}{(R_1 + 2R_2)C}$$

输出方波的占空比为

$$D = \frac{t_{WH}}{T} = \frac{R_1 + R_2}{R_1 + 2R_2}$$

【例 9.3】 设计一个由石英晶体多谐振荡器产生两相时钟的电路。

解　电路如图 9 - 23 所示，其产生的波形如图 9 - 24 所示。

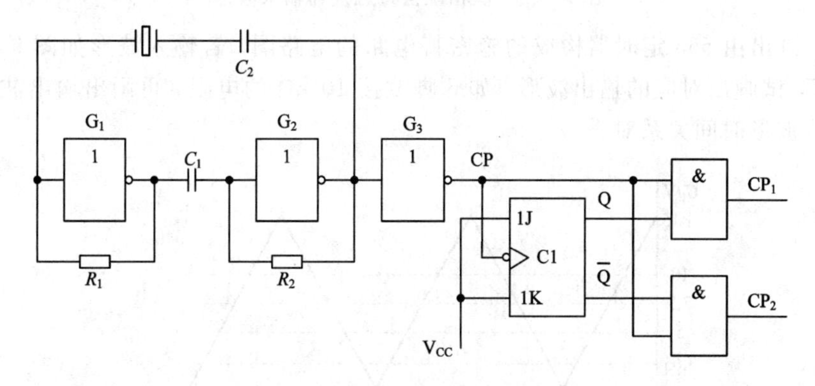

图 9 - 23　两相时钟产生电路

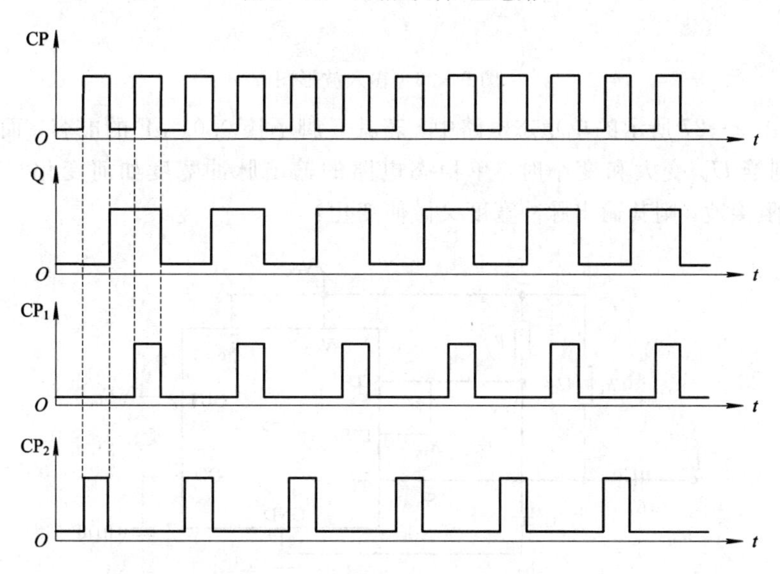

图 9 - 24　两相时钟产生电路的工作波形

习　题

9 - 1　若反相施密特触发器输入信号波形如图 9 - 25 所示，试画出输出信号的波形。施密特触发器的触发电平 U_{T+}、U_{T-} 已在输入信号波形图上标出。

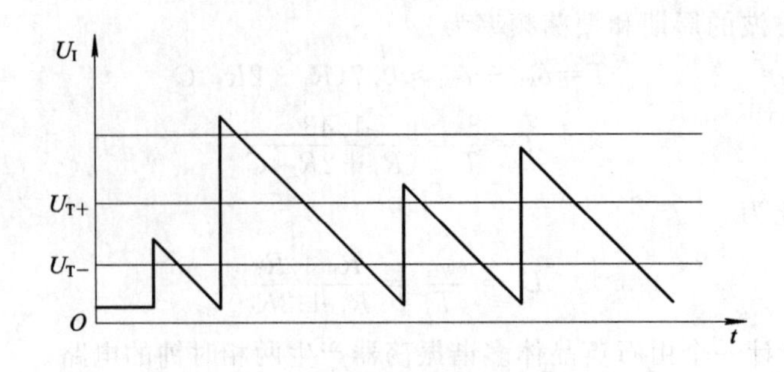

图 9-25 反相施密特触发器输入波形

9-2 画出由555定时器构成的施密特电路的电路图。若输入波形如图9-26所示，$V_{CC}=15$ V，试画出对应的输出波形。如5脚改接10 kΩ的电阻，再画出输出波形。(画图时要与输入波形时间关系对齐。)

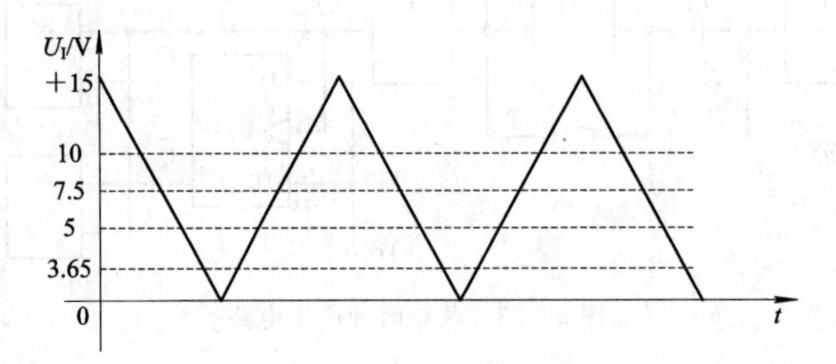

图 9-26 输入波形图

9-3 图9-27所示的单稳态电路中，若其5脚不接0.01 μF的电容，而改接直流正电源U_R，则当U_R变大和变小时，单稳态电路的输出脉冲宽度如何变化？若5脚通过10 kΩ的电阻接地，则其输出脉冲宽度又做何变化？

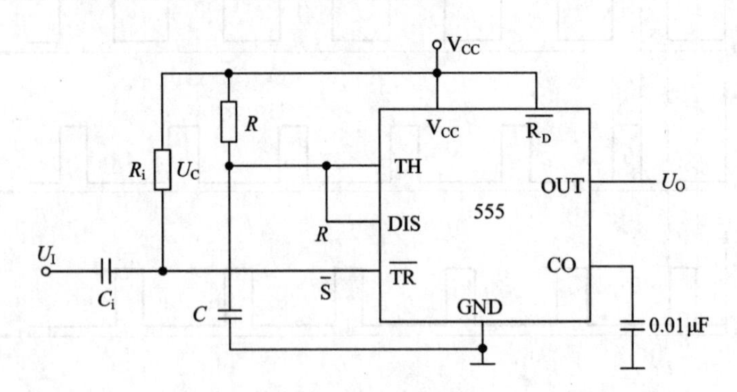

图 9-27 单稳态电路

9-4 参照用集成电路定时器555构成的定时电路和输入波形U_I(如图9-28所示)，画出所对应的电容上电压U_C和输出电压U_O的工作波形，并求出暂稳宽度t_W。

9-5 图9-29所示为555定时器构成的多谐振荡器，已知$V_{CC}=10$ V，$C=0.1$ μF，$R_1=20$ kΩ，$R_2=80$ kΩ，求振荡周期T，并画出相应的U_C及U_O的波形。

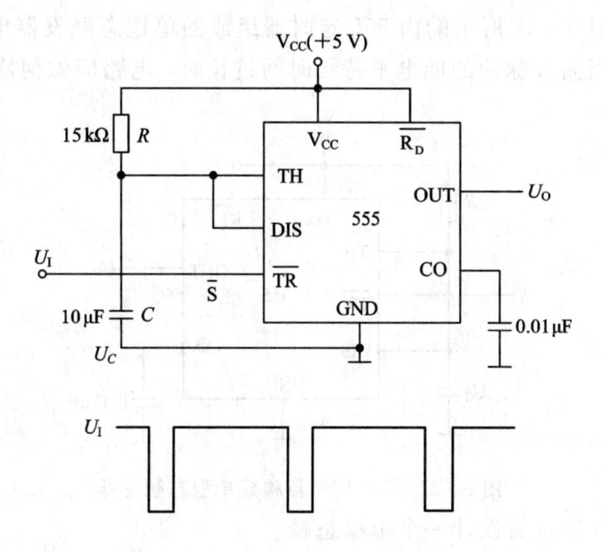

图 9-28　定时电路与 U_I 输入波形

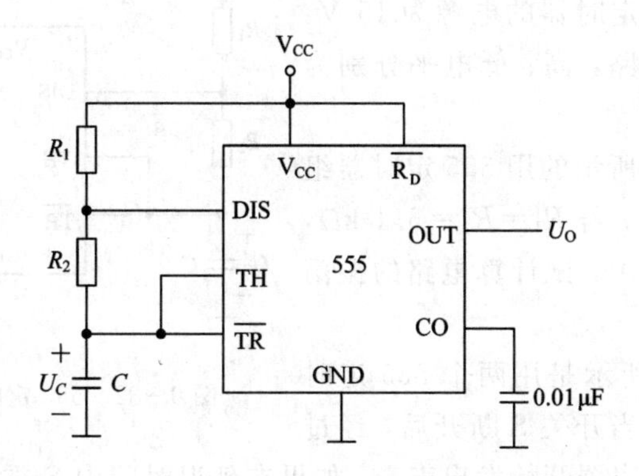

图 9-29　多谐振荡器

9-6　图 9-30 所示是用 555 定时器组成的开机延时电路。若给定 $C=25\ \mu F$，$R=91\ k\Omega$，$V_{CC}=12\ V$，试计算常闭开关 S 断开以后经过多长的延迟时间 U_O 才跳变为高电平。

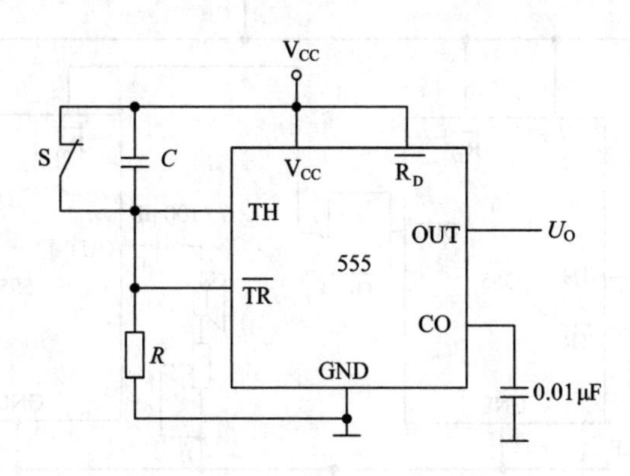

图 9-30　由 555 定时器组成的开机延时电路

9-7 在使用图 9-31 所示的由 555 定时器组成的单稳态触发器电路时，对触发脉冲的宽度有无限制？当输入脉冲的低电平持续时间过长时，电路应做何修改？

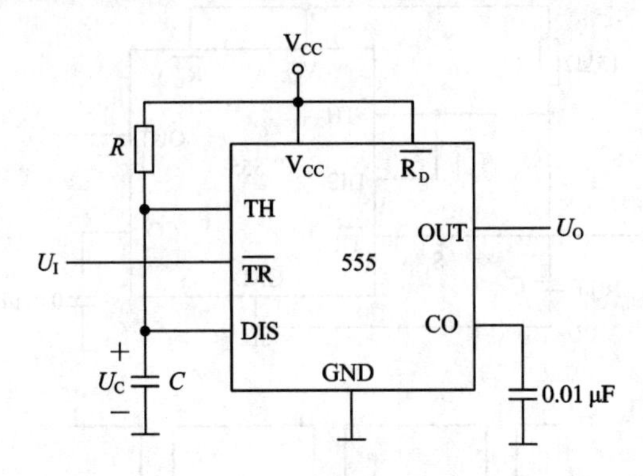

图 9-31 555 定时器构成单稳态触发器

9-8 试用 555 定时器设计一个单稳态触发器，要求输出脉冲宽度在 1～10 s 的范围内可手动调节。给定 555 定时器的电源为 15 V。触发信号来自 TTL 电路，高、低电平分别为 3.4 V 和 0.1 V。

9-9 在图 9-32 所示的用 555 定时器组成的多谐振荡器电路中，若 $R_1=R_2=5.1\ \text{k}\Omega$，$C=0.01\ \mu\text{F}$，$V_{CC}=12$ V，试计算电路的振荡频率。

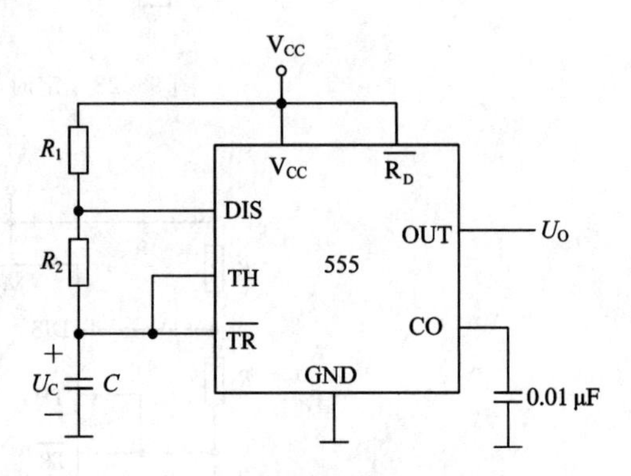

图 9-32 555 定时器构成多谐振荡器

9-10 图 9-33 所示是用两个 555 定时器接成的延迟报警器。当开关 S 断开后，经过一定的延迟时间后，扬声器开始发出声音。如果在延迟时间内 S 重新闭合，扬声器不会发出声音。在图中给定的参数下，试求延迟时间的具体数值和扬声器发出声音的频率。图中的 G_1 是 CMOS 反相器，输出的高、低电平分别为 $U_{OH}\approx12$ V，$U_{OL}\approx0$ V。

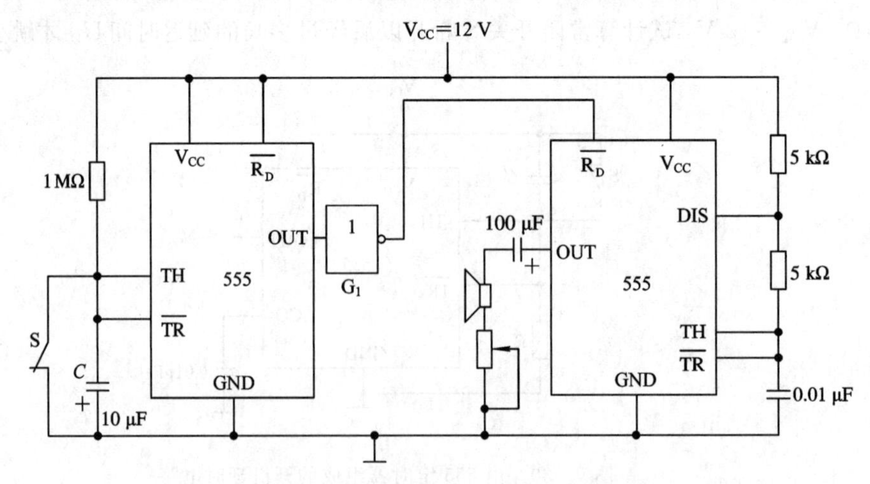

图 9-33 用两个 555 定时器接成的延迟报警器

附　录

部分习题答案

第 1 章

1-1　(1) 10110_2，26_8，16_{16}　　(3) 1101.001_2，15.1_8，$D.2_{16}$

1-2　(1) 45_{10}，55_8，$2D_{16}$　　(3) 5.1875_{10}，5.14_8，5.3_{16}

1-3　(1) 14_{10}，1110_2，E_{16}　　(3) 49.671875_{10}，110001.101011_2，$31.AC_{16}$

1-4　(1) 42_{10}，101010_2，52_8　　(3) 211.875_{10}，11010011.111_2，323.7_8

1-7　(1) $(\bar{A}+B+\bar{C})(A+\bar{B}+C)$　　(3) $A\bar{B}+\bar{C}D$　　(5) $(\bar{A}+B)(A+\bar{C}+\overline{\bar{B}\bar{D}})$

(7) $\overline{(\bar{A}+C)(\bar{B}+\bar{D})}+\overline{C\,\overline{\bar{A}\,\overline{\bar{B}+\bar{D}}}}$

1-8　(1) $(A+\bar{B})(\bar{C}+D)$　　(3) $(\bar{A}+B\bar{D})(B+A\bar{C})$　　(5) $\overline{AB}\,\overline{C\bar{D}}$

(7) $\overline{(B+C)(A+D)}+\overline{\overline{A+C}\,\overline{C\,\overline{A+B}}}$

1-10　标准与或式：

$F=\bar{A}\bar{B}\bar{C}D+\bar{A}\bar{B}C\bar{D}+\bar{A}B\bar{C}\bar{D}+\bar{A}BCD+A\bar{B}\bar{C}\bar{D}+A\bar{B}C\bar{D}+ABC\bar{D}$

标准或与式：

$F=(A+B+C+D)(A+B+\bar{C}+\bar{D})(A+\bar{B}+C+\bar{D})(A+\bar{B}+\bar{C}+D)$
$(\bar{A}+B+C+\bar{D})(\bar{A}+B+\bar{C}+\bar{D})(\bar{A}+\bar{B}+C+D)(\bar{A}+\bar{B}+C+\bar{D})$
$(\bar{A}+\bar{B}+\bar{C}+\bar{D})$

1-11　(1) $F_1=\sum(0,2,4,5,6,7)$　　(3) $F_3=\sum(0,1,2,4,5)$

(5) $F_5=\sum(0,3,4,5,6)$　　(7) $F_7=\sum(0,2,5,6)$

1-12　(1) $F_1=\prod(0,7)$　　(3) $F_3=\prod(6,7,11,14,15)$

(5) $F_5=\prod(3,4,5,7)$　　(7) $F_7=\prod(2,3,5,7)$

1-13　(a) $F=\sum(1,3,6,10,11,12)$，$F=\prod(0,2,4,5,7,8,9,13,14,15)$

1-14　(1) $A+B$　　(3) $\bar{A}+B$　　(5) $BD+AC$　　(7) $C+\bar{D}$

1-15　(1) $A+BC$　　(3) $\bar{A}\bar{B}+\bar{A}C+\bar{B}\bar{C}D+BCD$　　(5) $\bar{C}D+BC\bar{D}$

(7) $\bar{A}C+BC+\bar{B}\bar{C}+\bar{D}$

1-16　(1) $\bar{A}\bar{C}+\bar{A}\bar{B}D+\bar{B}\bar{C}D+ABC+AC\bar{D}$　　(3) $\bar{B}\bar{D}+\bar{A}\bar{D}+ABD$

(5) $\bar{A}\bar{D}+B\bar{C}+ACD$　　(7) $CD+\bar{B}\bar{C}+\bar{A}\bar{C}\bar{D}$

1-17　(1) $(B+\bar{C})(\bar{A}+C)$

(3) $(A+C+D)(A+\bar{B}+D)(\bar{B}+C+\bar{D})(\bar{A}+\bar{C}+\bar{D})(\bar{A}+B+\bar{C})$

(5) $(\overline{C}+D)(A+C+\overline{D})(\overline{B}+C+\overline{D})(A+\overline{B}+\overline{D})$

(7) $(A+\overline{B}+C+D)(B+\overline{C})(\overline{A}+\overline{C})(\overline{A}+\overline{B}+\overline{D})$

1-18 (1) $\overline{B}\,\overline{D}$ (3) $B\overline{D}+\overline{A}D+\overline{B}D$ (5) $\overline{C}+B\overline{D}$

1-19 (1) $\overline{A}\,\overline{B}+AC+\overline{A}\,\overline{C}$ (3) $\overline{A}\,\overline{D}+\overline{C}D+A\overline{B}$

(5) $\overline{C}\,\overline{D}+CD+\overline{A}\,\overline{D}$ (7) $\overline{A}+\overline{B}\,\overline{D}$

第 2 章

2-1 (a) 逻辑表达式：$Z_1=AB+BC$ (b) 逻辑表达式：$Z_2=\overline{A+B}\,\overline{C+D}$

2-2 (a) 逻辑表达式：$Z=\overline{B+C}\,\overline{AC}\,\overline{A}\oplus\overline{B+C}\oplus\overline{A}$

2-3 提示：$Z=\overline{\overline{\overline{AD}B}\,\overline{\overline{BC}D}\,\overline{\overline{AD}C}}$

2-5 提示：(1) $F=\overline{\overline{A\overline{B}}\,\overline{\overline{C}}\,\overline{\overline{D}}}$ (3) $F=\overline{\overline{\overline{\overline{\overline{A}C}\,\overline{\overline{D}B}}\,\overline{\overline{CD}}}}$ (5) $F=\overline{\overline{\overline{\overline{A}B}\,\overline{\overline{B}C}\,\overline{\overline{C}A}}}$

2-6 提示：(1) $F=\overline{\overline{\overline{\overline{A}+\overline{B}}+\overline{\overline{C}+\overline{D}}}}$ (3) $F=\overline{\overline{\overline{\overline{A}+C}+\overline{\overline{B}+\overline{D}+C}+\overline{A+\overline{C}}+\overline{\overline{A}+D}}}$

(5) $F=\overline{\overline{\overline{\overline{A}+B}+\overline{\overline{B}+C}+\overline{\overline{C}+A}}}$

2-9 提示：$F=\overline{B}\,\overline{C}+\overline{B}\,\overline{D}+\overline{A}BD=\overline{\overline{\overline{B}\,\overline{C}}\,\overline{\overline{B}\,\overline{D}}\,\overline{\overline{A}BD}}$

2-10 提示：$Z=\overline{\overline{\overline{A}\,\overline{B}}\,\overline{\overline{B}\,\overline{C}}\,\overline{\overline{A}\,\overline{C}}}$

2-11 (1) $F=\overline{\overline{\overline{A}_1\,\overline{A}_0\,\overline{B}_1\,\overline{B}_0}\,\overline{\overline{A}_1A_0\overline{B}_1B_0}\,\overline{A_1A_0B_1B_0}\,\overline{A_1\overline{A}_0B_1\overline{B}_0}}$ (3) $F=\overline{\overline{\overline{A}_0B_0}}$

(5) $F=A_0\overline{B}_0+\overline{A}_0B_0=\overline{\overline{A_0\overline{B}_0}\,\overline{\overline{A}_0B_0}}$

2-12 $Z=\overline{\overline{\overline{S}_1S_2}\,\overline{S_1\overline{S}_2}}$

2-13 $X=\overline{\overline{\overline{T}_3\,\overline{T}_1\,\overline{T}_0+\overline{T}_3\,\overline{T}_2}}=\overline{\overline{\overline{T}_3\,\overline{T}_1\,\overline{T}_0}\,\overline{\overline{T}_3\,\overline{T}_2}}$ $Y=\overline{\overline{T_3T_2+T_3T_1T_0}}=\overline{\overline{T_3T_2}\,\overline{T_3T_1T_0}}$

2-14 (1) $F_1=\overline{\overline{\overline{A}\,\overline{B}}\,\overline{AC}}$，当 $\overline{B}=1$、$C=1$ 时存在 0 型冒险。更改设计为 $F_1=\overline{\overline{\overline{A}\,\overline{B}}\,\overline{AC}\,\overline{\overline{B}C}}$

(3) $F_3=\overline{\overline{\overline{A}\,\overline{C}}\,\overline{\overline{B}CD}}$，当 $\overline{A}$、$\overline{B}$、$D=1$ 时存在 0 型冒险。更改设计为 $F_3=\overline{\overline{\overline{A}\,\overline{C}}\,\overline{\overline{B}CD}\,\overline{\overline{A}\,\overline{B}D}}$

(5) $F_5=\overline{\overline{\overline{B}\,\overline{D}}\,\overline{AB\overline{C}}\,\overline{\overline{A}BC}}$，当 $A=1$、$C=0$、$D=0$ 或 $A=0$、$C=1$、$D=0$ 时存在 0 型冒险。更改设计为 $F_5=\overline{\overline{\overline{B}\,\overline{D}}\,\overline{AB\overline{C}}\,\overline{\overline{A}BC}\,\overline{\overline{A}C\overline{D}}\,\overline{A\overline{C}\,\overline{D}}}$

(7) $F_7=\overline{\overline{B\overline{C}\,\overline{D}}\,\overline{A\overline{B}D}\,\overline{\overline{A}C}}$，当 $A=0$、$B=1$、$D=0$ 或 $B=0$、$C=1$、$D=1$ 时存在 0 型冒险。更改设计为 $F_7=\overline{\overline{B\overline{C}\,\overline{D}}\,\overline{A\overline{B}D}\,\overline{\overline{A}C}\,\overline{\overline{A}B\overline{D}}\,\overline{\overline{B}CD}}$

2-15 (a) $Z_1=\overline{\overline{A\overline{B}D}\,\overline{B\overline{C}D}}=A\overline{B}D+B\overline{C}D$，当 $A=1$、$C=0$、$D=1$ 时存在 0 型冒险

第 3 章

3-1 (a) $\overline{Y}_{EX}$、$\overline{Y}_2$、$\overline{Y}_1$、$\overline{Y}_0$、Y_S 的值分别为 0、0、0、1、1。

3-3 (1) 0111 (3) 0111 (5) 0110

3-4 (1) (3) (5) (7)

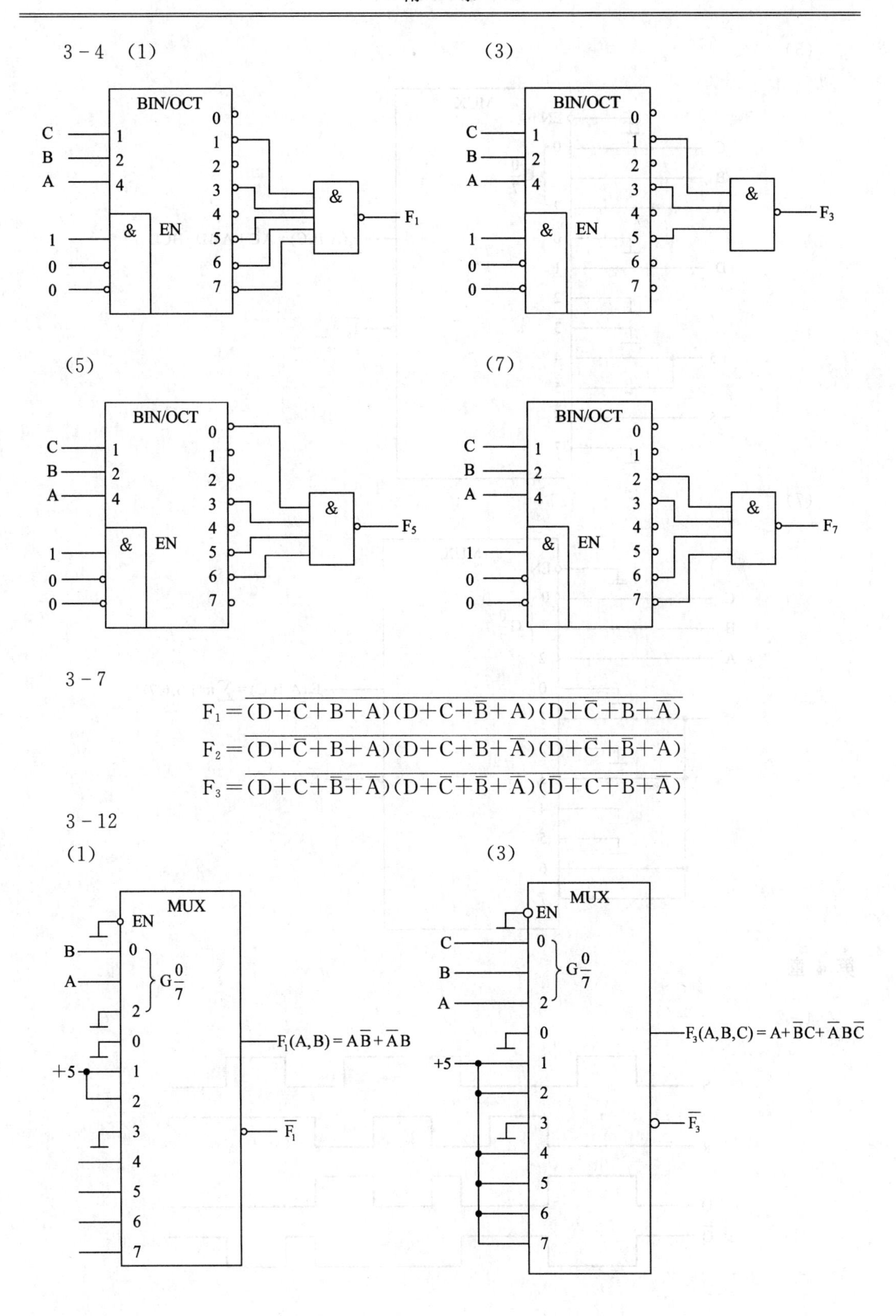

3-7

$$F_1=\overline{(D+C+B+A)(D+C+\overline{B}+A)(D+\overline{C}+B+\overline{A})}$$

$$F_2=\overline{(D+\overline{C}+B+A)(D+C+B+\overline{A})(D+\overline{C}+\overline{B}+A)}$$

$$F_3=\overline{(D+C+\overline{B}+\overline{A})(D+\overline{C}+\overline{B}+\overline{A})(\overline{D}+C+B+\overline{A})}$$

3-12

(1) (3)

(5)

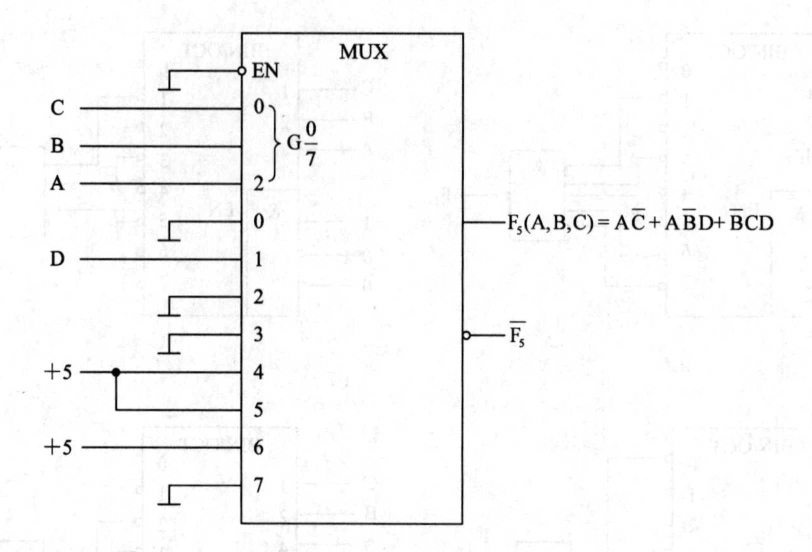
MUX
EN
C
B
A
0
2
G $\frac{0}{7}$
0
D
1
2
3
+5
4
5
+5
6
7
$F_5(A,B,C)=A\overline{C}+A\overline{B}D+\overline{B}CD$
$\overline{F_5}$

(7)

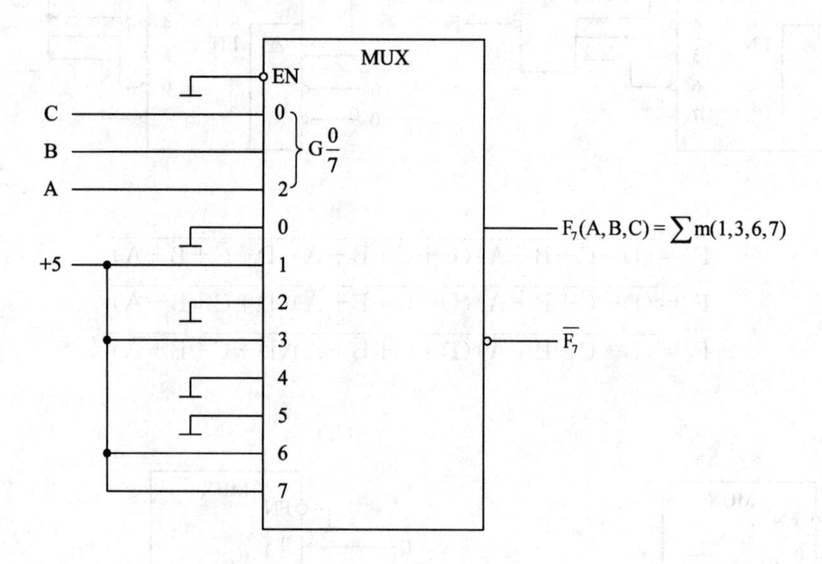
MUX
EN
C
B
A
0
2
G $\frac{0}{7}$
0
+5
1
2
3
4
5
6
7
$F_7(A,B,C)=\sum m(1,3,6,7)$
$\overline{F_7}$

第 4 章

4-2

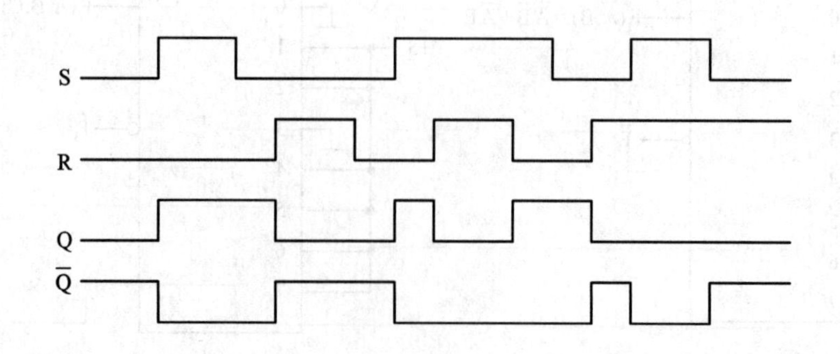
S
R
Q
$\overline{Q}$

4-4

4-6

4-7

4-9

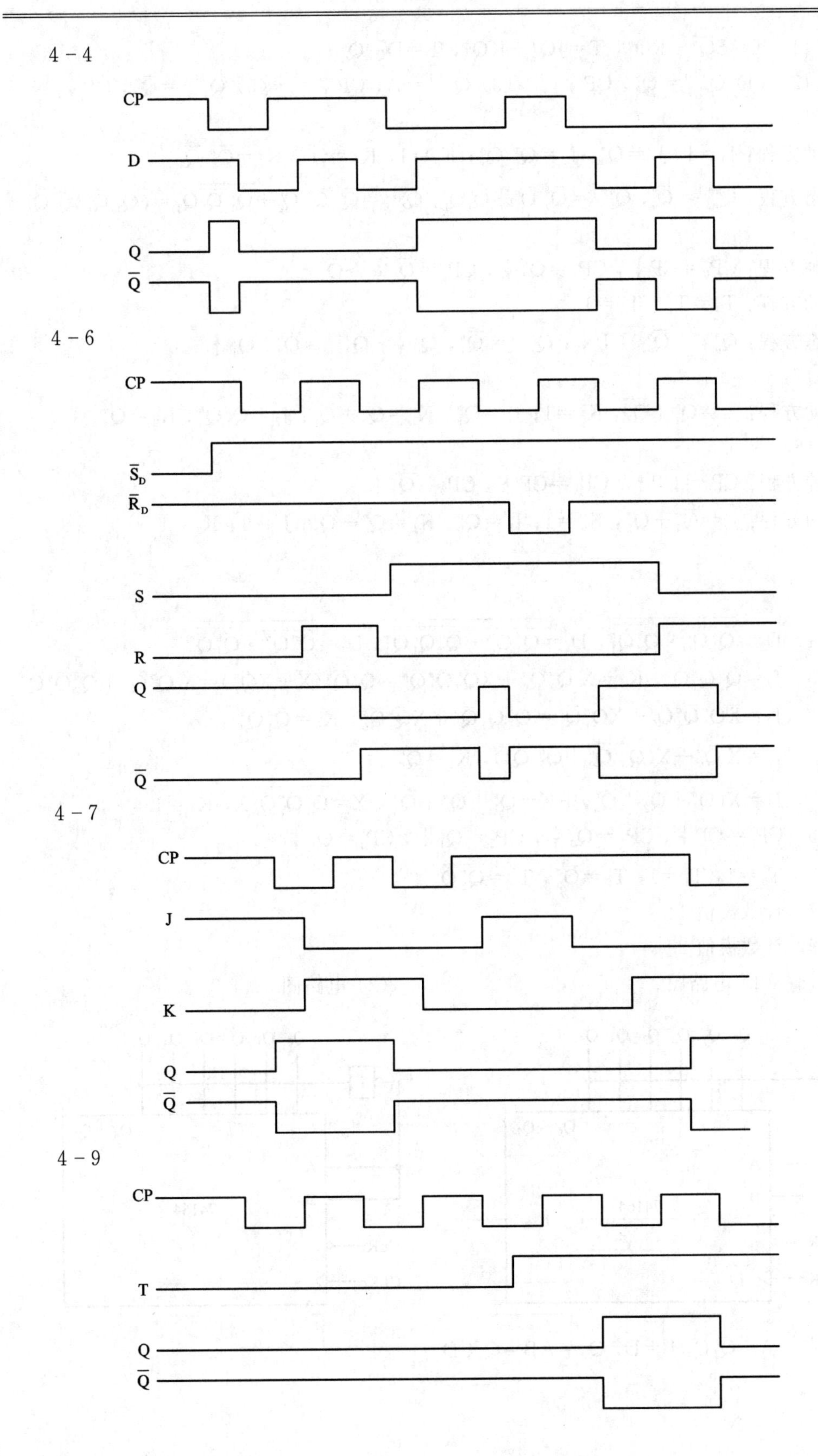
CP
D
Q
$\overline{Q}$
CP
$\overline{S}_D$
$\overline{R}_D$
S
R
Q
$\overline{Q}$
CP
J
K
Q
$\overline{Q}$
CP
T
Q
$\overline{Q}$

4-11　$T=S\overline{Q}^n+RQ^n$，$T=J\overline{Q}^n+KQ^n$，$T=D\oplus Q^n$

4-12　(1) $Q_0^{n+1}=\overline{Q}_0^n$，$CP\downarrow$　　(3) $Q_2^{n+1}=A$，$CP\downarrow$　　(5) $Q_4^{n+1}=\overline{Q}_4^n$，$CP\downarrow$

4-13

驱动方程：$J_0=1$，$J_1=\overline{Q}_0^n$，$J_2=\overline{Q}_0^n\,\overline{Q}_1^n$；$K_0=1$，$K_1=\overline{Q}_0^n$，$K_2=\overline{Q}_0^n\,\overline{Q}_1^n$

状态方程：$Q_0^{n+1}=\overline{Q}_0^n$，$Q_1^{n+1}=\overline{Q}_0^n\,\overline{Q}_1^n+Q_0^nQ_1^n$，$Q_2^{n+1}=\overline{Q}_0^n\,\overline{Q}_1^n\,\overline{Q}_2^n+\overline{\overline{Q}_0^n\,\overline{Q}_1^n}Q_2^n=(\overline{Q}_0^n\,\overline{Q}_1^n)\oplus Q_2^n$

4-15

时钟方程：$CP_0=CP\downarrow$，$CP_1=Q_0\downarrow$，$CP_2=\overline{Q}_1\downarrow\rightarrow Q_1\uparrow$

驱动方程：$T_0=T_1=T_2=1$

状态方程：$Q_0^{n+1}=\overline{Q}_0^n$，$CP\downarrow$；$Q_1^{n+1}=\overline{Q}_1^n$，$Q_0\downarrow$；$Q_2^{n+1}=\overline{Q}_2^n$，$Q_1\uparrow$

4-17

驱动方程：$J_0=\overline{Q_1^n}+\overline{Q_2^n}$，$K_0=1$；$J_1=Q_0^n$，$K_1=Q_0^n+Q_2^n$；$J_2=Q_1^nQ_0^n$，$K_2=Q_1^n$

4-19

时钟方程：$CP_0=CP\uparrow$，$CP_1=CP\uparrow$，$CP_2=\overline{Q}_1\uparrow$

驱动方程：$J_0=\overline{Q}_1^n+\overline{Q}_2^n$，$K_0=1$；$J_1=Q_0^n$，$K_1=Q_0^n+Q_2^n$；$J_2=1$，$K_2=1$

第5章

5-1　$D_2=\overline{\overline{Q_1^nQ_0^n}\cdot\overline{Q_2^n\overline{Q}_1^n}}$，$D_1=\overline{\overline{\overline{Q}_1^nQ_0^n}\cdot\overline{\overline{Q}_2^nQ_1^n\overline{Q}_0^n}}$，$D_0=\overline{\overline{\overline{Q}_2^n\overline{Q}_0^n}\cdot\overline{\overline{Q}_1^n\overline{Q}_0^n}}$

5-3　$J_3=\overline{Q}_2^n\overline{Q}_1^n\overline{Q}_0^n$，$K_3=\overline{X}\,\overline{Q}_1^n\overline{Q}_0^n+X\overline{Q}_2^n\overline{Q}_1^n\overline{Q}_0^n=\overline{Q}_1^n\overline{Q}_0^n(\overline{X}+X\overline{Q}_2^n)=\overline{X}\,\overline{Q}_1^n\overline{Q}_0^n+\overline{Q}_2^n\overline{Q}_1^n\overline{Q}_0^n$

$J_2=\overline{X}Q_3^n\overline{Q}_1^n\overline{Q}_0^n+X\overline{Q}_1^n\overline{Q}_0^n=Q_3^n\overline{Q}_1^n\overline{Q}_0^n+X\overline{Q}_1^n\overline{Q}_0^n$，$K_2=\overline{Q}_1^n\overline{Q}_0^n$

$J_1=\overline{X}\,\overline{Q}_0^n+X(Q_3^n\,\overline{Q_0^n}+Q_2^n\,\overline{Q_0^n})$，$K_1=\overline{Q}_0^n$

$J_0=\overline{X}(Q_1^n+Q_2^n+Q_3^n)+X=Q_1^n+Q_2^n+Q_3^n+X=\overline{\overline{Q}_1^n\overline{Q}_2^n\overline{Q}_3^n\overline{X}}$，$K_0=1$

5-5　$CP_0=CP\downarrow$，$CP_1=Q_0\downarrow$，$CP_2=Q_1\downarrow$，$CP_3=Q_1\downarrow$

$T_0=1$，$T_1=1$，$T_2=\overline{Q}_3^n$，$T_3=\overline{\overline{Q}_2^n\overline{Q}_3^n}$

5-7　计数模值 14

5-9　计数模值 29

5-13　(1) 电路图　　　　(2) 电路图

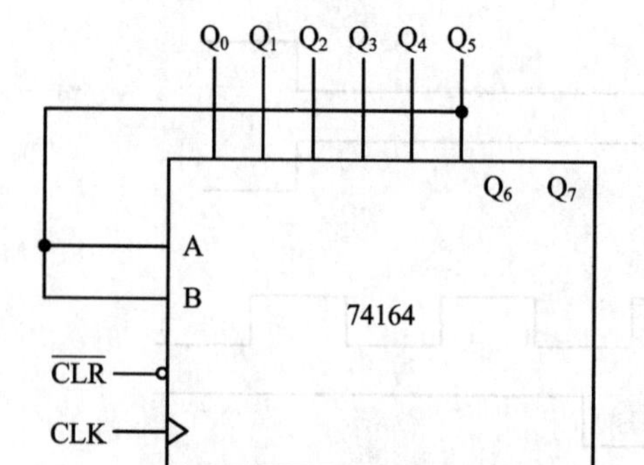

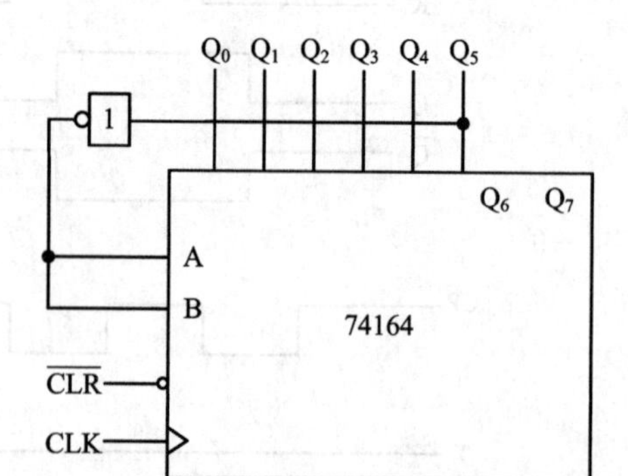

5-15　$A=\overline{Q}_4C$，$B=D$，$Q_0=AB=\overline{Q}_4CD$

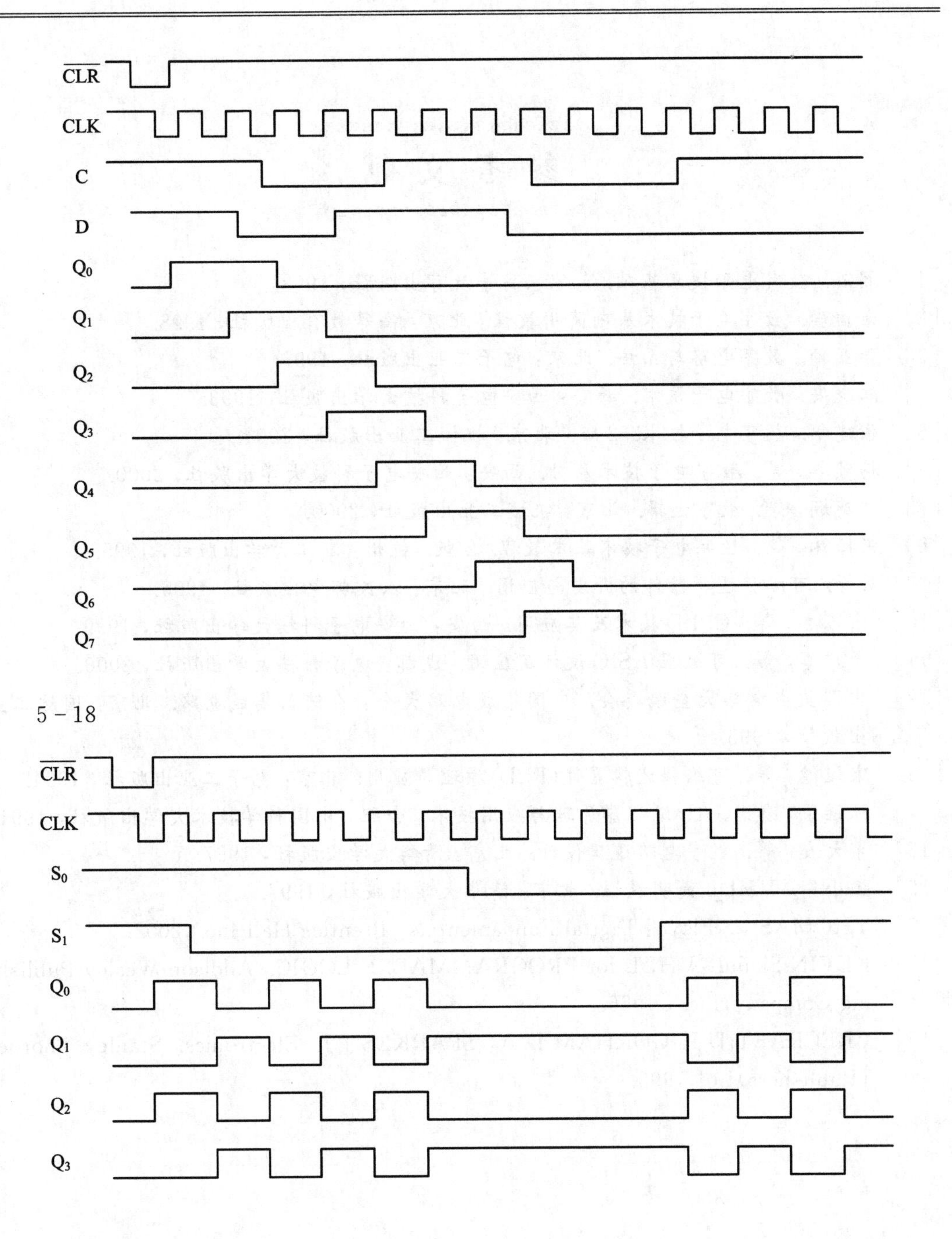
$\overline{CLR}$
CLK
C
D
Q_0
Q_1
Q_2
Q_3
Q_4
Q_5
Q_6
Q_7
5 - 18
$\overline{CLR}$
CLK
S_0
S_1
Q_0
Q_1
Q_2
Q_3

参 考 文 献

[1] 阎石. 数字电子技术基础. 北京：高等教育出版社，1998.
[2] 余孟尝. 数字电子技术基础简明教程. 北京：高等教育出版社，1998.
[3] 李亚伯. 数字电路与系统. 北京：电子工业出版社，1997.
[4] 江晓安. 数字电子技术. 西安：西安电子科技大学出版社，1993.
[5] 张建华. 数字电子技术. 2版. 北京：机械工业出版社，2001.
[6] 杨颂华，等. 数字电子技术基础. 西安：西安电子科技大学出版社，2000.
[7] 刘英娴，等. 数字逻辑. 北京：机械工业出版社，2000.
[8] 宋樟林，等. 数字电子技术基本教程. 2版. 杭州：浙江大学出版社，1995.
[9] 居梯. 可编程逻辑器件的开发与应用. 北京：人民邮电出版社，1995.
[10] 宋万杰，等. CPLD技术及其应用. 西安：西安电子科技大学出版社，1999.
[11] 李广军，等. 可编程ASIC设计及应用. 成都：电子科技大学出版社，2000.
[12] 中国集成电路大全编委会. 中国集成电路大全：存储器集成电路. 北京：国防工业出版社，1995.
[13] 宋俊德，等. 可编程逻辑器件(PLD)原理与应用. 北京：电子工业出版社，1994.
[14] 陈继荣，等. GAL编程器原理与应用技术. 合肥：中国科学技术大学出版社，1991.
[15] 李大友，等. 数字电路逻辑设计. 北京：清华大学出版社，1997.
[16] 王小军. VHDL简明教程. 北京：清华大学出版社，1997.
[17] THOMAS L. Floyd：Digital Fundamentals. Prentice Hall Inc. ,2002.
[18] KEVIN Skahill：VHDL for PROGRAMMABLE LOGIC. Addison-Wesley Publishing Company,Inc. , 1996.
[19] CRECRAFT D I，GORHAM D A，SPARKES J J. Electronics. Stanley Thornes (Publishers)Ltd,1993.